HEINRICH BURIAN

Handbuch Steinrestaurierung

stv

Heinrich Burian

Handbuch Steinrestaurierung

Sanieren und Schützen von historischen Steinobjekten

Ein Leitfaden für die Praxis

Leopold Stocker Verlag
Graz – Stuttgart

Umschlaggestaltung: DSR Werbeagentur Rypka GmbH, 8143 Dobl, www.rypka.at

Bildnachweis:
Dr. Friedrich Bouvier: Seite 16; BSC Leibnitz: 8-74; Mag. Günther Schneeweiß v. Arnoldstein: 6-276, 6-280, 6-282, 6-287, 6-290, 6-291, 6-295, 6-300, 6-303, 6-304, 6-307, 6-308, 6-317, 6-318, 6-320, 6-323 bis 6-325, 6-332, 6-335, 6-336, 6-343, 8-21, 8-26 bis 8-37, 8-41 bis 8-44, 8-46 bis 8-69; Stein von Grein GmbH: 8-73
Alle anderen Bilder wurden von der Fa. Zottmann GmbH, Judendorf-Straßengel, bzw. dem Autor Heinrich Burian, Graz, zur Verfügung gestellt.

Wir haben uns bemüht, bei den hier verwendeten Bildern die Rechteinhaber ausfindig zu machen. Falls es dessen ungeachtet Bildrechte geben sollte, die wir nicht recherchieren konnten, bitten wir um Nachricht an den Verlag. Berechtigte Ansprüche werden im Rahmen der üblichen Vereinbarungen abgegolten.

Bibliografische Information der Deutschen Nationalbibliothek
Die Deutsche Nationalbibliothek verzeichnet diese Publikation in der Deutschen Nationalbibliografie; detaillierte bibliografische Daten sind im Internet unter http://dnb.d-nb.de abrufbar.

Hinweis:
Dieses Buch wurde auf chlorfrei gebleichtem Papier gedruckt. Die zum Schutz vor Verschmutzung verwendete Einschweißfolie ist aus Polyethylen chlor- und schwefelfrei hergestellt. Diese umweltfreundliche Folie verhält sich grundwasserneutral, ist voll recyclingfähig und verbrennt in Müllverbrennungsanlagen völlig ungiftig.

Gefördert vom Bundesministerium Kunst, Kultur, öffentlicher Dienst und Sport:

Bundesministerium
Kunst, Kultur,
öffentlicher Dienst und Sport

Auf Wunsch senden wir Ihnen gerne kostenlos unser Verlagsverzeichnis zu:

Leopold Stocker Verlag GmbH
Hofgasse 5/Postfach 438
A-8011 Graz
Tel.: +43 (0)316/82 16 36
Fax: +43 (0)316/83 56 12
E-Mail: stocker-verlag@stocker-verlag.com
www.stocker-verlag.com

ISBN 978-3-7020-2058-3

Satz: Ecotext-Verlag, Mag. G. Schneeweiß-Arnoldstein

Inhalt

0-1 Nach über hundert Jahren Verwitterung nähert sich der Stein wieder seiner ursprünglichen Form und Bestimmung als langsam zu Erde zerfallender Felsen an.

0-2
Selbstportrait einer Drohne im Kontrollflug über den Kirchturm von Maria Straßengel (gegenüberliegende Seite)

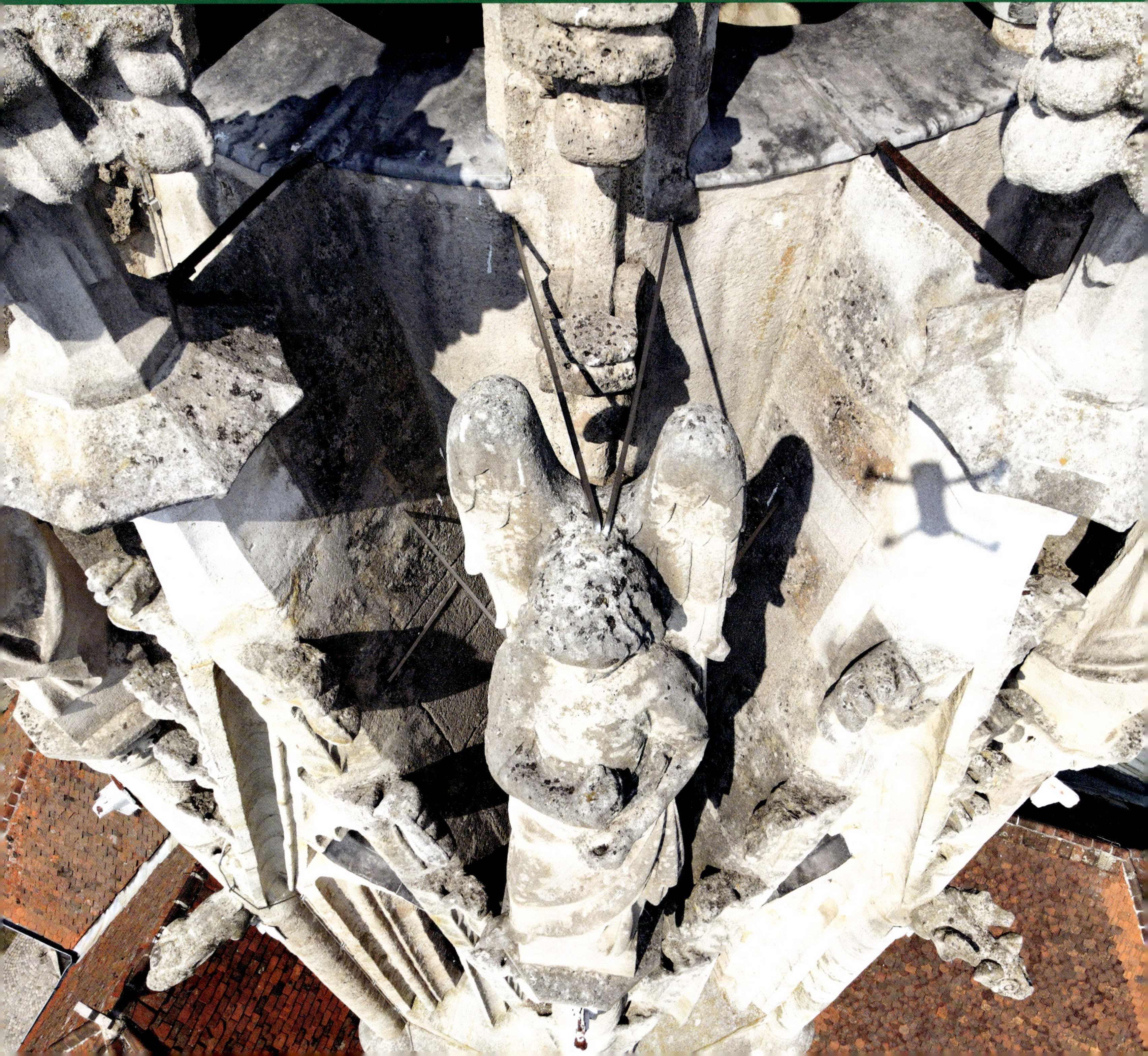

Vorwort – Stein formt die Zeit

So lautete der Titel einer von der Steirischen Innung der Steinmetze im Jahre 1975 veranstalteten Ausstellung im Park um die Herz-Jesu-Kirche in Graz, die damit das Wesentliche des Materials Stein zum Ausdruck brachte. Kaum ein anderer Werkstoff bezeugt menschliches Schaffen auf dem Gebiet der Architektur und der Bildhauerei über die Epochen der Geschichte hinweg so dauerhaft wie der Werkstoff Stein. In den vielfältigen Möglichkeiten der Steinbearbeitung verbinden sich Kunst und Handwerk in mannigfacher Weise. Erst die Bearbeitung der Oberfläche, jeweils nach der Beschaffenheit des Steines und seiner Verwendung, hochglanzpoliert, poliert, geschliffen, gestockt oder scharriert, verleiht ihm dem vom Steinmetz oder Bildhauer gewollten, ganz bestimmten und besonderen Charakter.

Der Steinmetz übt einen der ältesten handwerklichen Berufe aus. Immerhin sind die altesten erhalten gebliebenen Spuren der Steinbearbeitung als Reliefs im Tal der Dordogne in Südfrankreich rund 40.000 Jahre alt. In allen Kulturen seither, seien es die Ägypter, die Griechen oder die Römer, sei es die Zeit der Romanik oder der Gotik, der Renaissance oder des Barock, des Historismus, des Jugendstils oder der Gegenwart, immer war und ist der bearbeitete Stein ein wichtiges Mittel der jeweiligen Stilmerkmale.

Lange war das Handwerk der Steinmetze und der Bildhauer eng miteinander verwoben, vor allem in Zeiten, wo der Dekor in der Architektur, wie beispielsweise in der Gotik, besondere künstlerische Anforderungen an den Steinmetz stellte. Mit der Zeit der Industrialisierung und der damit zunehmenden maschinellen Bearbeitung des Steines und seiner Oberflächen verlagerte sich bei vielen Steinmetzen die ursprüngliche handwerkliche und künstlerische Tätigkeit hin zur industriellen Fertigung von Plattenbelägen, Fassadenverkleidungen und Grabsteinen.

Das Wissen um das nicht zu unterschätzende Aufgabengebiet der Restaurierung ist vielfach in Vergessenheit geraten, bedarf es hier doch einer besonderen Sensibilität, um alte Steinobjekte und Steinoberflächen behutsam und ohne Substanzverlust zu erhalten, zu konservieren und zu restaurieren. Ein wichtiger Grundsatz in der Denkmalpflege ist die Erhaltung der originalen Oberfläche. Sie ist es, die die künstlerische Handschrift des einstigen Herstellers trägt. Zu oft

0-3 Blick aus einem Renaissance-Fenster des Schlosses Hollenegg in die herbstliche Weststeiermark

0-4 Drohnenaufnahme der Kirche Maria Straßengel: Blick auf den unteren Kirchturmbereich der „Köpfe“

Dipl.-Ing. Dr. Friedrich Bouvier

wurde durch falsche Maßnahmen, etwa durch die gedankenlose Anwendung der Sandstrahltechnik oder des Stockhammers, die historische, ursprüngliche Oberfläche des Steins für immer zerstört. Es gibt barocke Plastiken, die durch mehrere „Sandstrahlreinigungen“ bis zur Unkenntlichkeit ausgedünnt wurden.

So ist es umso erfreulicher, dass der Autor dieses Fachbuches „Handbuch Steinrestaurierung“ seine Erfahrung als Steinmetz in der Denkmalpflege für jüngere Berufskollegen und Interessierte am Handwerk der Steinmetze niedergeschrieben hat. Heinrich Burian hat sich im Laufe seines Berufslebens als Steinmetz mit großem Engagement auf die Steinrestaurierung spezialisiert und sich auf dem Gebiet des denkmalpflegerischen Umganges mit Stein und auf Grund der von ihm bearbeiteten Objekte einen reichen Erfahrungsschatz angeeignet, den er nicht für sich behalten möchte. Dies ist umso wertvoller, da in den einschlägigen Berufsschulen und in der Ausbildung den Anforderungen der Denkmalpflege immer noch zu wenig Platz eingeräumt wird.

In den einzelnen Kapiteln des Buches werden die für den restaurierenden Steinmetz wichtigen Arbeitsabläufe und die in der Denkmalpflege zu beachtenden Maßnahmen anhand praktischer Beispiele in Text, Bild und übersichtlichen Grafiken detailliert dargelegt.

Das Spektrum der beschriebenen restauratorischen Arbeitsweisen reicht von der schonenden Steinreinigung, der behutsamen Freilegung, den richtigen Sicherungs- und Festigungsmaßnahmen bis zu den Ergänzungsmaßnahmen mit Stein oder Mörtel und den entsprechenden Schutzmaßnahmen. All diesen Kapiteln wird im vorliegenden Band übersichtlich und ausführlich Platz gegeben.

Allen, die an der Steinrestaurierung interessiert sind, wird dieses Fachbuch, das von einem erfahrenen Fachmann verfasst wurde, einen sensibleren Blick auf die Wertigkeit historischer Steinoberflächen eröffnen. Sie werden in Zukunft, direkt oder indirekt, einen Beitrag zur Erhaltung unseres gemeinsamen historischen Erbes leisten können, damit der Leitsatz „Saxa loquuntur“ (Steine sprechen) auch weiterhin seine Gültigkeit behält.

Dipl.-Ing. Dr. Friedrich Bouvier
Landeskonservator für Steiermark i. R.

I. Einleitung

1-1
Demontage-Arbeiten bei einem „Posaunenengel“ in der Turmkrone des gotischen Dachreiterturms der Kirche Maria Straßengel

Betrachtungen eines Steinmetzes

Vorab möchte ich alle Menschen beglückwünschen, die nach der Pflichtschule im jugendlichen Alter bereits genau wissen, welcher Beruf oder welche weitere Ausbildung für ihre Neigungen am besten geeignet ist. Meist hat man im Alter von 16 Jahren mit Blick auf die Zukunft bestenfalls vage Vorstellungen und ganz andere Dinge im Kopf (auch ich war einmal 16). Das Formen, Bauen und Arbeiten mit Materialien hat mich bereits als Jugendlichen in seinen Bann gezogen, nur Stein war nicht meine erste Wahl. Metalle zu formen, ob nun als Goldschmied, Büchsenmacher oder Kunstschmied, hätte mich damals am meisten gereizt.

Über die Lehrstelle als Steinmetz, worin ich mich dann versuchte (Probezeit), war ich am Anfang nicht so glücklich. Sehr bald faszinierten mich als unsportliche „Sofakartoffel" und „Bücherwurm" aber die körperlich anspruchsvollen Herausforderungen dieses Berufes. Eine Umwandlung vom „Weichei" zum „Kraftei" ist mir zwar trotz Muskelzunahme nicht ganz geglückt, aber die Härte (nicht nur körperlich) meiner Lehrzeit hat mir in Summe sicher nicht geschadet. Ein Vorbild für mich war sicher der Geselle Werner Huber (2018 leider verstorben), der ein richtiger Montagesteinmetz war und mit dem ich zusammenarbeitete. Ob Plattenlegen, Stufen versetzen oder die Montage von Grabanlagen und Steinplattenverkleidungen, niemand konnte ihm auf diesem Gebiet das Wasser reichen. Keine besondere Ambition hatte er für plastische oder bildhauerische Arbeiten und Steinrestaurierung, die man selten in Quadrat- oder Laufmeter abrechnen kann. Aber gerade ihm bin ich sehr dankbar, da ich menschlich viel von ihm lernte und er meine Vorliebe für die Arbeiten im Formalen und mein Interesse an der Restaurierung von historischen Steinobjekten erkannte und in Zusammenarbeit mit meinem damaligen Chef, Steinmetzmeister Josef Kaindlbauer (leider ebenfalls bereits verstorben), auch förderte. Über Grundsätze der Restaurierung war Herr Kaindlbauer als Berufsschullehrer sicher besser informiert als andere Steinmetzmeister in seiner Zeit. So lässt sich der für damalige Verhältnisse relativ hohe Standard bei Mörtelergänzungen und Natursteinaustausch (Vierungen) in meiner lehrzeitlichen Firma erklären.

Durch das Fehlen entsprechender Mittel und Methoden sind in den 1970er-Jahren, vor allem bei den Maßnahmen Reinigung und Freilegung, noch häufig Fehler von Seiten des Steinmetzes gemacht worden. So wurden beispielsweise, heute undenkbar, historische Bestandsoberflächen mechanisch bearbeitet (Stocken). Bestenfalls wurden beispielsweise schwarze Sinterkrusten auf Sandstein mit Weißzementschlemmen „aufgehellt", manchmal aber auch brutal mit der Flex abgeschliffen.

Bevor ich mit meinem Schriftwerk zu einem Verlag ging, hat mir ein guter Bekannter, der Bildhauermeister Dr. Gernot Seier, ein wenig Korrektur gelesen und mich darauf aufmerksam gemacht, dass es eigentlich unüblich ist, ein Fachbuch in der Ichform zu schreiben. Lieber Gernot, Du hast ja vollkommen recht und auch richtig erkannt, dass mein Schriftwerk hauptsächlich als Fachbuch zur Unterstützung für den jungen, an Restaurierung interessierten Steinmetz oder Bildhauer gedacht ist. Meine Lektüre würde es aber ohne arbeitsbiographische Hintergründe in dieser Form gar nicht geben. Die fachlichen Beispiele in diesem Schriftwerk stellen nun mal einige der interessantesten Projekte aus meinem Arbeitsleben als Steinmetz in der Restaurierung dar (mittlerweile mehr als 40 Jahre). Die Anordnung dieser Arbeiten erfolgte aber nicht chronologisch, sondern nach fachlichen Gesichtspunkten.

Da dieses Buch fast gänzlich aus der Sicht des Handwerkers gestaltet ist, werde ich vom geneigten Fachpublikum außer Zustimmung sicher auch einiges an Kritik ernten. Das ist auch richtig so, denn nur wenn Methodik und Ausführung in der Restaurierung laufend in Frage gestellt werden und der Handwerker immer bereit ist, dazuzulernen, bleibt der Beruf des Steinmetzes in der Restaurierung lebendig. Damit ist schon sehr viel zum Schutz und zum Erhalt des historischen Restaurierungsobjektes und, was mir auch sehr wichtig ist, zum Schutz und Erhalt meines Berufes getan.

Meine Gründe, dieses Buch zu schreiben

Vor dem Hintergrund des oben Geschriebenen möchte ich in diesem Kapitel die Gründe für die Entstehung dieses Buches erläutern. Hierfür muss ich bereits beim ersten Grund etwas ausholen, denn er geht in die 1980er-Jahre zurück. Auf Initiative des damaligen Landeskonservators HR Dr. Georg Kodolitsch wurden in dieser Zeit Fortbildungskurse zur Steinrestaurierung angeboten. In Zusammenarbeit mit der Steinmetzinnung wurde der erste mir bekannte Kurs in der Berufsschule St. Peter in Graz abgehalten. Teilnehmer waren hauptsächlich Betriebsinhaber, aber auch einige interessierte Facharbeiter (die eigentliche Zielgruppe). Die Referenten waren, soweit ich mich erinnern kann, Mitarbeiter des Denkmalamts und Wiener Restauratoren. Ich hörte das erste Mal von den Prinzipien einer Charta von Venedig. Außerdem ist mir in Erinnerung geblieben, dass die Wiener Restauratoren, wenn es um Sachthemen ging, sehr unterschiedliche Auffassungen vertraten. Die anderen Kursteilnehmer und auch ich fanden das ein wenig irritierend. Heute weiß ich, dass kaum ein Restaurator in Sachfragen der gleichen Meinung wie sein Kollege ist; das ist eine Art „Berufskrankheit". Das rührt meines Erachtens daher, dass vieles in der Restaurierung auf Eigenerfahrung beruht und Problemlösungen je nach Projekt auf verschiedenen Wegen angegangen werden können. Hier liegen wohl auch die Gründe für die oben angesprochene Charta, mit der versucht wurde, von der Erfahrungsebene zu zentralen Vorgehensweisen und Werten zu gelangen. Damals waren wir Steinmetze jedenfalls nur etwas peinlich berührt und verfolgten die Ausführungen der Theoretiker zum Teil mit einem leichten Schmunzeln.

Ein weiterer, einwöchiger Kurs im Lehrbauhof-Süd in Übelbach beschäftigte sich im Übrigen eher mit praktischen Themen und Methoden, wie zum Beispiel mit der Steinreinigung und mit Abformungsarten.

Natürlich hatte ich damals noch nicht den Plan, die Erfahrungen meines Berufslebens zu sammeln und daraus eine Niederschrift mit prinzipiell dem gleichen Ziel wie die Initiative des Denkmalamts zu verfolgen. Heute bin ich der Meinung, dass der Ansatz, die Arbeit des Steinmetzes in der Restaurierung auf ein höheres Niveau zu bringen, vollkommen richtig war und noch immer ist, denn es gibt meines Wissens in den Berufsschulen kaum eine spezialisierte Ausbildung in diesem Bereich. Einige Negativbeispiele von „Restaurierungen" aus dem Zeitabschnitt 1976 bis 1998 habe ich im Übrigen im Teilkapitel Schadensursachen zusammengefasst.

Gemischte Gefühle habe ich auch mit Blick auf meine Lehrzeit. Erst seit der Jahrtausendwende als Mitarbeiter einer auf Restaurierung (Schwerpunkt Stein) spezialisierten Firma (Zottmann) kann ich im Rahmen des jeweiligen Restaurierungskonzepts vollumfänglich zu der Qualität meiner Arbeiten stehen.

Damit komme ich zum zweiten Grund meiner Niederschrift. Ich bin stolz auf meine Arbeiten in der Restaurierung und zeige sie auch gern her. Das ist vielleicht ein wenig egoistisch, aber auch eine gute Motivation, neben denkmalschützerischen Idealen, auf dem Gebiet der handwerklichen Restaurierung immer das Beste zu geben.

Der dritte Punkt, den ich hier anschneiden möchte, ist im Rahmen eines Fachbuches sicher nicht ganz unproblematisch, mir persönlich aber sehr wichtig. Ich habe die Entwicklung zum Negativen, im Gewerbe und Handwerk, kaum wahrgenommen, da ich beruflich sehr beschäftigt war. Der vorherrschende Imageverlust des Handwerks außerhalb der Ebene des Unternehmers ist auf eine fehlgeleitete Bildungspolitik – der deutsche Philosoph Julian Nida-Rümelin sprach von einem „Akademisierungswahn" – in vielen Ländern der Europäischen Union zurückzuführen. Obwohl die Nachteile für die Wirtschaft und Gesellschaft inzwischen erkannt wurden, denn die gut ausgebildeten und erfahrenen Handwerker gehen in Pension und junge, ambitionierte Lehrlinge kommen nicht im ausreichenden Maße nach (wer will schon als gesellschaftlicher „Loser" gelten?), geht ein Wandel nur sehr langsam vonstatten. Aus dem Gewerbe der Steinmetze gingen in historischer Zeit die Berufsgruppen der Baumeister, Statiker und Architekten hervor. Gesellschaftlich haben sie nicht unwesentlich zur Etablierung des Mittelstands beigetragen. Auch geistige, liberale Strömungen wie die Freimaurer gehen auf die Dombauhütten der Steinmetze zurück. Der Steinmetzberuf hat heutzutage viele Facetten, aber gerade auf dem Gebiet der Steinrestaurierung kann ich einige interessante und spannende Projekte vorstellen.

Ein Unfall und seine Folgen

Als Lehrling war ich schon 1977 bei der Restaurierung des Grazer Stadtmuseumsportals dabei. Ein wenig später half ich bei groben Vorarbeiten für Kreuzblumen aus Sandstein.

Aber als Beginn meiner Tätigkeit in der Restaurierung von Natursteinen betrachte ich meine erste fotodokumentierte Arbeit im Jahr 1982 als junger Geselle bei den neugotischen Altären der Marienkirche in Graz (rotes Oval, ▸ **Bild 1-2**). Ganze Fialen und Kreuzblumen fehlten und mussten aus Stein neu angefertigt werden (▸ **Bild 1-3, 1-4**).

Bei der Renovierung im Innenbereich der Kirche ist bei einem Arbeitsunfall ein Maler abgestürzt. Vom Hauptaltar hat er (hoffentlich überlebte er den Sturz) einen Engel mitgerissen. Diese Vorgeschichte erzählte mir erst viel später der Mesner der Marienkirche. Die Trümmer des Engels (leider kein Bild) wurden zu mir gebracht, und so begann meine Arbeit als Restaurator. Die Kreuzblumen und Fialen auf diesem Blatt waren im Übrigen ein unmittelbarer Folgeauftrag.

Hauptsächlich meiner Sammelleidenschaft ist es zu verdanken, dass mich der Fotoapparat seit damals fast bei jeder Restaurierung begleitet hat. Dass diese Fotos die Grundlage für ein Fachbuch werden würden, wäre mir zu diesem Zeitpunkt nie in den Sinn gekommen.

Bilder, die nicht in Zusammenhang mit Familie oder Urlaub aufgenommen wurden, sind vor dem Aufkommen der

1-2
Wimperg-Ziergiebel mit einer neuen, bekrönenden Kreuzblume und der neue obere Teil eines Fialen-Türmchens, ebenfalls mit abschließender Kreuzblume aus Aflenzer Kalksandstein (die Fassung und Vergoldung übernahm der Maler)

1-3
Eine kleine Werkstatt konnte ich mir im Schuppen des Klostergartens der Lazaristen einrichten. Ich glaube, aus dieser Zeit stammt meine Vorliebe für die Herstellung von Neuanfertigungen vor Ort.

1-4 Sehr viele Neuteile für mehrere Altäre habe ich 1982 im Kloster in Graz angefertigt, aber leider nicht alle Bilder davon aufgehoben.

Digitalkamera selten gemacht worden. Aus der Zeit vor 1982 gibt es von mir keine Arbeitsbilder. Auch die von diesem Jahr an bis 1986 erstellten Fotos wurden nur als Andenken ohne jeden dokumentarischen Zusammenhang aufgenommen.

Heute, wo man fast immer ein Smartphone dabei hat, ist das Erstellen von Bilddokumenten natürlich kein Problem mehr und geläufiger geworden.

Der Wert der Abbildungen für das Verständnis

Mein wirklich ambitionierter Lehrlingsausbilder konnte mir aus seiner Zeit (ca. 1950er-Jahre) immerhin ein paar Schwarzweißbilder von schönen Kalksteinprofilen und Vorarbeiten für einen Bildhauer an einer Steinstatue zeigen. Erinnerungsfotos an formal schöne Arbeiten wurden also auch damals schon gemacht.

Dass die Arbeitsfotografie über einen gewissen Andenken- und Erinnerungswert hinausgeht und in der Restaurierung von historischen Objekten einen wichtigen Platz einnimmt, ist mir erst 1986 bei der Teilrestaurierung der neugotischen Lazaristenkirche in Wien deutlich geworden. Als junger Steinmetz machte ich mir – unaufgefordert – nicht nur über die optimale Abstimmung von Restaurierungsmaßnahmen Gedanken, sondern in diesem Zusammenhang auch über den Wert von Dokumentationsfotos. Vielleicht war die Umsetzung noch nicht ganz so konsequent (Fotos waren teuer) und nur auf bemerkenswerte Stellen begrenzt, aber mit Vorher-Nachher-Fotos, sowohl was Details als auch das Gesamte angeht, ging das Ganze schon in die richtige Richtung. Um die ausgeführte Restaurierung vollständig nachvollziehen zu können, würde ein mit Bilddokumenten unterlegter Restaurierungsbericht natürlich hilfreich sein. Der wurde vom Denkmalamt damals aber noch nicht gefordert. Trotzdem war mein damaliger Chef sicher angetan von meinen Aufnahmen. Immerhin bekamen wir in Wien noch zwei Folgeaufträge im Bereich Steinrestaurierung, was zu dieser Zeit in der Bundeshauptstadt für einen Grazer Steinmetz sicher nicht leicht war.

Heute, da Dokumentationen über den Restaurierungsverlauf eines historischen Objekts von Seiten des Denkmalamts und der Bauleitung obligatorisch sind, ist der Ausführende dazu verpflichtet, unwiederbringliche Daten hauptsächlich in Form von Detailfotos von Zwischenergebnissen, Freilegungen und Sicherungsmaßnahmen zu liefern, die für die Qualitätskontrolle sehr wichtig sind. Auf Grundlage dieser Fotos wird die Dokumentation von eigens geschulten Mitarbeitern im Büro erstellt, und zwar in Form einer gebundenen Broschüre mit Text, Ergebnissen der Befundung, Graphiken und additiv mit baugeschichtlichen Hintergründen.

Restaurierungsprojekte 2011
Montagetechnik – Seiten und Oberbefestigung
Baustelle: Graz / Schlossberg - Uhrturm / Wappen.
Schadensbild: Wegen der Anlegung eines Dränageschachtes wurden 3 Wappen entfernt.
Titel: Pro Wappen werden 5 Edelstahlklammern mit Stein Hilti Hit montiert.
Ausführender: Team Burian für Firma Zottmann.

Sicherungsbügel und Neuanfertigung

Auch der Bestand, also fünf Scheinwasserspeier bekommen einen Sicherungsbügel vom Gesimse zum Kopf. Bei diesem konkreten Beispiel handelt es sich um die Montage und SICHERUNG eines der drei, von mir neu angefertigten Köpfe.

Bei dieser Bügellänge und den verschiedenen Dehnungswerten von Stein und Metall durch thermische Einflüsse, muss das Zapfenloch im Stahlbügel „Spiel“ haben (Vergrößerung oben).

Auch Bleiplättchen beim Übergang von Stahl zu Stein sind von Vorteil (Bild unten).

Anmerkung: Da das Denkmalamt zuerst der Annahme war, alle Köpfe wären gleich, wurden die drei fehlenden beauftragt. Ich nahm die Kontur der vorhandenen Köpfe, machte aber (wie auch am Bestand zu erkennen) verschiedene Charaktere, wobei ich, wie bei den alten Köpfen zu sehen, auf starke Kontraste achtete (sind in über 50 Meter Höhe). Normalerweise sind in der Restaurierung **Eigeninterpretationen** nicht erwünscht.

1-5 Beispiel der alten Formblätter (oben links)

1-6 Beispiel für den Entwurf einer Buchseite (oben rechts)

Seit der Zeit der Digitalkameras gehört dieses Gerät wie anderes Werkzeug zur Ausstattung zumindest des verantwortlichen Vorarbeiters eines Projekts. Dabei sind einige Grundregeln zu beachten: Um die Zuordnung der Detailfotos für die Bürobelegschaft zu erleichtern, ist es wichtig, am Anfang einer Bilderserie eine Gesamtansicht des Objekts zu erstellen. Regelmäßige Abgabe (wöchentlich) der Bilder, zum Beispiel über USB-Stick, erleichtert ebenfalls die Arbeit der Dokumentationsersteller. Ich weiß, das direkte Verschicken der Bilder mit dem Smartphone von der Baustelle ins Büro ist eine noch schnellere Methode und wird von mir im Entscheidungsfall auch angeordnet (junge Mitarbeiter kennen sich da besser aus). Muss es nicht ganz so schnell gehen, ordne ich die Bilder vor der Abgabe lieber daheim in Ruhe am Computer. Denn wenn man nach drei Monaten von 15 verschiedenen Baustellen ohne Zuordnungsbilder über 400 Detailfotos abgibt, wird man nicht viel Anerkennung im Büro ernten.

Dem Grundsatz, eine Gesamtansicht zu dokumentieren, konnte ich in meinem Buch nicht immer entsprechen. Zugunsten der Information habe ich (selten) auf die optimalste Orientierung am Objekt verzichtet. Manchmal wurde dasselbe Restaurierungsobjekt als Beispiel für verschiedene Maßnahmen verwendet. In diesem Fall bitte ich um Geduld. Bilder, die die Positionierung des Details oder der Gesamtansicht zeigen, kommen dann sicher in einer dieser Maßnahmenseiten vor.

Das Gespür für aussagekräftige Fotos ist von Restaurator zu Restaurator natürlich unterschiedlich, und auch nicht jeder hat seine Kamera immer am Gerüst dabei. Selbst bei einer guten Grundeinstellung zur Arbeitsfotografie muss man oft, um Abläufe der Restaurierung relativ komplett darzustellen, auf Fotos aus anderen Quellen zurückgreifen (Bauleitung, Denkmalamt, Mitarbeiter und sogar Praktikanten).

Mit Blick auf die Qualität vor allem der älteren Aufnahmen bitte ich um Nachsicht. Alte eingescannte Papierbilder, Vergrößerungen, billige Arbeitskameras (wenig Pixel) und auch die technische Ausführung (während der Arbeit) sind leider dafür mitverantwortlich. Aber auch für mangelhafte Bilder gilt folgender Grundsatz: „Einmal sehen ist besser als 1000 Mal hören.“

Vom Formblatt zum Buch

Um vielleicht einmal einen Nutzen aus meinen Aufnahmen ziehen zu können, habe ich sie ab 2007 fortlaufend mit ‚Word' in einer Art Modulsystem abgespeichert (▸ **Bild 1-5**). Auch die älteren Bilder (seit 1982) konnte ich mit der Zeit auf diese Weise aufarbeiten. Ob ein Projekt eine Seite umfasst oder über mehr als 20 Seiten geht, alle hatten dieses Grunddaten-Textfeld (rotes Viereck im ▸ **Bild 1-5**). Damit ist es möglich, verschiedene Themenbereiche und Fakten zusammenzustellen; zum Beispiel Jahreszahl (alle Projekte von 2011) oder Themen (Montagetechnik) mit spezieller Aufgabenstellung (Seiten- und Oberbefestigung) und natürlich immer die Baustelle und das Projekt (Graz/Schloßberg – Uhrturm/Wappen).

Zuerst nur als Erinnerung (Arbeitsbiographie) gedacht, verwende ich diese Formblätter inzwischen natürlich in abgewandelter Form für die Lehrlingsausbildung und für Power-Point-Vorträge; bis jetzt im firmeninternen Bereich. Auch die erste Idee einer gebundenen Niederschrift war eigentlich, eine betriebseigene Lehrlingsbroschüre zu erstellen (kann man noch erkennen). Erst später kam mir der Gedanke, ein Buch, gedacht als Ausbildungserweiterung in Richtung Restaurierung für alle Steinmetze und Steinbildhauer, zu verfassen. Bei den alten Formblättern (Erinnerungsarchiv) benötigte ich nicht so viel Text, weil ich die Arbeiten ja selbst oder als Teamleiter ausgeführt hatte. Bei den Buchseiten habe ich höchstens die Themenüberschriften belassen. So habe ich mehr Platz für erklärende Schriftfelder (▸ **Bild 1-6**).

Die Zeiten ändern sich, die Methoden ändern sich, vieles bleibt aber auch gleich und gerade in der Restaurierung ist man des Öfteren dem Bewährten, Altgedienten verpflichtet. Deshalb hoffe ich, dass dieses Buch nicht nur als Diskussionsgrundlage, sondern vor allem auch als konkrete Hilfestellung in Fragen der Steinrestaurierung dienlich ist. Die gezeigten Arbeiten sind, zumindest in ihrer Zeit, von der Bauleitung abgenommen und vom Bundesdenkmalamt für gut befunden worden.

Die baugeschichtliche Verortung der Objekte

Obwohl für den praktischen Aspekt der Restaurierung nahezu bedeutungslos, gehört eine historische Kurzbeschreibung des Objekts in jeden Dokumentationsbericht. Zwar betrifft es den Steinmetz in der Restaurierung nicht direkt, doch gehört es für mich zur Grundausbildung des Facharbeiters, in der Stilkunde, aber auch in der Baugeschichte des jeweiligen Restaurierungsprojekts bewandert zu sein. Das gilt auch dann, wenn ein Buch über Heilige (braucht man zum Beispiel manchmal wegen fehlender Attribute) und die Handbücher der Dehio-Reihe (gibt es für Österreich und Deutschland für jedes denkmalgeschützte Objekt und jedes Bundesland) nicht zur Lieblings-Freizeitlektüre gehören. In heutiger Zeit kann man einschlägige Informationen aber natürlich auch aus dem Internet beziehen.

Es wird vom Steinmetz in der Restaurierung erwartet, dass er die Fachbegriffe beherrscht, die mit der Stilkunde des jeweiligen Bauwerks oder Denkmals in Zusammenhang stehen. Die Projektmappe, in der die Maßnahmen und die damit in Bezug stehenden Steinelemente beschrieben sind, könnte er sonst nicht oder nur teilweise erfassen. Um den Anforderungen zu genügen, braucht sein Grundwissen aus der Berufsschule meistens nur aufgefrischt und ein wenig erweitert zu werden.

Stilepochen, wie beispielsweise Gotik, Renaissance oder Barock, sollte er zu unterscheiden lernen. Die meisten Baudenkmäler haben eine bewegte Geschichte, und so kann es vorkommen, dass ein Altstadthaus in Graz noch einen Renaissance-Innenhof sowie eine Barock-Außenfassade mit ab dem 2. Stock historistisch angepassten Ausbauten besitzt.

Klarerweise wird vom Ausführenden keine baugeschichtliche Perfektion gefordert, aber mehr Interesse als beim normalen Berufsschulabgänger kann man beim Steinmetz in der Restaurierung zu diesem Thema schon erwarten. Denn das Interesse führt zur Eigeninitiative und zur Aufmerksamkeit. Von Seiten der Firma erfolgt die Ausbildung in diesem Bereich höchstens nebenbei, aber sicher nicht zielgerichtet. Vom gelernten Facharbeiter wird natürlich hauptsächlich konkrete Arbeit in der Restaurierung erwartet. Fragen zum Thema Baugeschichte wird das entsprechend ausgebildete, firmeneigene Personal aber immer gern beantworten.

Wenn es nicht im direkten Zusammenhang mit dem Sachthema steht, habe ich bei den Beispielsprojekten in diesem Buch aus Platzgründen das Jahr der Restaurierung, das Alter des Objekts, die Baugeschichte und historische Daten weggelassen. Zumindest das Restaurierungsjahr wird in einer eigenen Liste der gezeigten Projekte am Ende des Buches erfasst.

Schreibt man ein Fachbuch über die praktischen Aspekte der Steinrestaurierung, sollten die angesprochenen Fakten den Tatsachen entsprechen. Ich gebe aber offen zu, dass ich bei der Baugeschichte (Schadensbilder) und bei den historischen Daten ein wenig spekuliert oder sie zumindest spekulativ erweitert habe. So steht beispielsweise im Dehio-Handbuch Wien über die Lazaristenkirche nur allgemein etwas über „Kriegsschäden". Meine Annahme, die Ursache wären Luftangriffe, sind durch die Bahnhofsnähe der Kirche zwar logisch, aber in meinen Quellen nicht näher beschrieben. Über das Schloss Pöllan, in der Nähe von Paternion gelegen, steht im Dehio-Handbuch Kärnten der Satz: „In den Wirren der Gegenreformation nicht fertiggestelltes Schloss". Meine daraus abgeleiteten Schlussfolgerungen sind vielleicht inte-

ressant, bleiben aber natürlich bis zu einem gewissen Grad spekulativ (▸ Seite 334). Andererseits führte die Restaurierung des Eggenberger Brunnens von Wildon im Garten des Schlosses Schwarzenegg (Brunnenspruch gereimter Zweizeiler und Wappen) zu neu gewonnenen Fakten und damit zur Erwähnung in einer Fachpublikation (Susanne Pink, Der Eggenberger Brunnenkranz aus Burg Oberwildon, Hengist-Magazin 2/2018, S. 9–12).

Die Rolle des Diplom-Steinrestaurators und des Steinmetzes in der Restaurierung

Die neue Berufsgruppe des Diplom-Steinrestaurators gibt es noch nicht so lange (Schulen in Wien und in Potsdam/Deutschland). Ich sah Diplom-Restauratoren bei praktischen Arbeiten schon wahre Wunder mit Ergänzungsmörtelmassen in Form und Farbe vollbringen. In unserer Firma werden sie aber doch eher teilzeitlich im Bereich Planung + Büro (Befundung, Dokumentation) und bei musealen Arbeiten eingesetzt.

1-7 **1-8** Beim Steinlager der Semmeringbahnviadukte hat man irgendwie das Gefühl, als müsste man die Cheops-Pyramide bearbeiten. Ich habe diese Arbeit bei den Semmering-Steinen für uns als Steinmetze in der Restaurierung eigentlich als Abwechslung und Handwerkzeugs-Testprojekt unter harten Bedingungen gesehen. (links und rechts oben)

1-9 Dabei wird der Mensch durch die Kombination von mehreren Stressfaktoren mit allen Sinnen beansprucht.

Kommt man als Steinmetz in eine Restaurierungswerkstatt, muss man sich darauf einstellen, auch die härteren Aufgaben der Denkmalpflege übernehmen zu müssen. Die ▸ **Bilder 1-9** bis **1-11** zeigen Arbeiten, bei denen der praktische Einsatz von Diplom-Steinrestauratoren eher unwahrscheinlich ist. Wenn auch die Projekte des Restaurators meist körperlich weniger anstrengend sind als die Arbeiten in einem gewerblichen Steinmetzbetrieb, sollte dieser Umstand für den jungen

1-10
Warum nimmt man so eine miese Arbeitshöhe in Kauf, um die Lager bei einer Schadstelle zu bearbeiten? Antwort: Bis man sich eine angenehmere Arbeitshöhe herrichtet, könnte man dieses kleine Vierungslager schon zweimal fertigstellen.

Facharbeiter nicht die einzige Motivation für die Weiterbildung darstellen.

Begriffsdefinitionen rund um ein Restaurierungsprojekt

Zwei Voraussetzungen müssen erfüllt sein, um als Beispiel in mein Schriftwerk aufgenommen zu werden:

- Auftragserteilung an unsere Firma (ein paar Beispiele stammen von meinem vorherigen Steinmetzbetrieb).
- Mein Team oder ich selbst sind die Ausführenden der beschriebenen Projekte oder Teilprojekte. Nur so ist die größtmögliche Authentizität gewährleistet.

In diesem Zusammenhang gibt es bei einem Restaurierungsprojekt zwei Projektverantwortliche. Einer ist zuständig für **Büro + Planung**, der andere (Vor- und Facharbeiter) für den **handwerklichen Bereich**. In diesem Buch werden hauptsächlich die Aufgaben des Letzteren beschrieben.

Kurz zur Erläuterung: Vor Beginn der konkreten Arbeiten am Objekt fallen bereits sehr viele koordinative Planungsarbeiten für das Restaurierungsprojekt an, unter anderem terminliche Vereinbarungen wie Zeitpläne, aber auch die Zusammenstellung der am besten für die Erfordernisse des Objekts geeignete Baustellenmannschaft. Sobald die tatsächlichen Arbeiten der Restaurierungsmaßnahmen beginnen, übernimmt der Vorarbeiter den größten Teil der Baustellenkoordination seines Gewerkes. Von dessen Verantwortlichkeiten handelt dieses Buch, das als Orientierung für junge Facharbeiter und fortgeschrittene Lehrlinge dienen soll.

Dem allen Begriffen gemeinsamen Titel „Restaurierung" werde ich bei genügend Platz im Textfeld beibehalten. Geht es nicht anders, werden dem Leser beispielsweise auch sicher die Bezeichnungen – Projekt, Ursachen oder Objekt – allein genügen.

Restaurierungsbereich

Wie der Titel dieser Lektüre besagt, wird unser Hauptthema natürlich der Bereich Stein sein. Es ist besonders in der Restaurierung nicht selten, artverwandte Gewerke, zumindest in Teilbereichen (Übergangszonen), mit zu betreuen. Beispielsweise: Steinmaurer, Fassadenmaurer, Maler, Vergolder, Buntgipser, Stuckateur usw.

Restaurierungsarbeiten

… sind meiner Definition nach alle Arbeiten am Restaurierungsobjekt, vom Anbot bis zur Rechnungslegung am Ende eines Auftrags. Obwohl in diesem Schriftwerk für den Facharbeiter eher die praktischen Aspekte unserer Arbeit behandelt werden, sollte man doch auch über das Büro und den Planungsteil zumindest im Ansatz Bescheid wissen.

1-11 Für einen Steinmetz genau das richtige: Barocker Marmorboden in der Kirche St. Johann bei Herberstein. Unter den Holzpodest der alten Kirchenbänke wurden gut erhaltene Bestandsplatten gefunden. Diese wurden dann im sichtbaren Bereich des Kirchenbodens neu verlegt (ein Glücksfall).

Restaurierungsobjekte

… sind meist historische, denkmalgeschützte Bauwerke und Denkmäler wie beispielsweise Kirchen, Skulpturen, Skulpturengruppen usw. Es braucht aber noch einen Begriff, um ein Restaurierungsobjekt darzustellen, nämlich die zugrunde liegende Ursache, der Schaden.

Restaurierungsursache (Schäden)

Dieser Begriff ist untrennbar mit dem historischen Bauwerk oder Denkmal verbunden. Denn nur mit der Notwendigkeit, dem Willen und den Mitteln der Auftraggeber, die Schäden an einem Restaurierungsobjekt zu beheben, entsteht das **Restaurierungsprojekt**.

Das Restaurierungskonzept

Im Rahmen eines Restaurierungsprojekts kommt dem Konzept eine besondere Bedeutung zu. Als Ausführender kann man auf das Konzept der Restaurierung zwar nur sehr wenig Einfluss nehmen; es beeinflusst aber am stärksten die Vorgehensweise und die Maßnahmen des Restaurators vor Ort. Der eingesetzte Facharbeiter sollte in allen verlangten Konzeptmöglichkeiten geschult sein, um seine Aufgaben je nach beschlossener Restaurierungsart erfüllen zu können. Manchmal wird bei einem Restaurierungskonzept der Beginn der Arbeiten beispielsweise in der warmen Jahreszeit angesetzt. Da kann es durch Verzögerungen vorkommen, dass manche Maßnahme nicht mehr in den passenden Temperaturbereich fällt. In diesem Fall ist es zum Schutz des Objekts sogar verpflichtend, dass der verantwortungsbewusste Facharbeiter darauf aufmerksam macht und eine anpassende Konzeptänderung anregt (Baubesprechung).

Die Möglichkeit unterschiedlicher Prioritäten bei den Maßnahmen, die im Restaurierungskonzept vorgesehen sind, sind eher ein Thema von Dokumentation, Muster und Probeflächen. Natürlich wird dabei von der Bauleitung, im Zusammenwirken mit dem Denkmalamt, entschieden, welche Maßnahmen im konkreten Fall gesetzt werden. Sehr oft bekommt der Facharbeiter nach diesen Vorarbeiten nicht nur einen Maßnahmenkatalog mit der Projektmappe, sondern auch einen detaillierten Lageplan der Schadstellen. Ebenfalls festgelegt wird auch die Ergänzungsart, Naturstein oder Mörtel, rekonstruierend oder konservierend. Wenn die Restaurierung eines historischen Objekts beschlossen wird, müssen auch die grundsätzlichen Maßnahmen zumindest in groben Zügen festgelegt werden. Dem Schutz des Restaurierungsobjekts wird natürlich Priorität eingeräumt, aber wie weit eine Restaurierung beispielsweise im optischen Bereich geht, kann von vielen Faktoren abhängen. Die Hauptgründe sind häufig die finanziellen Mittel der Auftraggeber sowie, nicht unwesentlich, die Wünsche und Vorgaben des Denkmalamts. Da es immer mehr üblich wird, dass aus Wettbewerbsgründen die Ausschreibungsunterlagen von einer unabhängigen Bauforschungsfirma erstellt werden, habe ich die einzige Maßnahme, die den Handwerker vielleicht auch im Bereich Büro + Planung direkt betreffen könnte, nämlich Muster und Probefläche, nur kurz beim Thema **Ergänzung mit Mörtel** angeschnitten (Beispiel, ▸ Seiten 216 sowie 56 und 57).

Wegen der Bedeutung für den Ausführenden noch einmal in Kurzform: In der Projektmappe, die dem Facharbeiter (bei kleineren Objekten) oder dem Vorarbeiter (bei Objekten mit größerem Umfang und Mannschaftsstärke) am Beginn eines Projekts übergeben wird, ist neben anderen Informationen auch das Maßnahmenpaket auf Grundlage des beschlossenen Restaurierungskonzepts enthalten.

Jeder ausführende Restaurator hat natürlich auch eigene Vorstellungen und Vorlieben für bestimmte Maßnahmen. Meistens hängt das mit seiner Berufsgruppe (Steinmetz, Bildhauer oder Diplom-Steinrestaurator) und seinen gemachten Erfahrungen zusammen.

> **Tipp: Der beste ausführende Restaurator ist nicht derjenige, der seinen Vorlieben oder Vorstellungen nachgeht, sondern derjenige, der sich an die beschlossenen Vorgaben des Restaurierungskonzepts hält.**

Vorschläge zur Anpassung des Konzepts, die seinen Berufserfahrungen (z. B. Thema **Sicherung**) entsprechen, können natürlich bei den regelmäßig abgehaltenen Baubesprechungen von Seiten des Vorarbeiters vorgebracht werden. Kleinere Entscheidungen über Änderungen des Konzepts wird die ausführende Firma in Zusammenarbeit mit der Bauleitung selbst treffen; bei größeren wird man zusätzlich noch das Denkmalamt und auch den Auftraggeber (Zusatzkosten) bemühen müssen.

Nach langjähriger Tätigkeit und Zusammenarbeit mit den oben genannten Institutionen wird dem Ausführenden in der Praxis sehr viel freie Hand in der Umsetzung des Restaurierungskonzepts gelassen.

In diesem Fall wird man versuchen, das Vertrauen nicht zu enttäuschen und nach bestem Wissen und Gewissen vorgehen.

Der Ablauf des Restaurierungsprojekts

Vorarbeiten der Projektabwicklung im Bereich Büro und Planung

A) Hier werden hauptsächlich Ausschreibungen bearbeitet und ein entsprechendes Anbot verfasst.

Bei größeren Objekten werden, meist nach Dokumentation der Schäden und Befundung, unter Umständen auch schon ein grob umrissener Maßnahmenkatalog einer eigenen Bauforschungsfirma und Vorgaben des Denkmalamtes im Anbot berücksichtigt.

Wird das Anbot vom Kunden angenommen, ist es die Grundlage der Projektunterlagen, die auch für den ausführenden Facharbeiter wichtig sind.

Natürlich wird, wie in der Wirtschaft völlig normal, nicht jedes Anbot zur Auftragserteilung führen. Wird der Auftrag von Seiten des Kunden nicht erteilt, so endet dieses Restaurierungsprojekt, zumindest für unsere Firma, schon im Bereich Büro und Planung A).

B) Dieser Bereich betrifft den ausführenden Vor- und Facharbeiter direkt.

Von Seiten des Büros wird die **Projektmappe** zusammengestellt, mit dem Verantwortlichen kurz besprochen und ihm übergeben.

Diese Mappe erklärt das zu restaurierende Objekt, beinhaltet die Adresse, Ansprechpersonen der Bauleitung und die Maßnahmenbeschreibung mit Zeitvorgaben, meistens ergänzt mit einigen aussagekräftigen Schadensfotos und, für die praktische Ausführung, relevanten Ergebnissen der Befundung.

Für kleinere Baustellen ist die Projektmappe ausreichend, da sie auch Leerblätter für Arbeitsberichte und Beschreibungen sowie eventuelle Regiestunden enthält.

Auch bei größeren Baustellen wird von der Bauleitung nicht immer das Führen eines **Baustellen-Tagesberichtsbuches** gefordert. Dennoch empfehle ich, ab einer Baustellendauer von über drei Wochen diese Unterlagen automatisch zu verwenden.

Bei den wöchentlichen Baubesprechungen ist das Baustellenbuch eine ausgezeichnete Gedächtnisstütze gegenüber Bauleitung und Firmenvertretung. Mit mehreren Durchschlägen versehen, können auch einzelne Blätter den jeweils Verantwortlichen übergeben werden.

Es kann immer zu Extraleistungen kommen, die schnell zu entscheiden sind. Aus diesem Grund gibt es den Vordruck des **Regieheftes,** das man ebenfalls am Anfang einer Baustelle ausfassen sollte.

Schadensbilder, Befundungen und Begehungsberichte werden in diesem Bereich B) für die endgültige **Abschlussdokumentation** gesammelt.

Vorarbeiten beim Restaurierungsobjekt im handwerklichen Bereich

- Einrichten der Baustelle.
- Aufstellen eines eigenen Baugerüsts, wenn dies notwendig ist.
- **Variante**: Demontage von einzelnen Steinobjekten und Abtransport in die Werkstatt.

Hauptarbeiten beim Restaurierungsobjekt im handwerklichen Bereich

Meistens **vor Ort,** aber auch als **Variante** in **der Werkstatt**, werden folgende fünf Maßnahmen der Restaurierung ausgeführt:

Endarbeiten beim Restaurierungsobjekt im handwerklichen Bereich

- Auflösen der Baustelle.
- Nacharbeiten nach Endabnahme.
- Demontage des Baugerüsts bzw. bei einem Fremdgerüst, Betreuen des Gerüstabbaus (Ergänzen der Befestigungslöcher).
- **Variante**: Transport, Montage und Fertigstellung vor Ort.

Bilder und **Berichte** werden auch im gesamten handwerklichen Bereich für die **Abschlussdokumentation** des Restaurierungsprojekts gesammelt.

Endarbeiten der Projektabwicklung im Bereich Büro und Planung

A) In diesen Bereich fallen die Abgabe der Projektmappe, eventuell eine Schlussbesprechung, die Abgabe des letzten Fotomaterials und, wenn nötig, auch schriftliche Aufzeichnungen für die Dokumentation.

Bei großen Baustellen werden zusätzlich das ausgefüllte Baustellen-Tagebuch bzw. die letzten Seiten, mit eventuellen Berichten, die den Zeitraum nach der Endbegehung betreffen, und die unterschriebenen Regieberichte abgegeben. Alle Stundenzettel, die das fertiggestellte Projekt betreffen, soll-

1-12 1-13 1-14
Ob Planung und Büro, auf der Baustelle oder in den Werkstätten: Teamgeist und gegenseitiges Weiterhelfen ist allen ein großes Anliegen.

ten innerhalb einer Woche abgegeben werden, um die Rechnungslegung nicht zu verzögern.

B) Dieser Bereich betrifft den Vor- oder Facharbeiter nur mehr indirekt und ist der letzte Akt des Restaurierungsprojekts.

Hier wird die Dokumentation des Projekts mit Hilfe aller gesammelter Unterlagen und Bilder fertiggestellt, gebunden und zur Abgabe gebracht (für BDA, Bauleitung, Kundschaft usw.).

Mit Hilfe der Baustellenunterlagen und Stundenzettel wird eine detaillierte Endabrechnung an den Auftraggeber verschickt.

Bei eventuellen Unklarheiten steht der Vor- oder Facharbeiter auch in dieser Phase immer noch gern zur Verfügung.

Bevor ich jetzt zur ersten Restaurierungsmaßnahme des handwerklichen Bereichs „Reinigung“ komme, lasse ich noch kurz die Projektleitung von „Büro und Planung“ zu Wort kom-

1-15 **1-16**
Als Beispiel für ein kleines Restaurierungsprojekt dient diese ca. 25 cm große Plastik aus Alabaster.

1-17
Im Gegensatz dazu ein etwas größeres Projekt: die Herz-Jesu-Kirche als größte Kirche von Graz, mit dem höchsten Kirchturm der Steiermark (110 m)

men. So können sie im folgenden Teilkapitel beweisen, dass sie nicht nur „Schreibtischtäter“ sind. Mit Blick auf die Projektleitung unserer Firma im Büro und den Vor- und Facharbeitern vor Ort möchte ich festhalten, dass eine gute Zusammenarbeit von Planung und Ausführung den größten Anteil am Gelingen eines Restaurierungsprojekts hat.

Vorarbeiten der Projektleitung

Mein Buch zeigt nicht nur Beispielprojekte der Steinrestaurierung aus meinem Arbeitsleben, sondern will auch eine praxisnahe Arbeitsorganisation darstellen, die auf den fünf von mir definierten Restaurierungsmaßnahmen beruhen. Nur so ist es möglich, die beiden von mir betreuten Beispielsobjekte (Fertigstellungsfotos ▸ **Bild 1-15** bis **1-17**), die augenscheinlich sehr unterschiedlich sind, im Sinne der Restaurierungsmaßnahmen grundsätzlich gleich zu behandeln.

Dabei ist es völlig belanglos, dass bei der kleinen Tischskulptur die Maßnahmen im Minuten-, bestenfalls im Stundentakt und bei dem Großprojekt Herz-Jesu-Kirche die grundsätzlich gleichen Maßnahmen im Wochentakt ausgeführt werden. Einzig die fünfte Restaurierungsmaßnahme **Schutz** kann bei der Tischskulptur weggelassen werden, da sie im Normalfall nicht der Witterung ausgesetzt ist.

Auf der anderen Seite hat aber der organisatorische Aufwand bei beiden Objekten, von der Warte **Büro und Planung** aus gesehen, wenige Gemeinsamkeiten (außer vielleicht eine Rechnungslegung).

Natürlich beginnt ein Restaurierungsprojekt nicht mit den fünf von mir dargestellten Maßnahmen. Ich glaube, diese Tatsache wurde hier ganz klar aufgezeigt. Da aber mein Fachgebiet eher die praktische Ausführung der Steinrestaurierung ist, lasse ich im Folgenden zum Thema **Vorarbeiten der Projektleitung** lieber eine kompetente Diplom-Restauratorin mit einschlägiger Fachkenntnis zu Wort kommen, um einen beispielgebenden, häufig vorkommenden Ablauf der Projektbearbeitung einer Restaurierung darzustellen:

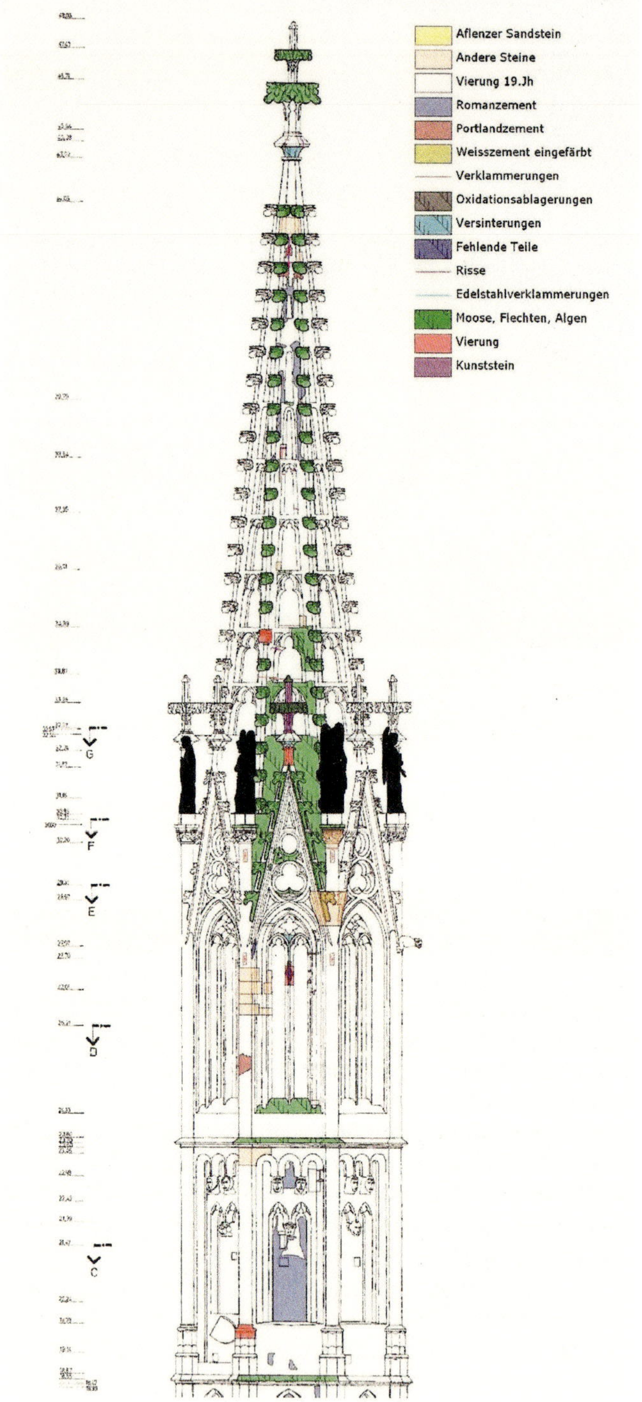

1-18
Der Bestands- und Schadstellenplan der Südostseite des Turms der Straßengeler Kirche (rechts)

Projektbearbeitung (von Jenny Pfeifruck)

„Die Projektbearbeitung beginnt oft lange vor Beginn des eigentlichen Projektstartes auf der Baustelle mit dem Erstellen von restauratorischen Befunden zur Feststellung von Schäden, Herstellen von Schichttreppen, um die historische Farbgebung zu eruieren, naturwissenschaftlichen Materialuntersuchungen – zum Teil bei uns im Labor und in der Archivrecherche (historische Unterlagen zu früheren Restaurierungen). Mit Hilfe dieser Befunderhebung kann ein Maßnahmenkonzept für jedes Objekt erstellt werden. Jedes zu restaurierende Objekt hat seine eigene Geschichte und oftmals auch eine ganz spezielle Restaurierungsgeschichte, die berücksichtigt werden muss. Auf diese Befunde folgen Ausschreibungen und Angebotserstellungen. Mit Auftragserhalt beginnt die Projektbegleitung. Die Projektbegleitung beinhaltet die Einteilung der Mitarbeiter und Fahrzeuge, das Massenerfassen, manchmal das Kartieren des Arbeitsvolumens, Massenabrechnung etc.; ebenfalls enthalten ist die Kommunikation zwischen Auftraggeber, Denkmalamt und anderen Gewerken. Begleitend erfolgen immer auch Dokumentationen der einzelnen Arbeitsschritte (vor Ort auf der Baustelle durch die Vorarbeiter und weiterführend im Büro) für unsere Restaurierberichte. Die Dokumentation ist mehrfach wichtig. Zum einen werden Berichte zur Restaurierung durch das Denkmalamt oder den Auftraggeber für deren Archive gefordert. Sinn und Zweck eines Restaurierberichtes ist es, die ausgeführten Arbeiten und verwendeten Materialien nachvollziehbar für spätere Restaurierungen zu machen. Im Weiteren ist auch eine interne Dokumentation wichtig, da manche Restaurierungsobjekte über mehrere Jahre betreut werden oder unsere Firma das Objekt, natürlich erst nach mehreren Jahrzehnten, vielleicht bei erneuter Auftragserteilung wieder zu restaurieren hat."

1-19 Die Erstbefahrung des Turms dient der ersten Schadensfeststellung.

Erstbefahrung und Schadstellenplan

Als Beispiel für diese beiden Themen verwende ich den gotischen Turm der Straßengeler Kirche (Graz Umgebung). Ein Bestands- und Schadstellenplan wurde vom Denkmalamt im Zuge der Restaurierung des Kirchenschiffs schon angefertigt und steht uns zu Verfügung (▸ **Bild 1-18**). Dieser Plan ist sicherlich eine gute Grundlage, aber da seit dessen Erstellung einige Zeit vergangen ist, müssen viele Positionen neu bewertet oder zumindestens überprüft werden.

Beteiligt sind bei der Erstbefahrung des Turms mit dem Steiger Personen der Diözese, des Denkmalamtes und des ausführenden Steinrestaurators. Dabei sammelt die Bauleitung Informationen und macht sich ein Bild über den konkreten Schadensbefund des Turms (▸ **Bild 1-19**).

So kann, sobald das Gerüst steht, mit den ersten Sicherungsmaßnahmen begonnen werden, um überhaupt einen gefahrlosen Baustellenbetrieb gewährleisten zu können.

1-20 Aus einiger Entfernung zum Turm sind Schäden in der Steinsubstanz nicht so leicht zu erkennen. (rechts)

1-21 1-22
Aus nächster Nähe sieht die Sache schon ganz anders aus. Der durch Rost- und Frostdruck geborstene Kreuzblumenstempel muss aus Sicherheitsgründen sofort abgenommen werden.

Um sich im wahrsten Sinn des Wortes ein Bild von aussagekräftigen Regionen des Turms zu machen, wird bei der Erstbefahrung der Grundstein für die Restaurierungsdokumentation gelegt. Die eigentliche Fotodokumentation des Bestandes wird systematisch, erst nach Errichten des Gerüsts, ausgeführt (▸ **Bild 1-20**).

Die Schadensursachen am Stein werden im Kapitel **Freilegung** noch sehr umfangreich vorgestellt. Die Schäden, die bei der Erstbefahrung des Turms mit dem Steiger gesichtet wurden, bilden nur die Spitze des Eisberges. Es gehört sehr viel Erfahrung dazu, ein Anbot für eine vernünftige Restaurierung des Objekts aufgrund von doch relativ wenigen relevanten Fakten zu erstellen.

Begrenzte Schadstellen oder beschädigte Zierelemente sind hierbei nicht das größte Problem. Viel gefährlicher sind Risse oder Verschiebungen an den tragenden Bauelementen, die die Statik des Turms gefährden könnten. Auch Risse und Spalten bei auskragenden Steinteilen müssen so schnell wie möglich gesichert werden (Absturzgefahr).

Die Restaurierungsgeschichte eines über 600 Jahre alten Bauwerks ist natürlich komplex. Alte Ausbesserungen aus Stein (▸ **Bild 1-23**) oder Mörtel (▸ **Bild 1-25**) verursachen oder

1-23 Schäden rund um eine Vierung

1-24 Eckschaden an einem Quader

bilden aus diesem Grund nicht selten schon wieder neue Schadstellen.

Fotodokumentation am Gerüst und Entscheidungen der Bauleitung

Für den Restaurierungsbericht und zur Aktualisierung des Schadstellenplans wird eine nach Himmelsrichtungen und Gerüstetagen ausgerichtete Fotodokumentation des Bestandes erstellt (▸ **Bild 1-30** und ▸ **Bild 1-31**).

Währenddessen werden schon die ersten **Sicherungsmaßnahmen** an der obersten Kreuzblume begonnen und erste **Musterflächen** angelegt (▸ **Bild 1-32**).

Da die Befestigung des Gerüsts an der Turmhelmspitze statisch nicht ganz unbedenklich erscheint (▸ **Bild 1-29**), wird

1-25 Eine mit Mörtel ergänzte Krabbe hat sich total aufgelöst (Schadensbehebung aus einer älteren Restaurierungsperiode).

1-26 Dieser Scheinwasserspeier hat einen Riss in der Halsgegend.

1-27 Die Basis der Projektdokumentation wird bereits bei der Erstbefahrung des Turms gelegt.

1-28 Leicht verschobener Riss durch freiliegendes Ankereisen

1-29 Gegenüberliegende Seite: Da fragt man sich doch: Halten die Steine das Gerüst oder ist es umgekehrt?

bei der ersten **Besprechung der Bauleitung** eine Teilfertigstellung des Turms noch im selben Jahr beschlossen. Dadurch kann der Turmhelm frühzeitig bis zur Turmkronenebene abgerüstet und somit entlastet werden (▶ **Bild 1-33**). Als einer der stärksten Stürme im Frühjahr des nächsten Jahres (2008) schwere Verwüstungen in Graz und Graz-Umgebung anrichtete, waren alle Verantwortlichen froh, diese Entscheidung getroffen zu haben. Im Normalfall würde man ein **Lasurmuster** erst kurz vor der Fertigstellung des Turms benötigen. Aber durch die statischen Gegebenheiten und die erforderliche **Teilabrüstung** müssen manche Maßnahmen von der **Bauleitung** eben vorgezogen werden.

1-30 Erste Sicherungsarbeiten bei der Kreuzblume, siehe Seiten 89 bis 91 (oben links)

1-31 Auf einem Klebeband wird die jeweilige Gerüstetage eingezeichnet (wird für die Fotodokumentation benötigt). (oben Mitte)

1-32 Lasurmuster bei einem Fischblasen-Maßwerk (links unten)

1-33 Der Dachreiterturm nach der Teilabrüstung

II. Reinigung

2-1 Reinigungsarbeiten mit der Partikelstrahlpistole an Naturstein, Kunststein und Sichtziegeln im Arkadengang der südlichen Aufbahrungshalle des Grazer Zentralfriedhofs

Grundsätzliches zur Reinigung

Die Reinigung dient in erster Linie dem vorsichtigen Entfernen aller Ablagerungen, die die natürlichen Eigenschaften des Steins behindern oder bestehende Steinoberflächen angreifen. Das Erscheinungsbild (sauber und neu) ist nicht so wichtig; in erster Linie geht es um die Schaffung eines tragfähigen Untergrunds für Ergänzungen und Schutzmaßnahmen (z. B. Lasuren). Nach der Reinigung sind auch Schäden am Objekt besser zu erkennen, die dann zugeordnet werden können. Aus diesen Gründen steht die Reinigung meist am Anfang der handwerklichen Restaurierungsmaßnahmen.

Obwohl junge Steinmetze, die ja die eigentliche Zielgruppe dieses Buches darstellen, mit hoher Wahrscheinlichkeit schon Erfahrungen im Bereich der Steinreinigung gesammelt haben, ist das nicht (auch wenn ähnliche Geräte zum Einsatz kommen) ganz das Gleiche wie Reinigungsarbeiten in der Restaurierung. Gerade die Reinigung historischer Objekte ist ein sensibles Thema, was sich auch in den Fachbeiträgen zu diesem Thema von akademischer Seite widerspiegelt. Dem werde ich nicht viel hinzufügen, sondern mich nur mit den praktischen Aspekten geläufiger Reinigungsmethoden beschäftigen.

Die einfachste und fast immer gebräuchlichste **Reinigung** ist die **mit Wasser**, meist in Form von Heißwasser (Dampf) mit geringem Druck. Nahezu alle biologisch noch aktiven Anhaftungen am Stein (Nasskruste) werden damit beseitigt. Von der Denkmalpflege genehmigte Mittel gegen Moos und Flechten (z. B. Antimoos) können zusätzlich in Kombination mit der Kärcher-Reinigung zur Anwendung kommen; kleinere Varianten der Dampfreinigungsgeräte kommen eher im Innenbereich zum Einsatz. Diese Methode darf natürlich nicht bei Frostgefahr angewendet werden.

Weiter ist die **Methode des Partikelstrahlens** zu nennen, die bei schwarzen Sinterkrusten (Trockenkrusten) zum Einsatz kommt. Wenn vorher eine Nassreinigung erfolgte, bleiben diese Krusten ohnehin gut sichtbar. Diesen Arbeitsvorgang unbedingt vor Regen schützen. Auch die Staubentwicklung sollte beachtet werden. Hierfür wird eine speziell genehmigte feine Keramikkörnung mit relativ geringem Luftdruck verwendet (kein Quarzsand). Verschossen wird dieses Material in entsprechender Körnungsgröße aus verschiedenen Geräten. Je nach Größe und Wert der zu reinigenden Stellen haben sie das Aussehen von Kugelschreibern (für Römersteine, Skulpturen usw.) oder Pistolen (hauptsächlich in Verwendung) bis hin zu Feuerwehrspritzen (wird auch oft mit einer Wasserzuleitung im Nassstrahlverfahren bei sehr großen Fassadenflächen angewendet). Diese Geräte werden mit entsprechend dimensionierten Kompressoren betrieben.

Der ausführende Facharbeiter sollte diese Tätigkeiten niemals ohne entsprechende **Schutzausrüstung** für Augen (Schutzbrille) und Lunge (Atemmaske) ausführen. Vor allem in der Innenstadt ist die Staubentwicklung für die an die Baustelle angrenzenden Geschäfte und Gastronomiebetriebe ein Nachteil, dem man mit Arbeitszeitkoordination und Planenabdeckungen in Richtung der verschiedenen Lokalitäten begegnen kann.

Lacke oder Ölfarbenanstriche, überhaupt alle Beschichtungen aus neuerer Zeit, die die Durchlässigkeit des Steins behindern (Dampfsperre), müssen vor weiteren Maßnahmen mit speziellen **Abbeizmitteln** behandelt werden. In kristallinen Gesteinen, aber auch bei porösen, stark saugenden Sandsteinen, können noch zusätzlich Metalloxyde (Eisen, Kupfer), Gerbsäuren (morsches Holz) oder Kerzenwachs auftreten. Gutgemeinte Schutzbeschichtungen von früheren Restaurierungen, die dem Stein oft mehr schaden als nutzen, können ebenfalls zum Thema werden (Firnis, Fluate usw.).

Die Grenzen der Restaurierungsmaßnahmen ▸ **Reinigung** und ▸ **Freilegung** sind oft fließend; darum möge man mir verzeihen, wenn das große Gebiet der „Salze in Gesteinen" dem Kapitel Freilegung zugeordnet wird.

Meistens ist vor der Übernahme der **Projektmappe** durch den Ausführenden (Steinmetz in der Restaurierung) schon geklärt (Vorarbeit – Befundung – Probeflächen), welche Reinigungsarten oder -kombinationen zum Einsatz kommen. Trockeneisstrahlen und Laserreinigung z. B. haben ihre Berechtigung, wurden bei meinen Projekten aber nicht eingesetzt.

Tipp: An dieser Stelle sei nochmals darauf hingewiesen, dass man auf dem Gebiet der Reinigung als ausführender Handwerker eine große **Verantwortung** gegenüber dem Denkmalamt und der Bauleitung hat. Ist man nicht durch die Vorgaben der Projektmappe oder Erfahrungswerte abgesichert, sollte im Zweifelsfall immer mit firmeneigenen Spezialisten Rücksprache gehalten werden.

Entfernung von Pflanzenbewuchs

Dieses Kapitel sei direkt mit einem Beispiel eingeleitet: Die Abbildung ▸ **Bild 2-2** zeigt eine Brunneneinfassung aus der Zeit des Dreißigjährigen Krieges, die jetzt im Garten von Schloss

2-2 Der Brunnenkranz war an seinem ursprünglichen Standort eigentlich die Einfassung der Burgzisterne Oberwildon.

2-3 Das Wappen eines durch Schloss Eggenberg (Graz, Weltkulturerbe) bekannten Adelsgeschlechts ist nach der Restaurierung wieder deutlich zu erkennen (oben).

2-4 Die Einzelteile der Brunnensegmente wurden mit Klammern verbunden (links unten).

2-5 Modernes Betonfundament zum Schutz der Basissteine vor Bodenfeuchtigkeit (rechts unten)

Schwarzenegg (Wildon) steht. Es handelt sich hier um vernachlässigtes und fast vergessenes Stück „Gartengestaltung", dessen historische Bedeutung nach der Restaurierung und dem Artikel im Kulturmagazin „hengist" (Susanne Pink: Der Eggenberger Brunnenkranz aus Burg Oberwildon, 2/2018) viele Fachleute interessiert.

Bei diesem Projekt musste logischerweise die Bewuchsentfernung als erste Maßnahme stehen, damit die eigentliche Reinigung des Steins ermöglicht werden konnte. Nähere Informationen über dieses Objekt können im Übrigen in dem bereits erwähnten Magazin „hengist" nachgelesen werden (▸ **Bild 2-2**).

Wie man am Fertigstellungsbild (▸ **Bild 2-3**) erkennen kann, datiert der von Johann Anton von Eggenberg erneuerte Brunnenkranz aus dem Jahr 1640. Aus welchen Gründen er von seinem ursprünglichen Standort (Burg Oberwildon) nach Schloss Schwarzenegg kam (um 1940), kann wohl nur ein Historiker aufhellen. An seinem neuen Standort hat er aber eher die Funktion eines Denkmals, denn ein Brunnenschacht ist nicht vorhanden.

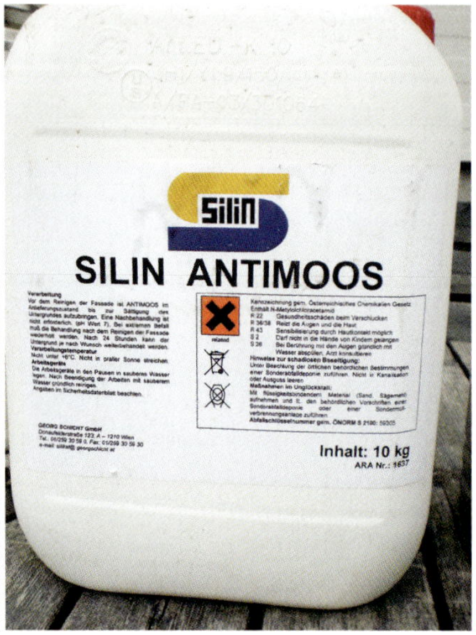

2-6 **2-7** Die chemischen Mittel gegen Moos und Flechten, die in der Denkmalpflege Verwendung finden, sind darauf geprüft, den Stein keinesfalls zu schädigen. (oben links und Mitte)

2-8 Manchmal werden Rückseiten von den Gerüstbauern vernachlässigt. Trotzdem bleiben Kletteraktionen am nassen Gerüst gefährlich und sollten unterbleiben. (oben rechts)

Beim Herausnehmen und Sichern eines gebrochenen Basissteins sieht man das neuzeitliche, vernünftigerweise über das Bodenniveau gehende Betonfundament (▸ **Bild 2-5**). Noch besser wäre natürlich eine zusätzliche Isolierung, aber auch so gibt der Beton nur wenig Feuchtigkeit an den Stein weiter.

Obwohl schachtseitig ansatzweise eine Rollierung vorhanden war, kam es durch jahrzehntelangen Bewuchs im Innenbereich zu Humusbildung, was eine Überbrückung vom Erdboden zum Brunnenkranz durch aufsteigende Feuchtigkeit (Frost) zur Folge hatte.

Durch das Entfernen der Pflanzen, Wurzeln und Erde an der Brunneninnenseite unter das Fundamentniveau und das Anbringen einer vertieften Holzabdeckung (▸ **Bild 2-4**) durch den Zimmerer wird die Brunnenanlage optimal geschützt.

Ein wichtiger Grund für die Restaurierungsarbeiten war natürlich auch die Sichtbarmachung der Inschriften und des Wappens.

Kärcher-Reinigung von Sandstein

Die Hauptreinigung mit Heißwasser und geringem Druck ist, wann immer möglich, am besten geeignet, um Moos, Flechten und anhaftenden Schmutz vom Sandstein zu entfernen, wie das Beispiel der Herz–Jesu-Kirche in Graz zeigt. Nach der ersten Reinigung wird Antimoos mit Sprühgeräten aufgetragen und nach der Einwirkzeit mit Wasser abgespült.

2-9 Der fertiggestellte Hauptturm der Südseite (links)

2-10 Der eingerüstete Hauptturm der Herz-Jesu-Kirche in Graz hat ziemlich genau die Größe der Saturn 5-Mondrakete. (rechts)

Tipp: Diese Arbeit übernahm ich bei großen Objekten gern selbst, um Problemstellen gut zu erkennen und um die weitere Vorgehensweise festzulegen. Wenn man in über 70 m Höhe am Turm mit der Reinigung beginnt, hat man genug Zeit, um die nächsten Arbeitsschritte zu überdenken.

2-11 Durch absterbendes und aktives biologisches Material, Schmutz, Vogelkot und ausgeschwemmtem Kalk aus dem Stein entsteht ein Nährboden auch für größere Pflanzen.

2-12 Da man Granit statt mit Partikelstrahlen auch durchaus mit sehr hohem Wasserdruck reinigen kann, sollte eine Kärcher-Reinigung immer zuerst ausprobiert werden. Diese ist, wenn ein gleiches Ergebnis erzielt werden kann, wesentlich ökonomischer.

2-13 Richtig angewandt ist das Mikropartikelstrahlen erstaunlich schonend für den Marmor.

Partikelstrahlen bei Granit, Marmor oder Sandstein

Sofern Granit kompakt ist (Beispiel: Josefskirche, Graz), können die Verschmutzungsschichten, wie am Sockel zu sehen, mit Strahlmaterial auch mit größerem Druck entfernt werden (▸ **Bild 2-12**).

Durch die Härte des Steins (Härteskala 5–7) ist es durchaus möglich, auch Anfänger und Lehrlinge in diese Arbeit einzuweisen, ohne die Gefahr von Beschädigungen durch „Verstrahlen" befürchten zu müssen.

Bei Marmor hingegen ist es angezeigt, mit wesentlich geringerem Druck auf der Strahlpistole zu arbeiten. Dann sind auch hier bei entsprechender Sorgfalt keine negativen Ergebnisse zu erwarten (▸ **Bild 2-13**).

In Reichweite von Schlagregen ist beim Portalengel mit etwas hartnäckigeren Sinterkrusten zu rechnen (Regenschat-

2-14 Wo mit Kalk und Schmutz gesättigtes Wasser sehr langsam über den Stein fließt und dort verdunstet, hinterlässt es diese am Engel zu erkennenden dunklen Ablagerungen, die leider stark am Stein anhaften. (oben links)

2-15 **2-16** Nischenstatue an der Portalfassade der Kirche vor und nach der Mikropartikelreinigung (links unten, rechts oben)

ten). Schlagregen entsteht bei starken Regen, kombiniert mit Wind. Eine Durchfeuchtung, verursacht durch Schlagregen, kann zu Schäden im Mauerwerk führen (▸ **Bild 2-14**). An der Mauer und aus Fugen schwemmt das abfließende Regenwasser, über die Jahre hinweg, lösliche Bestandteile wie Schmutz (Ruß) und Kalk aus. Dort, wo es sehr langsam nach unten abfließt und ganz besonders bei den Verdunstungszonen setzen sich mit der Zeit die dunklen Gipskrusten auf dem Marmor ab.

Tipp: Bei weichem Sandstein ist bereits ein gewisses Maß an Erfahrung im Umgang mit der Strahlpistole nötig. Vor allem die Balance zwischen der Höhe des Luftdrucks und der Strahlgutmenge ist von größter Bedeutung. Da häufig schon der ungereinigte Stein eine aufgeraute Struktur besitzt, ist es wichtig, den Unterschied von Bestandsstruktur und eventuell schon beginnenden Verstrahlungen keinesfalls zu verpassen (Nischenfigur, ▸ **Bild 2-15 und Bild 2-16**).

2-17 Obwohl das Mikrostrahlgut keinen Quarzsand enthält, ist das Tragen einer Staubschutzmaske und einer Schutzbrille unerlässlich.

Partikelstrahlen bei unterschiedlichen, sensiblen Oberflächen

Beim gotischen Hauptportal der Pernegger Frauenkirche, das hier als Beispiel dienen soll, ist es angezeigt, besser von „Oberflächen" anstatt von „Stein" zu reden. Farb- und Fassungsreste sollten im konkreten Fall unbedingt erhalten bleiben, und auch der Sandstein in seinem nicht sehr homogenen Erscheinungsbild ist eine heikle Angelegenheit.

Bei unserem Beispielsobjekt ist keine rekonstruktive Ergänzung und keine Schutzlasur vorgesehen (Konzept). Die Reinigung wäre zwar auch notwendig, aber den optischen Gesamteindruck würden plastisch die rekonstruktiven Ergänzungen und farblich die Schutzlasur bestimmen. Deshalb ist die Reinigung des Portals für den Gesamteindruck der fertigen Restaurierung maßgeblich.

Der Einsatz von wenig Druck und viel sehr feinem Strahlgut hat den besten Effekt (wie ein Radiergummi). Dass die Strahlpistole bei diesen Gegebenheiten öfter verstopft, ist lästig, aber nicht zu ändern.

Tipp für Vorarbeiter: Die Arbeiten mit Strahlwerkzeug selbst ausführen oder Facharbeiter mit einschlägiger Strahlerfahrung für diese Aufgabe einsetzen.

2-18 2-19 Die Postamente des Portals der Frauenkirche Pernegg sind leider nicht mehr mit Statuen besetzt, was wahrscheinlich eine Folge der Reformation ist. Die Steiermark war in dieser Zeit evangelisch.

2-20 2-21 Vor und nach der Partikelstrahlreinigung (links Mitte, links unten)

Der Einsatz von Mikropartikelstrahlgeräten

Unser Beispiel führt in eine Seitenkapelle der Kirche des Stifts Rein; hier befindet sich beim „Grabmals der Ottokare" unter anderem eine Reliefplatte (▸ **Bild 2-22**). Harte Zementmörtelspritzer hatten sich durch einen unachtsamen Handwerker in der Marmorstruktur dieser Reliefplatte festgefressen (rotes Oval in ▸ **Bild 2-24**). Nach vorsichtiger mechanischer Reinigung mit Mikropartikelstrahlgeräten sind derartige Stellen

2-22 Grundsätzlich gleiches Strahlgut wie auf der vorangegangenen Seite, nur mit kleinerem, punktgenauem, kugelschreibergroßem Strahlwerkzeug (rechts)

2-23 Gegenüberliegende Seite: die Reliefplatte nach der Restaurierung

2-24 Bei einem zementhaltigen Vorspritzputz hat vor ein paar Jahrzehnten wahrscheinlich ein Maurer nicht aufgepasst.

2-25 Der Hase, der den Markgrafen rettete. Vor der Reinigung

unter dem Mörtel natürlich hochrein. Um sie der übrigen Platte anzugleichen (Hase ▸ **Bild 2-25**), könnte man diese Flächen auf die Schmutzpatina des restlichen Reliefs retuschieren. Aber auch die erfolgte, schonende Gesamtreinigung halte ich für einen gangbaren Weg.

Das Relief erzählt den Gründermythos der Kartause Seitz (Slowenien) durch Markgraf Ottokar III. Die Bilder ▸ **Bild 2-23,** ▸ **Bild 2-26,** ▸ **Bild 2-27** zeigen das fertige Relief.

In dieser Kapelle befindet sich auch der Sarkophag von Herzog Ernst dem Eisernen (siehe gegenüberliegende Seite).

2-26 2-27 Das Relief nach der Fertigstellung der Arbeiten (siehe auch Bild 2-23)

Die Verwendung des kleinen Dampfreinigers bei wichtigen historischen Objekten

Bei der Grablege des Großvaters von Kaiser Maximilian I., Herzog Ernst des Eisernen, in einer Seitenkapelle der Kirche im Stift Rein, hatten wir als nichtakademische Restauratoren vergleichsweise viel Handlungsfreiheit. Wir gingen hier wie folgt vor: Am Anfang stand das Freilegen, dann folgte das Entsalzen, Festigen und Ergänzen des vorderen gotischen Verblendungssteins sowie das Öffnen und Sichern des Gruftraums. Schließlich wurde dieser vermauert und ein Kellenverputz angebracht.

2-28 Die Reliefplatte der Gruft datiert tatsächlich noch ins Mittelalter.

2-29 Im Inneren der Gruft ist es schon ein wenig unheimlich.

2-30 Die schöne Rotmarmorplatte wird nur mit Dampf gereinigt. Das ist in diesem Fall die sicherste und schonendste Reinigungsmethode.

Beim kunsthistorisch bedeutenden Grabplattenrelief gab es, außer einer Reinigung mit dem kleinen Dampfgerät, kaum Spielraum (▶ **Bild 2-28**). Meinem etwas enttäuschten Mitarbeiter erklärte ich dann den Grundsatz: Je älter und/oder wertvoller ein Objekt, um so vorsichtiger wird

2-31 Fertigstellungsbild der Gruftanlage

mit Restaurierungsmaßnahmen von Seiten des Denkmalamts oder der Auftraggeber umgegangen (▸ **Bild 2-29,** ▸ **Bild 2-31**). Das hat natürlich seine nachvollziehbaren Gründe, bedeutet aber, dass manchmal nur die Rolle einer ambitionierten Reinigungskraft übrigbleibt.

2-32 Diese Arbeit ist stupide, schmerzhaft für die Augen und anstrengend. Ein guter Vorarbeiter verteilt sie gerecht auf alle Mitglieder des Restauratorenteams.

Mit Nasspartikelstrahlen große Flächen reinigen

Sollen große Flächen schnell und schonend gereinigt werden, wie hier die Steinelemente des Grazer Mausoleums Kaiser Ferdinands II. (▸ **Bild 2-32**), dann empfiehlt sich das JOS-Nassstrahlverfahren, eine Mischung aus Partikelstrahlen und Kärcher-Reinigung (▸ **Bild 2-37**).

Da bei dieser Reinigungsmethode fast keine Staubentwicklung entsteht, ist sie für den sensiblen Innenstadtbereich bestens geeignet (▸ **Bild 2-32,** ▸ **Bild 2-34**). Wegen des entstehenden Partikelschlamms, der an der Fassade anhaftet, ist vorerst ein Arbeiten von unten nach oben angezeigt. Ist ein Bauteil fertig, wird es mit klarem Wasser von oben abgewaschen. Nach dem Abtrocknen ist bei den tiefen Unterschneidungen ein wenig Nacharbeit mit der Trockenstrahlpistole notwendig (▸ **Bild 2-35,** ▸ **Bild 2-36**).

2-33 **2-34** Turmengel des Mausoleums vor und nach der Reinigung

2-35 2-36 Westfassadenengel des Mausoleums vor und nach der Reinigung

2-38 An einem sehr kalten Herbsttag war es für die Hände direkt angenehm, die heißen Metallteile der Kärcher-Lanze kurz zu berühren (Wassertemperatur ca. 90 °C).

2-37 Blick von der Domapsis auf die Türme des Mausoleums

2-39 Stilkunde: Hochgotisches Maßwerk eines durchbrochenen Turmhelms mit Krabben (Kriechblumen)

Anwendung der Kombinationsmethode bei Nass- und Trockenkrusten

Wenn es das Baudenkmal zulässt, ist die Behandlung der Nasskrusten (Moose und Flechten) mit dem Kärcher (wenig Druck und starke Hitze) und, nach dem Abtrocknen, die Entfernung von Trockenkrusten im Regenschatten mit Partikelstrahlen die effizienteste Reinigungsmethode (▸ **Bild 2-38**).

Die Reinigung des Turmhelms der Wallfahrtskirche Maria Straßengel ist ein Beispiel für dieses Vorgehen. Die Abbildung (▸ **Bild 2-39**) dokumentiert den Gegensatz von gereinigten (die Krabben links im Vordergrund) und ungereinigten Flä-

2-40 Unterseite eines Kreuzblumenblatts nach der Kärcher-Reinigung

2-41 Unterseite eines Kreuzblumenblatts nach Kärcher- und Partikelstrahlreinigung (rechts oben)

2-42 Atem- und Gehörschutz sind zwar nicht ganz vorschriftsmäßig, aber bei dieser für meinen Kollegen unangenehmen Arbeitshöhe will ich nichts dazu sagen.

chen (Maßwerk und Krabben im Hintergrund) aus porösem Kalkstein (ähnlich Tuffstein).

Nach der Nassreinigung von Schmutz und aktiver biologischer Substanz bleiben im Regenschatten Sinterkrusten übrig. Diese werden mit Partikelstrahlen reduziert. Die Reinigung der Blattunterseite der großen Kreuzblume des Turms ist beispielhaft für dieses Vorgehen (▸ **Bild 2-40** und **2-41**).

Ablauf der Kombinationsreinigung

- Reinigung mit dem Kärcher (Heißwasser)
- Besprühen mit Antimoos
- Partikelstrahlen der Restflächen (Sinter)
- Abwaschen vom Antimoos nach der Einwirkzeit. Sehr günstig auch nach dem ▸ **Freilegen,** zum Säubern und Vorfeuchten der Ergänzungsstellen

Worauf beim Reinigen zu achten ist

Festigen vor dem Reinigen

Im oberen Bereich dieses „evangelischen Denkmals" an der Hauptfront der Pernegger Frauenkirche war der Marmor gut vor Witterungseinflüssen geschützt (Verdachung ▸ **Bild 2-43**). Durch die Kompaktheit des Steins kann, wenn auch vorsichtig, mit Mikropartikeln gereinigt werden (▸ **Bild 2-44**).

Auch eine schonende Dampfreinigung wäre möglich gewesen. Die starke Vergilbung ist wahrscheinlich durch falsche

2-43 Der Zustand der Seitenflächen lässt erkennen, dass das Denkmal ursprünglich woanders platziert war (Innenraum der Kirche).

2-44 Oberer Abschnitt des Denkmals mit Gegensatz Gereinigt/Ungereinigt

Reinigungsversuche an den vier Statuen, über die leider keine Aufzeichnungen vorhanden sind, entstanden. Um hier nicht noch mehr zu aktivieren, wird auf eine Feuchtreinigung verzichtet.

Durch Schlagregen und Frost ist der Marmor des „Golgatha"-Kreuzsockels zwischen den anbetenden Figuren stark „verzuckert". Die Bindung des kristallinen Kalks hat sich soweit gelöst, dass man mit dem Finger einzelne Kristalle abreiben kann (siehe Beispiel rote Kreise, ▸ **Bild 2-46**). Deshalb wird als Sicherung des Materials vor der Reinigung eine Behandlung mit Kieselsäureester vorgenommen (mehrmals).

2-45 Natürlich könnten auch Mineralien und Spurenelemente im Marmor zu der Vergilbung geführt haben. Aber auch in diesem Fall ist ein Stärkerwerden der Verfärbung bei einer Nassreinigung sehr wahrscheinlich.

2-46 Welche Reinigungsmethode auch immer zur Anwendung kommt, es sollte zuerst die dafür erforderliche Festigkeit des Bestandsmaterials überprüft werden.

Tipp: Bei dem hier beschriebenen Vorgehen ist die zeitliche Abfolge zu beachten (▸ Kapitel Sicherung).

2-47 Portaltürsturz (Steinüberlager): gereinigt/ungereinigt

Patina oder pigmentierte Firnis

Es kann passieren, dass sich ein ausführender Restaurator Kritik wegen „Überreinigung" eines Objekts ausgesetzt sieht. So geschehen im Fall des gotischen Hauptportals der Pfarrkirche St. Rupert in Gratwein. Das ist auch verständlich, da das optische Erscheinungsbild von mit dem Mikropartikelstrahlgerät gereinigten Flächen und dem ungereinigten Stellen sehr deutlich ins Auge fällt (▸ **Bild 2-47**). Das Foto links unten beweist meiner Ansicht nach den Anstrichcharakter der Schicht (Lasur), so dass es sich nicht um eine natürlich entstandene Patina handeln kann (▸ **Bild 2-48**). Damit meine ich nicht den Regenflächen-Regenschatten-Unterschied, der vielleicht auch bei einer gewachsenen Patina entstehen könnte.

Der obere Abschlussstein (roter Kreis) besteht aus aflenzerähnlichen Sandstein und wurde vermutlich anstelle einer fehlenden Kreuzblume in späterer Zeit angebracht. Von selbst kann der Sandstein nicht die dem Kalkstein entsprechende Patina entwickeln, da er an der obersten Stelle des Portals platziert ist.

Der Umgang mit polychromen Fassungsresten

Während der Reinigung mit Heißwasser wurden beim Helm und Federbusch über dem Wappenschild des gotischen Dachreiterturms der Kirche Straßengel polychrome Fassungs-

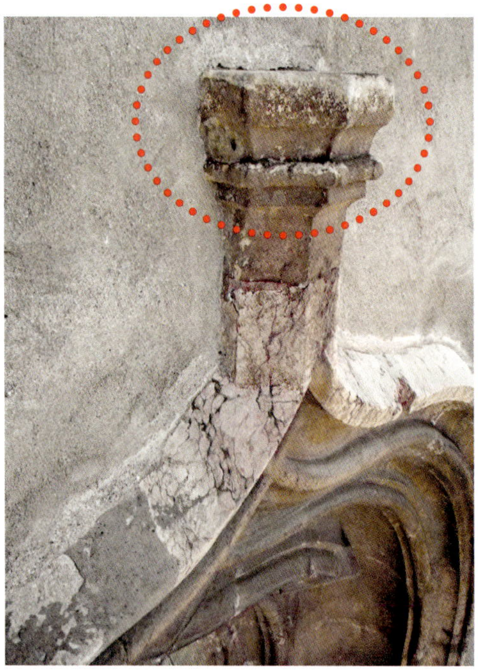

2-48 Wenn eine abschließende Kreuzblume aus Kalksandstein auf dem Giebelpodest vorhanden war, kann die Materialwahl auch aus Gründen der bildhauerisch leichteren Bearbeitbarkeit des Kalksandsteins erfolgt sein.

2-49 Natürlich könnte man die Farbe des Natursteins künstlich vertiefen. Beispiel: fertiges Portal im feuchten Zustand.

2-50 Der Stein wurde dann doch naturbelassen, im Bild: die Fertigstellung.

reste entdeckt. Ein Facharbeiter, darauf sei hier hingewiesen, hat die Pflicht, auf Entdeckungen wie diese aufmerksam zu machen (**Hinweispflicht**). Über den weiteren Umgang mit derartigen Funden entscheidet dann die Bauleitung.

Tipp: Auch wenn bei dieser Restaurierung Fassungsrekonstruktionen nicht vorgesehen waren, sollte man Farbreste an Steinteilen immer fotodokumentarisch erfassen und ihre Position bestimmen.

Die Lage des Steinelements am gotischen Turm der Kirche ist unten in ▸ **Bild 2-51** und rechts ▸ **Bild 2-52** dokumentiert.

Die Bilder ▸ **Bild 2-53** sowie ▸ **Bild 2-54** zeigen Details von Federn des Federbuschs, ▸ **Bild 2-55** die der Helmkrone.

2-55 Detail der Helmkrone

Die Besonderheit der Steinmetzzeichen

Steinmetzzeichen, wie hier am Portal der Frauenkirche Pernegg, dienten nicht nur in der Zeit der Gotik mit Blick auf die Arbeiten, die ein Steinmetz leistete, als **Qualitätskontrolle und Abrechnungshilfe** (siehe ▸ **Bild 2-56** bis ▸ **Bild 2-59**).

Unsere Firma und auch das Denkmalamt haben für die Befundung von Fassungsresten und, wie im konkreten Fall, von Steinmetzzeichen qualifiziertes, akademisch geschultes Fachpersonal zur Verfügung. Der gewissenhafte Restaurator vor Ort, dem beim Reinigen solche Besonderheiten auffallen, muss in diesem Fall im Rahmen seiner Tätigkeiten keine perfekte Dokumentation erstellen.

2-51 2-52 Die Lage des Steinelements (rechts) am gotischen Turm der Kirche (links)

2-53 2-54 Details der Federn des Federnbusches

2-56 2-57 2-58 2-59
Beispiele von Detailfotos am gotischen Gewände des Hauptportals von gut erhaltenen Steinmetzzeichen

Seine Aufgabe als ausführender Restaurator vor Ort ist es aber, weitere Arbeiten im Umfeld dieser besonderen Stellen auszusetzen, bis die weitere Vorgehensweise mit der Bauleitung besprochen wurde. Außerdem werden von ihm

- Fotos dieser Zeichen mit einer Positionsbestimmung am Bauwerk und
- gegebenenfalls eine Meldung an das BDA

erwartet.

2-60 Stilkunde
Gewände: eine reich profilierte Fenster- oder eine Portallaibung aus Stein (Hauptportal der spätgotischen Frauenkirche von Pernegg)

III. Freilegung

3-1 Freilegung von desolaten Fugen und Altergänzungen beim Sockel des Mausoleums Kaiser Ferdinands II. in Graz

Grundsätzliches zur Freilegung

Mehr noch als bei der Reinigung kann mit Blick auf den Arbeitsschritt Freilegung bei falscher Ausführung oder Interpretation ein unwiederbringlicher Schaden angerichtet werden. Deswegen ist es von zentraler Bedeutung, auf keinen Fall das eigentliche Ziel, nämlich den größtmöglichen Erhalt von bestehender Oberfläche, aus den Augen zu verlieren.

Wenn beispielsweise eine gotische Kirche wie die Frauenkirche Pernegg bei den Strebepfeilern der neugotischen Auffassung eine entsprechende Überarbeitung aufweist, ist diese genauso zu akzeptieren wie neugotische „Verschönerungen" beim Turm der Kirche in Straßengel (historisch).

Schlecht gemachte Altergänzungen (Form, Struktur, Farbe) können aber freigelegt werden. In erster Linie geschieht das bei mechanischen Mängeln wie Ablösungsrissen, Aufplatzungen (Schollenbildung) oder bei teilweisen Substanzverlust bei den alten Mörtelergänzungen.

Als Substanzverlust wird die dritte und schwerwiegendste Schadensstufe einer alten Mörtelergänzung bezeichnet. Wie bei den Ablösungsrissen und der Schollenbildung ist es eine Richtlinie, die gesamte Altergänzung zu entfernen (Freilegen bis zum Bestandsstein) und sie durch neue Ergänzungsmaßnahmen zu ersetzen. Altergänzungen, die keine Flankenrisse in Richtung des Bestandssteins oder nur Risse in der weicheren Stoß- oder Lagerfuge aufweisen (nur die Fuge muss dann ergänzt werden), werden grundsätzlich erhalten.

Bei der Wulstergänzung auf der Seite 58 („Mehrbereichsmängel bei Altergänzungen", Bild 3-7) muss der ganze Bestandsmörtel abgenommen werden, obwohl keine Schäden ersichtlich sind. Der Grund dafür ist offensichtlich: Keine der drei Wertigkeiten der Oberfläche (Form, Struktur und Farbe) erfüllt auch nur annähernd die geringste Qualitätsnorm. Ist bei einer Fehlstelle kein alter Ergänzungsmörtel ersichtlich, muss der Untergrund (Bestandsstein) nur für weitere Ergänzungsmaßnahmen vorbereitet, aber nicht freigelegt werden.

Formveränderte Bereiche, egal ob aus Stein (Vierung) oder Ergänzungsmörtel, sollte man nur bei klar ersichtlichen Bestandsstrukturen rückführen.

Im Folgenden wird nur das gebräuchlichste Freilegewerkzeug vorgestellt, denn genauso wie bei der Reinigung richtet sich die Größe der verwendeten Gerätschaft nach dem Objekt der Freilegung. Außer Handwerkzeug, wie kleine Freilegehämmer, Handeisen, Spachteln, Schaber und Skalpell, ist noch die Freilegenadel (pressluftbetrieben) zu erwähnen, die bei kleineren und sehr wertvollen Objekten Anwendung findet.

Die Schadensursachen und die daraus resultierenden Gegenmaßnahmen werden meist schon vor Beginn der Restaurierungsmaßnahmen festgestellt und bei der vorangegangenen Befundung genau recherchiert (Projektmappe/Schadstellenplan). Dennoch ist es von Wert, als Facharbeiter, aber besonders als verantwortlicher Vorarbeiter, über die meisten vorkommenden Schadensursachen in der Steinrestaurierung Bescheid zu wissen. Viel deutlicher als bei jeder noch so guten Beschreibung kann der kundige Handwerker beim Freilegen die Ursachen der Restaurierungsnotwendigkeit erkennen oder neu erkannte Gegebenheiten besser zuordnen (Rückmeldungen an Bauleitung und eventuell Statiker). Viele der im Buch gezeigten Schadensbeispiele sind, obwohl sie eher die Demontage als die Freilegung zum Thema haben, der Vollständigkeit halber dokumentiert.

Wenn ein Restaurierungsobjekt vorher noch nie bearbeitet wurde (kommt selten, bei geschützten, beispielsweise im Innenbereich, oder nicht so alten Objekten vor), ist das Thema Freilegung von untergeordneter Bedeutung. Sofort nach der Reinigung (manchmal auch vorher) können, wenn die Notwendigkeit besteht, Sicherungsmaßnahmen, wie Festigung, Verklebungen und Vernadelungen, beim bestehenden Stein vorgenommen werden.

Der Hauptgrund von Freilegungsarbeiten bleibt nach wie vor die Entfernung von alten, desolaten Ergänzungsmörtel und von beschädigten Fugen, die ihre Funktion nicht mehr erfüllen. Die Freilegung störender Farbschichten auf Stein und die Rückführung auf die ursprüngliche Fassung werden nur kurz angeschnitten (in unserer Firma gibt es dafür eigene Maler-Facharbeiter).

Entfernen von schadhaften Altergänzungen

Das Kornmesserhaus in Bruck a. d. Mur (Probefläche)

Für die Bauforschung werden die abgenommenen Altergänzungen der Musterbalustrade gesammelt. Nach dem vorsichtigen Freilegen der desolaten Altbestandsplomben sind, bei der einzigen Ergänzung aus grobporigem Kalkmörtel (roter Kreis), keine Beschädigungen durch Auffrieren (Wassersperre) in den Übergangszonen von Stein auf den Ergänzungsbereich zu erkennen (allerdings auch keine gute Anhaftung des Mörtels). Die bindungsschwachen Übergangszonen werden vor dem Ergänzen mit Kalksinterwasser mehrmals gefestigt (▶ **Bild 3-2**).

3-2 Bei der rechten Hälfte der letzten Brüstung sah es von Anfang an so aus, als wäre der Einsatz aller Restaurierungsmaßnahmen notwendig. Daraus ergibt sich eine ideale Probearbeit für die Bauleitung.

Alle anderen abgenommenen Plomben bestehen aus hellen und dunklen Varianten stark zementhaltigen Betons, was, unter anderem, auf mehrere, frühere Perioden der Restaurierung schließen lässt (▶ **Bild 3-4**).

3-3 Das Kornmesserhaus in Bruck a. d. Mur, erster Stock, Arkaden-Balustrade, Fertigstellung ohne Lasur (oben)

3-4 Abgenommene Bestandsplomben bei der Musterfläche (unten links)

3-5 In diesem Bereich wird eine Vierung aus Naturstein ausgeführt. (unten rechts)

3-6
Rostiger Eisennagel als Altbewehrung

Mehrbereichsmängel bei Altergänzungen

Auf dieser Seite sind wirklich freilegungswürdige, eigenartige Sanierungen zu sehen. Das Portal der Gratweiner Kirche wurde schon als Beispiel für Reinigungsmaßnahmen angeführt (▸ Seite 52). Ob der untere Sockelbereich einmal mit Stein verkleidet war, konnten wir nicht befunden. Der vorhandene Betonverputz aber, der an den Übergangszonen zum Stein zu Schäden führte, ist sicher nicht gotisch und gehört zum Schutz des Steins entfernt (1 in ▸ **Bild 3-8** und Detailansicht in ▸ **Bild 3-9**).

Mit pigmentierten, den Portalsteinen angepasstem Mörtel, der keine Sperrschicht für den Feuchtigkeitsaustausch bildet, wird der Sockel leicht vorspringend imitiert.

Tipp: Die Orientierung an dem ursprünglich sicher nicht gotischen Bestand wäre für den optischen Gesamteindruck und für die Sicherheit des restlichen Sockelsteins bei diesem Projekt abträglich gewesen.

3-7
Form, Struktur, Farbe: Keine der drei Qualitäten überzeugt bei der Ergänzung. (links unten)

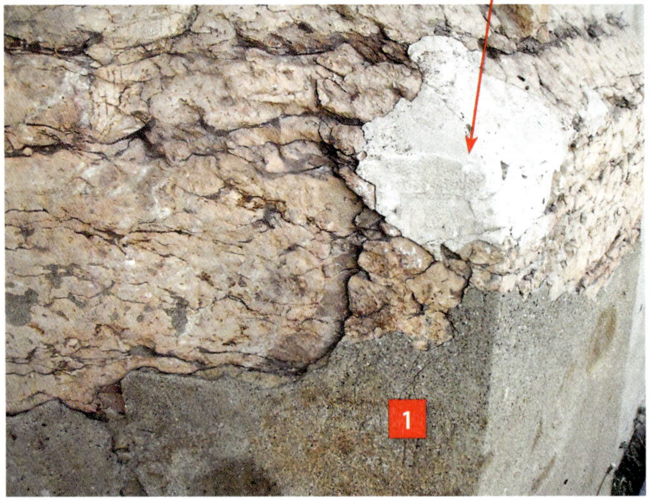

3-8 **3-9**
Vor allem in den Übergangszonen vom Beton zum Stein kommt es zu Frostaufbrüchen. (rechte Spalte)

3-10 Nach dem Entfernen des Betons müssen die abgesplitterten Steine gesichert und verklebt werden. (links oben)

3-11 Diese wie angenagelt wirkenden Vierungen sprechen für sich. (links unten)

3-12 Mit einem sehr geringen Zementanteil im Ergänzungsmörtel und dem Entfernen des Abbindesinters kann man den für den Bestandsstein in der Sockelzone so wichtigen Feuchtigkeitsaustausch fördern. (rechts oben)

Zementmörtelüberzug und Freilegewerkzeug

Die Apsis-Strebepfeiler der Frauenkirche Pernegg wurden bei einer früheren Restaurierung zum großen Teil mit Zementmörtel überzogen. Dadurch kam es in weiterer Folge zur Schollenbildung, die sich in den Übergangszonen von Stein und Mörtel teilweise ablösten. Der schwer in Mitleidenschaft gezogene Naturstein wurde vorsichtig freigelegt (▸ **Bild 3-13, 3-14** und **3-15**). Die wenigen bestehenden Oberflächen zu erhalten, ist das Ziel der Restaurierung (Fertigstellung mit Lasur ▸ **Bild 3-17**).

3-13 Schrifthauer – Presslufthammer für Freilegearbeiten

Stilkunde:
Als Apsis wird der meist halbrunde Abschluss des Kirchenchors bezeichnet.

3-17 Die wenigen bestehenden Oberflächen zu erhalten, ist das Ziel der Restaurierung (Fertigstellung mit Lasur).

3-14 Typische „Maurerergänzung“: Sperrschichtbildung mit Frostaufbruch durch hohen Zementanteil im Mörtel (oben links)

3-15 3-16 Der nicht historische Rieselverputz aus dem 20. Jahrhundert wird aus Kostengründen bei Schiff und Apsis belassen; der gotische Kellerverputz wird nur an der Frontseite revitalisiert. (oben Mitte und rechts)

Auch wenn man sich als ausführender Facharbeiter manchmal ein größeres Freilegewerkzeug wünschen würde, sind diese kleinen Presslufthämmer vorgeschrieben (regelbare Schlagintensität) (▸ **Bild 3-16**).Der Steinmetz verwendet dieses Werkzeug hauptsächlich zum Schrifthauen. Mit den dabei verwendeten kleinen Breiteisen werden sie auch bei der Freilegung eingesetzt.

Weitere Anwendungen dieses Werkzeugs finden sich im Kapitel ▸ **Ergänzung** – mit Naturstein – Werkstück.

Freilegen der ursprünglichen Steinfassung

Eine große Anzahl von Malschichten wurde im Laufe der Zeit auf diese Gewölbesäule im Keller des Deutschritterordenshauses in Graz (Ecke Sporgasse/Hofgasse) aufgebracht. Im Zuge der Nutzungsänderung vom Lager zum Ausstellungsraum wurden die formverändernden Farbschichten entfernt und die Reste der ursprünglichen Farbfassung freigelegt (▸ **Bild 3-18**, **Bild 3-19**).

3-18 Der Ausschnitt der Säule, im roten Rechteck, bezeichnet die Position der verschiedenen Fertigungsstadien von Freilegung, aber auch Ergänzung, auf den nächsten Bildern. (oben links)

3-19 **3-20** Nur sehr wenige Stellen der ursprünglichen Fassung der Säule treten nach der Freilegung zu Tage. (Bilder oben Mitte)

3-21 Fehlstellen wurden rekonstruktiv ergänzt; zum Abschluss wurde eine leichte Schutzlasur aufgetragen. (oben rechts)

Salzreduktionsmethoden

Salzreduktion mit Hilfe von Zellulose

Genauso wichtig wie die eigentliche Entsalzungsmaßnahme ist das Ausschalten aller Faktoren (wenn möglich), die zur Versalzung führen. Mehr dazu auf der nächsten Doppelseite.

Ist es nicht möglich oder nicht erwünscht (finanziell), den befallenen Bauteil von der Ursache zu trennen, so wird der Auftraggeber darauf aufmerksam gemacht, dass die Wirkung der Entsalzungsmaßnahme zeitlich begrenzt ist und im Laufe der Jahre des Öfteren zu wiederholen wäre.

Anhand der Beispiele wird die Zellulosemethode an Stein und Kunststein gezeigt (▸ **Bild 3-25, 3-26**). Zellulose wird mit Wasser und Zuschlagstoffen gemischt, um die Saugfähigkeit zu erhöhen (Bentonit, Quarzsand) (▸ **Bild 3-22, 3-23**). Das geschieht besser mit den Händen als mit dem elektrischen Rührwerk (rechts, ▸ **Bild 3-24**). Dann wird der Brei auf den Stein aufgetragen. Bei warmen Temperaturen kann man ihn, um zu schnelle Austrocknung zu verhindern, mit Kunststofffolie abdecken (▸ **Bild 3-26**).

Das Wasser dringt in den Stein ein, löst dort die Salze und zieht sie beim Abtrocknen nach außen; aber nicht wie sonst zur Oberfläche des Steins (Salzflecken), sondern weiter in die Zellulose hinein. Die Zellulose wird nach einer bestimmten Zeit (Tage) mit den darin befindlichen Salzen entfernt. Dieser Vorgang muss mehrmals wiederholt werden.

(Sobald das Zellulosegemisch trocken ist, hat es seine Schuldigkeit getan und kann abgenommen werden. Wie oben beschrieben, darf das Zellulosegemisch nicht zu schnell abtrocknen, da sonst das Wasser vorerst nicht tief genug in den Stein eindringt. Bleibt man wegen anderer Arbeiten vor

3-22 Wenn man zum Abmischen destilliertes Wasser verwendet, wäre der Entsalzungseffekt zwar größer, möglicherweise würde es aber auch die Bindung von schon etwas angegriffenen Kalkgestein schwächen. Deshalb ist normales Leitungswasser ausreichend.

3-23 Da keine aggressiven Komponenten enthalten sind, ist ein händisches Abmischen des Zellulosebreis zu empfehlen – oder wenigstens ein Mischen mit sehr niederer Umdrehungszahl des Rührwerks, wie man an meinem Gesicht im Bild **3-24** erkennen kann. (oben links und Mitte)

3-25 Zellulosebehandlung des Kunststeinsockels im Arkadengang der Aufbahrungshalle Süd des Grazer Zentralfriedhofs (oben rechts)

3-26 Zur Verlängerung der Einwirkungsdauer kann das Zellulosegemisch, wie hier bei den Säulen in einem Grazer Altstadthof, mit Kunststofffolie abgedeckt werden.

Ort, kann man den Trocknungsgrad täglich leicht überprüfen. Werden die Entsalzungsmaßnahmen aber idealerweise einige Zeit vor den weiteren Restaurierungsmaßnahmen ausgeführt und ist in diesem Zeitraum kein Mitarbeiter vor Ort, wird die Zeit bis zur Abnahme der Zellulose eher großzügig bemessen.)

Tipp: Wer an umfassenderen Informationen zum Thema Salze in Gesteinen interessiert ist, sei auf das Fachbuch „Salzreduktion: Vergleich der Methoden Unterdruck und Wasserbad" der Dipl.-Restauratorin Jenny Pfeifruck verwiesen (Saarbrücken 2008).

Erst- und Zusatzmaßnahmen

Die Zellulosemethode wurde auch beim total versalzten Risalit der Kirche am Grazer Zentralfriedhof angewendet. Für ein effizientes Vorgehen mussten hier vorab aber einige firmenübergreifende Maßnahmen in Zusammenarbeit mit der Bauleitung gesetzt werden (▸ **Bild 3-27**).

Zuerst waren der Dachdecker und die Spengler mit dem Abdichten der Kuppel beschäftigt, dessen undichte Stellen schon jahrzehntelang den Turm durchfeuchteten und zu den Schäden im Innen- sowie Außenbereich führten.

Ziegeln mit starker Versalzung und Verlust von Substanz wurden von uns ausgetauscht (▸ **Bild 3-30**).

Moos und Schimmel konnte durch mangelnde Entlüftung entstehen. Im oberen Bereich wurden vom Schlosser Fenster zur Entlüftung umgebaut (▸ **Bild 3-28, 3-29**).

Wir bauten im oberen Innenbereich ein permanentes Gerüst auf und schlugen den Verputz ab, um die Austrocknung des Mauerwerks zu fördern. Bis zum Neuverputzen kann einige Zeit vergehen, aber da der Aufgang zum Dachboden nie öffentlich zugänglich war, war keine Eile geboten (▶ **Bild 3-31, 3-32**).

3-27 **3-30** Ohne den Versalzungsgrad bestimmen zu können, würde ich bei diesen beiden Schadensbildern von dem Wert „sehr hoch" ausgehen.

3-28 Im Innenraum des Turms staute sich im Sommer die feuchtwarme Luft. Dieser Umstand begünstigte nicht nur Salzausblühungen, sondern auch die Bildung verschiedener organischer Substanzen.

3-29 Position der ehemaligen Salzschadstellen am nunmehr fertiggestellten Risalit-Turm der Kirche des Grazer Zentralfriedhofs (rotes Oval)

Stilkunde: Risalit ist ein vorstehender Gebäudeteil zur Gliederung der Fassade (im konkreten Fall handelt es sich um einen Eckrisalit).

3-31 **3-32** Bis alle Maßnahmen, die der Entsalzung dienen, ihre Wirkung entfalten, bleibt der Innenraum des Turms unverputzt.

3-33 Nur wenn ein Werkstück aus dem Gesamtobjekt ausgebaut ist, kann man eine Salzreduktion im Becken vornehmen.

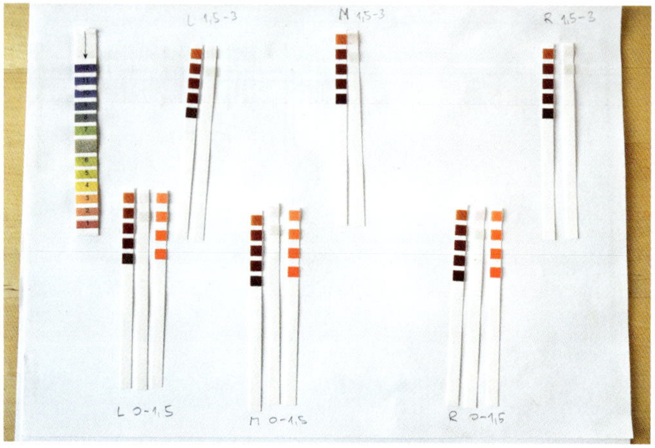

3-34 Messstreifen zum Bestimmen des Salzgehalts des Beckenwassers

3-35 Der mittlere Verblendungsstein, freigelegt, entsalzen und mit einer musealen Ergänzung versehen

Salzreduktion im Becken

Jeder Mann, der in angeheitertem Zustand gegen einen eingeschalteten Weidezaun uriniert hat, kann bestätigen, dass „gesättigte Lösungen" Strom besser leiten. Dieses Prinzip der Leitfähigkeit und somit der Grad der Entsalzung kann mit Hilfe von ins Beckenwasser getauchten Messstreifen überprüft werden. Das Wasser wird in zeitlichen Abständen so lange ausgetauscht, bis der angestrebte Entsalzungsgrad erreicht ist (▸ **Bild 3-33, 3-34**). Das normale Leitungswasser löst die Salze aus dem Stein.

Das Wasser im Grazer Raum ist sehr kalkhaltig und deshalb gut zum Entsalzen im Becken geeignet, da man die Bindung des Kalksandsteins dabei nicht schwächt. Um die Austrock-

3-

3-36 Projekt Stiftskirche des Stifts Rein (Graz Umgebung), Seitenkapelle von Ernst dem Eisernen (siehe auch ▸ **Reinigung,** Seite 47).

3-37 Erstbefund mit Feuchtehorizont (Die Aufstiegshöhe der Feuchtigkeit zeichnet sich meist am Mauerwerk ab, in diesem Fall am Maßwerksstein.)

3-38 Als Abschluss der Salzreduktion im Becken wird die Zellulosemethode angewandt, um ein gleichmäßiges und schonendes Abtrocknen des gotischen Verblendungsteins zu sichern und das letzte noch verbliebene salzhaltige Wasser aus dem Stein in die Zellulose zu ziehen.

nung nach der Beckenbehandlung zu fördern, wird zum Abschluss noch die Zellulosemethode angewendet. Dabei ist das enge Anhaften der Zellulose für die kapillare Wirkung von Bedeutung. Das zeigt sich in der Abbildung (▶ **Bild 3-38)** an der teilweise freigelegten Stelle.

Revitalisierungsfreilegung

Bei der Sanierung des Sockels der Pfarrkirche St. Xaver in Leoben, Steiermark, wurden ein mit der Sichtseite zur Wand eingemauerter Epitaph **1** freigelegt und ein Rippengewölbe-Schlussstein **2** entnommen.

3-39 **3-40** Leoben, Pfarrkirche St. Xaver: ein Epitaph, entdeckt beim Freilegen des Sockels (rotes Oval)

3-41
Mit Relief und Schrift mauerseitig wurde ein wunderschönes Epitaph als Kirchensockel eingemauert. Beim Freilegen dokumentierten wir die Negativform im alten Hinterfüllungsmörtel. (oben links)

3-42
Das Epitaph wurde im Kreuzgang der Kirche aufgestellt. (oben rechts)

3-43 3-44 Auch ein sichtbar angebrachter Rippengewölbe-Schlussstein wurde außen geborgen und wie das Relief zum Schutz im Innenbereich (Kreuzgang der Kirche) montiert. Beim Schlussstein sind noch die vier Ansätze der Steinrippen zu erkennen (rote Pfeile). (oben und rechts)

Unerwartete Denkmalsrettung

Bei Abbrucharbeiten an der Marienmühle in Graz wäre beinahe die moderne Marienfigur über dem Haupteingang in Vergessenheit geraten. Aus diesem Grund (Notrettung) mussten wir mitten im Winter bei Neuschnee und Schneetreiben die Figur vor den Abbruchbaggern retten (▸ **Bild 3-45**).

Wir konnten nicht wissen, dass die Skulptur, reichlich überdimensioniert, mit einer Art Bügelkonstruktion, durch

3-45 Anscheinend kam die Bauleitung relativ spät auf die Idee, dass auch eine nicht so alte Darstellung der Mutter Gottes einen gewissen Wert darstellen könnte. (oben)

3-46 Auch so, und nicht nur am Schreibtisch im warmen Büro, sieht manchmal der Einsatz für den Denkmalschutz aus. (links oben)

3-47 Bis zum Dachstuhl mussten wir die Mauer durchstemmen. (links unten)

3-48 Dies stellte aber kein Problem dar, da dieser Bauteil sowieso abgerissen werden sollte. (rechts unten)

die Mauer in den Dachraum verankert war (auf diesem Bügel hätte man ohne weiteres 10 Tonnen aufhängen können. Die Figur hat schätzungsweise 700 bis 800 kg). Da zum Abschneiden der Stahlkonstruktion kein Platz war, mussten wir

3-49
Nach dem Abtransport wurde die Statue in der Werkstatt restauriert und bekam später einen neuen Aufstellungsort.

mit zwei Elektro-Abbruchhämmern auf dem Steiger die Figur „vorsichtig" freilegen. Auch wenn es die Bilder vielleicht vermuten lassen, wurde uns nicht kalt (▶ **Bild 3-46**).

Genehmigte, funktionelle Adaptionen

Der Besitzer des Schlosses Schwarzenegg (Wildon) braucht sicherlich niemanden um Erlaubnis zu fragen, wenn er seinen Zukauf aus dem Antiquitätenhandel für die Funktion eines Außenwaschbeckens nahe der Hubertus-Schlosskapelle (für die Jägerschaft) umbauen und adaptieren lässt. Mein Anlie-

3-50
Für die neuzeitliche Adaption eines barocken Wandbrunnens (Zukauf) beim Schloss Schwarzenegg (Wildon) wurde auf der Rückseite eine neue Abflussöffnung gebohrt.

3-51 3-52 3-53 Der alte Abfluss über ein Kupferrohr wird vorn freigelegt und mit dem beim neuen Abfluss gewonnenen Bohrkern verschlossen.

gen besteht nur darin, den jungen Restaurator dahingehend zu sensibilisieren, nicht jede Veränderung oder Umbauten an historischen Objekten ohne nachzufragen in Angriff zu nehmen (das entspricht nämlich nicht seinem grundsätzlichen Auftrag).

Tipp: Für den Restaurator ist es grundsätzlich wichtig, Informationen darüber zu erhalten, wie weit eine Restaurierung gehen soll und ob Adaptionen mit Bauleitung und Denkmalamt abgestimmt sind.

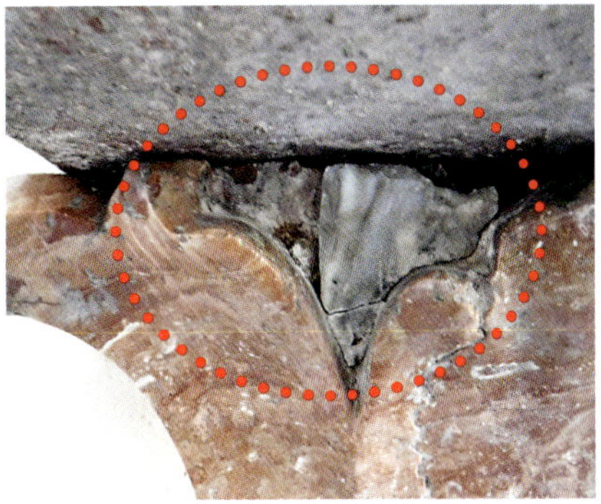

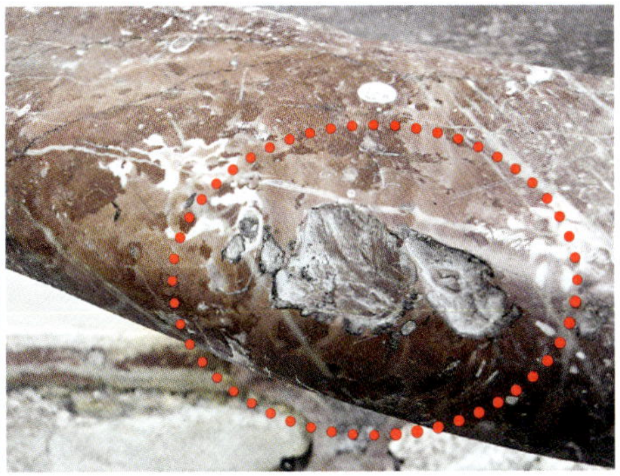

3-54 **3-55** Andere historische Schäden, wie fehlende Steinintarsien beim Mittelteil oder kleinere Ausbrüche am Beckenrand, wurden belassen (rote Kreise). (oben links und rechts)

3-56 **3-57** Nach den Arbeitsschritten Schleifen und Polieren ist beim fertigen Becken fast nichts mehr von der Änderung zu erkennen.

Originalformenfund durch Freilegung

3-58 Bei einer teilweise eingemauerten Säule im inneren Eck der Hofeinfahrt des Deutschritterordenshauses in Graz mussten wegen Entsalzungsmaßnahmen die dünnen Anschlussmauern freigelegt werden. Ein sehr gut erhaltener Fries kam unter den eingemauerten Teilen des Kapitells zum Vorschein und wurde dokumentiert.

3-59 Entsalzen mit Zellstoffkompressen und Wasser (oben links)

3-60 Am rechten Bild ist auf der Außenseite des gereinigten Kapitells keinerlei Fries zu erkennen. Nach Beratung wurde der Istzustand belassen und Fehlstellen wurden mit Mörtel ergänzt.

3-61 Die fertiggestellte Säule (links)

3-62 Blick von der Säule in den Innenhof, einer der vielen schönen Altstadthöfe in Graz (rechts)

Schadensursachen

In diesem Teilkapitel zum Hauptthema Freilegung möchte ich anhand einiger Beispiele aus meinem Arbeitsleben auf das Thema Schadensursachen eingehen. Wie schon beschrieben, werden die meisten Schäden schon im Vorfeld befundet, dokumentiert und für den Ausführenden in der Projektmappe zusammengefasst. Da es aber immer wieder vorkommen kann, dass nach der Reinigung, aber besonders bei der Freilegung, neue Problemstellen sichtbar werden, ist meines

3-63 **3-64** Die Wurzeln in den Fugen, auch wenn die Pflanze noch klein ist, drücken dennoch den Stein aus seinen Lagern. Der Mörtel der Stoß- und Lagerfuge hat sich in Wurzelgeflecht verwandelt (Privathaus in Graz).

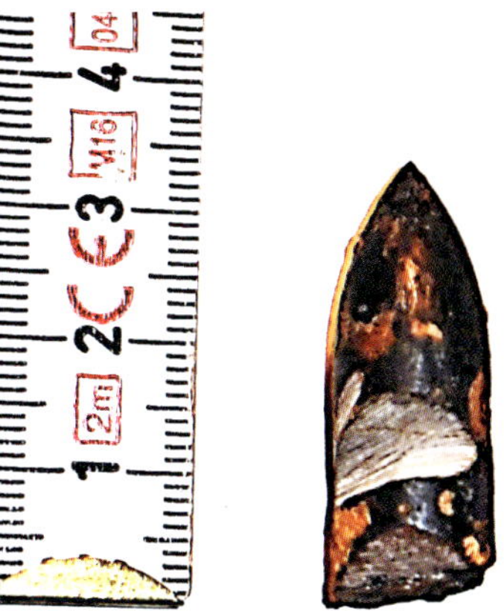

3-65 Seltener Fund bei den Arbeiten an den Bahnviadukten (Weltkulturerbe) der Semmeringbahn (Seite 23). Bei der Ausarbeitung einer Vierung flogen nur Funken, und die Diamantscheibe wurde aufgehalten (Bewehrungsstahl schneidet sie sonst ohne Weiteres durch). Beim Freilegen bis zu dieser Stelle kam ein Bordwaffengeschoß eines Flugzeuges (Einschusskanal von oben) aus dem Krieg zutage. (Außer der Schnittkerbe ist keine Deformation beim Projektil zu erkennen.) Bei mehreren Schadensursachen auf den nächsten Seiten habe ich den Verdacht, dass ihre Entstehung im Zweiten Weltkrieg zu verorten sind; aber hierfür einen unmittelbaren Beweis zu finden, ist ein Glücksfall.

Erachtens die Schulung der Bewertung solcher Stellen, die der Facharbeiter zum Schutz des Objekts freilegt, von großer Bedeutung. Bei einer Fehleinschätzung könnten sonst, in Extremfällen, sogar Personen zu Schaden kommen (Kapitel ▸ **Sicherung**/Notsicherung).

Bei den Beispielbildern war sicher keine unmittelbare Gefährdung gegeben; sie werden hier abgebildet, weil sie natürliche und auf Menschen zurückzuführende Schadensursachen sehr anschaulich darstellen.

Rostdruck sprengt Steine

Ein sehr gutes Beispiel für Rostdruck ist dieser Zuganker (Schließe) beim Hauptpfeiler des Prunkaufgangs von Schloss Hollenegg (▸ **Bild 3-70**). Seine Aufgabe, den Gewölbedruck

3-66 Auf diesem Detail ist die Mitte des Ankers zu sehen. Auf der unteren Seite erkennt man die Rostplättchen 1 und das noch kompakte Eisen 2.

3-67 (oben rechts), **3-68** (unten Mitte **3-69** (unten rechts)

Maßnahmen:
Die gesprengten Steine werden freigelegt, der Rost vom Anker entfernt und Bleiminium aufgetragen (siehe hierzu auch die Kapitel ▸ **Sicherung** und ▸ **Ergänzung**).

3-70 Auf diesem Bild sieht man nur einen kleinen Teil dieses Baujuwels aus der Renaissance (mehr an anderer Stelle). (linke Spalte unten)

nach außen abzufangen, hat der Anker sicher jahrhundertelang erfüllt. Aber durch die mindestens dreifache Volumenzunahme durch Rost hat er die Quader bei den schwächsten Stellen seitlich gesprengt.

Druck durch Rost und Frost

Wasser dringt zum Eisen vor. Beim Oxydieren des Metalls erfolgt eine Massevergrößerung, die auf den Stein drückt. Feine Risse entstehen, durch die noch mehr Wasser eindringen kann. Wenn dieses im Winter gefriert, wird der Stein durch die Volumenzunahme des Eises mit der Zeit regelrecht weggedrückt.

Mehr als 200 Jahre Unterschied zwischen dem im manieristischen Stil (Frühbarock) erbaute Mausoleum Ferdinands II. und der neugotischen Herz-Jesu-Kirche, aber das gleiche

3-71 Position der Schadstelle am Gurtgesims des Turms (Turm-Foto nach Fertigstellung) …

3-72 … mit freiliegender Eisenklammer als Ursache (rechts)

Schadensprinzip. Ob bei einem Gesims des Mausoleumturms oder einem Strebepfeiler der wesentlich jüngeren Herz-Jesu-Kirche in Graz, das Zusammenwirken von Rost und Frost geht über Jahrhunderte. Nicht berücksichtigt wurden ein zusätzlich möglicher Kantendruck und Druck durch die thermische Ausdehnung von Eisen (▸ **Bild 3-71, 3-72, 3-73**).

Die kleineren Fehlstellen und Fugen wurden mit Mörtel ergänzt (▸ **Bild 3-76**). Der Vorschlag für eine ebenfalls mögliche Steinvierung wurde in beiden Fällen nicht entsprochen, da das Bestandsmaterial noch in Ordnung war.

3-73 Beim Ziergiebelbasisgesims des Strebepfeilers am Hauptturms der Herz-Jesu-Kirche ist ein Schaden ersichtlich, dessen Ursache man vorerst nur vermuten kann.

3-74 3-75 Nach dem Freilegen der Steinschollen wurde die statische Funktion gesichert und erst dann die rostige Klammer entfernt. Sind die abgenommenen Stücke noch kompakt, werden sie wiederverwendet (Verklebung, Vernadelung).

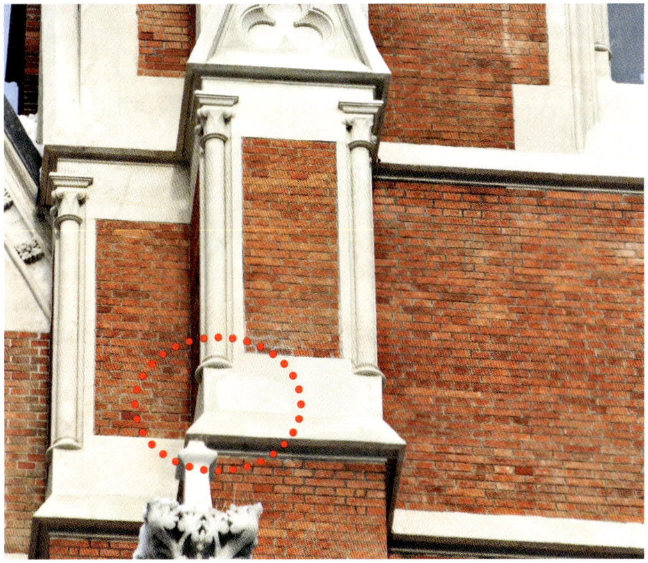

3-76 Die Position am fertiggestellten Objekt

3-77 3-78 Eine Fialen-Kreuzblume der Wiener Lazaristenkirche zur „Unbefleckten Empfängnis" (oben Mitte, oben rechts)

Metall- und Steinverzapfung

Der Versuch, bei der unteren Kreuzblumenverbindung einen Steinzapfen zu verwenden, um den Rost-Frost-Druck zu entgehen, hat sich, wie man am Bild der Fialen-Kreuzblume, Lazaristenkirche Wien (roter Kreis), sehen kann, leider auch nicht bewährt (▶ **Bild 3-77, 3-78**).

Der Füllmörtel war zu weich eingestellt und hat durch den Befüllungskanal Regenwasser in die Kammer geleitet. In mehreren Wintern hat der Frost den Schaft aufbrechen lassen. Die meisten Kreuzblumen standen nur mehr lose auf ihren Lagern (Absturzgefahr).

3-79 Diesen Steinzapfen habe ich mir all die Jahre als Anschauungsbeispiel für meine Lehrlinge aufgehoben (seit 1986).

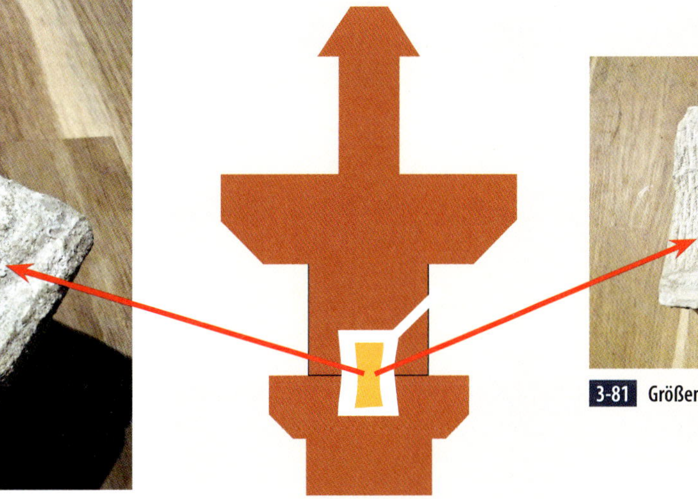

3-80 Position des Steinzapfens in der Fialen-Kreuzblume

3-81 Größenvergleich anhand einer Speisegabel

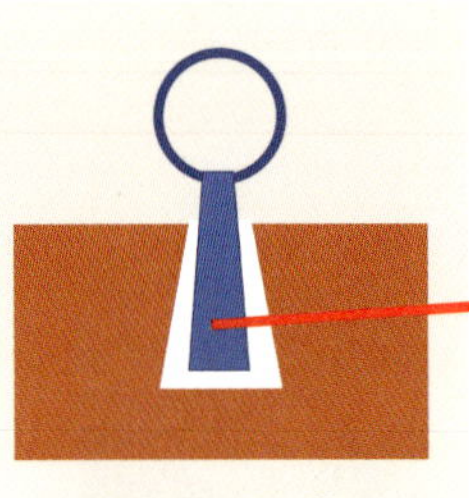

3-82 Grafische Darstellung der Befestigung eines Brüstungssteins bei einem Bahnviadukt der Semmeringbahn. Bilder der Semmering-Steine, siehe Kapitel Einleitung, Seite 23.

3-83 Schwalbenschwanzförmiger Verankerungszapfen mit Rückhaltekerben

Die Aufnahmekammer für den Zapfen wurde zu groß dimensioniert, wodurch die Schaftwände geschwächt wurden (▸ **Bild 3-78, 3-79 und 3-80**).

Andererseits kann es vorkommen, dass ein Eisenzapfen auch ohne Verbleiung bei einer Vermörtelung mehr als hundert Jahre übersteht, ohne Schäden zu verursachen. Beim Ausbohren des Hebezapfens konnten wir keine Rostdruckschäden erkennen, was erstens auf die Qualität des Eisens (norisches Eisen vom Erzberg wurde schon von den Römern für ihre Kurzschwerter geschätzt) und zweitens auf die Güte des Mörtels (alkalisches Milieu) zurückzuführen war (▸ **Bild 3-83**).

3-84 **3-85** Die Statue der Mariensäule musste angehoben werden, um das geborstene Kapitell zu bergen und zu restaurieren.

Fehlende Wasserschräge und Goldgrund

Mariensäule in St. Marein, Steiermark

Die Fuge zwischen der Statue und dem Kapitell sowie auch die fehlende Wasserschräge auf dem Kapitell verursachten den Primärschaden (▸ **Bild 3-84**). Dass der Rost-Frost-Druck das Kapitell der Säule und auch den unteren Bereich der Statue auseinandergetrieben hat, ist offensichtlich (es bestand sogar Absturzgefahr) (▸ **Bild 3-85, 3-86**). Durch die Vergoldung, aber mehr noch über den harzartigen Goldgrund, konnte aufsteigende Feuchtigkeit durch den Stein der Figur nicht mehr so gut entweichen (▸ Feuchtigkeitssperre). Die Maßnahmen am Kapitell werden hier nicht gezeigt (ähnliche Arbeiten werden im Kapitel ▸ **Sicherung** behandelt).

3-86 An diesem Bild kann man gut erkennen, was die treibende Kraft von Rost und Eis an der Unterseite der Statue angerichtet hat.

Die Kapitell-Oberseite muss unbedingt mit einer Wasserschräge versehen werden (Puzzolan-Mörtel) (▸ **Bild 3-87, 3-88**).

Auch die Statue musste aus historischen Gründen wieder vergoldet werden. Dazu sollte die Figur nach dem **Sichern** völlig schwundrissfrei ergänzt werden. Mehrfach wurden Sumpfkalklasuren aufgetragen und geglättet, bis der Untergrund schon einen leichten Glanz aufwies (ist später auch für den Glanz des Blattgolds wichtig) (▸ **Bild 3-89**).

3-87 Fertigstellung der Mariensäule in St. Marein (oben links)

3-88 **3-89** Details von Kapitell und Statue nach der Fertigstellung (oben Mitte und oben rechts)

Befestigungsmaterialien

Mehrere Portale von Schloss Schwarzenegg in Wildon wiesen im unteren Angelbereich Druckschäden durch die Einbindung des Eisens in den Sandstein auf. Diese Schäden sind hauptsächlich auf die Verwendung von Holz und Gips als Befestigung zurückzuführen (▶ **Bild 3-90** bis **3-93**).

Obwohl die Befestigungssituation die meisten Schäden verursachte, war doch auch der Wildoner Sandstein zu schwach und zu klein dimensioniert für die starken Hebelkräfte der Außentüren. Um die Steinlaibungen zu entlasten und weil für den Umbau nicht unbedingt benötigt, wurden die Angeln und somit auch die Türen auf Beschluss der Bauleitung des-

3-90 **3-91** Schwere Sturmtüren, ein nicht sehr stabiler Stein, die Befestigungsmaterialien und rostige Angeln führten in den Arkadengängen des Schlosses Schwarzenegg zu schweren Schäden, vor allem im unteren Bereich der Portale.

3-92 **3-93** Für die Möglichkeit im unteren Bereich der Steinlaibung wieder eine haltbare Türangel einzubauen, wurde das gesamte brüchige Material entfernt und durch eine stabile Steinvierung ersetzt. Anders als beim Bestand, sollten dann auch keine treibenden Materialien für die Angelbefestigung verwendet werden. (oben links, oben Mitte)

3-95 Position des Zapfens in der Basis und Schaft der Säule (links)

3-96 Die abgenommene Sandsteinvierung, die als Ausbesserung auf der Schlagregenseite der Säulenbasis angebracht war, leitete das Regenwasser beim Wulst des Profils über Jahrzehnte in den Bestandsstein. (rechts)

halb nicht mehr eingebaut (Fertigstellung mit einer Natursteinvierung, ▸ **Bild 3-94**).

Anfälligkeit für Schlagregen

Projekt der Prunkaufgangssäule des Schlosses Hollenegg (siehe auch ▸ Seiten 162 bis Seite 171 im Kapitel ▸ **Sicherung**).

Bei dieser Säulenbasis lag der Verdacht auf einen Rost-Frost-Druckschaden nahe (▸ **Bild 3-95**). Frost ist offensichtlich, denn durch die Machart (zu wenig und abgerundete Einbindung), aber auch durch das wassersaugende Material (Sandstein) der Verblendungsvierung, kam zu viel Feuchtigkeit in diese Zone (▸ **Bild 3-96**). Rost hingegen war nicht im Spiel (Verbindungszapfen (▸ **Bild 3-97**).

3-94 **Fertigstellung des Portals mit einer Natursteinvierung (Position im roten Oval) (oben rechts)**

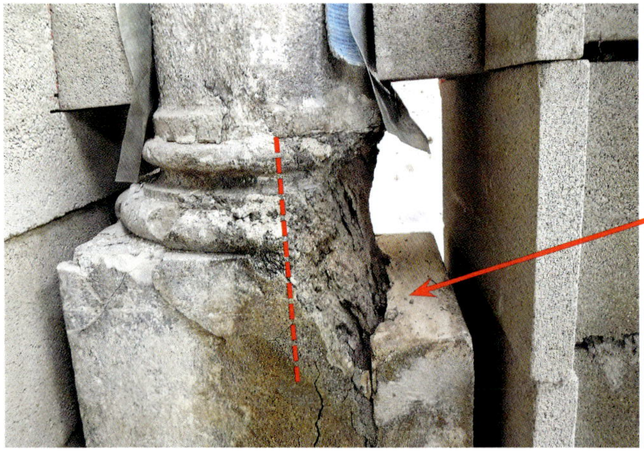

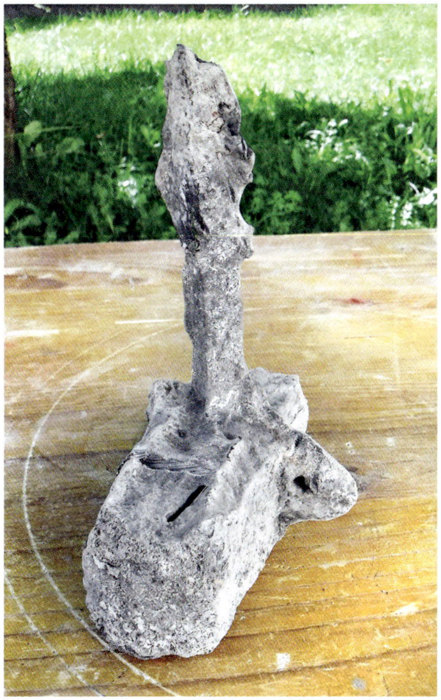

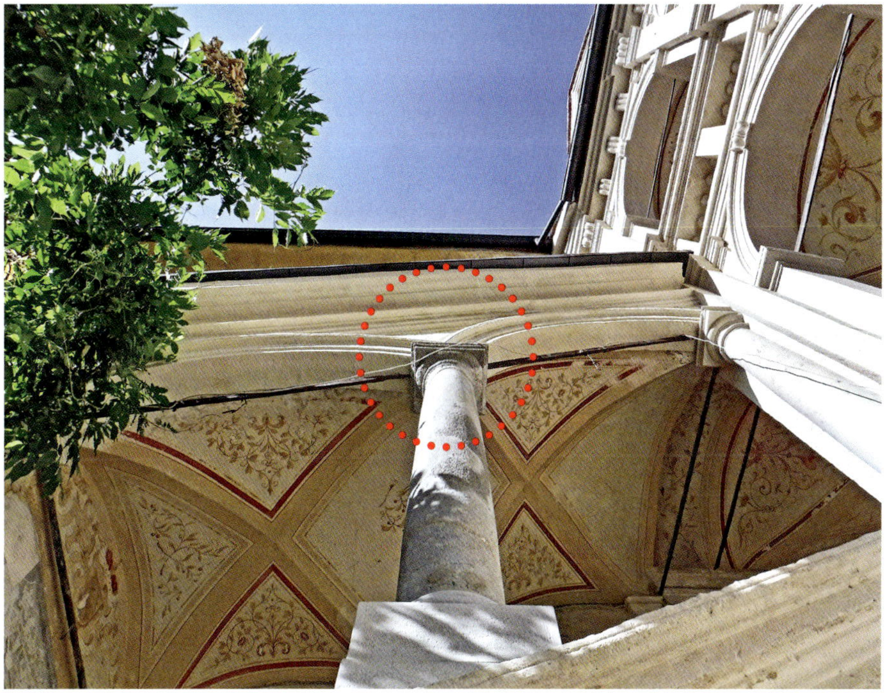

3-97 Korrekt verbleiter Eisenzapfen (Im Bild liegend dargestellt), der die Säulenbasis mit dem Schaft verbunden hat (mit Bleikanal). (links oben)

3-98 Die Schlagregenanfälligkeit durch ein zu wenig weit vorspringendes Gesimse kann aus Gründen des Denkmalschutzes leider nicht korrigiert werden (roter Kreis). (rechts oben)

3-99 **3-100** Dass die ganze Außenseite der Säule in Mitleidenschaft gezogen worden war, sieht man auch an der Altergänzung des Kapitells. (links Mitte, links unten)

Schäden durch Bewehrungseisen

Eine Heiligenstatue (hl. Nepomuk) wurde wegen starker Rissbildung am linken Arm, der Schulter und der Rückenseite von ihrem Standort nahe der Pfarrkirche St. Andrä in Graz geborgen und in der Werkstatt restauriert. Beim Freilegen der wahrscheinlich aus der Nachkriegszeit stammenden Altergänzung sah ich das beste Beispiel für einen Schaden durch

3-101 Ich habe sicherlich schon sehr viel rostiges Eisen aus historischen Steinen entfernt, aber so ein gewaltiger Umfang von Alteisen bei einem relativ kleinen Objekt ist mir vorher noch nie untergekommen.

3-102 Einerseits sollten die Eisenklammern Risse im Gestein überbrücken, andererseits, im Zusammenhang mit Ziegelstücken, das Abrutschen der weichen Betonmasse verhindern. (oben links)

3-103 Die ganze Seite der Statue muss von allen Fremdmaterialien befreit und bis auf den Stein freigelegt werden. (oben Mitte)

3-104 Nach dem Entfernen der Klammern halten die mit wahrscheinlich reinem Zement verklebten Steinteile zwar noch, trotzdem werden sie später zusätzlich mit Edelstahlstäben verzapft. (oben rechts)

3-105 Die fertiggestellte Statue am St. Andrä-Platz neben der Kirche

Bewehrungseisen (Sammlung ▸ **Bild 3-101**). Aber auch das inhomogene Ergänzungsmaterial, das aus Beton und Ziegelstücken bestand, hat durch unterschiedliche Wasserdurchlässigkeit zum Schadensbild beigetragen (▸ **Bild 3-102, 3-103**). Nach dem Freilegen des Steins wurden mehrere Brüche und Verklebungen des Arms identifiziert. Diese massiven Beschädigungen lassen auf einen eventuellen Kriegsschaden (Bomben oder Granattreffer) schließen (▸ **Bild 3-104**).

Dampfsperre durch Überzugsmörtel

Beim Statuensockel nahe der Pfarrkirche St. Andrä in Graz war folgendes Schadbild festzustellen: Die über den Boden, durch den gemauerten Innensockel vom Sandstein aufgenommene Feuchtigkeit kann nicht entweichen und führt dadurch im Winter zu Frostschäden (▸ **Bild 3-106**).

Eine glücklicherweise nicht oft verwendete Methode, stark beschädigten Naturstein zu „erhalten", bestand darin, ihn mit terrazzoähnlichem Mörtel vollständig zu überziehen. Der Überzug ist durch seinen hohen Zementanteil nahezu wasserundurchlässig, was im Zusammenhang mit aufsteigender Bodenfeuchtigkeit zu den Hauptursachen der Schäden führt.

Um die Haftung des Betonüberzugs zu verbessern, wurde der Sandstein mit dem Spitzeisen behandelt (Spitzeisenspuren) (▸ **Bild 3-106, 1**). Tatsächlich kann der Überzug dort, wo er nicht aufgefroren ist, mit normalen Mitteln der Freilegung nicht beschädigungsfrei vom Stein getrennt werden.

3-106 Diese alte Ergänzungsart, die letztlich zu den Schäden führte, wird heutzutage natürlich nicht mehr angewendet.

3-107 Typisches Aufplatzen der zu dichten und harten Überzugskrusten durch Frostdruck

3-108 Nach dem Entfernen des lockeren Überzugsbetons war der zweischichtige Aufbau des alten Ergänzungsmörtels erkennbar.

Es wurde angesichts dieses Befundes beschlossen, die gut haftenden Krusten zu belassen, aber den bei Fehlstellen eingesetzten Mörtel auf den Sandstein anzupassen, um wenigstens bei diesen Stellen Feuchtigkeit aus dem Stein zu bringen. Optisch muss man dafür beim Statuensockel leider dunklere Flecken über längere Zeiträume in Kauf nehmen.

Frostanfälliges Sockelfundament

Am Aufbau des unteren Statuensockels war, das zeigte sich nach dem Freilegen der aufgefrorenen Betonergänzungen, nicht viel richtig gemacht worden (▸ **Bild 3-109**). Der Ziegelkern des Fundaments ging bis unter das Bodenniveau und ließ somit Bodenfeuchtigkeit zum Sandsteinteil des Sockels steigen. Die vorgeblendete Verplattung aus Schöckelkalk reichte nicht unter das Sandsteinprofil (Regenwasser konnte damit leichter eindringen). Das richtige Vorgehen wäre gewesen, eine Verplattung mit einer Hinterlüftung versetzt und nicht direkt auf den Hintergrund zu kleben, um Feuchtigkeit und somit Frost von der Verkleidung im Winter fernzuhalten. Obwohl dieses Thema in einem Fachbuch sicher etwas heikel ist, stellt sich die Frage, warum nicht dieser optimale Weg der Sanierung des Sockels gewählt wurde (▸ **Bild 3-110**).

Ein isoliertes Betonfundament mit neuen, hinterlüftetverankerten Schöckelkalkplatten würde eine vollständige Abtragung des gesamten Sockels und neue Sockelsteine (Kosten) erfordern. Der Sandsteinsockel wurde leider nicht ohne Grund mit einer Hartkruste überzogen. Beim Freilegen traten

3-109 Statuensockel nach der Freilegung (oben links)

3-110 Statuensockel nach der Fertigstellung in noch feuchtem Zustand (oben rechts)

eine Menge Risse und Fehlstellen zutage. Am Bestand mit Edelstahlbolzen zu sichern, ist etwas anderes, als den Sandstein in kleinen Trümmern zu bergen (kann bis zur Sockelneuanfertigung führen).

Da die Pfarre der St. Andrä-Kirche in Graz für ihren sozialen Einsatz ebenso bekannt ist wie für ihr Engagement für moderne Kunst und auch die Zuständigkeit (Pfarre oder Stadt Graz) nicht gesichert war, musste auf ökonomische Erwägungen (Kosten) Rücksicht genommen werden.

3-111 Eine Verbindung mit dem Erdboden und Hohlstellen begünstigen die Ansiedlung von Insekten.

Ausscheidungsprodukte staatenbildender Insekten

Auch in diesem Fall ist der inhomogene Aufbau des unteren Sockelbereichs und des Statuenrückens die Ursache von Hohlstellen und damit des Eindringens von Ameisenkolonien (▸ **Bild 3-111**). Rätselhaft war zuerst ein dunkler Fleck (wie ölig) in der Nähe der Altergänzungen des Rückens der Statue

3-112 Nepomuk-Statue nach der Reinigung in der Werkstatt

(roter Kreis ▸ **Bild 3-112**). Beim Freilegen wurde es klar, dass es sich um einen Ableger der Ameisenkolonie des Sockels handelt (▸ **Bild 3-113**). Ob es sich bei dem Fleck um Ausscheidungsprodukte der Tiere wie Ameisensäure handelt, hätte nur ein Chemiker bestimmen können. Auf jeden Fall war er, da von innen kommend, schwer zu kaschieren.

3-114 **3-115** Bei jeder Freilegung einer Betonscherbe kamen uns Ameisen entgegen.

Krustenbildung

Die Josefskirche, im Neurenaissancestil (Historismus) erbaut, ist, was die Fassade betrifft, bautechnisch einzigartig in Graz. Während mein Team die Steinelemente, wie Obelisken, Voluten, Statuen-Nischen und Maßwerkfenster, restaurierte, war eine andere Firma mit dem vermeintlichen Verputz beschäftigt. Bei den Freilegeversuchen mit dem Maurerhammer, der auch, wenn er mit großer Kraft geschwungen wurde, keine

3-113 Ein „Außenposten" der Ameisenkolonie bei einer Hohlstelle der Altergänzung (oben links)

3-116 Diese typische Oberflächen-Schichtablösung ist bei historischen Kalksandsteinelementen in einer Lage, die der Witterung ausgesetzt ist, des Öfteren zu beobachten.

nennenswerten Spuren auf den „Verputz" hinterließ, kam man schnell dahinter, dass es sich keinesfalls um einen sumpfkalkgebundenen Mörtel handeln konnte. Alle Verputzflächen bestanden aus stark zementhaltigem Terrazzo.

Dass unser Stein nur halb so hart wie die „Verputzflächen" war, kam hier das erste Mal vor. Dem nahezu wasserundurchlässigen Überzug des umliegenden Mauerwerks ist es zu verdanken, dass der Feuchtigkeitsaustausch fast nur über den Kalksandstein der Turmwangen-Volute erfolgt. Dadurch

3-117 Da man senkrecht aufgezogenen Terrazzo nicht so gut verdichten kann, entstanden Schwundrisse **1**. Da aber meistens keine Ablösung von der Mauer gegeben war, wurde dadurch die Haltbarkeit nicht in Mitleidenschaft gezogen. (oben rechts)

3-118 Fertiggestellte linke Seite der Hauptfront der Josefskirche mit der Nischenstatue „Heiliger Josef mit Jesuskind" (oben links)

kommt es noch schneller zu durch Winterfröste aufgeplatzte Krusten und darunter zu Absandungen bei bindungsschwachen Stellen (▸ **Bild 3-116**).

Steinzerstörende Wurzelgeflechte

Nach den Ägypten-Feldzügen Napoleons, an dem auch ein Stab von Wissenschaftlern teilnahm, wurde die alte Kultur der Pharaonen in Europa sehr populär. Eine Sehenswürdigkeit auf dem Grazer Schloßberg aus dieser Zeit ist das „Ägyptische Tor" (erbaut 1820), das einem Ausgang der älteren Stallbastei vorgeblendet wurde (▸ **Bild 3-119**). Fast die ganze Anlage musste abgetragen werden, um ein steinzerstörendes Wurzelgeflecht zu entfernen (▸ **Bild 3-120 bis 3-124**). Nur vom oberen Plateau (Kanonenhaus) der Stallbastei aus konnte uns ein Kran bei dieser Arbeit helfen (▸ **Bild 3-124**).

3-119 Befund mit starkem Bewuchs: sicherlich romantisch, aber durch das Wurzelgeflecht der Pflanzen auch steinzerstörerisch

3-120 Torsturz (Überlager), Säulen und seitliche Verkleidungsplatten müssen vollständig demontiert werden, um das Wurzelgeflecht entfernen zu können.

3-121 3-122 Beim Abtragen der Anlage ist es offensichtlich, dass das Tor hauptsächlich aus „Blendwerk“ in einer älteren Bausubstanz besteht.

3-123 Dieses Bild wurde zehn Jahre nach der Fertigstellung des Tores aufgenommen (Wurzelschäden sind nicht zu erkennen).

3-124 Die Stallbastei ist ein Teil der alten Festungsanlage am Grazer Schloßberg.

Versicherungsfälle bei Restaurierarbeiten

Bei dieser Art der Schadensursache braucht man keine Freilegung, sondern nur mehr jemanden, der aufräumt. Sie ist aber ein gutes Beispiel für einen Versicherungsfall bei Restaurierarbeiten, da diese Kraftfahrerfalle über die Jahre des Öfteren zuschnappte und uns diese Pfeilervase (Schmuckamphore) im Laufe der Zeit schon wie ein guter alter Bekannter vorkam. Der Pfeiler wurde auch früher schon mehrmals angefahren und die Amphore durch die Erschütterungen beschädigt. Durch Sichern des schmalen Vasenstiels und Ergänzen des Steins wurde die Funktion der Vase aufrechterhalten.

3-125 Im Fall des schwersten Unfalls im Jahre 2005 wurde die ganze Pfeilerspitze als Replik gefertigt (siehe Seite 306).

3-126 Schlossgeländeeinfahrt des „Lehrlingshauses" in Eibiswald/Steiermark

Der Zusteller sah beim Rückwärtsfahren in den Außenspiegeln einen Pfeiler links und einen Pfeiler rechts, vergaß aber den dritten, den er nicht sehen konnte. Das Tempo des zurücksetzenden Lkws war so hoch, dass der Pfeiler umstürzte.

Naturkatastrophen – Sturmschäden („Paula" 2008)

2005 wurden Schiff und Apsis der Grazer Herz-Jesu-Kirche von uns restauriert. Unter anderem war ich dort als Vorarbeiter auch für die Sicherungsarbeiten verantwortlich. Als mir ein Mitarbeiter 2008 nach dem Sturmtief „Paula" die Trümmer einer Kreuzblume der Apsis-Strebepfeiler brachte, wollte ich natürlich unbedingt die Ursache feststellen.

Mittelteil und Sockel waren im Original aus einem Stein gefertigt. Die Abbruchlinie geht also erst nach dem Verbindungszapfen durch den dünnsten Teil des Mittelteils. Obwohl einer der heftigsten lokalen Stürme viele Schäden in Graz verursacht hatte, konnte ich mir den Befund zunächst nicht erklä-

3-127 Trümmerstücke der Bestandskreuzblume

ren, zumal der Abbruch frisch war. Durch den Aufschlag war die Kreuzblume in mehrere Teile zerbrochen (▸ **Bild 3-127**). Der Schaft des Mittelteils wurde bei der Herstellung etwas länger belassen und dann vor Ort angepasst (▸ **Bild 3-128, 3-129**).

Auf den Erstaufnahme-Bildern für die Versicherung sah ich neben dem abgestürzten Stein eine nicht geringe Menge Kupferblechstreifen. Der Sturm hat das Kupferblech seitlich, oberhalb der Kreuzblume losgerissen. Die wahrscheinlichste

3-128 Herstellung der Kreuzblumenkopie aus Kalksandstein in der Werkstatt (links oben)

3-129 Durch den unregelmäßigen Abbruch konnte die genaue Länge im unteren Bereich erst vor Ort angepasst werden. (links unten)

3-130 Ein neuer Sockelzapfen wird gesetzt und die Kopie an den Bestand angeglichen. (oben Mitte)

3-131 Fertigstellung der Strebepfeiler-Kreuzblume bei der Apsis der Herz-Jesu-Kirche. (oben rechts)

Stilkunde: Die Strebepfeiler-Kreuzblume ist eine Variante der abschließenden Ornamentik (Kreuzblume) in der Gotik, so wie Wimperg-Kreuzblume und Fialen-Kreuzblume.

Erklärung für den Absturz der Kreuzblume ist ein Schlag eines Blechstreifens auf den oberen Teil des Kreuzblumenstempels; nur so konnte ein so starker Hebel auf den Schaft des Mittelteils ausgeübt werden. Ein Mitarbeiter der Gerüstbaufirma verursachte an anderer Stelle, mit einem Pfosten beim Demontieren des Baugerüsts, genau das gleiche Problem. Wir wurden vom Verantwortlichen geholt und konnten die glücklicherweise nicht abgestürzte Kreuzblume sichern. Somit waren beide Ereignisse Versicherungsfälle. Natürlich waren wir froh, dass dabei keine Personen zu Schaden gekommen waren. Um den Schaden zu beheben, wurde der Abbruch bis zur Sockellinie eben geschliffen und ein übergreifender Verbindungszapfen neben dem alten gebohrt (links, ▸ **Bild 3-130, 3-131**).

Übrigens war es werkzeugtechnisch das erste Mal, dass ich Gesteins-Rund- und Hohleisen für die Herstellung einer zweiteiligen Kreuzblumenreplik aus Kalksandstein einsetzen konnte (Herstellungsbild, ▸ **Bild 3-128**, und Fertigstellungsbild, ▸ **Bild 3-131**). Somit musste ich bei Hohlformen, zur Freude der Bildhauer, keine Holzbearbeitungswerkzeuge mehr zweckentfremden.

Kriegsschäden und die Folgen (Formenreduzierung)

Als Ursache für fehlende oder teilweise zerstörte Bauelemente bei einer noch nicht so alten neugotischen Kirche, wie hier der Lazaristenkirche in Wien, können Luftangriffe aus dem Zweiten Weltkrieg nicht ausgeschlossen werden (Bombensplitter).

3-132 Nur die rechte Laibung des Maßwerksfensters ist bei der Abbildung des Bestands zu erkennen.

3-133 Fertigstellung mit neu angefertigten Steinteilen (links unten)

3-134 Herta, mein erster weiblicher Steinmetzlehrling (1986), trägt den abgenommenen Stempel. (rechts oben)

3-135 Am alten Bauteil (Nordseite und Turm) wurde nur die Formenreduzierung (Stempel) gegen ein von mir angefertigtes Neuteil (vollständige Kreuzblume) ausgetauscht. (rechts unten)

Die unmittelbare Nähe zum Westbahnhof (Kriegsziel), aber auch nahe den Schäden gelegene gleichartige Stilelemente, die außer Verschmutzungen keine Beschädigungen aufwiesen, sprechen für diese Annahme (siehe auch ▸ Seite 242).

3-136 1986 wurden von uns Südseite und Apsis restauriert.

Ein Bretterverschlag beim Fenster und eine Vereinfachung aus Stein (Stempel) oder seltsame Ergänzungen aus Mörtel bei den kleinen Kreuzblumen 1 erinnern an die ersten Jahre nach dem Krieg, als andere Dinge wichtiger waren als aufwendige Restaurierungen (▸ **Bild 3-132, 3-133, 3-134, 3-135**).

Kriegsschäden oder Mesner

Eigentlich schauen diese Bilder von den neugotischen Altären der Lazaristenkirche in Wien eher wie Fertigstellungsaufnahmen für das Kapitel ▸ **Ergänzung** – mit Naturstein aus (die Neuteile sind aus feinkörnigem Aflenzer Kalksandstein gefertigt). Diese Bilder wurden gewählt, weil die Schäden, z. B. am Josefaltar, nach unserer Restaurierung und vor der Arbeit des Malers und Vergolders am besten zu erkennen sind (▸ **Bild 3-137**). Warum so viele Steinteile beim Josef-Altar und auch etliche beim Hauptaltar fehlten, wurde uns vom Kirchenpersonal, je nach Antwortgeber, mit Luftangriffen im Weltkrieg erklärt oder es wurde auf die Mesner verwiesen (▸ **Bild 3-138, 3-139, 3-140**).

3-137 Der Josefsaltar auf der linken Seite des Kirchenschiffs (oben Mitte)
3-138 Gruppenfoto der von mir angefertigten Steinteile für den Josefsaltar (Mitte links)
3-139 Eingerüsteter Hauptaltar im Chor der Kirche (Apsis) (oben rechts)
3-140 Fialen- und Kreuzblumenteile, angefertigt für den Hauptaltar (unten rechts)

3-141
Noch vorhanden, aber schwer beschädigt: Teile einer Kreuzblume (Herz-Jesu-Kirche, Graz) (rechts oben)

3-142
Durch Rostdruck der eisernen Verbindungszapfen war eine Fialen-Kreuzblume der Herz-Jesu-Kirche in Graz nicht mehr zu retten und musste neu angefertigt werden. (rechts unten)

Genauso wie ich mir vielleicht einen Bordkanonen abfeuernden Begleitjäger US-amerikanischer Bomberverbände vorstellen kann, der statt Ziele am gegenüberliegenden Bahnhof aus Versehen die Kirche trifft, genauso kann ich mir aber auch einen auf der Stehleiter, mit dem langen Staubwedel Kirchenputz machenden Mesner vorstellen (über einen Zeitraum von ca. 150 Jahren natürlich mehrere).

Verschiedene Ursachen für den Steinaustausch

Ohne dem Kapitel ▸ **Ergänzung** – aus Naturstein vorgreifen zu wollen, zeige ich auf dieser Seite ein paar Schadensbilder, die zu Natursteinvierungen und Neuteilen führten.

Die mit einem vereinfachten Steinstempel (Wien) auf der ▸ Seite 86 ersetzte Kreuzblume ist eine eher seltene Ursache für den Steinaustausch. ▸ Mehr zum Thema Naturstein-Austausch in Kapitel 4.

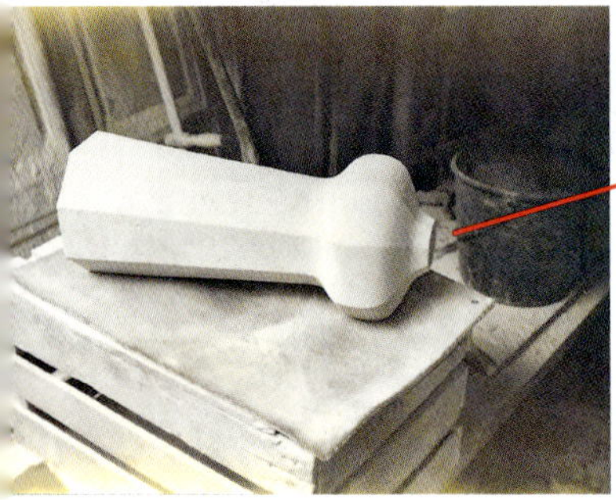

3-144

3-145

3-143 **3-144** **3-145** Fehlende oder abgewitterte Steinteile und die dazu gehörigen Neuanfertigungen aus Kalksandstein (Wien, Lazaristenkirche)

Bandagierter Rostdruckschaden (gesicherte, aber nicht behobene Schäden)

Ist ein Ausbau des schadensverursachenden Zapfens nicht möglich, müssen Maßnahmen zum Schutz vor neuerlichen Rostdruck gesetzt werden. Diese sind hier am Beispiel der Turmspitzen-Kreuzblume der gotischen Kirche von Straßengel dokumentiert.

3-146 Anfertigung „vor Ort" eines Kreuzblumenblatts im Gartenschuppen des Lazaristen-Klosters (Wien) (oben links)

3-147 Eine desolate, nicht formgerechte Altergänzung aus Mörtel wird abgenommen ... (oben Mitte)

3-148 ... und gegen das neuangefertigte Kreuzblumenblatt aus Kalksandstein von St. Margarethen ausgetauscht.

3-149 Schienung und Kupferbandagen werden abgenommen.

3-150 Der Schaft der kleinen Kreuzblume wird zerlegt; er weist typische Rostdruckschäden auf.

3-151 3-152 Der lockere Rost wird vom Zapfen entfernt. (links oben, links unten)

3-153 Verkleben der Teile mit Epoxidharz

3-154 Bleiminiumanstrich des Eisens und Bleiblechwickelung als Pufferzone beim montierten Schaft

3-155
Fertigstellung:
Der Oberteil und die Bandagen werden wieder befestigt.

Stilkunde:
Meistens ist die Turmspitzen-Kreuzblume die größte Kreuzblume einer gotischen Kirche.

3-156
Dass beschädigte Ornamente an Fassaden von ausführenden Baufirmen beim Sanieren vereinfacht ergänzt wurden (meistens in der Nachkriegszeit), kam leider nicht so selten vor.

3-157
Fertiggestellter Risalit beim Oberlandesgerichtsgebäude in Graz

Vereinfachung der Ergänzungsform

Bei den Risalitwangen auf dem Gebäude des Oberlandesgerichtes in Graz erkennt man bei den unteren Rosetten auf dem Erstbefundungsbild eine Formvereinfachung (▸ **Bild 3-156**). die natürlich erst nach der Reinigung bei der Freilegung zu erkennen war. Nach der sichtbaren Form der oberen, etwas kleineren Rosetten hatte man schon einen leichten Verdacht. Es könnte sein, dass bei der letzten Restaurierung in den Rosetten keine nachvollziehbaren Fragmente der ursprünglichen Form mehr zu erkennen waren. Ein verantwortungsvolles Verschließen der Stellen mit relativ weichem Ergänzungsmörtel, um ein weiteres Verwittern zu verzögern, wäre noch zu verstehen. Dem war aber nicht so. Beim Freilegen kam genug nachvollziehbare Form zutage und auch der Ergänzungsmörtel war eher eine Sperrschicht bildender Beton, als eine, zum Schutz vor weiterer Verwitterung, nur auf Kalk als Bindemittel eingestellte Mörtel-Plombe. Obwohl ohne Haftgrund, war doch ein nicht geringer Aufwand vonnöten, um die Betonplombe sauber vom Sandstein zu trennen (▸ **Bild 3-157**). Diese Vereinfachung einer Originalform ist kein Einzelfall, muss aber nicht zwingend von einem Restaurator verursacht worden sein. Bei älteren „Sanierungen" waren nicht immer Fachleute am Werk.

Kalkmörtelergänzung zur falschen Jahreszeit

Eines der ältesten noch vorhandenen Details am Grazer Schloßberg ist ein Abschnitt der alten Burgmauer mit mehreren Schießscharten. „Schlüsselscharten" sind unter anderem typisch für den Gebrauch von Hakenbüchsen (das sind schwere Luntenschlossgewehre). Die Wehrgangseite der Mauer liegt nicht mehr frei, sondern ist heute unter dem Erdniveau. Steine und Ziegeln rund um die Scharten sind deshalb einer hohen Durchfeuchtung ausgesetzt, die im Winter zu Frostschäden führt. Als erste Maßnahme wurden die Scharten so tief wie möglich von Erde und Schutt befreit. Die stark angegriffenen Steine wurden nur mit Sumpfkalk gebundenem Mörtel ergänzt. Dieser braucht aber sehr lange zum Aushärten und sollte knapp vor der kalten Jahreszeit nicht mehr verwendet werden. Das Schadensbild nach dem Winter ist deutlich zu erkennen. Nur mehr Spuren der Ergänzung sind nach dem Winter verblieben. Im gesamten Mauerbereich war die Feuchtigkeit für reinen Sumpfkalkmörtel einfach zu hoch (▸ **Bild 3-158 bis 3-160**). Da Fördermittel jährlich verbraucht werden müssen, kann dieser Umstand zu einer späten Auftragserteilung geführt haben, die den Zeitpunkt dieser Maßnahme erklärt.

Umbauarbeiten und Adaptionen

Nach dem Freilegen der ersten Podeststufe des Altars in der Pfarrkirche Unterpremstätten, kam schockierenderweise ein abgeschlagenes Profil an den Salla-Marmorstufen zutage (▸ **Bild 3-166, 3-167**).

Wahrscheinlich bestand die Absicht darin, nach einer Änderung des Bodenniveaus am Auftritt der unteren Stufe mit den Bodenplatten eben anzusetzen, wobei der Wulst des Profils im Weg gewesen wäre. Da beim derzeitigen Kirchenumbau wieder auf dem ursprünglichen Niveau des Kirchenbodens angesetzt werden sollte, wurden die Stufen abgetragen und das Profil durch Zurücksetzen und Einbeziehen der Auflagerreserve wieder in den ehemaligen Zustand gebracht (▸ **Bild 3-168, 3-169, 3-170**).

3-158 3-159 3-160 Im Denkmalschutz war es eine weit verbreitete Ansicht, auch im Außenbereich nur reinen sumpfkalkgebundenen Mörtel bei Ergänzungen von Stein zu empfehlen. Diese Meinung teile ich nur für den Innenbereich.

3-161 3-162 3-163 3-164 3-165 Nach einer längeren Austrocknungszeit wurde der Ergänzungsmörtel neu eingestellt; die Scharten wurden im Sommer mit Erdfeuchttechnik fertiggestellt (siehe die fünf Fertigstellungsbilder und Mörteltechnik, Seite 227).

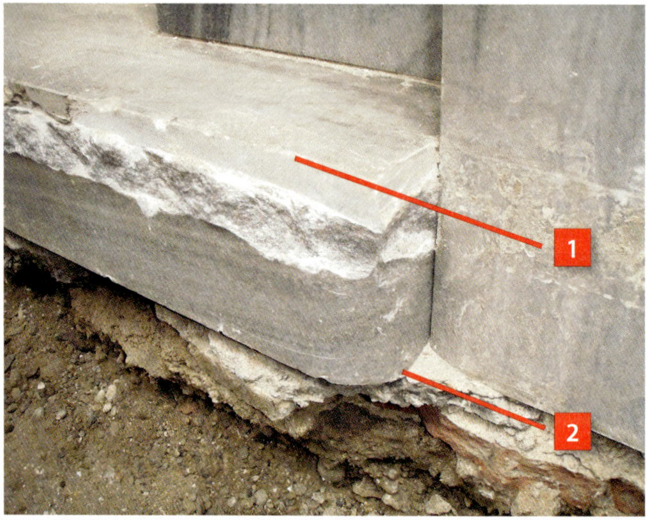

3-166 (oben links) 3-167 (oben rechts)
Das Bestandsprofil der ersten Stufe wurde vollkommen den damals geplanten Bodenniveaus geopfert und unwiederbringlich zerstört.

1 Bodenhöhe (Nachkriegsumbau)

2 Rückbauhöhe 2013 (Ursprungsniveau)

3-168 (links unten)
3-169 (rechts Mitte)
3-170 (rechts unten)
Die Auflagerbreite für die zweite Stufe benutze ich dazu, ein neues Profil anzufertigen (die Funktion des Auflagers, kann man, da es nicht sichtbar ist, mit Beton aufrechterhalten). Dadurch bleibt die Auftrittsbreite der Stufe gleich wie vorher.

3-171 Fertiggestellte Altaranlage

Vandalismus im Weltkulturerbe

Beim Freilegen einer Trennwand aus neuerer Zeit in Schloss Eggenberg kam die ursprüngliche Form eines Pfeilerkapitells zutage (▸ **Bild 3-173**). Der Rest der Profile war einfach abgeschlagen worden. Da es sich um die Gewölbepfeiler der Ausstellungsräume gleich links hinter dem Hauptportal des Schloss Eggenberg handelt, stand die Frage im Raum, wie so etwas in einem wichtigen Grazer Baudenkmal möglich war (seit 2010, zusammen mit der Grazer Altstadt, UNESCO-Welterbe). In diesem Fall wurde entschieden, die Profile mit Steinvierungen zu rekonstruieren (▸ **Bild 3-174** und **Bild 3-175**).

3-172 Ausstellungsräume mit Gewölbepfeiler befinden sich hinter dem roten Oval.

3-173 Nur der Teil des Profils, den eine dünne Trennwand aus neuerer Zeit abdeckte, blieb erhalten. Der restliche Teil des Pfeilerprofils wurde restlos abgeschlagen. Dieser Schaden wurde also eindeutig absichtlich verursacht. Der Grund für diesen brutalen „Umbau" indes entzieht sich meiner Kenntnis.

3-174 (rechts Mitte)
3-175 (unten Mitte)
Mit neu angefertigten Profilteilen aus Kalksandstein wird der ursprüngliche Zustand der Pfeiler wiederhergestellt.

3-176 Die fertige Arbeit (unten rechts)

3-177 Diese an und für sich mechanisch haltbare Notsicherung fällt nur optisch etwas zurück. (oben links)

3-178 Nach der Entfernung der Altergänzung ist im Bestandsstein keine Bewehrung zu erkennen. (oben Mitte)

3-179 Um eine wirklich nachhaltige Sicherung des Fenster-Mittelstehers auszuführen, musste ein Teil des oberhalb gelegenen Maßwerks ausgebaut werden. (oben rechts)

3-180 Blick zum unterhalb gelegenen Maßwerksfenster nach der Fertigstellung (mit vorgespannten Taubenabwehrnetz). (unten links)

Betonplombe und die Folgeschäden

Dieses Beispiel ist dem Projekt der Pernegger Frauenkirche entnommen (Gesamtansicht der Kirche ▸ Seite 204).

Die Anfertigung einer Betonergänzung, ohne die eigentliche Schadensursache zu beheben (Rostdruck, aber auch Spannungen vom Metall zum Stein), führte zu diesen etwas unprofessionellen Notmaßnahmen (▸ **Bild 3-177**).

Das Holzbrett und der Bindedraht haben lange Zeit ihre Funktion erfüllt. Dann wurde es aber Zeit für eine effizientere Lösung (▸ **Bild 3-179, 3-180, 3-181**).

3-181 Turmspitze der Pernegger Frauenkirche mit fertiggestellten Schallfenster des Glockenraums bei der Demontage des Baugerüsts

Liebe Leserin, lieber Leser,

herzlichen Dank für Ihr Interesse an unseren Büchern! Der Leopold Stocker Verlag ist ein unabhängiges Familienunternehmen, deshalb ist uns der Kontakt mit unseren Kunden besonders wichtig. Wir senden Ihnen in Zukunft gerne Informationen über unsere Neuerscheinungen zu und bitten Sie, uns Ihre Fragen, Wünsche und Anregungen mitzuteilen!

Mit herzlichen Grüßen

Mag. Wolfgang Dvorak-Stöcker

Diese Karte entnahm ich dem Buch: ______________________________

Fragen/Anregungen/Kommentare und Kritik zu diesem Buch oder unserem Programm:

____

____

____

Name

Straße

PLZ Ort

Telefon

E-Mail

☐ (Pflichtfeld) Ich bestätige, dass ich das 16. Lebensjahr vollendet habe und erteile meine ausdrückliche Zustimmung, dass die von mir oben angegeben Daten durch die Leopold Stocker Verlag GmbH zum Zweck der Vertragserfüllung und Leistungserbringung verarbeitet und an Auftragsverarbeiter weitergegeben werden, UND dass

☐ die angegeben Daten durch die Leopold Stocker Verlag GmbH zum Zweck des Newsletterversands verarbeitet, an Auftragsverarbeiter weitergegeben werden und ich werbliche Informationen und Angebote via Post, E-Mail, Telefon erhalte.

Ich kann meine Zustimmung jederzeit widerrufen. Dafür wende ich mich an die Leopold Stocker Verlag GmbH (Hofgasse 5, A-8010 Graz; Tel: 0043316/821636; E-Mail: datenschutz@stocker-verlag.com). Alle Infos: www.stocker-verlag.com/datenschutz.

Datum____________Unterschrift __________________

Bitte frankieren!

ANTWORTSENDUNG

Leopold Stocker Verlag

Postfach 438
Hofgasse 5
8011 Graz

IV. Sicherung

4-1 Sicherungsarbeiten am Gerüst mit der Kernbohrmaschine bei den Traufgesimsecken der Aufbahrungshalle Süd des Grazer Zentralfriedhofs

Grundsätzliches zur Sicherung

In seiner lehrzeitlichen Ausbildung sollte sich jeder Steinmetzfacharbeiter fundierte Kenntnisse in der Steinbefestigungstechnik (Montage/Demontage) erworben haben. Im montagetechnischen Bereich ist der Steinmetz im Normalfall deshalb besser geschult als die von Kunst- oder Bildhauerschulen kommenden Fachkräfte.

Die im Zusammenhang mit der Steinrestaurierung oft vorkommende Montagetechnik hat viele Werkzeuge, Materialien und Vorgehensweisen mit dem in diesem Kapitel behandelten Thema ▸ **Sicherung**sstechnik gemeinsam und stellt ein wichtiges Einsatzgebiet des Steinmetzes dar.

Zwar möchte ich den in im 6. Kapitel umfangreich behandelten Thema (Vierungen und Neuteile) nicht vorgreifen,

4-2 Mariahilferkirche in Graz: Notsicherung des Statuen-Duos „Hl. Michael und gefallener Engel" (kein Witz) über dem Haupteingang (Detailbild Luzifers Höllensturz)

möchte aber hier schon darauf hinweisen, dass es bei der Sicherung von historischen Objekten nicht selten zum Austausch von Natursteinen kommt. Auch für diese Arbeit bringt der Steinmetz, vor allem material- und werkzeugkenntnisbedingt, ideale Voraussetzungen mit. Übersteigen die formalen Ansprüche des Werkstücks am Anfang womöglich noch seine Fähigkeiten, kann ein erfahrener Bildhauer die Endfertigung übernehmen.

Arbeitet man im Zuge der Restaurierung in dem Bereich ▸ **Sicherung**, trägt man die Verantwortung für beteiligte

4-3 Gefahr in Verzug! Abnahme von lockeren Steinteilen

(Baustellenpersonal) und unbeteiligte Personen (Passanten oder Besucher des Objekts, z. B. einer Kirche). Der Personenschutz hat bei Sicherungsarbeiten natürlich Priorität. Aber auch der Schutz des Objekts darf nicht außer Acht gelassen werden. (Es gilt die Devise: Schützen, was erhaltenswert ist.)

Im Ablauf der Restaurierungsarbeiten steht die ▸ **Sicherung** als dritte Maßnahme nach ▸ **Reinigung** und ▸ **Freilegung**. Das ist logisch, weil die Schäden nach diesen beiden vorangegangenen Arbeiten am besten zu erkennen sind.

Trotzdem können Sicherungsarbeiten zu jedem Zeitpunkt der Restaurierung notwendig sein (sicherer Baustellenbetrieb); ob einstweilen provisorisch (Notsicherung) oder permanent, die Sicherungsmaßnahme muss ihre Schutzfunktion erfüllen.

Das Thema geregelte Arbeitszeit darf in diesem Fall nicht so eng gesehen werden. Zum Schutz von Personen und Bauwerken muss man schon einmal bereit sein, im Notfall am Wochenende oder nach Feierabend bereitzustehen (Stichwort herabfallende Steinteile).

Außerhalb der normalen Arbeitszeit kam in meiner langjährigen Tätigkeit in der Restaurierung aber ein Anruf vom Chef wegen einer Notsicherung nicht sehr oft vor. Außerdem wurden meistens mehrere Facharbeiter kontaktiert. Wer sich meldete und Zeit hatte, bekam den Auftrag.

Viel häufiger als ein Anruf am Wochenende kommt es vor, dass absturzgefährdete Steinelemente zur Sicherung des Baustellenbetriebs während der Arbeitszeit entfernt werden müssen.

4-4 Dieser Kreuzblumenstempel steht nur noch als „Gefälligkeit" an seinem Platz. Schon bei der leichtesten Berührung würde er abstürzen.

4-5 Beim Benutzen des Gerüstlifts bekommt man schon ein seltsames Gefühl in der Magengrube.

4-6 Eigentlich hat nur der Gerüst-Facharbeiter eine Versicherung für diese Liftart. (oben rechts)

4-7 4-8 4-9 Vorerst ist keine Reparatur, sondern nur das Entfernen von lockeren, absturzgefährdeten Steinteilen angesagt, weil ich eigentlich noch gar nicht am Gerüst sein dürfte. Stark der Verwitterung ausgesetzte Steinelemente, wie Kreuzblumen, kamen aus diesem Grunde in meinem Arbeitsleben als Restaurator sehr häufig vor (weit über 100 Stück).

Tipp für Vorarbeiter: Dieser Bauteil (Hauptturm der Grazer Herz-Jesu-Kirche) war für uns noch gar nicht freigegeben. Aber wenn der Vorarbeiter der Gerüstbaufirma dich zum Schutz seiner Mannschaft mit dem Gerüstlift mitnimmt, um dir lose Steinteile zu zeigen, nimm einen Behälter zum sicheren Abtransport mit und lass dir keine Angst anmerken (man gewöhnt sich an die Höhe).

Werkzeuge und Hilfsmittel

Die Werkzeuge und Hilfsmittel (W. u. H.), die bei Sicherungsarbeiten eingesetzt werden, können in drei Kategorien – hier farblich gekennzeichnet – eingeteilt werden:

- **Die W. u. H., die jeder Steinmetz in der Restaurierung permanent im Arbeitsauto dabeihaben sollte.**
- **Die W. u. H., die je nach Erfordernis des jeweiligen Projekts kurzfristig vom Werkstattlager bereitgestellt werden.**
- **Die W. u. H., die nach Fixterminen von Fremdfirmen gemietet oder erzeugt werden.**

Die Werkzeuge für Neuanfertigungen (Natursteinaustausch kommt in ▸ **Sicherung** häufig vor) werden in Kapitel 6 vorgestellt.

4-11 Kellerarkaden der Prunkstiege im Schloss Hollenegg

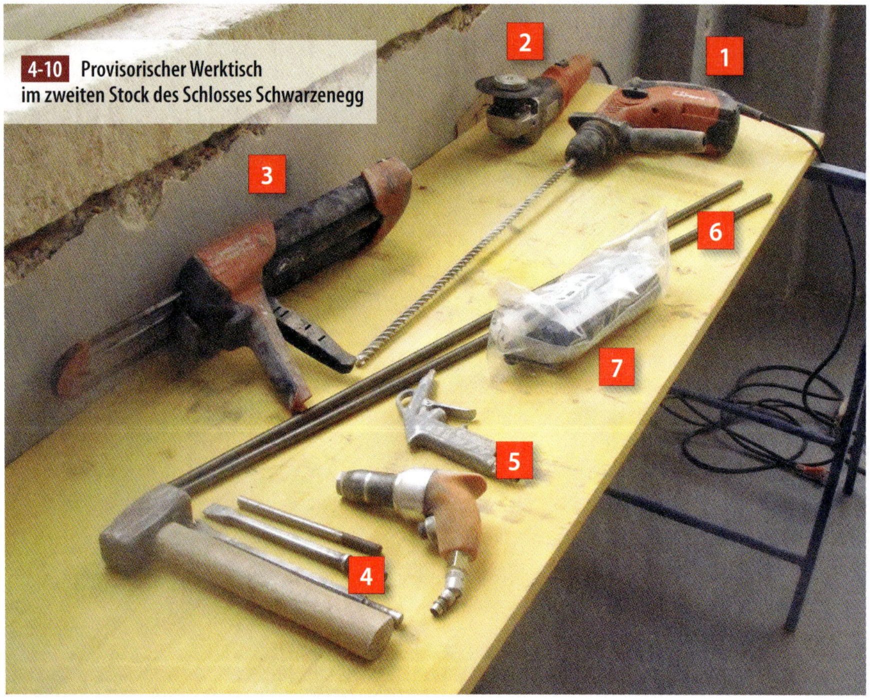

4-10 Provisorischer Werktisch im zweiten Stock des Schlosses Schwarzenegg

1 Bohrmaschine mit Langlochbohrer
2 Winkelschleifer mit Stahlscheibe (zum Trennen des Zapfenmaterials)
3 Hilti-Hit-Auspressgerät (zum Befüllen des Bohrlochs)
4 Luftdruckhammer oder Schlägel und Eisen (zum Reduzieren des überstehenden Hilti Hit)
5 Ausblaspistole und Verlängerungsschlauch (zum Entstauben der tiefen Bohrlöcher)
6 Gewindestangen – Edelstahl in verschiedenen Dimensionen als Zapfenmaterial
7 Überbrückungsmaterial Hilti Hit
8 Verklebungsmaterial Akepox (zum Verkleben von ausgebauten Steinen)

4-12 Sicherungsvernadelung mit Überbrückungskleber wegen Schwellenausbau

4-13 Verklebungsmaterial Akepox (zum Verkleben von ausgebauten Steinen)

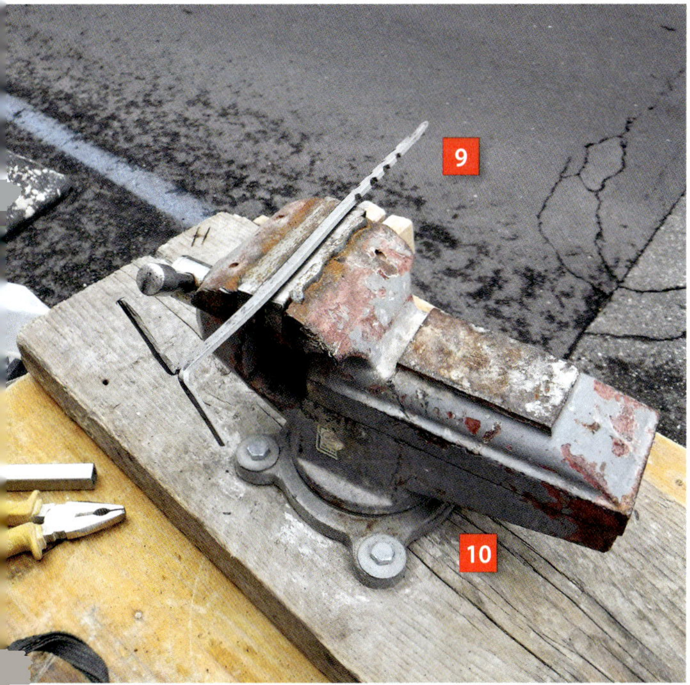

4-14

4-15

4-16

9 Bandedelstahl/in mittleren Dimensionen

10 Schraubstock/für das Herstellen von Ankereisen und Klammern mittlerer Stärken
Für das Biegen stärkerer Stahlstücke wird man eine eigene Biegemaschine ausfassen müssen.

11 Portalkran: sehr praktisch und vielseitig bei Montage, Demontage und Sicherungsarbeiten

12 Flaschenzug: Auch dieses Werkzeug ist in den Tiefen meines Fahrzeugs versteckt.

13 Hebegurte werden meist gemeinsam mit dem Flaschenzug oder Kran verwendet.

14 Spanngurte sind unverzichtbar und sehr vielseitig, z. B. zum Fixieren der Hebegurte.

4-17

4-18

4-19

4-20

15 Luftkompressor: für alle pressluftbetriebenen Handgeräte, aber vor allem für Reinigungsarbeiten mit der Sandstrahlpistole

16 Ein benzinbetriebener Stromerzeuger ist für Baustellen ohne Stromanschluss (kommt in der Restaurierung gar nicht so selten vor) unverzichtbar.

17 Eine Mehrzweckleiter sollte in jedem Arbeitsauto Platz finden.

18 Wassergekühlte Kernbohrmaschine: zu teuer für jedes Team, muss bei Bedarf ausgefasst werden.

4-21 4-22 Die barocke Florianikirche ist weit oberhalb der Straßganger Kirche (Graz) versteckt im Wald an einem Wanderweg gelegen und hat weder Wasser- noch Stromanschluss. Die Bilder zeigen die Außenansicht und den Innenraum.

4-23 (oben) 4-24 (unten)

Kriegsopferdenkmal am Grazer Zentralfriedhof

Wegen einer Schadstellen-Befundung wurde die Deckplatte der Stele des Denkmals kurzfristig entfernt, dabei wurden auch gleich kleinere Sicherungsarbeiten bei den Eckverbindungen durchgeführt. Dazu notwendige Werkzeuge und Hilfsmittel:

19 Sicherungsgeschirr, das zum Schutz der eigenen Person bei gefährlichen Arbeiten vorgeschrieben ist.

20, 21 Auch wenn keine Pressluft zur Verfügung steht, kann das Bohrloch mit der Lochbürste und der Ausblaspumpe staubfrei gemacht werden.

22 Der Kran wurde für eine zeitlich begrenzte Aktion von einer Kranverleihfirma gemietet.

23 Hebeösen: Das höchst zulässige Lastgewicht pro Einheit (16 mm Gewindestangen und dazu passender Ring) ist meist in die Öse eingeprägt (500 kg).

4-25

4-26

4-27

4-28 4-29
Fachleute der Bauforschung bringen die äußeren Schäden mit dem inneren Aufbau der Stele in Zusammenhang. Aus diesem Grund wurde die 1500 kg schwere Deckplatte entfernt, das Innenleben dokumentiert und die Platte neu versetzt.

4-30

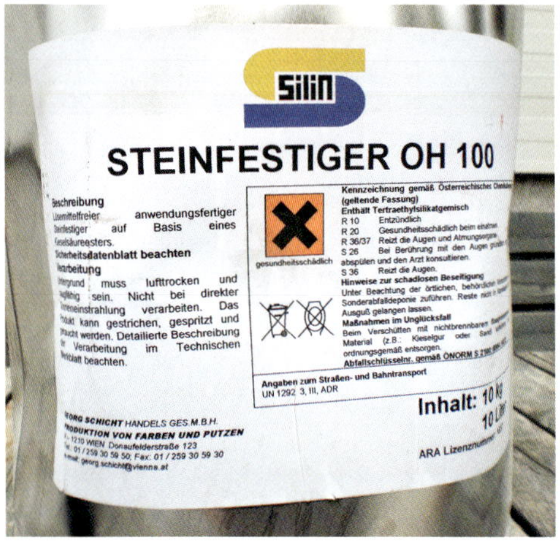

4-31 4-32 Man kann die Festigungsflüssigkeit natürlich auch mit einfacheren Mitteln fluten, ohne einen Sprühnebel zu erzeugen. Aber auch dann sollte man wegen der Lösungsmittel eine Atemmaske mit Chemiefilter tragen (ein Staubfilter allein genügt nicht).

Festigungsmaßnahmen für verschiedene Steinarten

Sandstein, wie an diesem Beispiel ersichtlich, der seine Bindekraft unter der Oberfläche durch Krustenbildung und Auffrieren verloren hat, wird mit Steinfestiger auf Kieselsäureesterbasis behandelt (▸ **Bild 4-31, 4-32**).

Bei diesen Schadstellen am oberen Teil eines Fialenschafts der Grazer Herz-Jesu-Kirche (▸ **Bild 4-33, 4-34)** sind unter den aufgeplatzten Krusten abgesandete, bindemittelschwache Schichten zu erkennen. Durch mehrmaliges Fluten und das tiefe Eindringen von Kieselsäureester ist die Bindung der mürben Stellen (Bildung von Quarz) wiederhergestellt worden. Erst danach konnte mit Mörteltechnik ergänzt werden.

Ob, wie in diesem Fall, bei weichem Kalksandstein, Kieselsäureester oder, bei härterem dichtem Kalk, Acrylharzlösung zum Einsatz kommt, ändert nichts daran, dass bis zur Fertigstellung mit Ergänzungsmörtel Trocknungszeiten eingerechnet werden müssen. Beim Benutzen dieser Mittel entsteht ein wasserabweisender Effekt, der sich erst nach einiger Zeit verliert.

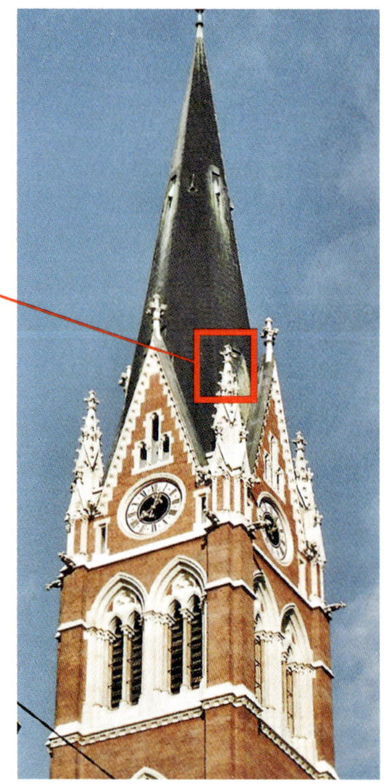

4-33 4-34 Sehr schön zu sehen ist das Aufplatzen der oberen Steinschicht des Aflenzer Kalksandsteins und die darunterliegenden Absandungen der bindungsschwachen Schicht. Je nach Kombination verschiedener Lösungsmittel kann man die Tiefenwirkung des Kieselsäureesters regulieren, um diese Stellen wieder zu festigen. (oben)

4-35 Die Position der Fialenspitze in ca. 70 m Höhe am Turm lässt es angezeigt erscheinen, zusätzlich noch eine mechanische Sicherung zu überdenken. (rechts)

4-36 Hat man ein Teil des gebrochenen Kunststeinreliefs gelöst, ist die Spannung weg und man kann die anderen Bruchstücke sehr leicht entfernen (oft zu leicht, also Vorsicht).

4-37 Arbeitet man mit elastischen Dünnbettmörtel, muss der Untergrund zwar staubfrei sein, braucht aber nicht vorgenässt zu werden.

4-38 Bei der Arbeit mit Epoxidharz-Kleber ist es aus Sicherheitsgründen angezeigt, immer Handschuhe zu tragen (am besten sind Einweghandschuhe).

Verklebungsarbeiten

Die Kunststein-Reliefplatten beim Portikus der Kirche am Grazer Zentralfriedhof weisen Risse und Hohlstellen auf. Durch die Eigenspannung sind sie zwar noch nicht absturzgefährdet, aber da die Verbindung zum Untergrund bedenklich ist, müssen die Platten gesichert werden.

Die Bruchstücke des Reliefs wurden abgenommen, gereinigt und zu handlichen Versatzstücken mit Epoxidharz verklebt (Akepox: pastöser Kleber von Akemi, auch für Verklebungen an senkrechten Flächen und zum Ausgleichen großer Unebenheiten, ideal zum Modellieren) (▸ **Bild 4-36, 4-37** und **4-38**).

Epoxidharz-Kleber ist dem Steinkleber auf Kunstharzbasis, der dem Steinmetz besser bekannt ist, bei Weitem überlegen (aber auch wesentlich teurer).

Diese Platten wurden und werden auch jetzt nicht mit einer Edelstahlverankerung hinterlüftet versetzt (sonst die beste Methode für Steinplatten), sondern mit speziellem Marmor-Dünnbettmörtel auf den Untergrund (gereinigte Ziegelmauer) geklebt.

4-39 Die Position der Ziergiebelfelder am fertiggestellten Portikus. Das ursprüngliche Erscheinungsbild des Portikus wurde auch durch den Einsatz von 240 Neuteilen aus Naturstein erreicht.

Die Kunststeine sind nicht dick genug und zu inhomogen für Ankerbohrungen. Der frostsichere und ausblühungsfreie Spezialmörtel sollte aber eine dauerhafte Verbindung erzeugen (▸ **Bild 4-39**).

Verzapfung oder Vernadelung

Verklebung und Verzapfung bei ausgebauten Steinen

Für die Verklebung und Verzapfung stellt der gebrochene, ausgebaute Stein den Idealfall dar. Hierbei ist folgendes Vorgehen zu empfehlen:

- Bruchflächen reinigen und stabilisieren.
- Rostfreie Zapfen (meist Edelstahl-Gewindestangen) in der dem Werkstein entsprechenden Dimension einbohren.
- Wegen der Füllmasse das Aufnahmeloch um 2 mm größer als den Durchmesser des Zapfens bohren.
- Trotz wahrscheinlich unregelmäßiger Bruchflächen und Kleber, die ein Verdrehen des Werkstücks verhindern, sollte man dennoch, wenn möglich, zwei Zapfen verwenden.

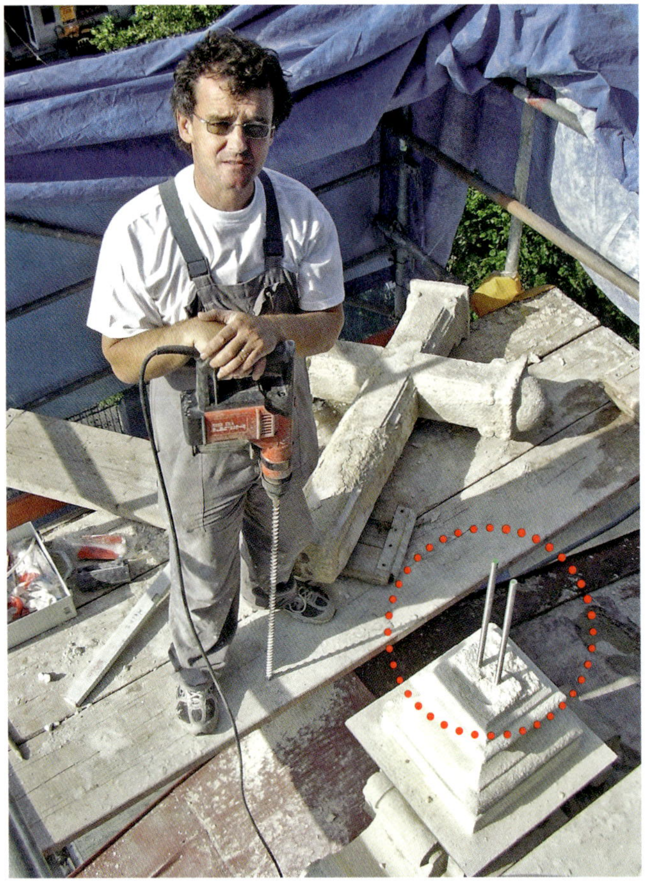

4-40 Die Zapfenlänge sollte mindestens 1/10 der Größe des zu verzapfenden Objekts betragen.

- Besonders bei langen Bohrungen ist das Entstauben mit Kompressor und Luftpistole für die Haltbarkeit der Verzapfung von Bedeutung.

Tipp: Einmal ohne Kleber die Passgenauigkeit des Zapfens überprüfen, erspart später häufig eine Menge Ärger.

- Der Zwei-Komponenten-Epoxidharzkleber wird zuerst angerührt, da er durch seine meist lange klebeoffene Zeit keinen Stress macht. Er ist für die Verbindung der Bruchflächen bestens geeignet und wird punktförmig (mehrere) und nicht vollflächig auf eine Bruchfläche aufgetragen. Vollflächig würde der Kleber die Wasserdurchgängigkeit des Steins behindern.

Tipp: Epoxidharz nicht zu nahe an den Zapfenloch-Befüllungskleber (meist Hilti Hit) bringen, da sich die beiden Kleberarten nicht gut vertragen (Erfahrungswert).

- Die Füllmasse für die Stahlzapfen wird zum Schluss verarbeitet, weil durch dessen kurze klebeoffene Zeit nur mehr zehn Minuten für die Fertigstellung bleiben (bei heißer Witterung wesentlich weniger).
- Zapfen einführen und zusammendrücken mittels Eigengewichts des Werkstücks, der Zwinge oder des Spanngurts.

4-41 Vor der Montage des Kreuzes wurde der Sockel gesichert und ergänzt.

4-42 Giebelkreuz am Portikus der St. Josefskirche in Graz (oben links)

- ▸ Am nächsten Tag wird überstehender Kleber entfernt und das Werkstück entsprechend weiterbearbeitet.

Vernadelung bei Steinen im Verband

Am häufigsten wird in der Restaurierung auf „Bestand" gesichert. Das heißt, bei Steinen im Verband, wie an den Beispielbildern zu erkennen, werden die Portalüberlager, die gebrochen und im Extremfall stark verschoben sind, meist im Istzustand abgesichert; ein Ausbau mit Reparatur und Wiedermontage wird nicht angestrebt.

Ohne Ausbau kann man die notwendigen Vernadelungen, wie in den Abbildungen ersichtlich, natürlich nur schräg bohren. Die Position des Eintrittsbohrlochs sollte sinnvollerweise so unauffällig wie möglich gewählt werden, aber natürlich ohne Abstriche an der statischen Funktion.

Die Bruchflächen kann man leider nicht wie im ausgebauten Idealfall beschrieben optimal reinigen und verkleben. Die Versteifungswirkung des über das Bohrloch in den Spalt eindringenden Überbrückungsklebers hat aber nahezu den gleichen statischen Effekt (▸ **Bild 4-46**).

Sind die Sicherungsarbeiten abgeschlossen, dürfen, zum Schutz der ursprünglichen Oberflächen, auf keinen Fall die Überstände und Verschiebungen „steinmetzmäßig" gleichgearbeitet oder ausgeglichen werden. Einzig an der Verschiebungszone kann (Konzept) – muss aber nicht – eine anböschende Mörtelergänzung angebracht werden. Diese sollte die Fehlstelle aber nicht ausgleichend überbinden (nur von Schadstellenkante zu Schadstellenkante).

4-43 Überlager mit Haarriss: keine Verschiebung

4-44 Überlager mit Spalt: geringe Verschiebung

4-45 Überlager mit Spalt: Verschiebung klar erkennbar

4-46 Dieses, wie auch die anderen Portalüberlager-Beispiele stammen vom Schloss Schwarzenegg bei Wildon. Die Portale wurden ursprünglich aus Steinen der nahegelegenen, schlosseigenen Brüche gefertigt.

4-47 Langloch-Schrägbohrung bei einem Portalüberlager im Schloss Schwarzenegg

Vorgehen bei einer Standard-Schrägvernadelung

Weil ein Ausbau des gebrochenen Werkstücks in der Restaurierung in der Regel nicht in Frage kommt (es wird meist auf „Bestand" gearbeitet), muss beim Sichern schräg vernadelt werden. Für Steine im Verband gelten aber die gleichen Grundregeln wie für ausgebaute Steine (▸ **Bild 4-47**).

> **Tipp**: Ist es nicht möglich, die Bohrlöcher „unsichtbar" zu setzen, so sollte man vorhandene Fehlstellen im Werkstück nutzen, um den Bohrlocheingang zu kaschieren (hintere Schrägbohrung, ▸ **Bild 4-48** und **4-49**).

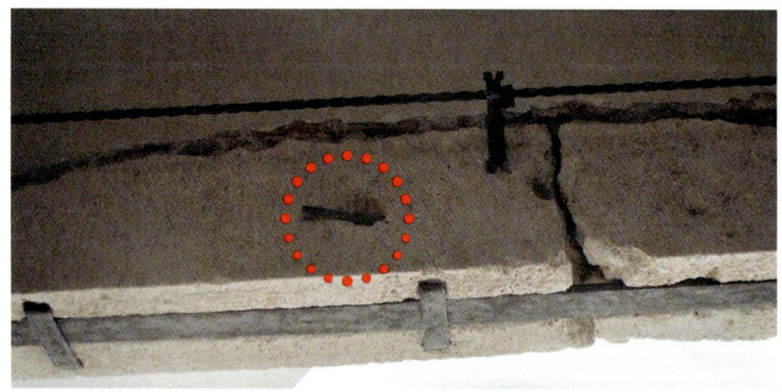

4-48 4-49 Eine ideale Fehlstelle als Eintrittsöffnung für die Bohrung der Schrägvernadelung

Die Länge des Zapfens braucht nicht über den Wirkungskreis reichen; aber aus praktischen Gründen wird er meist über die fast gesamte Bohrlochlänge verwendet (▸ **Bild 4-50**).

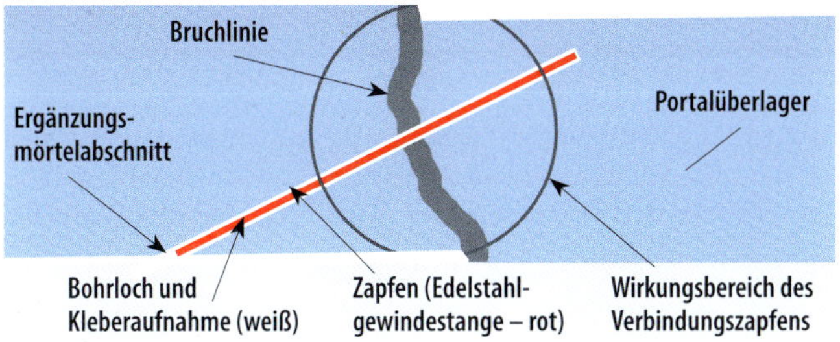

4-50 Schema für eine Standard-Vernadelung am Beispiel eines Portalüberlagers

Um Platz für den Ergänzungsmörtel beim Locheingang zu erhalten, wird die Zapfenlänge so gewählt, dass der Zapfen ein paar Zentimeter unter der Nullfläche bleibt (▸ **Bild 4-50**).

Seitliche Schrägvernadelung bei gebrochenen Steinen

Die beste Möglichkeit, um gebrochene, nicht ausgebaute Steine zu sichern, ist die seitliche Schrägvernadelung. Da die Bohrlöcher meist verdeckt gesetzt werden können, ist auch das Denkmalamt zufrieden. Da der Wirkungsbereich der Verzapfung größer als bei der Standard-Schrägvernadelung ausfällt, ist der Statiker ebenfalls zufrieden. Voraussetzung für diese Variante ist genug seitlicher Platz für Bohrmaschine und Bohrer. Auch muss die Beschädigung des seitlichen Verputzes erlaubt sein.

4-51 Meistens hat der oberhalb des eigentlichen Überlagers gelegene profilierte Stein keine tiefe Einbindung in die Mauer (Verblendung). Deshalb ist eine gerade Bohrung von der Seite beim oberen Stein ideal.

4-52 Die Bruchstellen sollen mit dem Edelstahl mindestens 20 cm überbrückt werden.

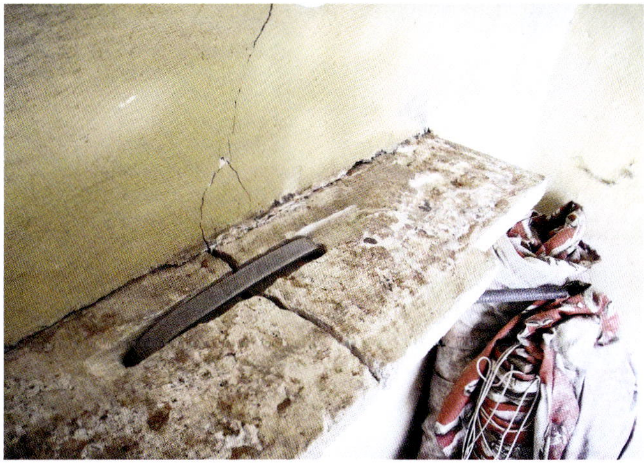

4-53 Verdeckte Klammer heißt: Die Klammer ist so weit in den Stein eingelassen, dass sie mit einer dünnen Mörtelschicht überdeckt werden kann.

Ich habe immer bis zu einem Meter lange Steinbohrer und Gewindestangen in verschiedenen Dimensionen im Auto. Das reicht für einen Riss 80 cm von der Seite entfernt (Überbindung) (▸ **Bild 4-51, 4-52**). Kann man nicht bohren (Wand) und ist das Teil nicht so schwer, so ist auch eine verdeckte Klammer aus Bandedelstahl möglich (▸ **Bild 4-53**).

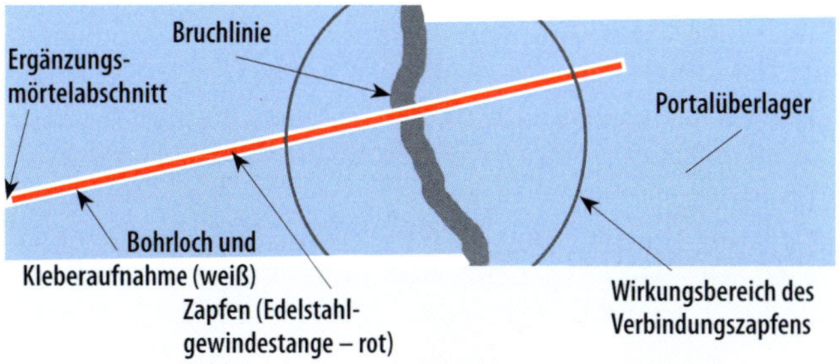

4-54 Schema für eine seitliche Vernadelung am Beispiel eines Portalüberlagers

Überlager mit Plomben wieder einspannen

Die Erst- oder Zusatzmaßnahme Plomben wird meist bei stark verschobenen Portalüberlagern angewandt. Solange ein gebrochenes Überlager noch im Mauerverband eingespannt ist, wird sich im Normalfall nicht viel mehr als ein Haarriss zeigen. Mit erdfeucht gestampften Plomben zum gesunden Ziegel, auch als Sofortmaßnahme, kann das Überlager wieder eingespannt und somit eine weitere Verschiebung verhindert werden.

Die anderen Maßnahmen, wie Vernadelung und Versteifung durch den eingepressten Überbrückungskleber (Hilti Hit), wurden auf den vorangegangenen Seiten bereits ausführlich behandelt (▸ **Bild 4-55**).

4-55 Portalüberlager nach den Maßnahmen Reinigung – Freilegung – Sicherung

4-56 Kräfte, die zum Bruch eines Portalüberlagers führten

Ist das Mauerwerk links und rechts vom Überlager desolat, so kann der von oben einwirkenden Kraft (in diesem Fall ein Gewölbeansatz) nichts mehr entgegengesetzt werden. Ein Bruch des Portalüberlagers mit einer starken Verschiebung nach unten ist die Folge (▸ **Bild 4-56**). Man kann sich ungefähr vorstellen, was es für einen Aufwand es bedeuten würde, das Überlager auszubauen (Sichern des Gewölbes!), steinmetzmäßig zu reparieren, einzubauen und zu vermauern. Deshalb waren Bauherr, Bauleitung, Statiker und Denkmalamt in diesem Fall einer Meinung: Die Sicherungsarbeiten und der Ergänzungsmörtel bei der Bruchstelle wurden an den verschobenen Bestand des gebrochenen Überlagers angepasst (▸ **Bild 4-57**).

4-57 Portalüberlager im Schloss Schwarzenegg nach der Fertigstellung

Vernadelung als Verankerung des Steins im Mauerwerk

Denkmalamt und Bauleitung ist es eigentlich lieber, wenn die Sicherungsarbeiten nachvollziehbar gehalten werden. Bleiben die Sicherungsmaßnahmen im gebrochenen Werkstück, ist das kein Problem. Es war „ein Stein", der auch nach der Ver-

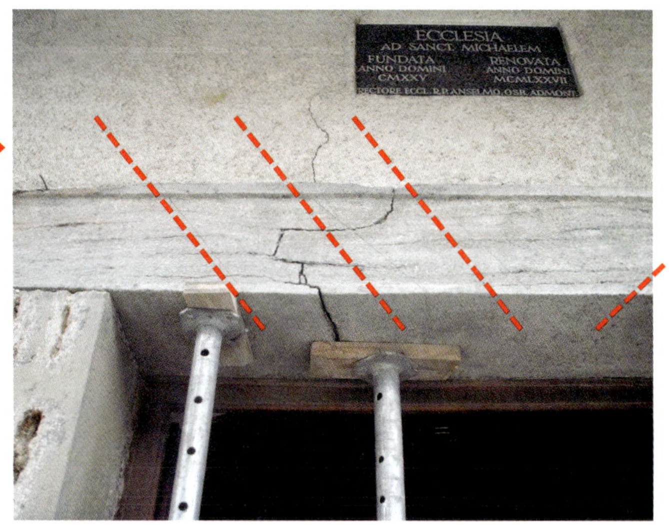

4-58 Eine Schrägvernadelung nur im Stein würde in diesem Fall wahrscheinlich zu noch mehr Schäden führen.

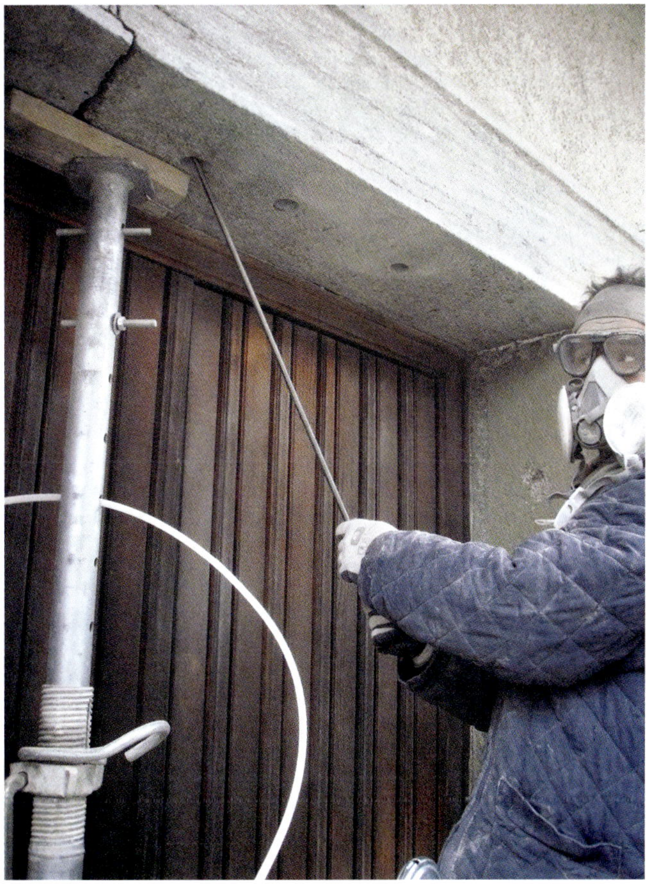

4-59 Da die Edelstahl-Gewindestangen hauptsächlich auf Zug belastet und diese Belastung auf mehrere Anker verteilt wird, kann der Durchmesser der Stangen geringgehalten werden. (links oben)

4-61 Zum Schluss mussten die Ankerlöcher noch mit Ergänzungsmörtel oder Steinvierungen verschlossen werden. (rechts oben)

4-60 Auch um mit der Stecknuss die Muttern zum Schluss ein wenig anzuziehen, brauchte ich die etwas größere Ausfräsung.

4-62 Kirchenportal der Walpurgiskirche, St. Michael, Obersteiermark (rechts unten)

nadelung, bei einer in der Zukunft liegenden möglichen Demontage, als „ein Stein" ausgebaut werden kann.

In unserem konkreten Fall am Kirchenportal in St. Michael in der Obersteiermark kam eine Vernadelung ausschließlich in der Inhomogenen, horizontal geschichteten Steinsubstanz des Portalüberlagers nicht in Frage. So wurden mehrere Edelstahl-Gewindestangen schräg nach oben, weit ins Mauerwerk, gesetzt, was für die Bauleitung genau dokumentiert werden musste (▸ **Bild 4-58, 4-59**).

Durch die Verwendung von Beilagscheiben und Muttern kann, wie in diesem Fall, eine Vernadelung ganz einfach in eine Verankerung umgewandelt werden. Der Vorteil: Die Gewindestange wird nur im Mauerwerk und nicht im Stein mit Kleber befestigt. Dadurch würde eine spätere, vielleicht notwendige Demontage des Überlagers leichter fallen. Um das Ankerauflager zu vergrößern, wurden Beilagscheiben und Muttern verwendet. Als Aufnahme wurden die Bohrlöcher ein paar Zentimeter tief breiter ausgefräst (▸ **Bild 4-60, 4-61**).

Vernadelung in ein zweites Steinelement

Der Giebelstein hat, wie auf dem ▸ **Bild 4-63** zu erkennen, fast kein Auflager, da der untere ausgebaut wurde; er musste aus diesem Grund mit dem zweiten hinteren Stein verbunden

4-63 Der letzte Giebelstein unter dem Kreuzblumensockel mit Vernadelung (rote durchbrochene Linien) und Zusatzsicherung aus Holz

Stilkunde:
Wimperg ist ein gotischer, mit Krabben versehener Ziergiebel über einem Portal oder Fenster, der zumeist mit einer Kreuzblume bekrönt ist.

4-64 **4-65** Der für den Steinaustausch von der Bauleitung vorgesehene Wimperg-Stein (Ziergiebel) hatte noch eine sehr gut erhaltene Krabbe (Kriechblume) aufzuweisen. Diese wurde im Korpus des neuangefertigten (Aflenzer) Werkstücks eingepasst (Bestandswiederverwertung) und im nächsten Jahr mitversetzt.

werden. Quader oder geformte Werksteine hatten häufig eine horizontale Verbindung in Form von Zapfen oder Klammern (z. B. Gesimse). Werden zwei Steine miteinander vernadelt, sollte darauf geachtet werden, dass ein möglicherweise bestehendes statisches Problem nicht nur noch weiter in den Steinverband hineinverlagert wird. Werden ein Ziergiebelstein bzw. die geborstenen Fragmente unter dem Gewicht der Kreuzblumen-Sockelsteine ausgebaut und ist die Fertigstel-

4-66 Oberer Wimperg-Werkstein mit zwei Krabben bei der Montage im Folgejahr

lung erst nach dem Winter zu erwarten, wie es bei unserem Beispiel der Fall war, ist es besser, zusätzlich eine Doppelkeil-Holzsicherung zu errichten (▸ **Bild 4-63** im roten Oval).

> **Tipp**: Wenn möglich, können die Fragmente eines Ausbaus, die eine stabile Steinsubstanz aufweisen, in der Neuanfertigung mitverwendet werden (▸ **Bild 4-65**).

Vernadelung ober- und unterhalb einer Fehlstelle

Wird ein Stein im unteren Bereich eines Verbandes ausgebaut, so wird der nächste „gesunde" obere Stein durch Bolzen gesichert (▸ **Bild 4-68**).

Mein Kollege sollte beim Verfolgen der Pflanzenwurzeln keiner Gefahr ausgesetzt werden (▸ **Bild 4-68**). Wie man im ▸ **Bild 4-69** erkennen kann, erging auch eine Schadensmeldung an den Zimmerer (▸ **Bild 4-69, 4-70**).

Durch Eindringen von Wasser über Jahrzehnte hinweg beim hinteren Giebeleck der Pernegger Frauenkirche war dieser durch Pflanzenwurzeln verursachte Schaden entstanden. Der Übergang von Traufgesims zum Gurtgesims des Apsis-Giebels weist wahrscheinlich durch die Dachrinne einen Höhenunterschied auf. Dieser wurde mit Mörteltechnik, der Abschlussstein des Giebels mit Naturstein ergänzt (▸ **Bild 4-71, 4-72**).

4-67 Im konkreten Fall, es handelte sich um ein Projekt an der Frauenkirche von Pernegg, sicherte ich auch den unteren Stein, da er durch Wegnahme dieses Auflagergewichts instabil geworden war.

4-68 Mit dieser Giebelabdeckung endete der Bauabschnitt des Schiffes der Pernegger Frauenkirche im Jahr 2010. 2011 hätte ich dann ein wesentlich sichereres Gerüst in Richtung Apsis zur Verfügung gehabt. Bei diesem Schaden im Übergangsbereich der Bauteile wollte ich aber nicht zuwarten, deshalb die etwas gewagte „Gerüstadaption" auf eigene Gefahr.

4-69 Erde, Wurzeln, Steintrümmer und morsches Holz werden aus dem Dachraum entfernt.

4-70 Der große Auflagebalken des Hauptschiffdachs ist im Übergangsbereich zur Apsis vollkommen vermorscht.

4-71 4-72 Um Kosten einzusparen, wurde uns der Ersatzstein im Zuge einer Feuerwehrübung der Gemeinde mittels deren Kranwagen auf das Gerüst gehoben.

4-73 Um mehr Platz für die Demontage und spätere Montage zu schaffen und auch weil viele Ziegel im Übergangsbereich beschädigt waren, entfernte ich auch die erste Ziegelreihe zum Kunststein.

4-74 Um den Ausbau sicher auszuführen, wird die obere Pfeiler-Ziegelmasse mit zwei Vernadelungen gesichert (rote Kreise).

Vernadelung im Ziegelverband

Tipp: Von einem Statiker lernte ich, dass Steine im Mauerverband beim Vernadeln als eine einheitliche Masse betrachtet werden können.

Auch beim Ausbau eines profilierten Pfeilersockels gilt: Zuerst oben sichern, dann unten ausbauen.

Der Ausbau dieses Kunststeinelements erfolgt für den Formenbauer als Abformmuster. Da unser Guss mit Faserbeton auch hohl genügend stabil war (siehe ▸ **Ergänzung** – Mörteltechnik), konnte im Kern zusätzlich eine Stützmauer errichtet werden (▸ **Bild 4-73, 4-74**).

4-75 4-76 4-77 4-78 Es dauerte etwas länger, bis wir die Gussform bekamen, deshalb die zusätzliche Stützmauer. Das Abformmuster blieb am längsten beim Formenbauer und wurde als Original bei einem späteren Bauabschnitt verwendet.

Die Klammer als Mittel der Sicherung: Pro und Kontra

In der Vergangenheit war die Eisenklammer oft das einzige Mittel, um Steinschäden notdürftig zu reparieren. Selbst der Denkmalschutz steht hinter dieser Möglichkeit der ▸ **Sicherung,** da man sie im Fall der Fälle leicht wieder aus dem Stein entfernen kann (reversibel). Mit Schadensursachen habe ich mich schon ausführlich beim Thema ▸ **Freilegung** beschäftigt, aber die auf dieser Seite dokumentierten Abbildungen von Schadensbildern von versenkt-sichtbaren Eisenklam-

4-79 Eine fugenüberbindende Klammer, in so geringer Steinmasse gesetzt, ist sinnlos.

4-80 Der Bruch dieses Basissteins wurde von der Eisenklammer sicher eine Zeit lang zusammengehalten. Leider entstand durch Rost- und Frostdruck später ein neuerlicher Riss bei der rechten Einbindung.

4-81 Die alten Klammern sind eben mit der Oberfläche in den Stein eingelassen. (Die Bestandsoberflächen wurden dafür zerstört; die Klammer blieb aber trotzdem sichtbar.)

mern sagen mehr als tausend Worte. Etwas zusammenzuhalten sollte die eigentliche Funktion einer Klammer darstellen. Die Beispielbilder (▸ **Bild 4-79, 4-80, 4-81**) zeigen leider eher eine Beschädigung des Umgebungssteins durch die Verklammerung. Außerdem wurde nicht wenig ursprüngliche Oberfläche des Steins bei der Montage der Klammern zerstört.

Trotzdem verwende ich auch sehr gern verdeckte Edelstahlklammern in der Montagetechnik. So auch bei diesem Beispiel, einer unsicheren Altverklebung mit Zement (vielleicht fehlt eine Verzapfung) an einer Leobener Brunnenfigur (▸ **Bild 4-82** bis **4-84**).

4-82 Als Facharbeiter muss man sich nicht unbedingt über die Sicherheit einer Altverklebung Gedanken machen, zumal sie die Demontage „überlebte". Meine „Gürtel und Hosenträger"-Mentalität lässt mich aber besser schlafen. – Brunnen in Leoben

4-83 Unsichere Altverklebung mit Zement

4-84 Verdeckte Edelstahlklammern sichern den gebrochenen Sockel der Brunnenfigur

Bei diesem Versicherungsfall eines Schlosspark-Einfahrtportals in der Marktgemeinde Heiligenkreuz am Waasen mussten die beiden Einfahrtspfeiler gleichgerichtet werden. Eine schwere Fuhre Holz hatte das Metallüberlager gerammt und durch die Wucht die Blöcke der Pfeiler verschoben. Während der Schlosser das schmiedeeiserne Überlager in der Werkstatt ausrichtete, setzten wir die Blöcke der Pfeiler wieder

4-85 Das Kranfahrzeug und dessen Bedienungspersonal sind gemietet. Kranfahrer, mit denen wir stets gute Erfahrungen gemacht haben, werden von mir immer mit Namen angefordert. Wenn es möglich ist, kommt auch diese Fachkraft.

gleich. Die Arbeit ist ein gutes Beispiel für das Zusammenwirken verschiedener Firmen bei einem ▸ **Sicherung**sprojekt (▸ **Bild 4-85, 4-86**).

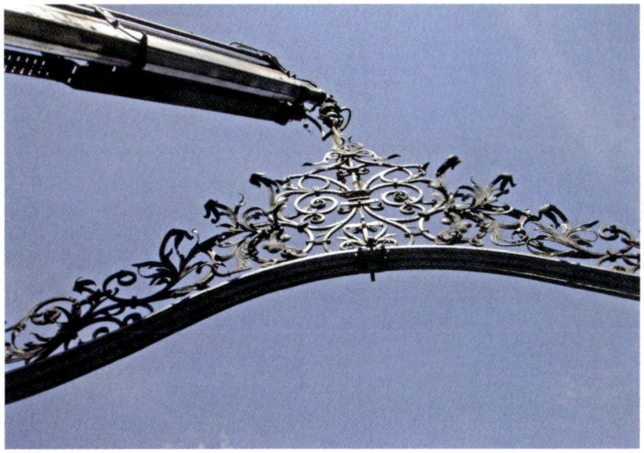

4-86 Das schmiedeeiserne Überlager ist durch den Unfall auch leicht verzogen und wird für den Schlosser abgenommen.

Die zweiteilige Abdeckplatte der Pfeiler hatte wohl eine Verklammerung, aber aus Eisen (Rost), das der Witterung ausgesetzt war. Deshalb wurden die Pfeiler bei dem Unfall aus den Lagern geschüttelt.

Nach dem Einrichten der Platten sowie dem Vergießen der alten Klammeröffnungen und der Mittelfuge setzte ich die neuen Edelstahlklammern verdeckt im Bereich des Vasensockels, weil sie so vor Witterungseinflüssen besser geschützt sind (▸ **Bild 4-87, 4-88, 4-89**).

4-87 Die Stoßfuge der zweiteiligen Pfeiler-Abdeckplatte aus Stein wurde nach dem neuerlichen Versetzen mit Zement- oder Puzzolanmörtel ausgegossen (wasserdicht).

4-88 Wenn man gerade keine Bohrmaschine, sondern eine Flex in der Hand hat, kommt es manchmal zu solchen wenig restauratorischen Lösungen. Auch wenn man es unter dem Vasensockel nicht mehr sehen kann, der Restaurator-Gott weiß es (und jetzt auch die Leserschaft).

4-89 Reich ornamentierte Steinobjekte aus Schöckelkalk wie diese Pfeilervase sind auch in der Steiermark relativ selten. Den (beim Bestand fehlenden) Scheindeckel mit Knauf konnte ich als Zusatzauftrag aus einem ähnlichen Kalkstein herstellen (rotes Oval).

Der Einsatz von Zugstangensicherungen – permanent und als Montagehilfe

Dieses Portal des Anwesens Hans-Sachs-Gasse 1 in Graz wurde im Überlagersturz der linken Seite instabil, was sich als Riss schon auf die Balkongrundplatte übertragen hatte. Um weiteres Auseinanderdriften zu verhindern, wurden zwei starke Zugstangen aus Edelstahl eingebaut. Soll die gewünschte Wirkung erzielt werden, muss vor allem die Einbindung ins

4-90 Portale aus Kalksandstein mit Atlantenhermen (hier mit darüberliegendem Balkon) wären in Wien nichts Besonderes; in Graz baugeschichtlich aber eher selten.

Lager der Stangen sehr stabil sein, was bis zu einem gewissen Grad durch Rückhaltekerben und Epoxidharz in den Bohrlöchern gewährleistet werden kann. Da auf Bestand gesichert wird, ist eine klammerförmige Einbindung leider nicht möglich (▸ **Bild 4-90**).

Ein denkmalgeschützter alter Eingang wurde von meinem Team wegen Geschäftsumbaus in einem Haus in der oben genannten Gasse von der alten Position auf einen neuen Platz versetzt. Am neuen Aufstellungsort musste jeder Stein wieder gleich angeordnet werden.

Bis der Bogen auf beiden Seiten eingemauert war, wurden die beiden Steher mit Zugstangen als Montagehilfe gesichert, um den nach außen gehenden Druck des Bogens abzufangen; 4 mm starker Bandstahl in Form einer langen Klammer war dafür ausreichend. Nach Fertigstellung der Anlage wurden die Flachstähle bei der Lagerfuge so knapp wie möglich abgeschnitten. Nach der Verfugung war vom Reststahl nichts mehr zu sehen (▸ **Bild 4-93**).

4-91 Die Kerben für die Einbindung werden geschnitten und dann mit einem alten Breiteisen geweitet.

4-92 Die vordere Stange (gelb hervorgehoben) ist schon versetzt. Die Löcher für die hintere werden „schwalbenschwanzförmig" aufgebohrt.

4-93 Ein Linienraster, mit Bleistift gezogen, hilft dabei, jeden Stein wieder ganz genau an seine ursprüngliche Position zu bringen. Die Linien wurden nach dem In-Position-Bringen der Steine mit der Sandstrahlpistole entfernt.

Die Funktion der Spannstange

Mehrteilige, durch Schraubhülsen verbundene Edelstahl-Gewindestangen verbinden mit Widerlagerplatten die hohlgebohrte Säule vom Boden bis zum Kapitell. Die Platte am Kapitell wird durch eine Mutter mit einer genau vorausberechneten Kraft angezogen, womit die Stabilität der Säule gesichert ist. Um den Stein nicht zu beschädigen, darf der Pressdruck nicht zu hoch sein (▸ **Bild 4-94** bis **4-96**).

4-94 Die fertiggestellte Mariensäulenanlage am Hauptplatz von Bruck a. d. Mur

4-95 Das obere Widerlager der Spannstange beim Kapitell

4-96 Dieses Bild dokumentiert den Abbau der Anlage.

4-97 Sind die Klammern der mehrteiligen Sockelsteine gelöst, können die Steine beim Fugenmörtel mit einem Eisenkeil fast ohne Anstrengung gelockert werden.

Durch Umbauarbeiten am Hauptplatz von Bruck a. d. Mur wurden die Statuengruppe mit Mariensäule zwischen 2000 und 2006 zweimal ab- und aufgebaut, was mit ein Grund für diese nahezu erdbebensichere Konstruktion war. Denn durch ihren inneren Aufbau lässt sich die Säule auch leicht und ohne Beschädigung montieren und demontieren (▸ **Bild 4-97, 4-98**). Durch die großen zeitlichen Abstände zwischen den Arbeiten bei diesem Projekt gab es nie einen einzigen Vorarbeiter, aber eine interessante ▸ **Sicherung**smaßnahme, die ich hiermit dokumentiere.

4-98 Das untere Widerlager der Spannstange bei den Sockelsteinen

Statuensicherung

Verstreben von Bruchstücken

Der durch Vandalismus zerstörte Arm des „Kindberger-Kindl" wurde restauriert. Wie bei einer Perlenkette wurden die Bruchstücke auf den durchgehenden Zapfen aufgefädelt und verklebt, Fehlstellen mit Mörtel ergänzt und eine leichte sandsteinfärbige Lasur aufgetragen (▸ **Bild 4-99** bis **4-101**).

4-99 Die Bestandsteile zu erhalten, ist ein wichtiger, wenn auch manchmal grenzwertiger Auftrag der Restaurierung.

4-100 Durch die weit in die Schulter einbindende Edelstahlverstrebung wird die alte Stabilität des Arms nicht nur erreicht, sondern sogar übertroffen. (oben links)

4-101 Fertigstellungsbild mit Lasur, im noch feuchten Zustand (oben rechts)

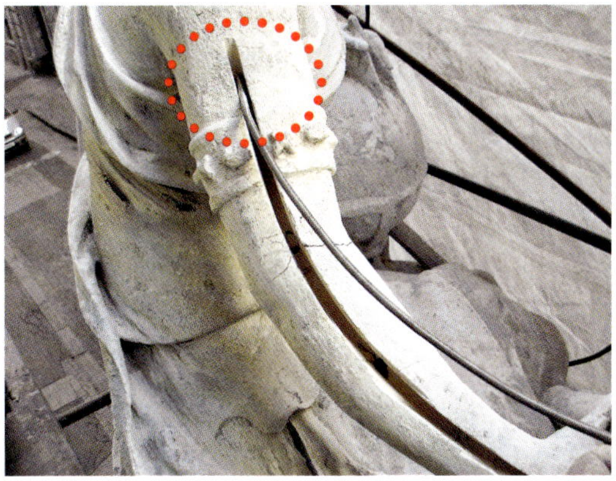

Verstreben ohne Ausbau

Ein durchgehender Riss am Oberarm der Skulptur „Die Wissenschaft" aus dem Jahre 1763 (von Veit Königer, Grazer Domherrenportal, Gesamtansicht auf ▸ Seite 213 [Mörteltechnik]), sprach für eine Abnahme des Arms und eine innere Verzapfung.

4-102 Da der Unterarm Haarrisse und instabile Stellen aufwies, würde eine Demontage des Arms möglicherweise zu einer starken Beschädigung der Steinsubstanz führen. (links)

4-103 Deshalb wurde der Arm nicht abgenommen, sondern eine Nut für die Aufnahme einer Verstrebung über den gesamten gefährdeten Bereich ausgefräst. (Mitte)

4-104 Im oberen Schulterbereich wurde zusätzlich eine innenliegende Bohrung angebracht, um die Stabilität der Stahlverstrebung noch zu erhöhen. (rechts)

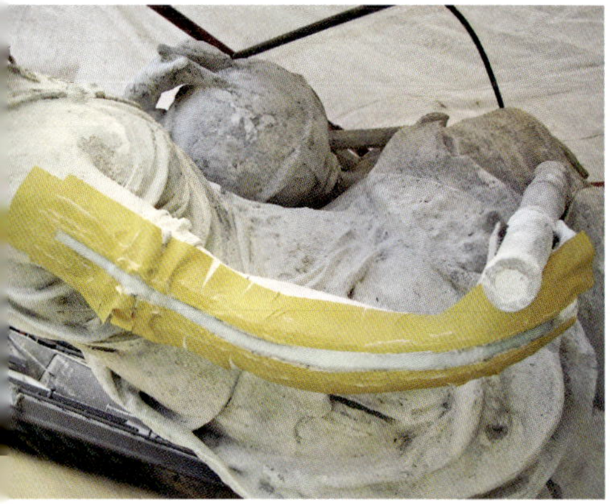

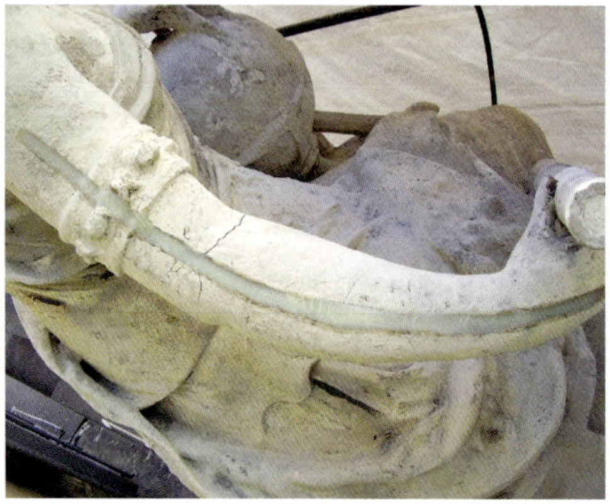

4-105 Der Bewehrungsstahl wurde nach der Armkrümmung spannungsfrei gebogen und mit Epoxidharz montiert. (links oben)

4-106 Noch im halbzähen Zustand wurde das Harz mit 01 Sandsteinmehl aus der Sandstrahlpistole beschossen (Beschichtung). Dadurch konnte das an und für sich glatte und nichtsaugende Epoxidharz mit Sumpfkalkschlemmen gestrichen werden. (oben Mitte)

4-107 Obwohl sie nicht auf der Ansichtsseite (siehe Pfeil) der Statue liegen, werden die Übergänge bei dem Klebekanal vor der Fertigstellung noch retuschiert. (rechts)

Stabilisierungsmaßnahmen am Arm eines Glorienengels

Durch Rost und Frostdruck, aber zum großen Teil auch durch Winddruck, waren die Schäden an einem Glorienengel auf der Attika des Grazer Mausoleums entstanden (▸ **Bild 4-108**). Der abgenommene Lorbeerkranz aus Buntmetall hat ein nicht gerade geringes Gewicht, was eine entsprechende Hebelwirkung am Haltezapfen bei Sturm zur Folge hat (▸ **Bild 4-109, 4-110**). Abhilfe konnte hier nur ein durchgehender Bolzen aus rostfreiem Material weit in die „gesunde" Steinsubstanz der Schulter schaffen (▸ **Bild 4-111**). Die alte Verzapfung (rostiger

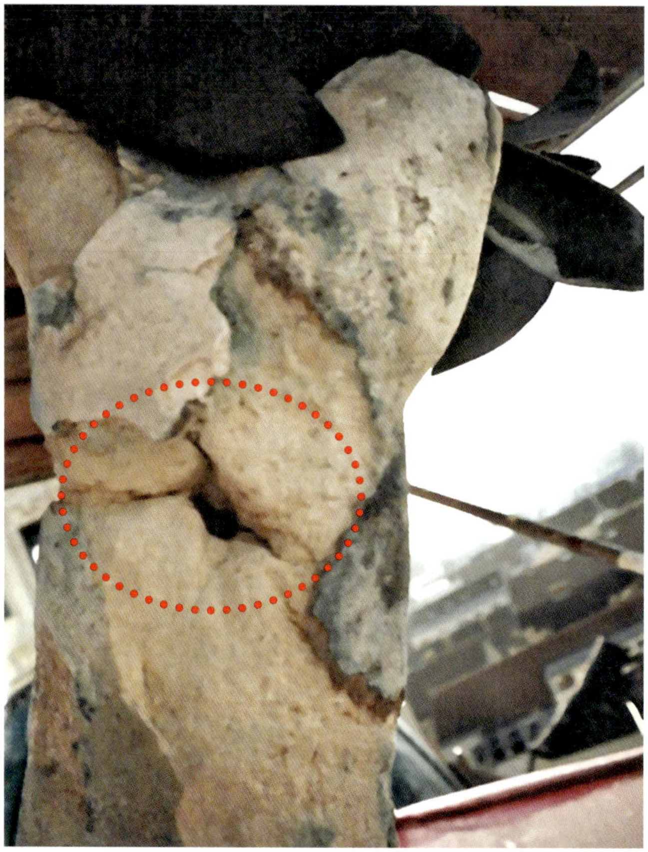

4-108 Aus dem Teilkapitel Schadensursachen konnten wir ableiten, dass es sich in diesem Fall um einen typischen Rost- und Frostdruckschaden handelt. Dazu konnte zusätzlich als Ursache auch noch Winddruck angenommen werden (Lorbeerkranz).

4-109 Der Lorbeerkranz aus Buntmetall wird für die Vergoldung abgenommen.

4-110 Fertiggestellter Glorienengel mit Kranz

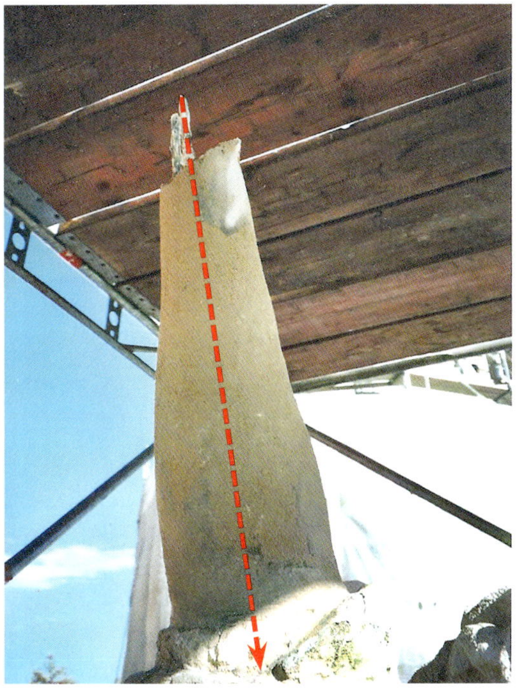

4-111 Der Arm ist sicher, jetzt muss ich mich nur noch um die Hand und die Lorbeerkranzbefestigung kümmern.

4-112 Rostiges Eisen und Stein sind keine gute Kombination.

Dorn, roter Kreis) ließ vermuten, dass der Arm im Laufe der Zeit schon öfter seine Position verlassen haben könnte (▸ **Bild 4-112**).

Aufnahmehülse für den Lorbeerkranz

Normalerweise hätte ich für die ▸ **Ergänzung** der Engelhand Naturstein gewählt, aber in diesem speziellen Fall (Tragen des Lorbeerkranzes) bestand die Gefahr, dass die Haltekonstruktion den Stein zu sehr schwächen könnte. Deshalb wurde die Hand praktisch ohne tragende Funktion mit Mörteltechnik rund um Zapfen und Hülse modelliert.

Eine kurze Darstellung findet die eigentlich zu den Grundlagen der Mörteltechnik gehörende Bewehrung (▸ **Bild 4-113, 4-414, 4-415**).

Hilti Hit um den Fingerdraht erhöht die Haftfähigkeit des Mörtels (▸ **Bild 4-115**).

Tipp: Wenn die kalte Jahreszeit naht und man die Attikafiguren trotzdem fertigstellen will, muss das Gerüst mit Planen verkleidet und beheizt werden.

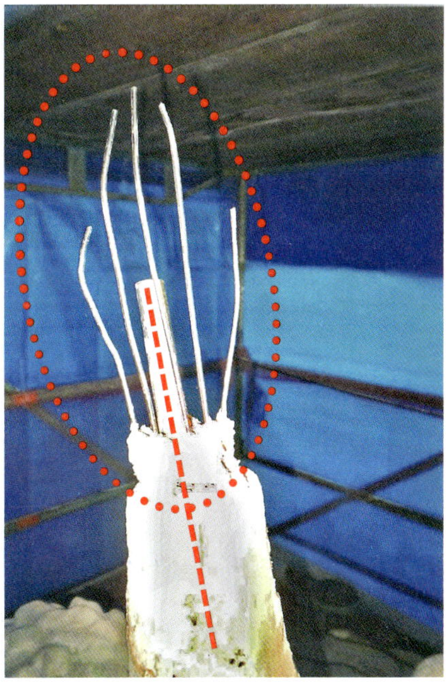

4-113 Im roten Oval sieht man die Aufnahmehülse für den Dorn des Lorbeerkranzes (Aluminium), der mit dem Zapfen (Edelstahl), der bis in die Schulter des Engels reicht, verbunden ist.

4-114 **4-115** Die Finger werden aus Edelstahldraht gebogen. Der Bereich des Handballens wird mit rostfreiem Bindedraht zur Hülse hin verstärkt. (links und Mitte)

4-116 Der Befestigungszapfen des neu vergoldeten Lorbeerkranzes wird in die Alu-Hülse der Hand gesteckt und gegen Wasser abgedichtet. (rechts)

Schäden durch Attribute von Heiligenfiguren beheben

Die Restaurierung von Hand und Befestigung der Waage der Skulptur des hl. Michael der Dreifaltigkeitskirche in Graz soll hier als Beispiel für die Schäden, die durch Attribute von Heiligenfiguren verursacht wurden, dienen. So wie es Bücher über Insignien der Heiligen gibt (jeder hat sein unverkennbares Markenzeichen, damit der Wiedererkennungswert der Statue in Zeiten des Analphabetismus auch ohne Namenskartusche gegeben war), so könnte auch ein eigenes Kapitel über Schäden an Steinfiguren im Zusammenhang mit ihren Attributen verfasst werden.

Einerseits entstehen Schäden durch die Problematik der Verbindung verschiedener Materialien (Metall oder Holz mit Stein), andererseits sind natürlich auch das Gewicht und starke Hebelwirkungen der jeweiligen Insignien bezeichnend für die Beschädigungen am Stein.

Wie auch das vorangegangene Beispiel des „Glorienengels“ am Mausoleum Graz zeigt, sind häufig die Hände, die das jeweilige Attribute halten, betroffen. Vandalismus spielt oft eine große Rolle bei Schäden an Statuen, die auf verhältnismäßig niederen Sockeln im öffentlichen Raum stehen. Auf ca. fünf Meter Höhe stehend standen wir im konkreten Fall der Statue des hl. Michael aber eher vor einem mechanischen Problem. Mit modernen Materialien wurde hier eine Lösung gefunden, um die Hand vollständig zu entlasten. Fingerzapfenlöcher, die mit der Schlagbohrmaschine gebohrt werden, können leicht zu Beschädigungen des Bestandsmaterials führen. Deshalb habe ich mich für die sanftere Methode, nämlich für das Fräsen der Löcher, entschieden (▸ **Bild 4-117**).

Die Ringbefestigung für die Waage wurde bis weit in die Statue verzapft, um die Hand zu entlasten (Bandedelstahl) (▸ **Bild 4-118, 4-119**).

Nach Anlegen der Grobform übernahm mein Bildhauerlehrling die Fingernägel und Gelenkskerben (▸ **Bild 4-120, 4-121, 4-122**).

4-117 Statuenhand mit Verbindungszapfen

4-118 Vor dem weißen Hintergrund einer Säule zeige ich die Einbindungslänge des Befestigungsstahls für die Waage.

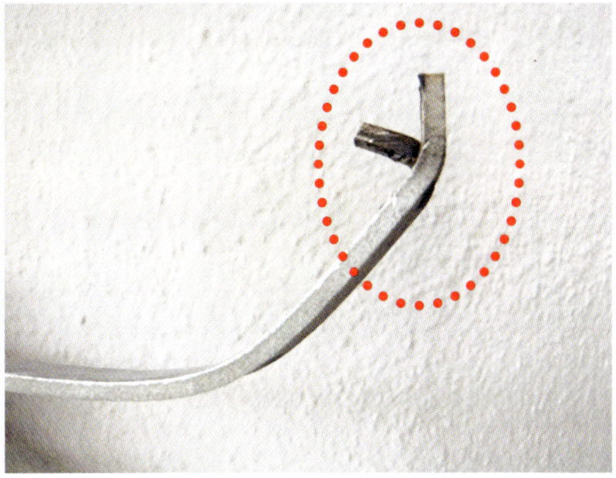

4-119 Nach der Montage liegt der vordere Teil des Hakens fast unsichtbar an der Handwurzel an. Der Ring der Waagebefestigung rastet dort ein.

4-120 Die neuen Steinfinger werden an den Bestand angepasst.

4-121 Die Hand ist fertiggestellt; es sieht so aus, als würden die Finger die Waage halten.

4-122 Die Statue „Michael steht auf Luzifer" nach Durchführung aller Restaurierungsmaßnahmen. Eigentlich sind es zwei Statuen, aber der Betrachter bemerkt den „in Grund und Boden gestampften" Luzifer nicht auf den ersten Blick.

4-123

4-124

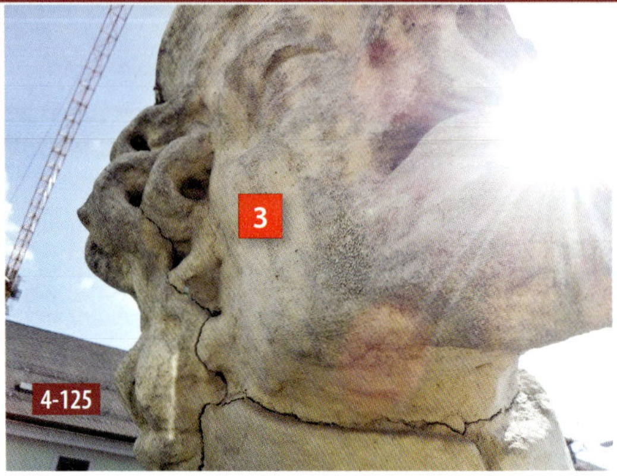

4-125

4-126

4-127

4-128

4-129

4-130

4-131

Reparatur oder Neuanfertigung?
Im Jahr 2000 wurde diese Figurengruppe am Hauptplatz in Bruck a. d. Mur restauriert. 19 Jahre später wurden wir zur Behebung von kleineren Beschädigungen (Kinderspielplatz ist in der Nähe) beauftragt. Im Zuge dieser Sanierungsarbeiten wurde der Schaden am Kopfbereich der Nepomuk-Statue entdeckt. Ein rostiger Verbindungszapfen hat den Schädel im Laufe der Zeit in fünf Teile gespalten (▸ **Bild 4-123** bis **4-131**).

Unter anderem stand die Frage im Raum, ob im Jahr der ersten Restaurierung schon Haarrisse übersehen wurden. Das ist möglich, aber alle Schäden, auch vorausschauend, zu erkennen, ist leider nicht immer realistisch. Bei diesem Beschädigungsgrad war die Reparatur eine große Herausforderung. Natürlich hätte ich mich auch für eine Neuanfertigung aus Stein entscheiden können. Die einzelnen Schädelteile waren für eine Verklebung und Verzapfung aber noch kompakt genug (▸ **Bild 4-130, 4-131**).

Verantwortung und Normen mit Projektbeispiel der Stiftskirche Kremsmünster

Das oben angesprochene Thema und die Bilder der gegenüberliegenden Seite werfen einige grundsätzliche Fragen mit Blick auf den Bereich der Steinrestaurierung auf. Gibt es nicht Normen, Richtlinien, Empfehlungen, Richtwerte, Vorgaben oder vielleicht sogar Gesetze, die verhindern, dass es zu solchen übersehenen Schadstellen kommt? Und wieso kann der ausführende Facharbeiter entscheiden, ob der Kopf einer barocken Statue aus Stein neu anzufertigen ist oder doch noch aus den Bruchstücken aufgebaut werden kann? Ist er für diese Entscheidung überhaupt kompetent genug und wer gibt ihm das Recht dazu? Der zerborstene Kopf wurde ja nur im Zuge eines Sanierungsauftrags von kleineren Schäden durch Zufall entdeckt. Unentdeckt wären die einzelnen Bruchstücke in absehbarer Zeit abgestürzt. Wenn das passiert wäre, hätten möglicherweise sogar Personen zu Schaden kommen können. Wer könnte in diesem Fall dafür zur Verantwortung gezogen werden?

Ich will versuchen, vom Standpunkt des Facharbeiters aus ein paar Antworten zu geben. Wie im Vorwort dieses Kapitels bereits angesprochen, gehört der Erhalt und Schutz von historischer Steinsubstanz, aber auch der damit einhergehende Personenschutz zu den Hauptaufgaben des Steinmetzes in der Denkmalpflege. Vereinfacht gesagt: Wenn ich beschädigte Steine am Bauwerk wieder funktionstüchtig mache, austausche oder sichere, können sie im Normalfall nicht mehr abstürzen und somit auch keine Personen gefährden. Das Gebäude oder Denkmal wird also auf jeden Fall sicherer, auch wenn vielleicht noch unentdeckte Mängel vorhanden wären. Wenn diese besagten Mängel überhaupt eine Person verursacht hat, dann ist derjenige mit großer Wahrscheinlichkeit schon lange nicht mehr am Leben. Im Sinne der Mängelbehebung finde ich bei meinen Sicherungsarbeiten als ausführender Facharbeiter Unterstützung durch Vorgaben, die in der Projektmappe und den Schadstellenplänen enthalten sind. Ein Statiker, der beratend zur Seite steht, ist bei größeren Projekten fast immer automatisch dabei oder kann zumindest hinzugezogen werden. Auch die regelmäßig abgehaltenen Besprechungen der Bauleitung sind eine gute Möglichkeit, Problemfälle anzusprechen und Lösungen zu erarbeiten.

Ich habe noch nie erlebt, dass der Ausführende von der Bauleitung im Fall der Wahl der problematischeren, aber denkmalschutzkonformeren Methode (meistens Bestandserhalt) nicht in die Entscheidung mit einbezogen wurde. Bei erkannter Grenzwertigkeit ist das nur fair, da der ausführende Facharbeiter dann ja auch die Verantwortung für die Folgen seiner Arbeit übernehmen muss. Das ist schon ziemlich viel Unterstützung zum Erhalt und zum Schutz, aber gibt es nicht auch noch andere Normen, die eingehalten werden müssen? Es erleichtert die Tätigkeiten im Zuge von Sicherungs- und Montagearbeiten doch sehr, dass die in der Restaurierung verwendeten Materialien und Hilfsmittel schon durch das Bundesdenkmalamt (BDA) (bzw. im Auftrag des BDA) geprüft wurden. Bei Verwendung dieser empfohlenen Materialien kann man sich als ausführender Facharbeiter also auf deren Standards und Normen verlassen (Lagerlogistik).

Aber nicht nur Materialien werden vom BDA auf Restaurierungstauglichkeit geprüft, sondern natürlich auch Firmen, die bei Restaurierungsaufträgen von denkmalgeschützten Gebäuden und Denkmälern mitbieten.

1998 kam ich in einen sehr kleinen Restauratorbetrieb mit sechs meist freischaffenden Mitarbeitern (heute, 2023, haben wir 140 Mitarbeiter, mit Filialen in mehreren Bundesländern). Obwohl mein Chef damals meiner Ansicht nach sehr darum bemüht war, alle Vorgaben des Denkmalamts zu erfüllen, wurden wir dennoch sehr häufig durch diese Instanz kontrolliert.

Ich erzähle immer wieder gern die Anekdote über eine Rüge des Denkmalamts, weil ich beim Freilegen eines Steins den nahegelegenen barocken Verputz beschädigt hatte. Für mich als Steinmetz hatte Verputz (zumal im schlechten Zustand) damals natürlich überhaupt keine besondere Wertig-

Gegenüberliegende Seite:

4-123 Weil er als Geistlicher das Beichtgeheimnis wahrte, wurde der hl. Nepomuk ertränkt.

4-124 Befund: Bruchstücke 1 und 2 der rechten Kopfseite

4-125 Befund: Bruchstück 3 der linken Kopfseite

4-126 Befund: Bruchstücke 4 und 5 der hinteren Kopf- und Nackenseite

4-127 Position der Statue in der Mariensäulengruppe

4-128 Bei der Abnahme der Bruchstücke sieht man Reste der Eisenoxydschichten an der Verzapfung, die die Rostsprengung verursachte.

4-129 Die Reste des geschmiedeten Eisendorns der wahrscheinlich sehr alten Reparatur

4-130 In diesem Fall wurden die Einzelteile des Kopfs zuerst verklebt und erst am nächsten Tag zusätzlich verzapft.

4-131 Der alte Bohrkanal im fertigen Kopf und am Hals der Statue werden etwas tiefer gebohrt und mit einem neuen Zapfen aus rostfreiem Stahl montiert.

4-132 Übrig gebliebene Platten-Fassaden-Anker aus der Wühlkiste eines Steinmetzbetriebs

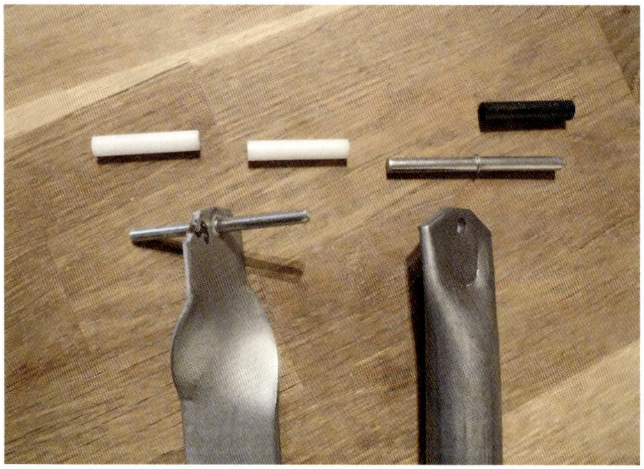

4-133 Durch die Gleithülsen werden die verschiedenen thermisch bedingten Dehnungswerte von Stein und Metall ausgeglichen.

keit. Gott sei Dank ist man aber auch als Facharbeiter lernfähig. Zwei Jahre später und durch verschiedene sehr gute (im Sinne des Denkmalamts) ausgeführte Arbeiten unserer Firma war das Verhältnis des BDA zu uns Steinmetzen schon wesentlich entspannter.

Für die Restaurierung von historischen Steinelementen braucht man Qualifikationen und Erfahrung, die man weder schnell noch leicht erwirbt. Hat man aber das Vertrauen der maßgebenden Institutionen erlangt und hält sich an deren Vorgaben, dann „darf" man auch als leitender Facharbeiter relativ viel.

In meiner Zeit als Montagesteinmetz haben wir bei der Errichtung von Steinplattenverkleidungen bei einem Neubau genormte, vorgefertigte Anker aus Edelstahl benutzt, mit Verbindungszapfen, die mit Gleithülsen aus Kunststoff montiert werden mussten, um die Dehnungswerte des Steins bei großen Fassadenflächen auszugleichen. Die Dimension der Anker und die Bohrtiefe in den Hintergrundbeton war uns auch durch die weite Ausladung der Anker wegen einer Isolierung vorgeschrieben. Erprobte und bewährte Vorgangsweisen bei den Sicherungsarbeiten zu verwenden, die aus langjährigen Erfahrungswerten resultieren, sind bei alten historischen Objekten oft besser als Vorgaben, die eher für Neubauten Anwendung finden. Konkret ist in beiden Fällen die Sicherungs- und Befestigungstechnik doch sehr unterschiedlich (Beispiel Römerbad).

Unsere Aufgabe für die Archäologie in Kroatien (Varaždinske Toplice) war es, im Zuge der Ausgrabungen bei einem Römerbad die aus vorchristlicher Zeit stammenden

4-134 Dass diese Sockel (meist für römische Götterstatuen) in den Badbeckenmauern Wiederverwendung fanden, ist nicht den Vandalen (die das Bad später in der Zeit der Völkerwanderung zerstörten), sondern eher der intoleranten Haltung der christlichen Staatsreligion gegenüber den alten Götterkulten zu verdanken.

4-135 Mit Bath in Großbritannien ist die römische Therme in Varaždinske Toplice einer der bedeutendsten Ausgrabungsstätten ihrer Art außerhalb Italiens.

4-136 Dass es sich hier um eine Art Baumharz handelt, erkennt man bei so alten Klebestellen ganz einfach am Geruch.

Statuensockeln aus den Mauern für das Museum zu bergen (▸ **Bild 4-134**) sowie gebrochene Mauerquader zu verkleben und zu verzapfen (▸ **Bild 4-135**). Durch das chemisch aggressive warme Thermenwasser, das jeden Winter als Schutz vor Frost in die alten Becken (nach der Grabungssaison) zurückgeleitet wird, wurde uns ein spezieller Kleber und Karbonstäbe statt Edelstahl als Verzapfung vorgeschrieben. Unter bestimmten Umständen ist es also durchaus möglich, dass auch bewährte Materialien die Normen und Vorgaben nicht erfüllen können und Ersatzmaterial zum Einsatz kommt.

Bevor es moderne Kleber gab, wurde dieser Teil einer Volute auf der Stiftskirche von Kremsmünster mit einer Art erhitztem Baumharz geklebt. Auch 2022 musste ich etwas Kraft aufwenden, um den Teil abzunehmen. (Ich hatte einen Spalt entdeckt, der aussah wie ein Riss, deshalb die Abnahme, ▸ **Bild 4-136**.) Sehr lange Zeit, auf jeden Fall aber viele Jahrzehnte, hat diese Klebestelle den Kräften der Witterung getrotzt. Heute wäre, bei dieser Größenordnung des Bruchstücks, die Norm, außer einem Kleber auch eine Verzapfung zu verwenden. Trotzdem müssen unsere heutigen Sicherungsmaßnahmen ihre Langlebigkeit erst unter Beweis stellen. Ich bin da zuversichtlich.

4-137 Ideal an dieser Gegenüberstellung ist, dass annähernd die gleichen Stilelemente an Nord- und Südturm der Stiftskirche betroffen waren (Kapitellecken mit Voluten).

Stiftskirche Kremsmünster

Die Steinaustausch- und Sicherungsarbeiten an der Barockkirche im Benediktinerstift Kremsmünster, die ein Teil einer der größten und bedeutendsten Klosteranlagen Österreichs ist, wird hier im Sinne des Denkmalschutzes als Beispiel zweier Methoden der Sicherungsarbeiten, aber auch des Personenschutzes angeführt.

Am Nordturm wird das Bestandssteinelement von der Bauleitung und dem Statiker verworfen und ein Steinaustausch mit Neuanfertigung angeordnet. Am Südturm versuchte ich die durch Rostdruck geborstenen Trümmerteile eines ähnlichen Bestandssteins zu retten. Eine endgültige Entscheidung, ob das überhaupt möglich ist, konnte ich aber erst nach der Demontage und Begutachtung der geborstenen Steinteile treffen. Egal welche Methode Anwendung findet, das Ergebnis sollte wieder mehrere Generationen lang haltbar sein.

Stiftskirche Kremsmünster – Nordturm

Beim ersten Beispiel wurde der Steinaustausch von Seiten der Bauleitung schon beschlossen, bevor ich für die praktische Umsetzung dieser Aufgabe auf die Baustelle geholt wurde.

Die beiden Kapitelle neben dem mittleren Kapitelleck banden nicht tief ein und wären ohne Vermauerung abgestürzt. Um das zu verhindern, wurden sie diagonal verklammert. Da diese Verklammerung für den Austausch zeitweilig entfernt werden musste, sind die Tätigkeiten in dieser Höhe nicht ungefährlich.

Die für die Arbeiten notwendigen, kurzzeitigen Veränderungen am Gerüst sollten mit der Bauleitung und der zuständigen Gerüstbaufirma abgesprochen sein. Ansonsten gilt der Grundsatz: „… Es darf nichts geschehen. Nach der Arbeit: sofortiger Rückbau des Gerüsts."

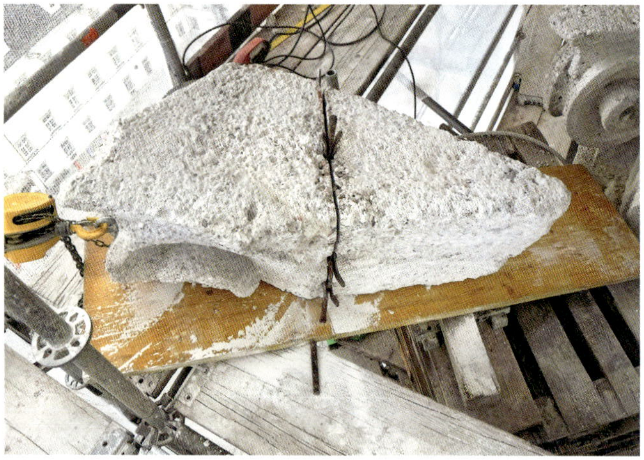

4-138 Als erster Schritt wird der Bestandsstein durch Freibohren und Freistemmen des umgebenden Mauerwerks gelockert. Eine Öse, für die Befestigung des Flaschenzugs, wird vorn am Stein montiert. (oben links)

4-139 Mit Hilfe des Flaschenzugs, der an mehreren Stahlstehern des Gerüsts mit Hebegurten gesichert ist, wird der Stein über eine Planke (Schaltafel) auf das Gerüst gezogen. (oben rechts)

4-140 Mit der großen Flex (Schnitttiefe 7 cm) wird der Stein ca. mittig eingeschnitten (dreiseitig) und dann mit Hilfe mehrerer eingebohrter Spaltkeile und flacher Breiteisen, die abwechselnd in den Spalt geschlagen werden, getrennt. (unten links)

4-141 Der hintere dreieckige Stein wird als Widerlager für die Neuanfertigung verwendet und muss deshalb zurück in das alte Lager gebracht und dort vermauert werden. (unten rechts)

Eine Zwischenkapitell-Volute wurde vom Statiker und von der Bauleitung im Austausch gegen eine Kopie aus Nagelfluh (einem Konglomeratgestein) freigegeben. Als Grund wird die sehr weit fortgeschrittene Verminderung der Haltbarkeit der Gesteinsstruktur durch Witterungseinflüsse über lange Zeitperioden angegeben. Tatsächlich kann man mit den Fingern ganz leicht Teile des unteren Drittels der Volute abbrechen.

4-142 Der vordere Teil sollte als Muster für die Neuanfertigung dienen. Um in die Werkstatt transportiert werden zu können, musste der Stein aber zuerst vom Gerüst hinunter auf den Kirchenvorplatz gebracht werden.

4-143 Das Muster ist zum Abtransport bereit.

4-144 Das linke und das rechte Kapitell banden nicht sehr weit in das Mauerwerk ein. Deshalb wurden damals beide Kapitelle mit einer Eisenklammer über das Eck verbunden. Um die dazwischenliegende Volute leichter zu demontieren, musste diese Klammer entfernt werden.

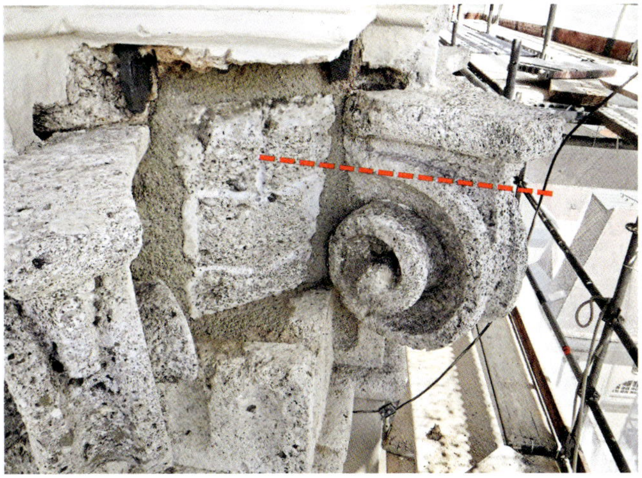

4-145 Die Abbildung (mit roter durchbrochener Linie dargestellt) zeigt die Position der Vernadelung des rechten Kapitells in den Ankerstein.

Warum die Möglichkeit des Einsatzes von Steinfestigungsmittel wie Kieselsäureester oder Acrylharzlösung (Paraloid) nicht in Betracht gezogen wurde, wird schon seine Gründe haben, entzieht sich aber meiner Kenntnis.

Der vordere Teil sollte als Muster für die Neuanfertigung dienen und in die Werkstatt nach Graz mitgenommen werden. Dafür musste der Stein aber zuerst vom Gerüst hinunter auf den Kirchenvorplatz transportiert werden (▸ **Bild 4-142**). Mit einer schlittenartigen Konstruktion und dem starken Gerüstlift war diese Arbeit so schnell und einfach zu bewerkstelligen, dass ich das Fotografieren ganz vergaß.

Keine Frage: Rostiges Eisen gehört auf jeden Fall aus dem Stein entfernt (Rostdruckgefahr, ▸ **Bild 4-144**). Genauso ist es aber auch klar, dass die statische Funktion der Klammer so schnell wie möglich wiedererrichtet werden muss, aber diesmal mit rostfreiem Material.

Der eingemauerte Restbestand der abgenommenen Volute bot sich sowohl als Verankerung für die beiden Kapitelle als auch zur Befestigung des neu angefertigten Volutenteils an. Beide Kapitelle wurden seitlich mit dem Ankerteil vernadelt. Dafür wurden jeweils eine 60 cm lange Gewindestange aus Edelstahl mit einem Durchmesser von 14 mm verwendet (Lochverfüllungsmasse: Stein-Hilti Hit).

Auf der Abbildung (▸ **Bild 4-145**) ist die Position der Vernadelung des rechten Kapitells in den Ankerstein mit roter durchbrochener Linie dargestellt.

Damit waren die Kapitelle gesichert und das Lager für die Neuanfertigung vorbereitet. Bis der bestellte Stein für die Neuanfertigung der Volute aus Bayern in die Werkstatt geliefert war, konnten wir uns anderen Projekten an der Kirche widmen.

Der bayerische Steinbruch des Ersatzmaterials gehört zur Gemeinde Rosenheim. Ich war selber dort, um mir einen Stein auszusuchen. Für kleinere Ersatzsteine und Vierungen verfügt das Kloster über ein ziemlich großes Altbestandssteinlager, aber für diese Größenordnung des Volutenteils konnte ich kein entsprechendes Bestandsmaterial auftreiben. Wie ich aber herausfand, wurde in der ganzen Klosteranlage schon seit längerem der bayerische Stein als Austauschstein, vor allem bei Fußböden und Stufenanlagen, verwendet. Die Zusammensetzung aus teilweise weichem und dann wieder sehr hartem Grundmaterial und seine Großporigkeit machen ihn für komplexere Formen eigentlich nicht so gut geeignet.

Da der „Schweizer-Käse-Effekt" doch etwas zu stark gegenüber dem Bestand ausfällt, verfüllte ich die größeren Löcher mit Mörtel. Beim Steinbruch hatte ich mir zwar ein feineres Stück erbeten, aber dafür war der gelieferte Stein sehr kompakt und stabil, und das war mir bei einem am Bauwerk

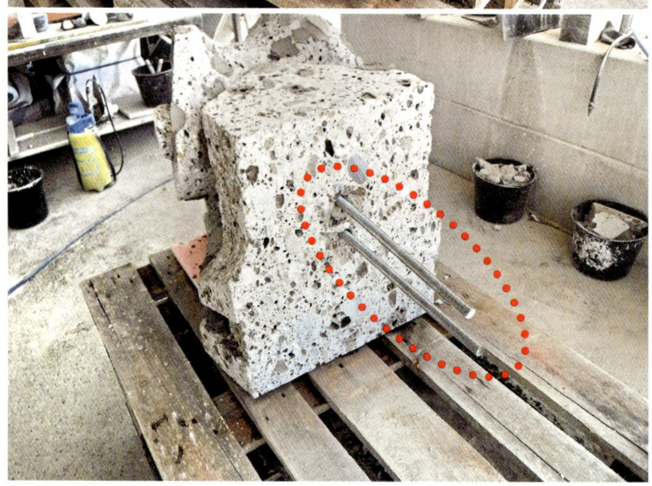

4-146 Die Grundfarbe des Konglomerats (Nagelfluh) kommt den Bestandssteinen in Kremsmünster schon sehr nahe, nur die Struktur und Porigkeit ist etwas gröber. (oben links)

4-147 **4-148** Trotzdem war es meine Aufgabe, den Stein zu einer barocken Kapitellvolute zu formen. Bei den vielen Hartgestein-Bestandteilen im Konglomerat war das eine wirkliche Herausforderung. (oben rechts und unten links)

4-149 Zwei Edelstahl-Gewindestangen mit einem Durchmesser von 16 mm und einer Mindesteinbindung von jeweils 30 cm in das Werkstück und in den hinteren Verankerungsstein werden vorbereitet. (unten rechts)

4-150 **4-151** Schlitten und Holzbalken dürften beim Quadertransport bei den Pyramiden auch besser funktioniert haben, als der vermutete gewässerte Sand. Aber da ich damals nicht dabei war, kann ich das auch nur vermuten.

auskragenden Werkstück viel wichtiger. Beim Bohren der Verankerungslöcher kann man schon am Klang die ausgezeichnete Qualität des Steins erkennen (bzw. heraushören).

Schließlich konnte der Stein aus Bayern, geformt in der Werkstatt Graz, seine Reise zu seinem Bestimmungsort in Oberösterreich antreten.

Durch unseren improvisierten Schlitten (also doch noch ein Foto von der Schlittenfahrt) und den barrierefreien Gerüstlift kamen wir auf harten und relativ ebenen Untergrund mit unserem Stein recht zügig vor seine Position am rechten vorderen Eck des Nordturms, in ca. 30 m Höhe der Stiftskirche (▸ **Bild 4-150** und **4-151**).

Nach dem genauen Einrichten des Steins wurden die beiden vorgebohrten Löcher in unserem Werkstück in den Ankerstein hinein verlängert. 30 cm ist vielleicht etwas übertrieben, aber bei diesem schweren und auskragenden Stein ging ich lieber auf Nummer sicher (▸ **Bild 4-152**).

Da es durch den Spalt zwischen unserem Werkstück und den dahinterliegenden Verankerungsstein zu einem teilwei-

4-152 Durch die vorgefertigten Kanäle im Werkstück bohre ich die Befestigungslöcher im dahinterliegenden Ankerstein.

4-153 Position am Nordturm der Stiftskirche

sen unkontrollierten Klebermasse-Austritt kommen kann, füllte ich die Kanäle mit Hilfe einer Verlängerung von hinten auf (grafische Darstellung im Kapitel Montage von Vierungen und Neuteilen, ▸ Seite 275). Damit werden auch Lufteinschlüsse oder ein explosionsartiges Entweichen beim Einführen der Verankerungszapfen vermieden (Schutzbrille!).

Wie ich bereits zu Beginn dieses Kapitels (Sicherung) erwähnt habe, soll die Bohrung 2 mm größer dimensioniert sein als der Edelstahlbolzen, um dem überschüssigen Kleber die Möglichkeit zu geben, den Stahl vollständig zu ummanteln und nach vorn auszutreten. Bei dieser Länge der Verzapfung ist es statisch völlig egal, ob man waagrecht, nach unten oder leicht nach oben bohrt.

Obwohl bei sorgfältiger Ausführung der Arbeiten die Möglichkeit von Kleberfehlstellen im Bohrkanal ausgeschlossen sind, schadet es nicht, die Bohrung etwas nach oben zu setzen (wegen eventueller Feuchtigkeit im Stein). Die Bohrlöcher werden auf der Vorderseite, ein paar cm tief, mit Ergänzungsmörtel verschlossen.

Stiftskirche Kremsmünster – Südturm

Beim zweiten Beispiel wurde ich von der Bauleitung, die zwischen einer Neuanfertigung oder den Erhalt und Aufbau der Bestandssteine zu entscheiden hatte, miteinbezogen. Erst nach dem Zerlegen der vom Rostdruck gesprengten Einzelteile (5 Einzelstücke) habe ich mich für die Rettung der alten Steinsubstanz entschieden. Auch wenn man in bester Absicht vorgeht, die Verantwortung liegt in diesem Fall immer beim ausführenden Facharbeiter (die sich meiner Meinung nach nicht nur bis zum Ende der Garantiezeit erstrecken sollte).

4-154 Die auf diesem Bild fehlenden unteren Volutenteile wurden schon kurz nach dem Gerüstaufbau aus Sicherheitsgründen abgenommen.

4-155 4-156 Details der Rostschäden: Die Volumenzunahme des Rosts hat zu den schweren Beschädigungen der Steinteile geführt (Rostsprengung).

Eine Kapitellecke des Südturms der Kremsmünster Stiftskirche wurde, im Laufe der Zeit, schon mehrfach repariert. Leider wurde dabei für die Verzapfung kein rostfreies Material verwendet (▸ **Bild 4-154**). Neu machen oder die noch vor-

4-157 4-158 Betonergänzungen auf der Oberseite des Kapitells lassen nach dem Freilegen eine V-förmige Sekundärverankerung erkennen, die an der Verklammerung zum nächsten Kapitell befestigt ist. Auch dieses Rosteisen muss entfernt werden. Die Funktion der Verankerung sollte mit anderen Mitteln aufrechterhalten werden.

handenen Steinteile mit Edelstahl neu verzapfen? In beiden Fällen muss jegliches Alteisen aus dem Bestandsstein entfernt werden.

Wegen der Verwendung ungeeigneter Materialien und aufgrund ungeeigneter Vorgehensweisen kommt es leider oft vor, dass die Schadensursache auf ältere Sicherungsmaßnahmen zurückzuführen ist.

Der Haupttragezapfen wurde ausgebohrt (roter Pfeil) und die losen Steinteile geborgen. Dann musste ich mich entscheiden, und zwar zwischen einer Empfehlung für den Steinaustausch mit Neumaterial an die Bauleitung oder der Erhaltung und sicheren Montage des Altbestandes. Ich entschied mich für dessen Erhalt.

4-159 Nachträglich konnte man klar erkennen, dass die linke Klammerbefestigung die Erstschäden auslöste (roter Kreis).

4-160 Beim Ausbauen der alten Verankerungseisen werden die gefährdenden Steinteile mit einem Spanngurt nach oben gesichert.

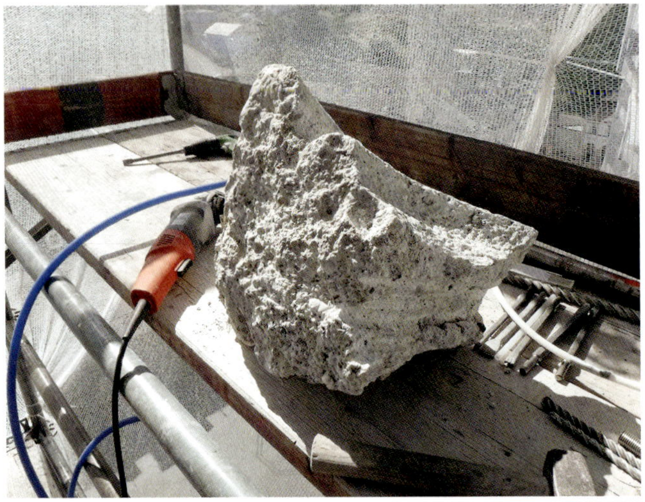

4-161 **4-162** Obwohl mir die Grenzwertigkeit bewusst war, entschied ich mich aufgrund der erstaunlichen Kompaktheit der einzelnen Steinteile für den Erhalt.

Bevor ich die Verbindungsklammer der beiden Kapitelle entfernte, sicherte ich das Eckstück und das rechte Kapitell mit Edelstahl-Gewindestangen weit in das Mauerwerk hinein (▶ **Bild 4-159**). Wie in diesem Fall mit fünf Bruchstücken gilt, dass jedes Teil mindestens zwei Zapfen aufweisen sollte, die nicht nur in den vorher montierten Teil, sondern weit in den „gesunden" Bestandsstein einbinden. Beim oberen und unteren Stein verwendete ich sicherheitshalber drei Zapfen der Edelstahl-Gewindestangen.

Um das Steinmaterial durch die Bohrungen nicht zu sehr zu schwächen, wählte ich einen relativ geringen Durchmesser der Edelstahlstangen (10 mm). Die Bruchflächen wurden mit

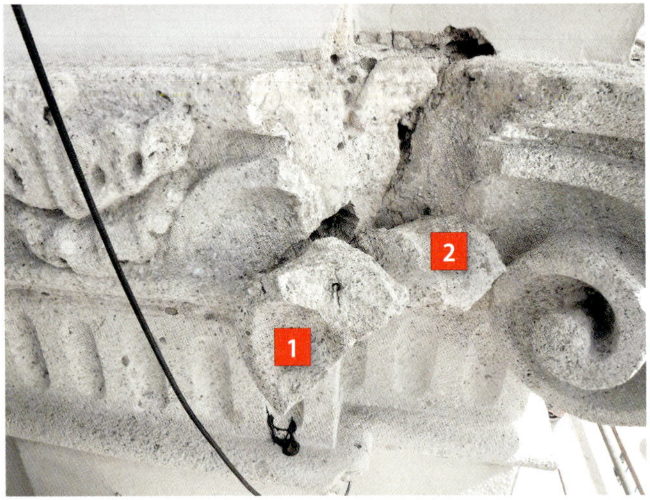

4-163 Zwei Teile der Volute werden im unteren Bereich miteinander und weit in den Hintergrund hinein verzapft. Für diese Bohrarbeiten verwende ich eine Akku-Bohrmaschine mit sanftem Schlag.

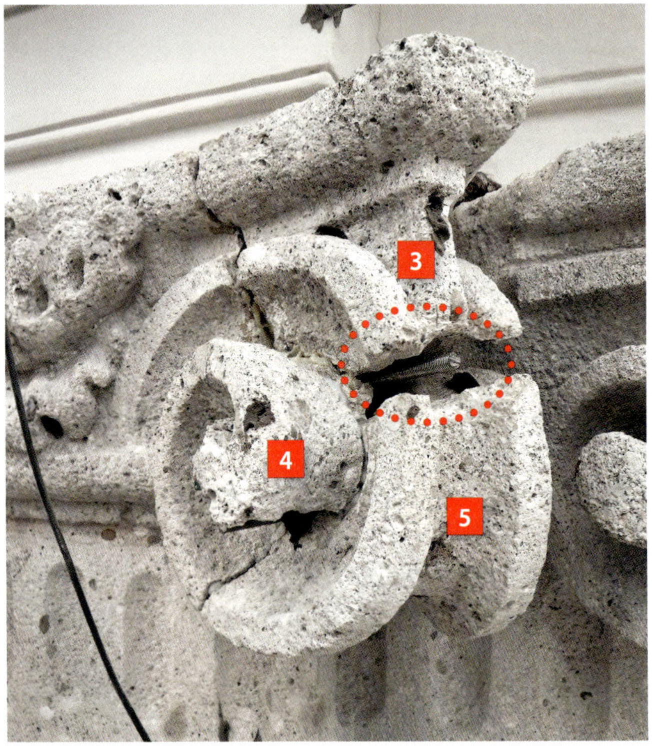

4-164 Da rund um den alten Zapfenkanal die Stabilität wieder gewährleistet ist, wird zusätzlich ein 18 mm starker Mittelbolzen eingesetzt, der das Kapitell auch nach hinten sichert und mit Mörtel verfüllt wird.

4-165 4-166 Die Steinteile wurden später mit Kalkschlemmen behandelt; deswegen war eine genauere Retusche als Abschlussmaßnahme nicht notwendig.

dauerelastischem, zwei Komponenten-Epoxidharz-Steinkleber behandelt. Für die Zapfenfüllung wird Stein-Hilti Hit verwendet, das den arbeitstechnischen Vorteil hat, in zehn Minuten abzubinden. Dadurch kann man sofort mit dem nächsten Steinteil weiterarbeiten, obwohl der Bruchflächenkleber 24 Stunden zum Aushärten benötigt.

Größere Fehlstellen wurden mit Erdfeuchtmörtel, Bewehrungseisen und einer Haftbrücke ergänzt. Aus den Fugen der einzelnen Bruchstücke sollte der ausgehärtete Kleber ein paar mm tief entfernt und mit Ergänzungsmörtel ersetzt werden (wegen UV-Beständigkeit).

Projektbeispiel: Grazer Herz-Jesu-Kirche

Kreuzblumenverzapfung

- Position auf ca. 60 Meter Höhe.
- Das Auflager einer Kreuzblume, die einen Scheingiebel einer Turmkronenfiale abschließt, muss gesichert werden. Die Schäden sind durch Rost- und Frostdruck des alten Eisenzapfens entstanden.
- Da die Verzapfung nach vorne sehr wenig „Fleisch" hat, schadet es nicht, den neuen Zapfen vor dem Ergänzen mit Schlingen nach hinten in die Masse zu sichern.
- Die neuangefertigte Kreuzblume, für die das Lager gerichtet wurde, gehört zum Thema ▸ **Ergänzung** – Natursteintechnik.

4-167 Position auf ca. 60 Meter Höhe

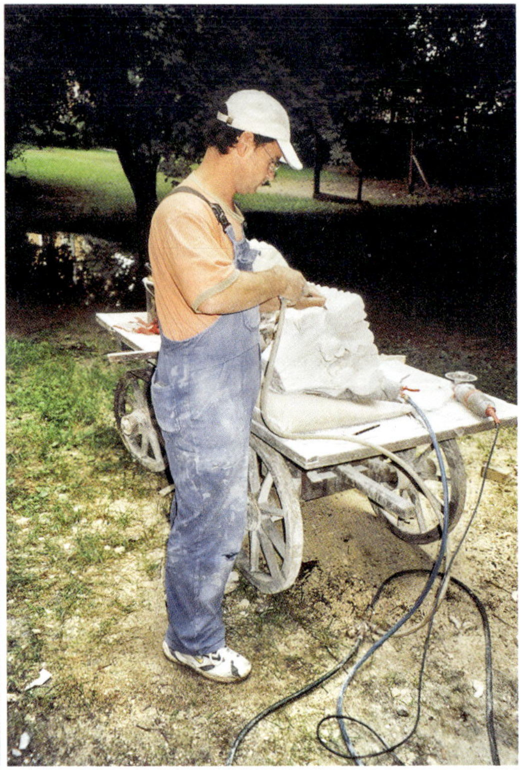

4-168 Der alte Zapfenkanal ist nach vorn etwas dünnwandig. Mit zwei Edelstahlschlingen um den neuen Zapfen und in die Steinmasse der Fiale, erreicht man eine Verbesserung der Auflagerstabilität der neuen Kreuzblume. (oben links)

4-169 Mit Ergänzungsmörtel fertiggestelltes Auflager für die neu angefertigte Kreuzblume aus Kalksandstein (oben Mitte)

4-170 Wie stellt man eine Kreuzblume her? Das ist eher ein Thema für Kapitel 6. (oben rechts)

Kreuzblumensicherung

Tipp für Facharbeiter: Bei dieser stark beschädigten Kreuzblume, die sich auf halber Höhe des Hauptturms der Herz-Jesu-Kirche befindet, waren so viele Sicherungsbügel und Zapfen notwendig, die alle durch die Zentrallinie des Werkstücks gehen, das für den Zapfen des Kreuzblumenstempels in der Mitte kein Platz blieb. Eine nicht mittig gelegene Verzapfung des Stempels könnte seine Steinsubstanz bei der Aufnahmebohrung zu sehr schwächen. Deshalb bog ich zwei Edelstahldrähte in einen Bogen kreuzförmig um die zentral verlaufenden Sicherungsbügeln, füllte den Leerraum mit Hilti Hit und erzeugte so eine mittig gelegene Kompositverzapfung (▶ **Bild 4-173** im roten Oval).

4-171 Auch der Kreuzblumenstempel war schwer beschädigt und musste ergänzt werden. Deshalb war die bis zum Knauf reichende, sehr lange Verzapfung notwendig.

4-172 Bügel und Aufnahmenut für das vordere Blatt

4-173 Klammer und Zapfen für die Neuanfertigung des fehlenden Blatts

Tipp: Klammern oder Bügel aus Gewindestangen zu biegen, ist nicht ungefährlich, da die Gewindekerben Sollbruchstellen bilden können. Heute würde ich eher Band- oder Kantstahl verwenden. Eine dachförmige Verfugung und eine Hydrophobierung schützen die Nut vor Regen.

Sicherungsbügel und Neuanfertigung

Im Laufe der Zeit waren drei Köpfe der acht Scheinwasserspeier des Hauptturms der Herz-Jesu-Kirche in Graz abgebrochen. Deshalb wurden sie im Zuge der Restaurierungsarbeiten mit Naturstein ergänzt und alle mit Stahlbügeln gesichert (▸ **Bild 4-174** bis **4-179**).

4-174 Befund: Drei Köpfe von Scheinwasserspeiern sind nicht mehr vorhanden.

Stilkunde:
Scheinwasserspeier (gotisch, im Fall der Herz-Jesu-Kirche natürlich neugotisch) haben keine wasserableitende Funktion, gehören aber dennoch zur Gruppe der Gargoyles.

4-175 4-176 Beim Bohren mit dem 38 mm-Schlagbohrer für die Befestigung der Sicherungsbügel ist, in Anbetracht der unguten Arbeits- und auch sonstiger Höhe, Vorsicht geboten. (oben)

4-177 Turmfertigstellungsbild, die drei Köpfe sind fertig. Die Position des Beispiel-Scheinwasserspeiers ist im roten Kreis angezeigt.

4-178 Den neuen Gargoylekopf in der schönen Umgebung des großen Parks der Grazer Herz-Jesu-Kirche aus Kalksandstein herzustellen, war etwas Besonderes.

4-179 Fertigstellungsbild mit Sicherungsbügel

Mit 110 Metern ist der Kirchturm der Grazer Herz-Jesu-Kirche der höchste der Steiermark. Die höchst gelegenen Steinelemente (Kreuzblumen) befinden sich auf ca. 76 m Höhe.

Auch der Bestand, also fünf Scheinwasserspeier, bekamen einen Sicherungsbügel vom Gesimse zum Kopf. Bei diesem Beispiel handelt es sich um die Montage und ▸ **Sicherung** eines der drei von mir neu angefertigten Köpfe (▸ **Bild 4-180, 4-181, 4-182**).

4-180 Die Tiefe des Lochs für die Befestigung des Sicherungsbügels im Gurtgesims unter den Fialen wird kontrolliert.

4-181 Der Kopf wird mit zwei Zapfen in den Bestandskorpus versetzt.

4-182 Nur mehr der Hals beim neuen Kopf muss an den Bestand angepasst werden.

Anmerkung: Da das Denkmalamt zuerst der Annahme war, alle Köpfe wären gleich, wurden die drei fehlenden beauftragt. Ich nahm die Kontur der vorhandenen Köpfe, kreierte aber (wie auch am Bestand zu erkennen) verschiedene Charaktere, wobei ich, wie bei den alten Köpfen zu sehen ist, auf starke Kontraste achtete, um die Erkennbarkeit in dieser Entfernung für den Betrachter zu erhöhen. (Die Scheinwasserspeier befinden sich in über 50 m Höhe am Turm.) Hinzuweisen ist aber darauf, dass in der Restaurierung **Eigeninterpretationen** in der Regel **nicht erwünscht** sind.

4-183 Bei dieser Bügellänge und den verschiedenen Dehnungswerten von Stein und Metall durch thermische Einflüsse musste das Zapfenloch im Stahlbügel „Spiel" haben (Vergrößerung).

4-184 Auch Bleiplättchen beim Übergang von Stahl zu Stein sind von Vorteil.

Projektbeispiel: Gotischer Turm der Wallfahrtskirche Maria-Straßengel

Turmhelm und Turmkronensicherung

Dieses Projekt (gotischer Turm der Wallfahrtskirche Maria-Straßengel bei Graz) zeigt Beispiele für Neusicherungen und Natursteinaustausch, aber auch interessante Altbestandssicherungen. Nicht nur wegen später erkannter Baumängel, sondern teilweise wahrscheinlich auch in der Bauphase wurden Maßnahmen gesetzt, ohne die der Aufbau dieses bleistiftdünnen Turms vor über 600 Jahren gar nicht möglich gewesen wäre. Nebenbei wird auch auf die Legende der Posaunenengel eingegangen, die durch arbeitsbedingte Funde aus dem Reich der Sagen in die Welt der Realität geholt wurden.

4-185 4-186 An diesen beiden Fertigstellungsbildern sieht man am besten die Position der Konsolenkapitelle, deren Austausch im Zuge der Restaurierung notwendig wurde.

Nach dem Abtragen der zweiteiligen Engelstatue mit Hilfe des Flaschenzugs wurden die umfangreichen Schäden am Konsolenkapitell ersichtlich (▸ **Bild 4-185**). Die Risse im Stein gingen nicht nur von den behelfsmäßigen Eisenklammern, sondern auch vom rostigen Mittelzapfen aus (▸ **Bild 4-189**). Zwei Kapitelle, die Engelstatuen tragen, wurden abmontiert

4-187 Die Handhaltung, der offene Mund des Engels und der Kanal durch den Kopf bis zu einer rückseitigen Nut, sind uns bei dieser und drei anderen Turmkronenstatuen aufgefallen.

und für eine Kopie aus Aflenzer Sandstein in die Werkstatt gebracht. Die Engelteile wurden am Gerüst für die Wiedermontage gesichert (an den Stahlstehern des Gerüstes mit Spanngurten).

Demontage mehrerer Statuen der Turmkrone

Bei der ersten Begehung, noch vor der ▸ **Reinigung,** entdeckten wir Kapitelle, die als Statuenträger fungieren; sie wiesen schwere Rost– und Frostdruckschäden auf. Die Bauleitung beschloss aus Sicherheitsgründen den Austausch dieser Kapitelle (▸ **Bild 4-188**). Wie nach der Abnahme der Statuenteile zu sehen war, waren die Schäden nicht nur äußerlich, sondern reichten bis zum Kern der Kapitelle (▸ **Bild 4-189**).

Beim Betrachten des Mittelzapfens wurde ich stutzig. Das übergroße Loch (roter Kreis) für die Aufnahme des Zapfens war für mich irritierend. Auch die Sinnhaftigkeit der Verzap-

4-191 Dieses Kapitell bot augenscheinlich kein sicheres Auflager für die Statue und wurde zum Austausch für eine Neuanfertigung von der Bauleitung freigegeben.

4-188 Den Abschluss aller acht Turmecken bildet Dreiviertelsäulen, die mit Blattkapitellen auf Höhe der Turmkrone enden. Auf diesen acht Kapitellen befinden sich zwischen den Wimperg-Giebeln sieben Engel- und eine Marienstatue. (oben links)

4-189 Nach der Demontage der zweiteiligen Statue sieht man die Schäden im Innenbereich der Lagerfuge von Kapitell zum Engelsockel. (oben Mitte)

4-190 Wir entdeckten nach der Demontage des Kapitells dahinter einen Schacht in den Turm. (oben rechts)

fung stand für mich in Frage, da jedes der beiden Engelteile ohnehin durch jeweils zwei Streben mit der Turmkrone verbunden war (▸ **Bild 4-191**).

Nach der Demontage des Kapitells wurde mir klar, dass das Loch ursprünglich eine völlig andere Funktion hatte. Der Anschluss an die Turmkrone weist einen Schacht in den Turminnenraum auf (roter Kreis), genauso wie die Kapitellrückseite (▸ **Bild 4-190**). Der Zapfen wurde also erst bei einer späteren Sanierungsmaßnahme in den vorhandenen Schacht betoniert.

Statuensicherung in den Turmkronen

Bei allen Turmkronenengeln und bei der Marienstatue mussten die rostigen Streben gegen Edelstahl ausgetauscht werden, zwei beim unteren und zwei beim oberen Statuenteilstück. Massive Rostdruckschäden bei den Einbindungen in

4-192 Einbindungen von rostigen Eisenstreben in den Stein des unteren Statuenteils führen im Laufe der Zeit häufig zu Schäden durch Rostsprengung.

4-193 Um zur Schadstelle zu gelangen, um das Eisen zu entfernen, muss der obere Teil des Engels mit dem Flaschenzug abgehoben werden.

4-194 Das alte Eisen wird entfernt und später mit rostfreiem Stahl ersetzt.

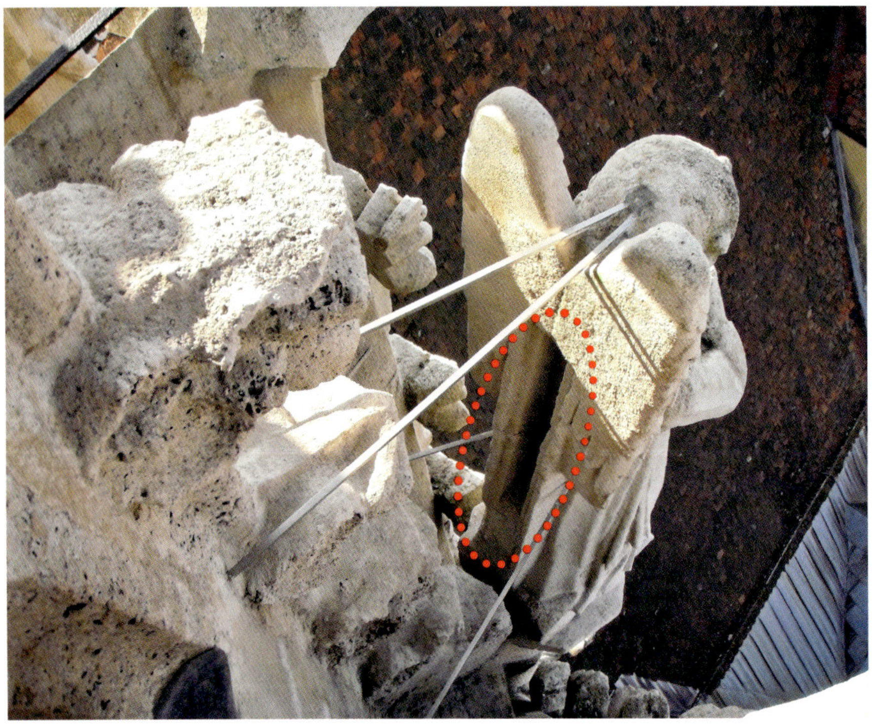

4-195 Natürlich fiel uns bei vier der acht Statuen der nutförmige Kanal auf der Rückseite auf (rotes Oval). Die Funktion war uns aber vorerst unklar.

Statue und Turm der alten Eisenstreben machten diese Maßnahme notwendig (▸ **Bild 4-192, 4-193, 4-194**).

Nebenbei bemerkt, es gibt Erzählungen über Töne erzeugende Engel. Das gehört zwar nicht unbedingt zum Kapitelthema, ist aber ein interessantes Detail, das ich gern dokumentiere.

Posaunenengel-Dokumentation im Rahmen der Turmkronensicherung

Ein durchgehender Schacht vom Turminnenraum über das Kapitell, den Engelkorpus bis zum Mund, zudem noch die Handhaltung der Statuen sind Fakten, die teilweise auch durch die Restaurierung Bestätigung fanden.

Diese Fakten, in der Bildfolge auf der gegenüberliegenden Seite dargestellt, ergeben in Summe eine mögliche Erklärung: Vier der acht Statuen hielten ein Blasinstrument in den Händen, das mit einer Röhre am Mund durch den Schacht mit einem Fernwerk in Verbindung mit der Kirchenorgel stand. Wann das Fernwerk (oder Auxiliarwerk) und die Engel in Betrieb waren, kann ich natürlich nicht sagen.

Da die Kirche Maria Straßengel in Besitz von Stift Rein ist und die dort stehende Barockkirche ein interessantes Auxiliarwerk besitzt (Außenorgel), vermute ich auf einen eher nichtgotischen Ursprung dieser Attraktion.

Die Frage, ob man in der Gotik in der Lage war, so eine Anlage herzustellen, fällt nicht in meinen Bereich, das müsste ein technisch versierter Musikhistoriker entscheiden. Wahrscheinlich kämen für den Einbau drei Zeitabschnitte in Frage:

- Beim Bau des Turms vor über 600 Jahren.
- Bei der Verhinderung des Abrisses der Kirche mit einer weitgehenden Sanierung der Anlage vor ca. 200 Jahren.
- Im Rahmen der umfangreichen neugotischen „Umbauten" vor ungefähr 140 Jahren.

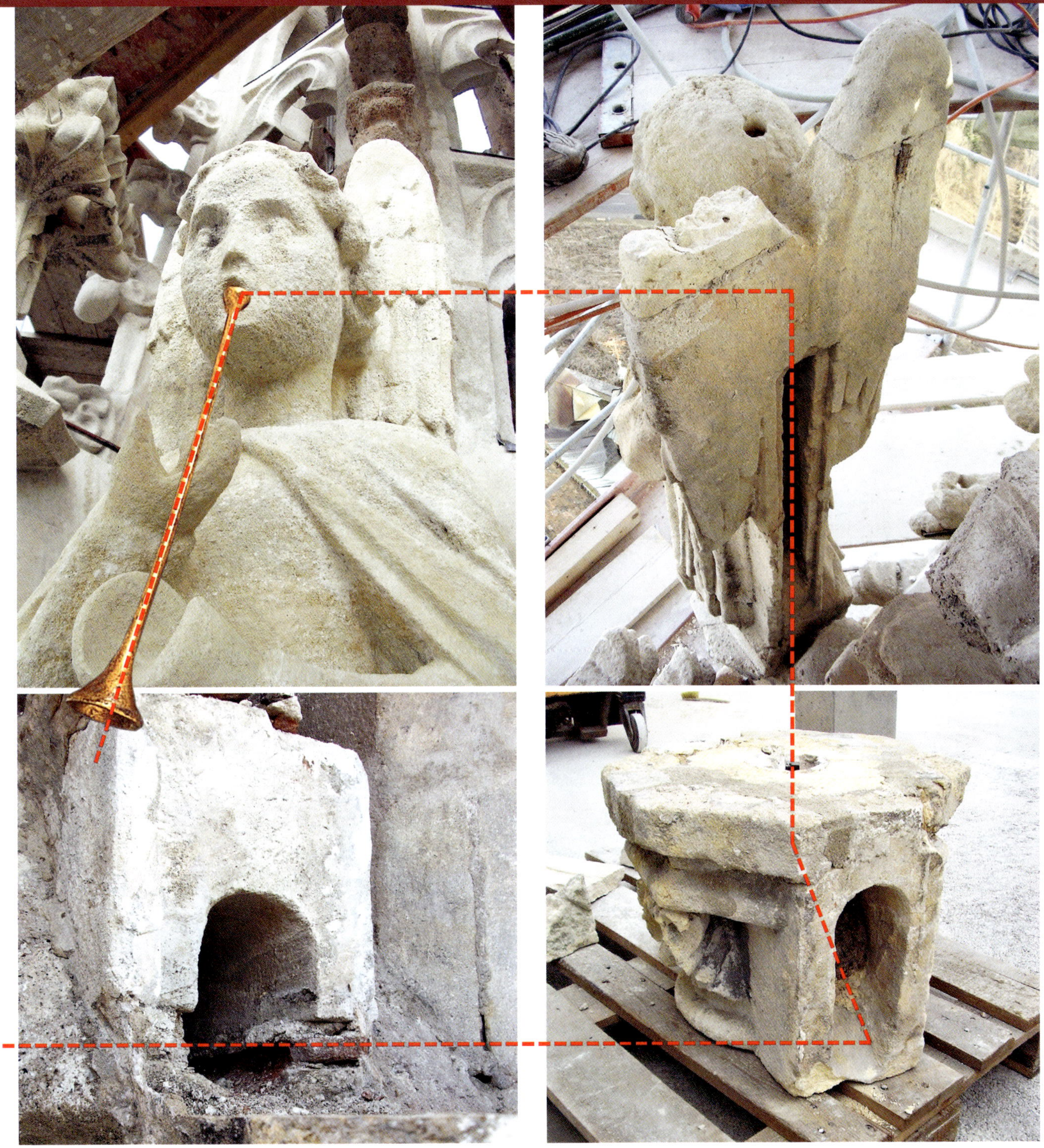

4-196
Nicht mehr vorhandenes Musikinstrument zur Illustration dargestellt (links)

4-197
Luftrohrschacht durch den Kopf und Statuenkorpus (rechts)

4-198
Luftrohrschacht im Statuenträgerkapitell (rechts)

4-199
Schacht vom Kapitell in den Turm zur Orgel? Die Fakten habe ich durch die Bilder auf dieser Seite dargestellt. Meine daraus abgeleiteten Rückschlüsse über die Funktionsweise sind natürlich nur Vermutungen (darum das Fragezeichen). (links)

4-200 Ecksäule ohne Kapitell von oben gesehen (links)

4-201 Jeder von uns beiden erzeugte so ein gotisches Blattkapitell. Das kommt nicht so oft in einem Arbeitsleben vor. Deshalb ist ein Erinnerungsfoto sicherlich angebracht. (Mitte)

4-202 Das über Judendorf-Straßengel schwebende Blattkapitell (rechts)

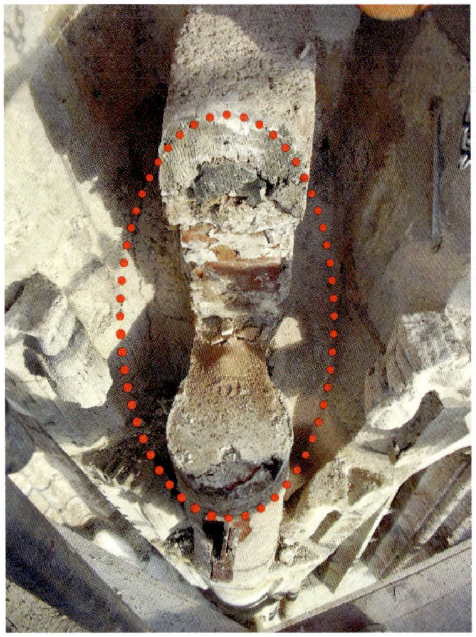

4-203 Für das genaue Einrichten des Kapitells verwenden wir am Gerüst den Flaschenzug. (links)

4-204 Ist das Kapitell sicher abgesetzt, können die Ösen entfernt werden. (rechts)

Steinaustausch und Kapitellmontage

Wie ein komplexes Werkstück aus Stein hergestellt wird, wird im Kapitel ▸ **Ergänzung** – Natursteintechnik ausführlich erörtert. Auf jeden Fall ist es ein Vorteil, das alte Kapitell als Muster für die Kopie in der Werkstatt zu haben. Nach der Demontage des alten Statuenträgers wurde die horizontale und vertikale Einbindung (Säule und Steg ohne Schacht) sichtbar (▸ **Bild 4-200**). Ist der neue Stein am Gerüst abgestellt, kommt der Flaschenzug als Montagehilfe zum Einsatz (▸ **Bild 4-202, 4-203**).

Tipp: Da ich nur eine Elektrowinde der Baufirma für geringe Gewichte auf der Baustelle zur Verfügung hatte, war es besser, das Werkstück vorsichtshalber noch mit einem Seil zu sichern (▸ **Bild 4-202**). Gewinde mit Schraubösen sind bei dieser Gewichtsklasse eine sichere Gurtbefestigung (▸ **Bild 4-204**).

Steinaustausch und Statuensicherung

4-205 Ein neues Konsolenkapitell wurde mit einem Stahlbügel in den Steg zur Turmkrone verankert.

4-206 Den unteren Engelteil hoben wir auf die Konsole und versteiften ihn mit zwei Edelstahlbügeln nach hinten. Unterer Engelteil mit neuer Edelstahlverankerung

4-207 Steinteile mit einigen Gewicht sind immer an den stärksten Stellen des Gerüsts zu lagern (keinesfalls in der Mitte der Gerüstplanken).

4-208 Über den Winter, als wir die Austauschsteine in der Werkstatt anfertigten (42 Vierungen), ließen wir die Engelteile am Gerüst gut gesichert zurück. So überstanden sie sogar den Sturm „Paula" im Frühjahr 2008.

4-209 Der obere Engelteil schwebte dann auf sein Lager und wurde von uns fixiert.

Tipp für Vorarbeiter: Bleibt ein Gerüst über den Winter stehen, weil die Baustelle wie im konkreten Fall von Herbst (2007) bis Frühjahr (2008) geplant wurde, muss das Gerüst wintersicher hinterlassen werden.

Fertigstellung und Position

Die Altkapitelle wurden natürlich nicht entsorgt, sondern formal restauriert im Turmkammer-Ausstellungsraum untergebracht.

4-210 Fertigstellungsbild des Blattkapitells (links)

4-211 Die Engelstatue mit neuem Kapitell vom Wimperg-Giebel aus gesehen (Mitte)

4-212 Position des Kapitells am Schadstellenplan, rot angezeichnet (Grafikausschnitt) (unten)

4-213 Ausschnitt der Turmkrone mit Kapitell. Viele Stilelemente der Gotik sind hier wie im Lehrbuch zu sehen, auf jeden Fall aber eine Menge Maßwerk. (links)

4-214 Position eines der beiden neuen Kapitelle am fertiggestellten Turm (rechts)

Stilkunde:
Maßwerk heißt außer Krabben und Kreuzblumen fast jedes gotische Ornament.

Bestandsbeispiel Turmhelmspitze

Der extrem schlanke Turm der Kirche Maria Straßengel und die schwere doppelte Spitzenkreuzrose aus der Neugotik machten im 19. Jahrhundert eine bemerkenswerte Verankerungstechnik notwendig, die ich hier zu Anschauungszwecken dokumentieren möchte (▸ **Bild 4-215**). Die an sich effizienten sturm- und erdbebensicheren Maßnahmen hatten nur einen

4-215 Die Position der elastischen Stahlverstrebungen, deren Einbau aus statischen Gründen erfolgte, ist hier mit strichlierter Linie zu erkennen.

4-216 Der Schaft der geborstenen oberen Kreuzblume wurde wahrscheinlich schon anfangs des 20. Jhd. mit einer Käfigkonstruktion aus Kupfer gesichert.

4-217 4-218 Das „Spiel" in den Lagern der Verstrebungen des durchgehenden Zapfens erzeugt eine elastische Verbindung der gesamten Turmspitze. (links und oben)

4-219 Das genaue Alter der Ringe konnte ich leider nicht herausfinden. Meine grobe Einschätzung resultiert aus der Machart der Ringe.

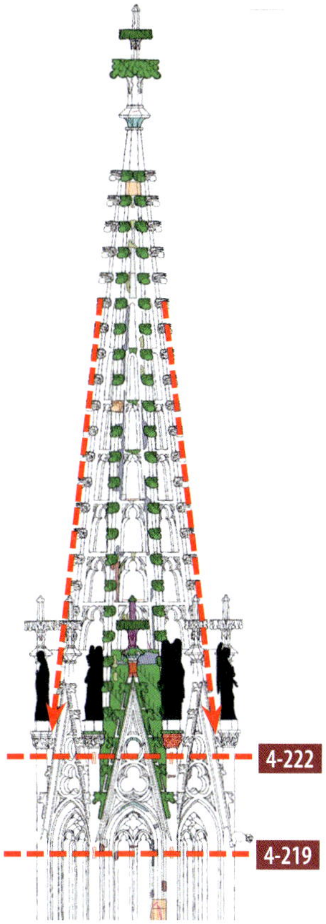

4-220 Um den Druck des Turmhelms nach außen abzufangen, wurden die Ringe montiert.

Nachteil, nämlich dass kein rostfreies Material verwendet wurde. Das führte vor allem in den Einbindungen der Kreuzblumen zu Rost- und Frostdruckschäden, die im 20. Jahrhundert zwar nicht behoben, aber doch zumindest mit einer aufwendigen Konstruktion aus rostfreiem Material geschient und somit gesichert wurden. Erst bei unserer Restaurierung im Jahr 2007 wurde zumindest die obere kleine Kreuzblume zerlegt und der Schaden behoben. Der Eisenzapfen wurde gegen neuerliche Korrosion gesichert und die sinnvolle Sicherungs- und Blitzableiterkonstruktion wieder montiert (▸ Seite 91).

Entlastungsringe

Aus Sicherheitsgründen wurde in neuerer Zeit ein zweiter Entlastungsring eingebaut (Schraubverbindungen) (▸ **Bild 4-219**).

Der ältere Entlastungsring besteht aus zwei Halbkreisen, die mit einer geschmiedeten Henkelform an den Enden mit-

4-221 Eines der acht Außenlager: Die gewölbte Fläche der Dreiviertelsäule und das runde Abdeckeisen nehmen den nach außen gehenden Druck optimal auf.

4-222 Der erste (obere) Entlastungsring stammt wahrscheinlich aus der Bauphase der Gotik.

4-223 Der ältere Entlastungsring ist um die Kuppelöffnung zum Turmhelm positioniert (Detail der Henkelverbindungen). (oben)

4-224 Altes Außenlager (Mit einem Keil durch die Öse einer Zugstange wurde die ältere Konstruktion verspannt.)

4-225 Der Turmhelm wurde durch eine Schienung verstärkt. Es war eine Vorgabe des Statikers, die Schienung der Streben des Turmhelms zu belassen. Optisch wurden die Faschenbänder auf der Außenseite an die Farbe des Steins angeglichen und sind von unten fast nicht mehr zu erkennen.

4-226 Acht Zugstangen sorgen für Stabilität des Turmhelms. Dieses Foto wurde aus der ungefähren Position des älteren oberen Entlastungsrings aufgenommen. (rechts)

einander verbunden sind. Die acht Zugstangen greifen innen (im Turm) ebenfalls mit Henkelverbindungen in den Ring. Die Zugstangen gehen durch die Turmstreben und haben jeweils, als Widerlager, außen eine Öse, sowie eine abgerundete Eisenplatte als Schutz für den Stein und einen Eisenkeil, der von oben in die Öse geschlagen, das Ganze fixiert (▸ **Bild 4-223, 4-224**).

Wann die **Schienung** einer Strebe des Turmhelms angebracht wurde, ist mir nicht bekannt (▸ **Bild 4-225**). Anhand der Schraubverbindungen der Faschenbänder tippe ich auf annähernd den gleichen Zeitraum des Einbaus wie bei dem zweiten unteren, moderneren Entlastungsring. Dieser wurde zwar schon zuvor gezeigt, soll an dieser Stelle aber nochmals dokumentiert werden, weil hier besonders die acht Zugstangen in die Turmstreben sehr gut zu erkennen sind (von oben aufgenommen) (▸ **Bild 4-226**).

Projektbeispiel: Aufbahrungshalle (Südtrakt) am Grazer Zentralfriedhof

Ein Beispiel für ▸ **Sicherung**stechnik in Zusammenarbeit mit Statiker und Schlosser ist der zweigeschossige Teil der alten Aufbahrungshalle im Zentralfriedhof Graz (▸ **Bild 4-227**).

Schwerpunkte sind:

- die Errichtung eines tragfähigen Unterbaus;
- die Verbindung der alten Ecksteine zu einem Stück;
- das Absichern der angrenzenden Traufengesims-Kunststeine.

Die drei Bilder (▸ **Bild 4-228** bis **4-230**) zeigen den Bestand vor der Schadensbehebung**.** Wahrscheinlich wurden die beiden Ecksteine, nachdem man ihre Absturzgefahr erkannte, mit dem Kran entfernt und neben den Gebäudesockel zwischengelagert. Oben beim Traufengesims wurde die Fehlstelle mit Brettern notdürftig verschlagen, auch um dem Dachrinnenabfluss Halt zu geben. Die Kunststeine und Konsolen, die als Unterbau dienten, fehlten und konnten auch am Boden, Keller oder Dachboden nicht gefunden werden.

Auch bei den anderen Ecken des Gebäudeteils wurden dem Schaden entsprechende ▸ **Sicherung**smaßnahmen gesetzt.

4-227 Der Südtrakt mit Aufbahrungshalle nach der Fertigstellung

4-228 Position des Traufgesimse-Eckschadens an der Aufbahrungshalle (oben links)

4-229 Auch drei Konsolen und Teile eines Kunststeinprofils fehlten (oben Mitte)

4-230 Das zweiteilige Traufengesimseeck ist vor dem Gebäudesockel gelagert. (oben rechts)

Firmenübergreifende Zusammenarbeit

Die Herstellung der Kunststeinprofile und Konsolen wird noch ausführlich beim Thema ▸ **Ergänzung** – Mörteltechnik behandelt werden (▸ Seiten 231–234).

Die oben genannten fehlenden und von uns aus Kunststein erzeugten Teile wurden versetzt, um ein sicheres Auflager für das schwere Traufengesims zu schaffen (▸ **Bild 4-231**).

4-231 Die diagonale Konsole wurde länger und hohl gegossen, um der Stahlkonstruktion des Schlossers Platz zu bieten.

4-232 Gemäß den Vorgaben des Statikers erfolgte der Einbau der Stahlkonsole des Schlossers im Dachraum.

4-233 Die Konsole ist mit den anschließenden Traufgesimssteinen und im Boden verankert. Sicherheitshalber wurden auch die angrenzenden Traufensteine durch Stahlbügel gesichert (rote Pfeile).

4-234 Bohrungen für die Aufnahme langer Verbindungsbolzen aus Edelstahl werden gesetzt.

4-235 Die Vereinheitlichung der beiden Steine dient der besseren Stabilität auf den Konsolen und natürlich auch der leichteren Montage.

Ecksteinverbindung

Die Verzapfung der beiden Ecksteine dient nicht nur der Erhöhung der Stabilität, sondern auch der leichteren Handhabe bei der Montage mit dem Kran. (▸ **Bild 4-234, 4-235)**

Kranmontage

Das Trauf-Gesimse-Eck wurde als ein Stück auf das gesicherte Konsolenauflager montiert. (▸ **Bild 4-236, 4-237)**

4-236 Wie man an der Anzahl der Personen am Gerüst gut erkennen kann, bestand 2014 noch kein Facharbeitermangel.

Fertigstellung

Das Trauf-Gesimse-Eck vor und nach den Restaurierungsarbeiten (▸ **Bild 4-238, 4-239)**

4-237 Das Gesimse-Eck wird auf die Konsolen abgesetzt und später an den Bestand angepasst.

4-238 4-239 Das Traufen-Gesimse vor und nach allen Restaurierungsmaßnahmen

Notsicherung (bei den übrigen drei Gesimse-Ecken)

Bis Bauleitung und Statiker in Zusammenarbeit mit den ausführenden Handwerkern die endgültigen ▸ **Sicherung**smaßnahmen zur Ausführung bringen, muss einstweilen ein haltbares Provisorium den sicheren Betrieb der Baustelle gewährleisten (▸ **Bild 4-240**).

Vernadelung und Klammern

Die drei Trauf-Gesims-Ecken, die zwar beschädigt, aber nicht direkt absturzgefährdet sind, werden trotzdem mit den Standard-**Sicherung**smaßnahmen behandelt, um die Stabilität auch in Zukunft zu garantieren (▸ **Bild 4-242**).

Im unteren Bereich der Eckstücke wurden lange Edelstahlbolzen gesetzt und im oberen Bereich Bandstahlklammern zu den Nachtbarsteinen versenkt montiert (▸ **Bild 4-241, 4-243**).

4-241 Diese Länge war notwendig, um den zweiten Gesimsestein zu erreichen.

4-240 Eine verstellbare Schalungsstütze, wie sie auch Baufirmen beim Deckenbetonieren benutzen, ist oft eine einfache, aber sichere Lösung.

4-242 In Anbetracht dieser Bohrerlänge war das Gerüst schon ziemlich schmal. (links)

4-243 Diese versenkte Klammer konnte nach der Montage vollständig mit Ergänzungsmörtel überdeckt werden. (rechts)

Projektbeispiel: Grazer Landhausbalkon im Renaissancestil

Eigentlich war für den Balkon des schmiedgassenseitigen Landhauses nur eine Standardrestaurierung vorgesehen (▸ **Bild 4-244**). Bis auf Frostaufbrüche am Sandstein der Balustrade und an den Unterzügen wirkten beispielsweise die Balkongrundplatten noch relativ kompakt (▸ **Bild 4-245**). Als man dann aber die zahlreichen Spalten und Risse im Gestein

der drei Balkonkonsolen sah, wurde seitens der Bauleitung ein Statiker hinzugezogen und ein völlig neues Maßnahmenpaket geschnürt (▸ **Bild 4-246**). Aus meiner Sicht ist dieses Projekt ein schönes Beispiel für ▸ **Sicherheit**stechnische Terminarbeit.

4-244 Renaissance-Balkon nach der Fertigstellung (rechts oben)

4-245 Schadensbild bei der Kalksandstein-Balustrade des Balkons (Befund)

4-246 Schadensbild bei den Kalkstein-Konsolen des Balkons (Befund)

4-247 Festlegen der Ausmaße bei der Konsolenvierung (rechts Mitte)

4-248 Der vordere Konsolenteil wird entfernt. (rechts unten)

4-249 Der Regen bietet auch den Vorteil, dass nicht so viele Passanten in der Fußgängerzone von Graz unterwegs sind. (links)

4-250 Nachdem die Aufbauten und die Unterzüge der Balkonbrüstung abgebaut sind, kommen die zweiteiligen Grundplatten an die Reihe. (Mitte)

4-251 Einen erfahrenen Kranfahrer anzufordern, ist bei manchen Projekten sehr zu empfehlen. (rechts)

Nach einer Probebohrung im Konsolengestein wurde eine dreifache Verzapfung pro Konsole in das dahinterliegende Mauerwerk angeordnet: ein Zapfen mit 140 cm Länge horizontal und zwei Zapfen 90 cm lang, schräg nach unten (im Prinzip wie Vernadelung in Sekundärmaterial, ▸ Seite 110).

Diese drei Stangen sollten vorn mit einem „Knotenteil" verbunden werden. Also wurden die stark beschädigten Vorderteile der Konsolen entfernt und stattdessen drei Hohlvierungen erzeugt, um für dieses Verbindungsteil Platz zu schaffen (▸ **Bild 4-247, 4-248**).

Demontage

Nach dem Abräumen der Balkonaufbauten (sie wurden in der Werkstatt restauriert, siehe Variante der Restaurierungsmaßnahmen, ▸ **Einleitung,** Seite 27) wurde die Einbindung der Grundplatten freigelegt. Ebenso mussten die Steinsteher der Doppeltüre gesichert werden (▸ **Bild 4-249, 4-250**). Erst dann war der Abtransport problemlos möglich. Normalerweise ist es, schon aus Sicherheitsgründen, nicht üblich, bei strömendem Regen zu arbeiten. Die terminlichen Besonderheiten dieser Baustelle machten dies aber notwendig (▸ **Bild 4-251, 4-252**). An den Arbeiten waren nur freiwillige Facharbeiter und keine Lehrlinge beteiligt.

4-252 Jeder der beiden Platten aus Aflenzer Kalksandstein wiegt ca. 1500 kg.

4-253 Natürlich handelt es sich bei diesem, in der rechten Spalte dieser Seite beschriebenen Arbeitsvorgang, nämlich die Vierungen provisorisch zu montieren und alle Bestandssteinanschlüsse genau einzuschleifen, um einen seltenen Spezialfall. Er hat aber so gut und stressfrei funktioniert, dass ich diese Arbeitsmethodik bei ähnlichen Gegebenheiten nur empfehlen kann.

Bestandsanpassung der Vierungen: Tipp für Facharbeiter

Da die Neuanfertigung der Steinvierungen annähernd Gesellenstückwertigkeit besitzt und ich deshalb annehme, dass jeder gelernte Steinmetz zur Herstellung der Werkstücke in der Lage ist, wird hier nicht näher auf die Bearbeitung des Kalksteins eingegangen. Dieser sieht im Übrigen aus wie Sandstein, ist aber ein harter Kalk.

Im Normalfall werden die Vierungen nach Schablone und Maß fertiggearbeitet. Dann werden sie versetzt und zum Schluss angepasst. Da die Anschlüsse sehr feine Stege und Profile aufwiesen, habe ich mich dazu entschieden, die Vierungen provisorisch zu montieren und alle Bestandssteinanschlüsse genau einzuschleifen (▸ **Bild 4-253, 4-254**). Danach werden die Steine unter guten Bedingungen in der Werkstatt fertiggestellt (roter Kreis); ein Nacharbeiten unter schwierigen Bedingungen am Gerüst unter den Balkongrundplatten entfällt (▸ **Bild 4-255**). Fahrzeit und Zwischenmontage kosten zwar auch Zeit, machen aber weniger Stress.

4-254 Mit ein paar Punkten Hilti Hit auf die Klebefläche ist die Vierung nach zehn Minuten genügend stabil, um alle Schleifmarker beim Übergang zum Bestand zu setzen. Danach kann man die Vierung mit einem leichten Schlag des Gummihammers beschädigungsfrei zum Fertigarbeiten in der Werkstatt lösen.

4-255 Der Vorteil: Die fertige Vierung passt genau an den Bestand.

Bolzenbohrung

Während ich mich in der Werkstatt um die Herstellung der drei speziellen Konsolen-Vierungen kümmere, ist ein Team vor Ort dabei, die langen Sicherungsbolzen genau nach den schriftlichen Vorgaben des Statikers in den Stein und in das dahinterliegende Mauerwerk zu montieren.

Siehe dazu ▸ **Bild 4-256 bis 4-259**.

Tipp: Da das Bohrloch (Stein und Mauerwerk) durch die Wasserkühlung der Bohrmaschine stark durchnässt war, war es besser, das Einkleben der Bolzen am darauffolgenden Arbeitstag durchzuführen.

4-256 **4-257** Pro Konsole wurden nach den Angaben des Statikers eine Bohrung 140 cm tief horizontal und zwei Bohrungen 90 cm tief schräg nach unten zur Wand des Landhausbalkons gesetzt.

4-258 Derart tiefe Bohrungen in empfindliches Gestein werden am besten mit der wassergekühlten Kernbohrmaschine, die ohne „Schlag" auskommt, ausgeführt (Bohrkernteil). (links)

4-259 Mit einem speziellen Hilti Hit-Füllmaterial klebten wir die Edelstahlstangen in die vorbereiteten Löcher. Der sonst übliche Kleber war ungeeignet, da sein Abbindezeitraum zu kurz für die Befüllung so tiefer Löcher ist, insbesondere in der warmen Jahreszeit. (rechts)

Knotenteilaufnahme durch Hohlvierung

Die Vierungen am vorderen Teil der drei Konsolen des Landhausbalkons wurden mit einer trogförmigen Aushöhlung versehen, um den Knotenteil und die Stahlbolzen aufnehmen zu können (▸ **Bild 4-260**). Das Loch für den Horizontalzapfen wird etwas tiefer gebohrt (▸ **Bild 4-261**).

Vierungsmontage

Der Statiker war von unseren stabilen Hohlvierungen so begeistert, dass er eine Metallverbindung der Stahlstäbe nicht mehr für notwendig erachtete (▸ **Bild 4-263**).

Der erste Montageschritt: Das Mittelzapfenloch mit Epoxidharz befüllen und dann mit Hilfe der Montageklammern die Vierung fixieren (▸ **Bild 4-264, 4-265**).

Als Kleber für die Ränder und Klammerlöcher wird Stein-Hilti Hit verwendet, um die Montage schon nach 15 Minuten fertigstellen zu können.

Hohlraumbefüllung

Der zweite Montageschritt: Mit Hilfe eines Kunststofftrichters und flüssigem Weißzementmörtel wurden die Hohlräume rund um die Edelstahlbolzen befüllt (▸ **Bild 4-266, 4-267**).

4-260 Die großen Kernbohrungen werden knapp nebeneinandergesetzt. Beim ersten Millimeter sollte man den Bohrer vorn stabilisieren, um ein Abrutschen der Bohrkrone zu verhindern (die Wasserkühlung und Arbeitshandschuhe machen diese Hilfestellung erträglich). (oben)

4-261 Die Aufnahmekammer für die Sicherungskonstruktion der Konsolen ist fertig. (Mitte)

4-262 Die Schlitze und Löcher für die Montageklammern und für den Mörtelbefüllungstrichter wurden gefräst. (unten)

4-263 4-264 Nach einer guten Vorbereitung ging die Montage der Vierungen relativ zügig vonstatten.

4-265 Das Hauptzapfenloch wurde vor der Montage mit Epoxidharz von pastöser Konsistenz gefüllt.

4-266 Dieser reine Zementmörtel wird mit der Zeit leider härter als der Naturstein. Wo sicherheitstechnische Erwägungen dominieren, hat das Restauratorenherz zu schweigen.

Am nächsten Tag mussten die Konsolen schon die zweiteilige Balkongrundplatte mit einem Gesamtgewicht von immerhin 3000 kg aushalten. Die Aufbauten, die am übernächsten Tag an der Reihe waren, wogen mindestens noch einmal so viel. Die knapp bemessenen Termine erklären sich durch eine bekannte Grazer Gaststätte unter der Balkonanlage. Daher waren Arbeiten auch am Wochenende und bei Schlechtwetter vonnöten. So erklärt sich der relativ kurze Zeitraum, der dem Mörtel für die Aushärtung blieb.

Montage der Balkongrundplatten

Um den Druck und somit eine Beschädigung des schmalen oberen Konsolenprofils zu vermeiden, wurde vor dem Versetzen der Balkongrundplatten Bleiblech unterlegt (rote Ovale, ▸ **Bild 4-269**). Wenn man einen guten Kranfahrer auf der Baustelle hat und jeder „Beobachter" seine Bleistiftstrichmarkierung im Auge behält, ist ein Absetzen der Platte auf den Millimeter möglich.

> **Tipps**:
> Bei den Vorderseiten auf keinen Fall mit der Ruckstange arbeiten (zu dünne Konsolenkanten; es besteht Bruchgefahr!). Besser noch einmal hochfahren und neu einrichten (▸ **Bild 4-268**).
> Die Aufhängung der Platte zur Mauer hin etwas tiefersetzen, damit der erste Druck beim Absetzen der Platte auf die Rückseite der Konsolen und auf die Mauerbank gelenkt wird (▸ **Bild 4-270**).

4-267 Warme Sommertemperaturen ermöglichen das Belasten der Konsolen schon am nächsten Tag.

4-268 Eine der in der Werkstatt restaurierten Bestandsgrundplatten bei der Montage

4-269 Bleiblech und eine Blechschere sollte ein Steinmetz (besonders in der Restaurierung) immer im Arbeitsauto dabeihaben.

4-270 Beim genauen Einrichten der Balkongrundplatten ist ruhiges und konzentriertes Arbeiten erforderlich.

Montage der Aufbauten

Das ▸ **Bild 4-271** veranschaulicht sehr gut, dass die Konsolen zu diesem Zeitpunkt noch das gesamte Gewicht der Balkongrundplatten tragen mussten. Wir konnten pausieren, bis die Isolierung und die Einmauerung der Platten von Seiten der Baufirma erfolgt war. Am nächsten Tag wurden Unterzüge und Aufbauten des Balkons versetzt (▸ **Bild 4-272, 4-273, 4-274**).

Der Vollständigkeit halber wird hier auch noch die Montage von Neuteilen und restaurierten Altteilen gezeigt. Die ▸ **Sicherung** des Balkons war damit beendet. Auf die abschließenden Arbeiten brauche ich nicht mehr genauer eingehen, da sie für den Steinmetzfacharbeiter auf der Hand liegen oder einer anderen Restaurierungsmaßnahme angehören.

4-271 Die beiden Balkongrundplatten ruhen auf ihrem Lager. Die Ringösen können entfernt werden.

4-272 Versetzen der Unterzüge des Balkons (rechts)

4-273 Brüstungsaufbauten werden an den Unterzugsteilen befestigt.

4-274 Die Baluster werden in die Brüstung eingesetzt.

Fertigstellung

Die Konsolen ohne ▸ **Schutzlasur** noch am Gerüst, siehe ▸ **Bild 4-275** bis **4-277**.
Der gesamte fertiggestellte Balkon mit Farbfassung, siehe ▸ **Bild 4-278** und **4-279**.

4-275 Fertigstellungsbild der mittleren Konsole und

4-276 Fertigstellungsbild der rechten Konsole

4-277 Fertigstellungsbild der linken Konsole (links)

4-278 Alle Steinteile des Landhauses waren mit einer grau pigmentierten Sumpfkalklasur gefasst. Für unseren Maler war es kein Problem, sie nachzumischen. (rechts)

4-279 Auch die Betreiber der Gaststätte freuten sich über die termingerechte Fertigstellung.

Projektbeispiel: Prunkaufgangssäule im Schloss Hollenegg

Bitte nicht falsch verstehen, lieber Steinmetzkollege, aber wagt man sich an Sicherungsprojekte wie im Fall dieser Säule im Schloss Hollenegg ohne Statiker heran, dann muss man sich der Methode völlig sicher sein. Versuche oder Experimente sollten tunlichst unterbleiben! Denn es geht um den Schutz von Personen und den Erhalt eines wichtigen Baudenkmals. Sind entsprechende Erfahrungswerte nicht vorhanden, sollte besser ein Fachmann angefordert werden.

Manchmal ist zum Beispiel zur Erhaltung des Restaurierungsprojekts ein Steinaustausch notwendig (▸ **Ergänzung** – Naturstein). Zum Teil können dieselben Werkzeuge, Materialien und Methoden wie bei der Montage von Kunst- oder Naturstein verwendet werden.

4-280 Der Prunkaufgang des weststeirischen Schlosses Hollenegg aus der Zeit der Renaissance ist durchaus vergleichbar mit dem Aufgang des Grazer Landhauses, einem wichtigen Grazer Baudenkmal.

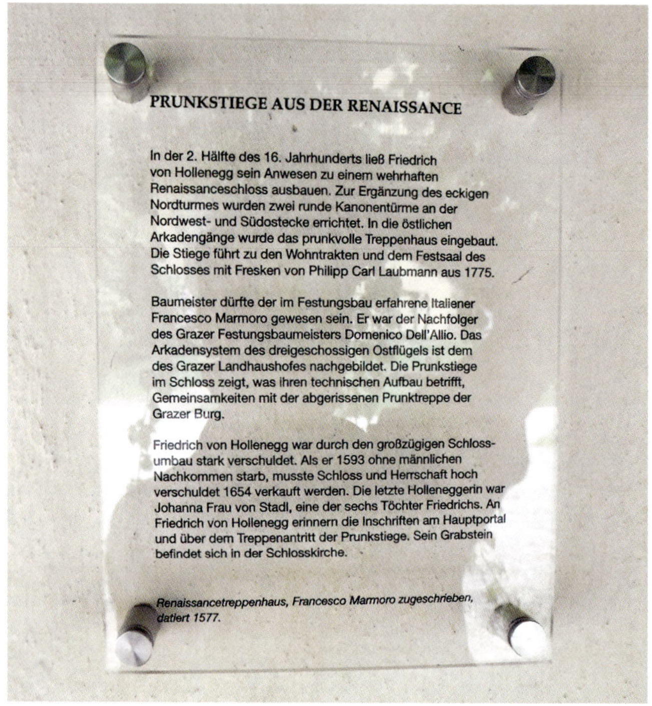

4-281 Legendentafel des Aufgangs

Im Fall der Prunkstiegenanlage von Schloss Hollenegg, einem über 400 Jahre alten Renaissanceobjekt, ist es aufgrund des Alters der Anlage oft nicht mehr möglich, die gleiche Austauschsteinart zu bekommen, weswegen es nötig ist, dass auch die zum Thema ▸ **Ergänzung** – Farbmörtel gehörende Anpassungsretusche am neuen Stein zum Einsatz kommt.

Bei dem Thema ▸ **Freilegung** (Schadensursache) auf ▸ Seite 76 sind die Gründe für den Austausch des Säulensockels ausführlich dargelegt worden. Um den Zusammenhang zum konkreten Fallbeispiel besser darstellen zu können, sollen die Schadensursachen hier noch einmal kurz dargestellt werden. Da die Säule aus einem anderen Stein, als es beim Großteil der Anlage der Fall ist, besteht, wurde sie naturbelassen und nicht mit einer ▸ **Schutz**-Lasur versehen (Wunsch des Besitzers).

Säulenbasis nach der Reinigung

Schadensbild von allen Seiten. Der Basisaustausch wird von der Bauleitung beschlossen.

Bei diesem Schadensbild dachte ich zuerst an einen typischen Rost- und Frostdruckschaden, da dieser auch an anderen Teilen der Anlage zu sehen war (▸ **Bild 4-282, 4-283**).

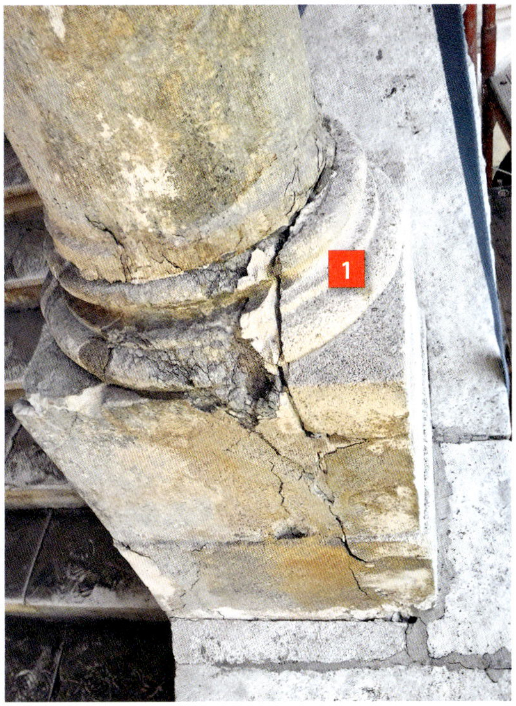

4-282 Bestandsaufnahme aus Richtung der Innenseite des Stiegenhauses und von der oberen Brüstung (oben links)

4-283 Bestandsaufnahme aus Richtung der unteren Brüstungsseite (oben Mitte)

4-284 Bestandsaufnahme aus Richtung der unteren Brüstung und der Stiegenhaus-Außenseite (oben rechts)

Die Frostschäden sind nicht durch rostige Eisenzapfen, sondern durch auf Spalt gestellte schiefrige Gesteine und eine schlecht gemachte Verblendungsvierung 1 aus weichem Sandstein entstanden (▸ **Bild 4-284, 4-285**).

Gegen die starke Schlagregenanfälligkeit durch ein zu wenig weit ausladendes Dachgesims kann aus Gründen des Denkmalschutzes leider nichts unternommen werden (Schadensursachen, ▸ Seite 77).

4-285 Bestandsaufnahme aus Richtung der Stiegenhaus-Außenseiten und der oberen Brüstung

Basisumleitung

Um die instabilen Basissteine austauschen zu können, wurde das Gewicht der Arkadenbögen, des Kapitells und des Säulenschafts seitlich abgeleitet.

Die Möglichkeit, die Umleitung ohne Löcher und Bolzen nur mit Anpressdruck auszuführen, wurde aus Sicherheitsgründen verworfen.

4-286 Der alte Säulenschaft wurde völlig erschütterungsfrei (ohne Schlag) zweimal durchbohrt. (oben links)

4-287 Die schonendste Art, um die Bohrungen für die Sicherungsbolzen beim Altbestand zu setzen, ist eine wassergekühlte Kernbohrmaschine. (oben rechts)

4-289 Zwei Pfeiler, so knapp wie möglich an der Säule, und zwei mitbetonierte Stahlbolzen gewährleisteten die Stabilität der Umleitung beim Ausbau des desolaten Basissockels.

4-288 Zwei fixierte Schalungsstützen ersparten an der Außenseite eine Menge Formsteine.

4-290 Um die Stabilität der Formsteine und des Stegs zu verbessern, werden sie mit Beton ausgefüllt.

4-291 Für eine mögliche geologische Bestimmung des Säulengesteins werden Teile des Bohrkerns aufgehoben. (oben links)

4-292 Um provisorische Verstrebungen zu errichten, sind verstellbare Bau- oder Schalungsstützen ideal. (oben Mitte)

4-293 Die Säule ist für den Basisaustausch vorbereitet. (oben rechts)

Zusatzsicherung

Obwohl wir durch die auf der vorhergegangenen Seite beschriebene Umleitung die Stabilität der Säule eher erhöhten als verringerten, wurden sicherheitshalber zusätzliche Maßnahmen gesetzt (▸ **Bild 4-292**).

Notsicherung

Diese Maßnahmen für sich allein wären genauso wie die Dachgesimse-Notsicherung am Zentralfriedhof (▸ Seite 153) ein gutes Beispiel für ein sinnvolles Provisorium, um Mitarbeiter und Bauwerk während des laufenden Baubetriebs zu schützen, bis vom Steinmetz in Zusammenarbeit mit Bauleitung oder Statiker eine endgültige Lösung beschlossen wird.

4-294 **4-295** Um ihre Funktion zu erfüllen, werden die Schalungsstützen mit Holzteilen an den Bestand angepasst.

Wir bauten Verstrebungen zu den drei Zugeisen bzw. zum Bogenansatz ein (siehe Details in ▸ **Bild 4-294, 4-295**). Auch eine Spanngurtbandage erhöhte die Stabilität des Säulenschafts (rotes Oval, ▸ **Bild 4-293**).

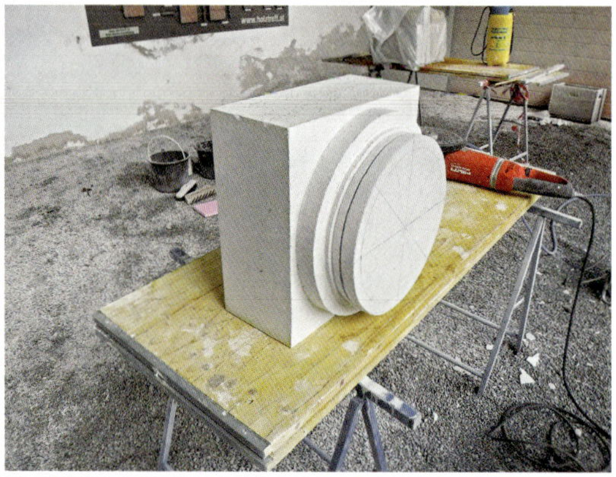

4-296 bis **4-301** Die Säulenbasis kann man in zwei Körper gliedern: in einen rechteckigen Quader und in einen Zylinder. Wulst, Falz, Hohlkehle und Halbrundprofil werden aus dem Zylinder geformt – und schon ist die Säulenbasis fertiggestellt.

Austauschsteine

Der Stein des neuen zweiteiligen Basissockels besteht aus einem sehr widerstandsfähigen Material, den „Kaiserstein". Für seine neue Aufgabe, die Säule zu tragen, ist dieser harte und homogene Stein bestens geeignet. Die für die Sicherung der Säule notwendigen Neuanfertigungen gehören eigentlich zu der Restaurierungsmaßnahme ▸ **Ergänzung** – Naturstein, wo ähnliche Arbeiten noch genauer erläutert werden.

Tipp für Facharbeiter: Ist auf der Baustelle ein geeigneter Platz für die Anfertigung der neuen Steine vorhanden, kann man sie vor Ort erzeugen. Wenn Mitglieder der Bauleitung oder Auftraggeber sehen, dass man in der Lage ist, praktisch „aus dem Auto heraus" komplexe Werkstücke herzustellen, stößt das in der Regel auf große Akzeptanz und kann später zu Folgeaufträgen führen.

4-302 Die Ausdehnung der Feuchtigkeit bei Frost führte zu der starken Rissbildung beim Basissockel.

Demontage

Das Kapitel Demontage gehört eigentlich zur Restaurierungsmaßnahme ▸ **Freilegung**, und die ist sinnvollerweise mit dem Thema Schaden und Schadensursache verbunden. Um Gegenmaßnahmen zu optimieren, sollte jeder Fach- und Vorarbeiter über grundsätzliche Schadensursachen Bescheid wissen.

4-304 4-305 Mein Mitarbeiter hatte sehr viel Freude daran, das letzte Verbindungsstück bei der „schwebenden Säule" zu entfernen.

4-303 Die nach innen abgerundete Kante bei der Sandstein-Verblendungsvierung. Der obere Teil der Verblendung hat das Schlagregenwasser direkt zum Bestandsstein geleitet.

4-306 Obwohl diese Konstruktion vollkommene Stabilität gewährleistet, ist der Anblick der „schwebenden Säule" nicht unbedingt alltäglich.

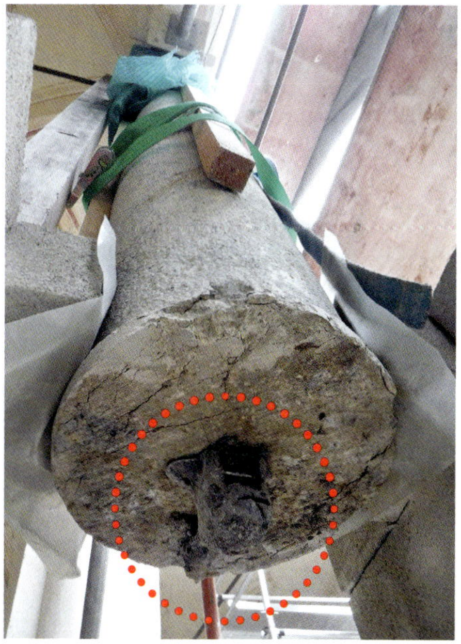

4-307 Der fachgerecht verbleite Säulenzapfen hat in diesem Fall nichts mit den Beschädigungen zu tun (roter Kreis). (unten rechts)

Montagetechnik

Auch wenn jede Montage auf den gleichen Grundlagen aufbaut, muss sie doch immer auf die speziellen Gegebenheiten angepasst werden. Deshalb erhöht jede erfolgreiche und beschriebene Montage den Erfahrungsschatz des Facharbeiters.

4-308 Beim unteren Sockelteil wurde eine Hebeöse gesetzt. (oben links)

4-309 Beim oberen Basisteil legten wir einen dünnen Schlauch bis zum Zapfenloch (rote Kreise). (oben rechts)

4-310 Mit dem Flaschenzug wurde der erste Basisstein in Position gebracht.

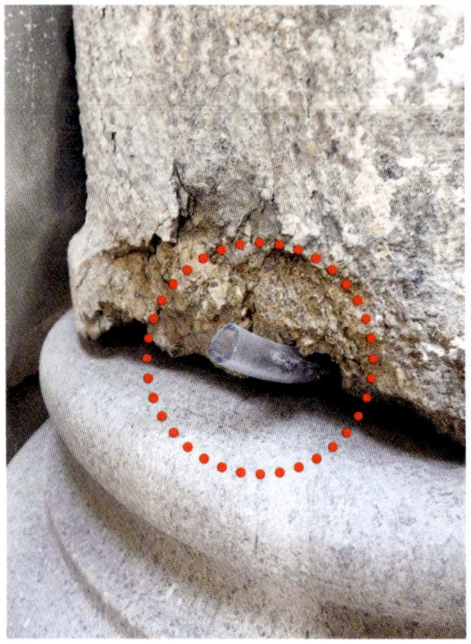

4-311 **4-312** Die Schläuche bis zum Mittelzapfenloch, zum Befüllen mit Hilti Hit-Kleber (rote Kreise)

Tipp: Als Kantenschutz werden Bleistreifen zwischen die neuen Steine gelegt. Biegt man sie an den Enden um, können sie nicht so leicht verrutschen (roter Pfeil).

4-313 Der zweite Basisstein bei der Montage

4-314 Da für eine Öse beim Säulenbasisteil kein Platz ist, wird der Stein mit den Gurten bis zur Mitte gehoben und dann auf den Bleistreifen relativ leicht in Position geschoben.

Nach dem genauen Einrichten der Basissteine wurden die Zapfenlöcher mit einer Spezialmasse verfüllt.

Das Hilti Hit-Auspressgerät funktioniert ähnlich einer Silikonspritze (Silikonpistole). Der Unterschied besteht aus einer Zwei-Komponenten-Kleberaufnahme und einer speziellen auswechselbaren Spitze, welche die Vermischung beider Komponenten fördert. Eine starke Zunahme der Sicherungs-

4-315 Säule, Säulenbasisteil und unterer Sockelteil sind jetzt korrekt ausgerichtet.

4-316 Befüllung mit dem Kleber durch das vorweg vorbereitete Plastikröhrchen bis zum Zapfenloch. Die Bleistreifen werden vor dem Verfugen so knapp wie möglich beim Lager abgetrennt.

4-317 Jahrelang hatte ich kein akkubetriebenes Auspressgerät für diese Tätigkeiten zur Verfügung. (Da der Druck in der Mischmechanik der beiden Kleberkomponenten relativ hoch ist, besteht bei häufiger Benutzung manuell betriebener Geräte die Gefahr einer Sehnenscheidenentzündung beim Zeigefinger der Abzugshand.)

4-318 4-319 Nach dem Durchtrennen der Stahlbolzen werden die Stützpfeiler entfernt.

4-320 4-321 Da es sich bei den Restbolzen um Gewindestangen handelt, lassen sie sich leicht mit dem Schraubenschlüssel aus dem Stein entfernen.

4-322 4-323 Fertigstellung vor Retusche

4-324 4-325 Fertigstellung vor Retusche

4-326 Fertigstellung nach Retusche

arbeiten in den letzten Jahren (in meinem Arbeitsbereich) führte zum Einsatz einer akkubetriebenen Version dieses Geräts.

Mit dieser Methode wird praktisch ein Kunststoffzapfen geschaffen und die Fuge konnte mittig verpresst werden.

Die Abbildungen zeigen den Säulenbasissockel nach der Verfugung und die Restsäule nach der Restaurierungsmaßnahme ▸ **Ergänzung** – Mörteltechnik, in noch feuchtem Zustand.

4-327 Fertigstellung nach Retusche

4-328 Der fast wie ein Loch im Boden wirkende Ausstieg der Wendeltreppe (durch das schmiedeeiserne, reich verzierte Schutzgitter wird der optische Eindruck etwas gemildert) diente in früheren Zeiten als schnelle Verbindung für das Personal von der Schlossküche zu den Prunkräumen.

Projektbeispiel: Schloss Hollenegg – Wendeltreppe

Einsturzgefährdete Gebäudeteile sind natürlich ein ausgezeichnetes Beispiel für das Thema ▸ **Sicherung.** Durch Demontage des Abbruchmaterials und Montage der Neustufen wird während der Arbeiten am Gebäude auch eine interessante seitliche Absicherung dokumentiert. Ein paar Tipps für das Anreißen und Erzeugen der Neustufen sind eigentlich ein kleiner Vorgriff auf die Restaurierungsmaßnahme ▸ **Ergänzung** – Natursteintechnik.

Ich habe mir lange überlegt, die **Montagetechnik** als eigenes Hauptthema zu behandeln, doch dieser, vor allem für den Steinmetz in der Restaurierung äußerst wichtige Arbeitsbereich ist untrennbar mit den verschiedenen Restaurierungsmaßnahmen verbunden. Aus diesem Grund werden die Montage, aber auch Demontage und ihre begleitenden Maßnahmen bei allen Restaurierungsthemen ausführlich behandelt, aber nicht in einem eigenen Kapitel dargestellt. Wie beim vorangegangenen Sicherungsprojekt, so auch mit Blick auf die einsturzgefährdete Treppe: Bei nicht ausreichender Erfahrung des Facharbeiters ist unbedingt ein Statiker hinzuziehen (Meldung an die Bauleitung).

Befundung der Stufenoberseiten

Bei diesem Arbeitsschritt werden zunächst die erhaltenswerten Stufen und der abbruchreife Bestand dokumentiert. Der

4-329 Die Stufenanlage mit Alt- und Neustufen nach der Fertigstellung

4-333 Ein Teil der Stufe acht, die aus Schleifsandstein besteht, wurde für das Steinlager des Schlosses erhalten.

4-330 Im unteren Bereich sind die Stufenfragmente mit Beton überzogen und die Spindel mit Ziegeln gemauert. (links oben)

4-331 Das Fragment der vierten Stufe wurde für die Eingangsschwelle wiederverwendet. (links Mitte)

4-332 Die stark zerstörten Stufen sechs und sieben wurden in neuerer Zeit mit auf Bauschaum verlegten Holzplatten gesichert. (links unten)

4-334 Die letzten vier Stufen (10–13) wurden erhalten und nur die alten Betonergänzungen auf der Gehlinie vor Ort restauriert. (links)

4-335 Die Austrittsstufe in Richtung Prunksaal wurde nicht so beansprucht (Gittertüre) und musste nur gereinigt werden. (rechts)

Befund nach der Freilegung erbrachte, dass die ersten vier oder fünf Stufen in einer früheren Zeitperiode notdürftig „renoviert" worden waren. Die einsturzgefährdete Treppe ist ein Zweitaufgang (Gesindeaufgang/Versorgung der Prunkräume) und konnte deshalb problemlos gesperrt werden.

Befundung der Stufenspindel

Der obere Teil der Spindel, also vier Stufen, wurde erhalten. (▸ **Bild 4-336, 4-337**).

Der Übergang zum Abbruchteil der Spindel, siehe ▸ **Bild 4-338**.

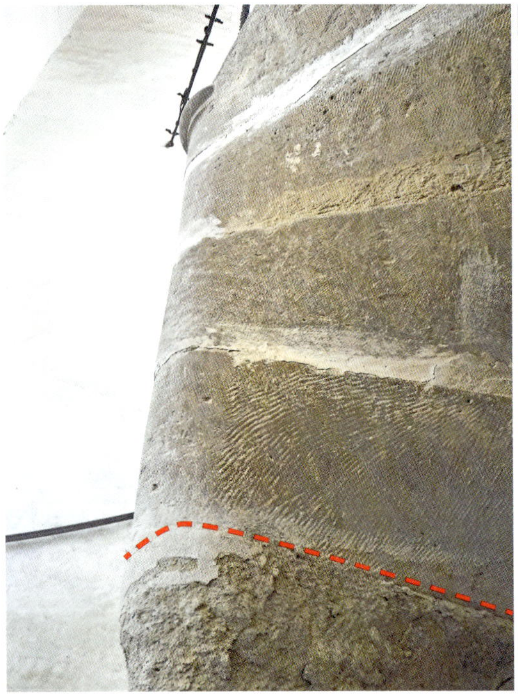

4-336 Bleibender Spindelbestand (Rückseite)

4-337 Bleibender Spindelbestand (Vorderseite)

4-338 Übergang zum Abbruchbereich

4-339 oben links

4-340 oben Mitte

4-341 oben rechts

Spindel im Bereich der Holzplattensicherung und der rostigen Eisenverstrebung (▸ **Bild 4-339**)

Übergang vom Stein zum später mit Ziegeln gemauerten Spindelteil (▸ **Bild 4-340**)

Der gesamte untere Teil der einsturzgefährdeten Stufenanlage: Obwohl bei den mit Beton überzogenen Stufen keine ursprünglichen Oberflächen vorhanden waren, sind sie für die Positionsbestimmung der Neustufen genau genug. (▸ **Bild 4-341**)

Befundung der Stufenrückseiten

4-342 Im unteren Bereich der Stiegenrückseite wurden eine Stützmauer aus Ziegeln und eine Zugstange zur Stabilisierung eingebaut. Wie man sieht, leider mit mäßigem Erfolg. Die Stützmauer aus Ziegelsteinen könnte auch schon aus historischen Zeiten stammen, ist aber sicher nicht ursprünglich (siehe roter Kreis). (links)

4-343 Im Bild ist die eiserne Zugstange zu erkennen, mit Resten einer jetzt funktionslosen Verbleiung. (oben)

4-344 4-345 Der allgemeine Masseverlust ist vor allem bei dem unteren Stiegenabschnitt und hier insbesondere an den Schleifsandsteinstufen zu erkennen. (oben links und Mitte)

4-346 Einige Kalkschlemmen wurden im Laufe der Jahrhunderte aufgestrichen; manchmal lassen sich noch Bearbeitungsspuren erkennen. (oben rechts)

4-347 Gut erhalten ist die Rückseite der oberen Stufen. (Mitte links)

Abbruch und Montagesicherung

Um den Abbruch der zerstörten Stufen im unteren Teil der Wendeltreppe überhaupt ermöglichen zu können, wurde die Spindel der vier erhaltungswürdigen Stufen abgestützt. Die spätere Montage der Neustufen erforderte eine seitliche Stütze, die nicht im Weg ist.

4-348 Eine „ausgeweidete" Wendeltreppe (rechts Mitte)

4-349 Diese spezielle Konstruktion würde als Sicherung ausreichen. (rechts unten)

Abbrucharbeiten

Eine zweite Abstützung des erhaltenswerten Stufenlaufs ermöglicht noch gefahrlosere Abbrucharbeiten (▸ **Bild 4-350**).

Bei der achten Stufe war die mechanische Haltbarkeit fragwürdig. Da die Schleifsandsteinstufe im Abbruchbereich formal am besten erhalten war, wurde sie im Schlosslager aufgehoben (▸ **Bild 4-352, 4-353**).

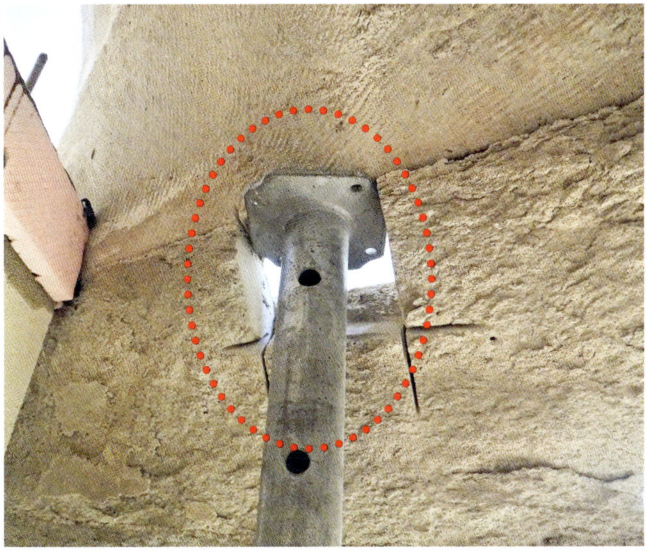

4-350 Es ist kein besonderer Aufwand, die Stufen zusätzlich mit einer Schalungsstütze abzusichern. Bis zur Montage der letzten Stufe konnte die Stütze bleiben. Für die neunte Stufe wurde sie zum Schluss entfernt. (links oben)

4-351 Auf diesem Bild (vor dem Abbruch) wird beim Betrachten der fast funktionslosen Spindel klar: keine Arbeiten ohne Absicherung (Einsturzgefahr)! (links unten)

4-352 Stufe 8 wird in das Schlosslager verbracht. (rechts oben)
4-353 Rückblick: Stufe 8 vor dem Ausbau (rechts unten)

4-354 4-355 Die gesamte Auflagereinbindungstiefe musste für die Neustufen entfernt werden. (oben links und rechts)

4-356 Die Notsicherung der sechsten und siebenden Stufe wird entfernt. (darunter links)

4-357 Das Fragment der vierten Stufe findet als Schwelle beim Eintrittsportal Verwendung (freigelegt). (darunter rechts)

Montageaufbau der neuen Spindel

Grafik des Aufbaus für die Neuspindelsicherung im Zuge der Abbrucharbeiten bei der Wendeltreppe.

Unter anderem konnten die Stufen deshalb so leicht brechen, weil die Spindelseite nicht verzapft war und deshalb instabil wurde.

1 Kunststoffzapfen und Füllkanal

4-359 Für die Spindel der Neustufen wurde eine Verzapfung vorgesehen. Bei der letzten Stufe und beim Altbestand konnten keine Stahlzapfen eingesetzt werden.

2 Edelstahlzapfen

4-358 Planungsschema des Spindelaufbaus beim neuen Bereich der Wendeltreppe

4-360 Durchgehendes Spindelloch

4-361 **4-362** Unter der Notsicherung aus Brettern und Bauschaum sind massive Schäden zu erkennen.

4-363 Eine Zugstange zwischen der sechsten und siebenten Stufe war zu wenig, um alle 14 Stufen zu verspannen.

Recherchen und Maße

Wenn auch später nicht alle Informationen für die Neuanfertigung und Montage gebraucht wurden, ist es doch besser, ein Maß mehr als ein Maß zu wenig gesammelt zu haben.

4-364 Die Gesamthöhe des neu anzufertigenden Teils der Wendeltreppe durch die Anzahl der Stufen ergibt die Stufenhöhe. Die Grundblöcke sollte man beim Steinmetz etwas kleiner bestellen (wegen der Lagerfugenbreite).

1. Spindeldurchmesser
2. Auflagerstärke
3. Rundkerbentiefe
4. Rundkerbenweite
5. Rücksprungmaß
6. Profilausladung (3)
7. Profilstärke
8. Wandseite 0-Punkt
9. Gesamthöhe der Neustufen

4-365 Die zehnte Bestandsstufe nach den Abbrucharbeiten von unten gesehen (rechts oben)

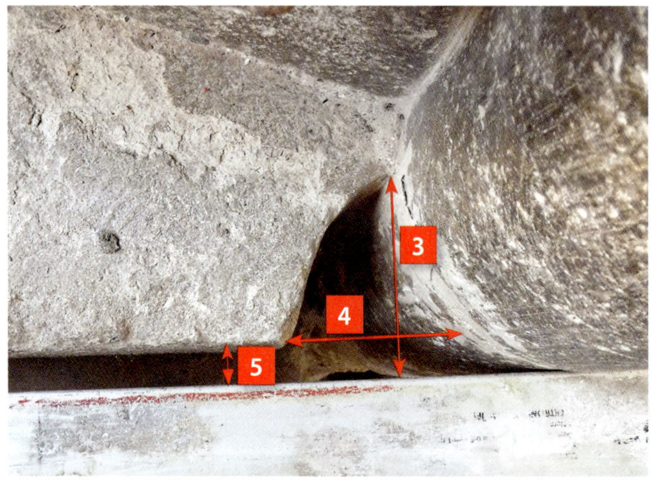

4-366 Die Spindelkerbe hat die gleiche Tiefe wie das spindelseitige Stufenprofil. (rechts Mitte)

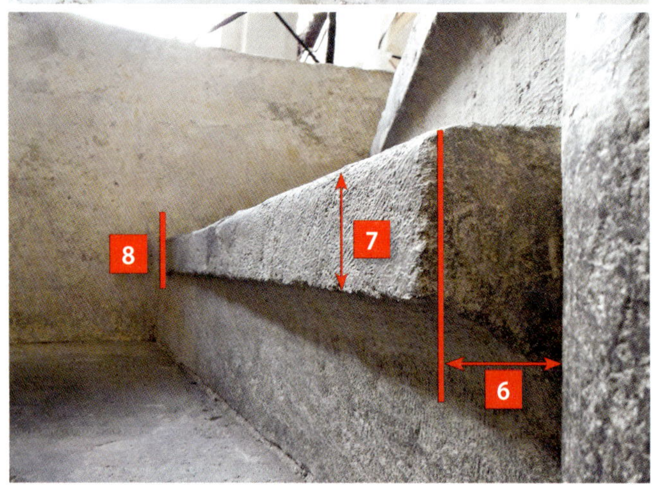

4-367 Spindelseitig breit, läuft das Profil wandseitig auf 0 aus. Diese Maßnahme sieht nicht nur optisch gut aus, sondern ermöglicht auch ein relativ angenehmes Gehen in der Mitte der Stufe (Gehlinie). (rechts unten)

4-368 Stichmaße, um die Ausrichtung der ersten Stufe zu bestimmen

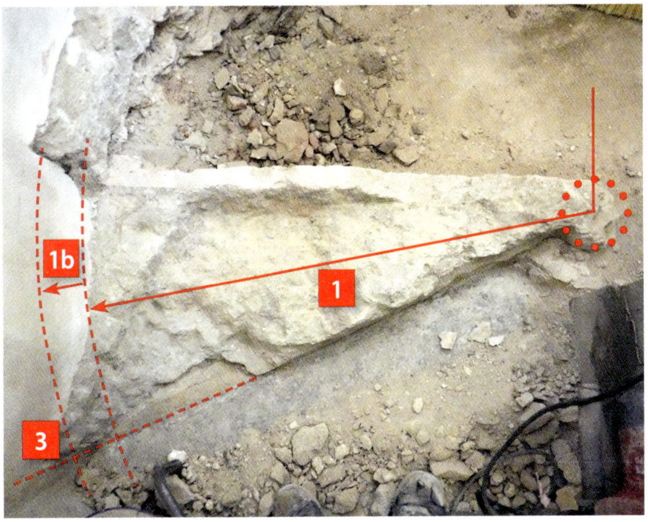

4-369 Die erste Bestandsstufe nach dem Entfernen des Überzugsbeton (oben)

1 Stufenradius bis Wand; **1b** Wandeinbindung; **2** Auftrittsbreite der Stufe bei der Wand; **3** Verlängerung der ersten Stufe bei der linken Ecke (Schablone); **4** Unterseitenkrümmung der Stufe bei der Wand

4-370 Bevor die Mauereinbindungen der Abrissstufen auch noch entfernt werden, sollte man vorher alle benötigten Maße nehmen. (unten)

4-371 Stufenschablone aus Karton und Materialmuster der einzelnen Abrissstufen (rechts oben)

Während der Demontage des einsturzgefährdeten Altbestands zeigt sich trotz Betonüberzüge eine ausreichende Maßhaltigkeit, um z. B. die Ausrichtung und den Spindelansatz der ersten Stufe zu bestimmen (▸ **Bild 4-369, 4-370**).

Um den bestmöglichen Ersatzstein zu finden, wird von jeder abgerissenen Stufe ein Muster genommen. Auf Grundlage der Muster wurde bei der Firma Stein von Grein (Steinmetzbetrieb) ein ockerfarbener Muschelkalk bestellt. Für den Zuschnitt des Rohblocks wurde eine Kartonschablone mit Einbindung und Auflagerreserve übergeben (▸ **Bild 4-371**).

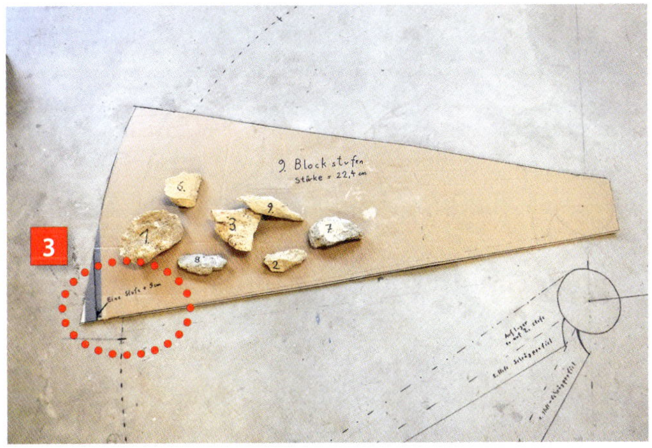

Vom Block zur Form

Im Hintergrund (▸ **Bild 4-372**) sieht man die von dem Steinmetzbetrieb gelieferten Blöcke aus Muschelkalk (Giallo Dorato). Die formal fertige Stufe im Vordergrund mussten wir aber selber erstellen.

4-372 Die gelieferten Blöcke und eine fast fertige Stufe (Unterseite)

4-373 Ober- und Vorderseite einer Stufe der Wendeltreppe. Nur die Oberflächenstruktur muss noch an den Bestand angepasst werden.

Anreißen der Form

Mit verschiedenen Hilfsgeräten wird die Form am Block angezeichnet.

4-374 Große Kreissegmente kann man auch mit einem Nagel, einer Schnur und einem Bleistift konstruieren. Mit zwei Klemmhalterungen für verschieden lange Latten brauche ich aber keine zweite Person zum Halten, und die ganze Sache ist wesentlich stabiler.

4-375 An der Unterseite der Klemmhalterung ist eine Hartmetallspitze angebracht, die auf der einen Seite für einen besseren Halt beim Kreismittelpunkt sorgt und auf der Radiusseite die Kreislinie einritzt. In diesem Fall verwende ich die ebenfalls mögliche Halterung für einen Stift zum Anzeichnen.

4-376 **4-377** An der Unterseite waren nur wenige Linien notwendig. Wegen der besseren Anschaulichkeit stellte ich mir aber zwei Stufen, mit der Unterseite nach oben, zusammen.

4-378 Ein Team zusammenzustellen (wenn auch nur kurzfristig), dessen Mitglieder sich mit der Natursteinbearbeitung auskennen, ist auch in einem großen Restaurationsbetrieb nicht so leicht, aber aus terminlichen Gründen unumgänglich.

Form und Oberfläche

Die „Meister des Staubs" sind mit Schneid- und Schleifgeräten, aber auch ganz traditionell mit Zahn- und Scharriereisen bei der Arbeit.

4-379 Kein Steinmetz, aber ein Bildhauerkollege, der gerne staubt. Ja, auch die gibt es. (links unten)

4-380 Bei der Verwendung des Lufthammers bei Steinarbeiten mit dem Zahneisen ermüdet man nicht so schnell. (rechts unten)

4-381 Ein Werktisch aus aufeinandergestapelten Paletten ist einfach höhenverstellbar, kann leicht an einen anderen Ort verbracht werden und – das Wichtigste – er ist stabil und trägt fast jedes Gewicht.

4-382 Innerhalb der Arkaden gelegen, ist die Wendeltreppe bei heftigen Gewittern dennoch Schlagregen ausgesetzt. Deshalb wurde der Auftritt mit einer Wasserschräge versehen. Da der Stufenblock unbedingt in der Waage versetzt werden musste, konnte die Wasserschräge 1 nur eingeschliffen werden.

4-383 Nach Absprache mit der Bauleitung wurde die Bearbeitungsart der Oberflächen der neuen Stufen beschlossen. Beim groben Scharrieren wird noch der Fäustel und nicht der Lufthammer verwendet.

4-384 Eine solche Spezialisierung von Arbeitsvorgängen bringt natürlich nur bei Anfertigung mehrerer Werkstücke und guter Werkzeugorganisation einen Zeitgewinn.

Tipps für Facharbeiter

Die Wendeltreppen weisen ein schräges, auf den Nullpunkt auslaufendes Hohlkehlenprofil auf. Das kommt in der Steinbearbeitung nicht sehr häufig vor, deshalb stelle ich hier einen möglichen Arbeitsablauf dar. Natürlich kann die beschriebene Arbeit auch ganz klassisch, mit traditionellen Steinbearbeitungswerkzeugen, wie feines Zahneisen und Breiteisen, fertiggestellt werden.

1. Die Masse der Hohlkehle wird mit dem Zahneisen vorgearbeitet (▸ **Bild 4-384**).
2. Der erste, flachste Abschnitt wird mit einem kleinen konischen Fräskörper (Stabschleifer) geschliffen. 2
3. Den zweiten Abschnitt bearbeite ich mit einem konischen Schleifkolben (Flex). 3
4. Für den dritten Abschnitt benutze ich den kleinen abgerundeten Schleiftopf (Flex). 4
5. Beim letzten Abschnitt 5 nahe bei der Spindel nehme ich den großen abgerundeten Schleiftopf (Flex).

Die Antwort auf die hier aufkommende Frage, warum ich hier konische und abgerundete Schleifkörper verwendete, liegt in der Möglichkeit des verlaufenden Schleifens durch schräges Halten des Schleifkörperträgers (▸ **Bild 4-385**).

6. Der gerade Spiegel kann mit dem Diamantschrupptopf schon auf Maß geschliffen werden (▸ **Bild 4-386**).
7. Die Vorgänge 2–5 werden noch einmal wiederholt, bis nur mehr ein kleiner Steg (▸ **Bild 4-386**) überbleibt. Dieser wird mit Schleifrondellen, mit einem weichen Klettaufnahmeteller, übergangslos gemacht. Dann kann dieser Arbeitsgang mit Hartmetall-Formraspeln beendet werden.

4-385 Bei der Steinbearbeitung geht man immer bis zur Anreißlinie und lässt diese sichtbar. (links oben)

4-386 Der Steg zwischen Hohlkehle und Spiegelfläche sollte schon noch etwas kleiner werden, bevor man Schleifrondellen zum Einsatz bringt. (links Mitte)

4-387 Die Ausarbeitung der unteren Krümmung ist leichter, als es aussieht. Dazu ist nur etwas Augenmaß vonnöten; nur einen „Bauern" sollte man vermeiden. (links unten)

Tipp: Massereduktion bei der Rückseite durch Vorschneiden mit der Flex, verringert zwar die Arbeitszeit, erfordert aber gerade bei den Rändern konzentriertes Arbeiten, um nicht zu tief anzukommen. Wenn kleinere Abschnitte vorgeschnitten und gleich darauf mit dem Zahneisen bearbeitet werden, hat man die gesamte Krümmung am besten unter Kontrolle (▸ **Bild 4-387**).

Zusammenstellung

Die Stufen wurden aus zwei Gründen teilweise zwischenversetzt: einerseits, um die Form und Ansätze der verzogenen Krümmung an der Unterseite der Stufen im Verband anschaulich zu machen, andererseits, um kantensichere Montagetechniken zu erproben (▸ **Bild 4-388**). Aus Gründen der Stabi-

Stil und Fachkunde:
Die Bezeichnung „Bauer" (vielleicht nur regional in Gebrauch) ist ein alter Steinmetzausdruck für eine fehlerhafte Innenwölbung in einer ebenen Fläche.

4-388 Das lose Zusammenstellen von mehrteiligen Steinobjekten vor der eigentlichen Montage vor Ort hat eine lange Tradition und dient hauptsächlich der frühzeitigen Fehlererkennung.

4-389
Auf jeden Fall sind die Arbeiten an den Stufen in der Werkstatthalle leichter auszuführen als später in den engen Örtlichkeiten der Treppenröhre im Schloss.

lität (siehe Schäden) wurde die untere Bogenkrümmung und das Stufenauflager wandseitig etwas stärker als beim Bestand ausgeführt (▸ **Bild 4-388**, rote Pfeile).

Tipp: Blöcke dieser Größenordnung weichen in sich oft ein wenig in der Stärke (Stufenhöhe) ab. Es ist kein Fehler, dies erst zum Abschluss zu korrigieren, da dann nicht mehr die ganze Fläche, sondern nur mehr die Auflagerfuge ausgeglichen werden muss (▸ **Bild 4-388**).

Der Muschelkalk ist homogen und relativ hart, aber wie die meisten Gesteinsarten auch empfindlich gegen Pressdruck. Um den Stein bei der Montage auf der engen Baustelle nicht zu beschädigen, wurde in der Werkstatt an vier Stufen schon mal geübt (▸ **Bild 4-389**).

Lieferung und Vorarbeit

Es ist spät im Jahr, alle Baustellen sind abgeschlossen. Alle? Nein, der Auftraggeber bekommt noch vor Weihnachten seine Wendeltreppe. Wir hatten es ihm zugesagt und mussten unsere Zusage nun einhalten.

4-390
Umladen der Stufen vor dem Schloss
(rechts oben)

4-391 Mit dem Bankwagen werden die Stufen ins Schloss verfrachtet.
(rechts Mitte)

4-392 Spanngurt verhindert das Verrutschen der Ladung.
(rechts unten)

Stufen- oder Wendeltreppenmontage

Durch die Betonüberzüge am Boden sahen wir zunächst nicht, dass es noch eine alte Stufe auf Bodenniveau gibt 1, die alle Ansätze für die erste neue Stufe zeigt. Die Position dieser Stufe war somit sehr leicht zu bestimmen. Nur der bestehende alte Spindelsockel 2, mit dem Senkblei kontrolliert, zeigte Abweichungen, die ein wenig ausgeglichen werden mussten (▸ **Bild 4-396**).

Die erste Stufe, die durch den Übergang von der Wand zum Eingang etwas länger ist 3, verzapften wir mit dem alten Spindelsockel (▸ **Bild 4-394**). Der Zapfen für die jeweils untere Stufe wurde durch das obere Spindelloch 4 eingeführt (einfachere Montage ▸ **Bild 4-396** bis **4-399**).

4-393 Meinen Arbeitskollegen ist das Hantieren mit schweren Gewichten nicht fremd. (links oben)

4-394 Bis auf zwei Stufen sind alle anderen im provisorischen Steinlager angekommen. (links Mitte)

4-395 Die Einbindungsauflager wurden von meinem Team nach Maß vorbetoniert. Ein Zentimeter unter der fertigen Auflagerhöhe war später für einen flachen Holzkeil genau das richtige Ausgleichsmaß. (links unten)

4-396 Die Spindelverzapfung bzw. das Loch für die Verzapfung wird bei der ersten Stufe in den Bestandsbasisstein eingebohrt.

4-397
Blick von unten in die Vorhalle der Prunkräume

4-398 Die ersten beiden Stufen der Wendeltreppe lassen sich noch relativ leicht versetzen.

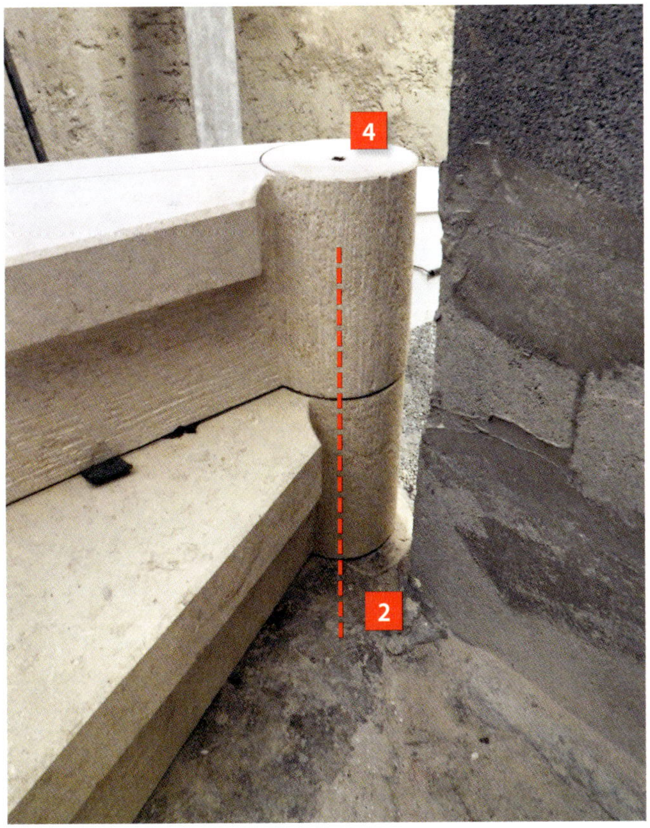

4-399 Detail der unteren Stufenspindel

Nach dem Versetzen der ersten zwei Stufen kam der Flaschenzug zum Einsatz. Die Stufe bei dieser engen Baustelle (nicht ganz 4 m²) mittig unter den Flaschenzug zu bringen, ist immer eine spannende Angelegenheit und wurde mit Zunahme der Stiegenhöhe auch nicht leichter (▶ **Bild 4-400 bis 4-402**).

4-400 Die Umgebungsmauern des unteren Eingangs der Wendeltreppe lassen die Enge der Baustelle erahnen.

4-401 Über Nacht hat es geschneit, aber unsere Stufen waren durch darüberliegende Balkone und Gesimse geschützt.

4-402 Vom Bankwagen müssen wir die Stufe, an der Flaschenzugkette schräg, in die Mitte des Stufenraums schwingen. Um jegliche Kollision und damit Beschädigung des Werkstücks zu vermeiden, wird dabei sehr „zurückhaltend" gearbeitet.

4-403 Bevor die Stufe in Position gebracht wird, sollten alle Vorarbeiten an Einbindung und Auflager erledigt sein. Aber manchmal ist halt noch eine Kleinigkeit im Weg. Wer das nicht kennt, hat nie versetzt.

4-405 Nach dem genauen Einrichten der Stufe kontrollierten wir die Spindel zu den oberen Bestandsstufen mit der Wasserwaage. (rechts oben)

4-406 Ein Keil war ausreichend, um die Stufe genau einzurichten. (rechts unten)

4-404 Nach dem Absetzen der Stufe mit dem Flaschenzug auf einem gepolsterten Holzstück und dem Entfernen der Hebegurte wurde die Stufe mit Hilfe einer Zwinge sanft auf zwei Filzplättchen gelagert.

4-407 Die Stufe muss in die Waagrechte gebracht werden.

4-408 Im Bild ist der Spindelsockel des Altbestands zu erkennen (rotes Oval).

4-409 Auch wenn es immer enger wurde: Mit jeder Stufe kommen wir dem Ziel näher.

4-410 Altbestand und neue Stufen wachsen langsam zusammen.

4-411 Stufenlauf der Wendeltreppe, vor dem Einbau der letzten Neuanfertigung (oben links)

4-412 Die Treppe, vom Altbestand aus gesehen (oben Mitte)

4-413 Die Unterseiten der Neustufen (oben rechts)

4-414 Die Neustufen, vom unteren Eingang aus gesehen

Die letzte Stufe hat immer ihre eigenen Gesetze. Altbestand, Lager und Einbindung sollten diesmal auf jeden Fall passen, weil die Hebegurte vor Erreichen der Endposition entfernt werden müssen. Nur durch vorsichtiges Schieben kann die Stufe auf ihren Platz gebracht werden (▸ **Bild 4-412, 4-414**).

Die zusätzliche Sicherung, die Schalungsstütze, muss nun entfernt werden. Die letzte Spindel kann nicht mehr so leicht mit Stahlstäben verzapft werden. Ich entscheide mich für eine Kunststoffverpressung mit Hilti Hit über einen verdeckten Kanal. Die Mittellöcher fräse ich nicht sehr tief und etwas größer, damit das zähe Befüllungsmaterial gut aufgenommen wird (▸ **Bild 4-411**). Um die Kanten zu schützen und das In-Position-Schieben zu erleichtern, werden Bleistreifen unterlegt (▸ **Bild 4-413**).

Nach der Kritik von Mitarbeitern über das hohe Gewicht der Säulensicherung (▸ Seite 170), hatte ich bei der Wendel-

4-415 Für die Diamantscheibe ist es kein Problem, mit dem Beton auch den Bewehrungsstahl durchzuschneiden (unbedingt Schutzbrille tragen!).

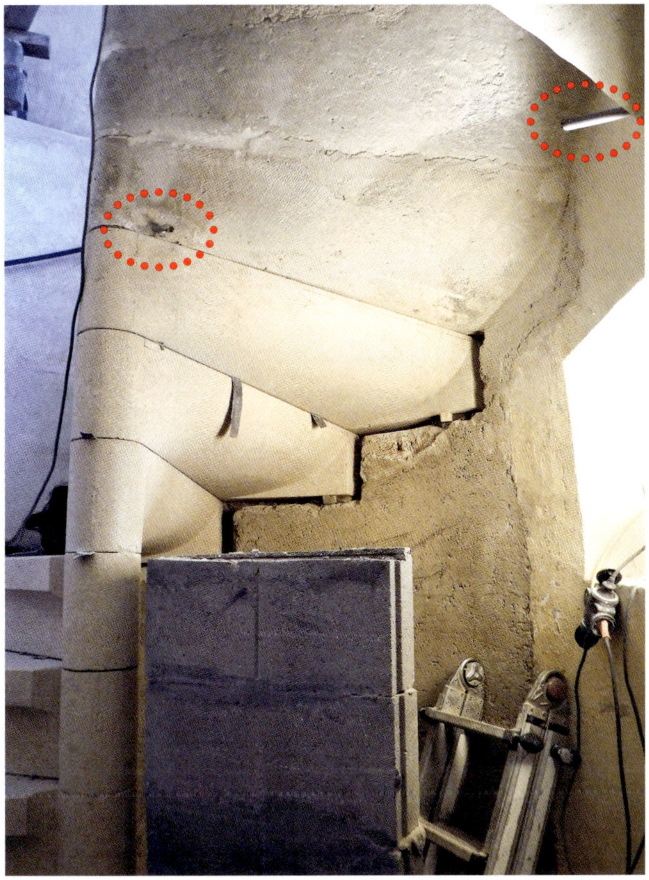

4-417 Die Entsorgung übernahm die Schlossverwaltung.

treppe etwas leichter dimensioniert. Im Bild ist der Stahlbolzen (Gewindestange) bei den Einbindungen von Wand und Spindel schon durchtrennt (▸ **Bild 4-416**). Die dünne Betonziegelwand zerteilten wir mit der Flex in zwei Stücke, die leicht abtransportiert werden konnten (▸ **Bild 4-415**). Beim Entfernen der Edelstahl-Gewindestangen aus Wand und Spindel ging ich mit der gleichen Methode vor wie bei der Säulensicherung. Der einbindende Teil des Gewindes wurde mit Kriechöl besprüht und dann mit Hilti Hit ins Bohrloch geklebt (Montage).

4-416 Der obere Teil der Stützmauer wird entfernt. (links oben)

4-418 Bei der Demontage schnitten wir das Stangenende kantig und drehten den Restbolzen mit dem Gabelschlüssel heraus. Die Einbindungslöcher mussten nur noch ergänzt werden.

Fertigstellung

Mir ist bewusst, dass für Bilder, die eine Fertigstellung dokumentieren sollen, noch ziemlich viel „Baustelle“ zu sehen ist. Das Verputzen, Verfugen und die Räumung der Baustelle erledigten Kollegen, die auch in den letzten Tagen vor Weihnachten arbeiteten.

4-419 4-420 4-421
Ansicht der (fast) fertigen Wendeltreppe von allen Seiten

V. Ergänzung mit Mörtelmasse

5-1 Antonia, eine unserer besten Mörtelergänzungs-Spezialistinnen, bei der Arbeit an der Wimperg-Kreuzblume einer neugotischen Gruftkapelle

Grundsätzliches zur Mörtelergänzung

Obwohl die Mörtelergänzung nicht zu den Spezialgebieten des Steinmetzes in der Restaurierung gehört, stellt sie doch einen wichtigen Beitrag zum Schutz und zur Optik eines historischen Objektes dar. Mörtelergänzung ist bei Bauleitung und Denkmalamt weniger umstritten als der Natursteinaustausch. Die Ergänzung mit Mörtelmasse wird von diesen konzeptbestimmenden Instanzen wegen des geringeren Substanzverlustes am Bestandsmaterial als kleineres Übel im Vergleich zu einer Natursteinvierung betrachtet. Viele Steinmetze halten dagegen die Mörtelergänzung im Gegensatz zum Natursteinaustausch für die minderwertigere Methode. (Diese Ansicht mag mit Blick auf die Haltbarkeit im Außenbereich nicht ganz unrichtig sein.) Da es aber die schonendste und, nicht unerheblich, auch die kostengünstigste Art der Ergänzung eines Restaurierungsobjekts darstellt, wird es am häufigsten bei kleinen und mittleren Fehlstellen angewandt.

Schadhafte Fugen werden in der Regel weicher als die Mörtelergänzung für Steine eingestellt (nur Kalk als Bindemittel). Arbeitsbedingt ist es oft leichter, Ergänzungen fugenüberbindend herzustellen. Vor dem Verfugen sollten diese Überbindungen aber (nicht nur optisch) getrennt werden.

Je nach Restaurierungsobjekt, zeitgeistigen Strömungen, internationalen Richtlinien in der Denkmalspflege (z. B. Charta von Venedig), Erfahrungen des jeweiligen Landeskonservators, aber auch der finanziellen Möglichkeiten der Auftraggeber kann das Restaurierungskonzept vor allem in der Mörtelmassenergänzung sehr unterschiedlich ausfallen. Vom Belassen der Fehlstellen über museale (zurückgesetzte) bis zu konservierenden (schützenden) und zu guter Letzt vollkommen rekonstruktiven Ergänzungen. Das Restaurierungskonzept gibt dem Ausführenden vor, wie weit er in Form, Struktur und Farbe gehen kann. (Das Prinzip des Restaurierungskonzepts und seine Zusammensetzung wurde schon ausführlich behandelt.)

Verständlicherweise sind dem Handwerker in der Restaurierung rekonstruktive Ergänzungen lieber, da ihm die Vorgabe in diesem Fall am nachvollziehbarsten erscheint und seiner Meinung nach für diese Art auch am meisten handwerkliches Geschick (im Formalen) erforderlich ist. Dieser Ansicht kann ich nur teilweise zustimmen. Wohl wird für die meisten nichtrekonstruktiven Mörtelergänzungsarten nicht so viel handwerkliches Können gebraucht, um aber in optischer und denkmalschützerischer Hinsicht Auftraggeber und Bauleitung gleichermaßen zufriedenzustellen, ist für diese Methoden doch oft viel restauratorisches Gespür vonnöten (Erfahrungswerte).

Die Abformung und Herstellung von exakten Kopien einzelner historischer Objekte ist in handwerklicher Hinsicht die Königsdisziplin in der Arbeit mit Massen, ob Mörtel oder in diesem Fall natürlich auch mit Kunststoffen (hohl für Ausstellungen, da geringeres Gewicht), und ist meist dem Museumsrestaurator vorbehalten. In diesem Kapitel wird nur die Abformung von einfachem Kunststein-Bauelementen beschrieben. Außer bei **Sicherung** und Montagetechnik (Verklebung, Verankerung) beschäftige ich mich eher am Rande mit dem Gebrauch von Kunststoffmassen in der Ergänzung von Natursteinen. Das ist beabsichtigt, da ich außer Gewinnmaximierung für die chemische Industrie, zumindest in meinem Bereich, keine Notwendigkeit für deren Einsatz erkennen kann (Haftbrückenverbesserung durch Zusatz von Acrylharzlösung ausgenommen).

In den letzten Jahren auf den Weg zu einer großen Firma (in unserer Branche) hat sich das Verhältnis zuungunsten der beschäftigten Restauratoren mit Steinmetzhintergrund verschoben. Durch starke Vergrößerung und Personalstandszunahme unserer Firma sind die wenigen Steinmetze mit dem ihrer Ausbildung entsprechenden speziellen Aufgaben vollkommen ausgelastet. Auch ich konnte meiner heimlichen Liebe der „Mörtelergänzung" seit 2007 nur mehr sehr selten frönen. Meine bis dahin gemachten Erfahrungen gebe ich in diesem Kapitel aber gern weiter. Hauptsächlich wird der Steinmetz in der Restaurierung natürlich für die Maßnahmen **Sicherung** und **Ergänzung** mit Naturstein und die damit verbundenen Demontage und Montagearbeiten gebraucht. Sollte man als Steinmetz im Bereich **Ergänzung** mit Mörtel eingesetzt werden, kann man auf diesem Gebiet meist bei erfahrenen Bildhauern (Modellieren) und Diplom-Restauratoren (Mischungen und Farben) Anregungen suchen.

Grundlagen der Mörteltechnik

Bewehrung

Die Bewehrung dient in erster Linie der Sicherheit, ersetzt aber nicht eine gute Haftverbindung des Ergänzungsmörtels. Sie besteht grundsätzlich aus korrosionsbeständigem Material wie Edelstahl, Glasfaser oder Karbon.

Die Dimension der Bewehrung hängt von der Größe und Art der Fehlstelle ab. Das Spektrum reicht von keiner Bewehrung bei kleineren Fehlstellen über Schlingen aus Edelstahl-

5-2 Bruck a. d. Mur: Das Fragment eines gotischen Bogens der Heiligen-Geist-Kapelle wird mit Hilfsschalungsergänzung rekonstruiert.

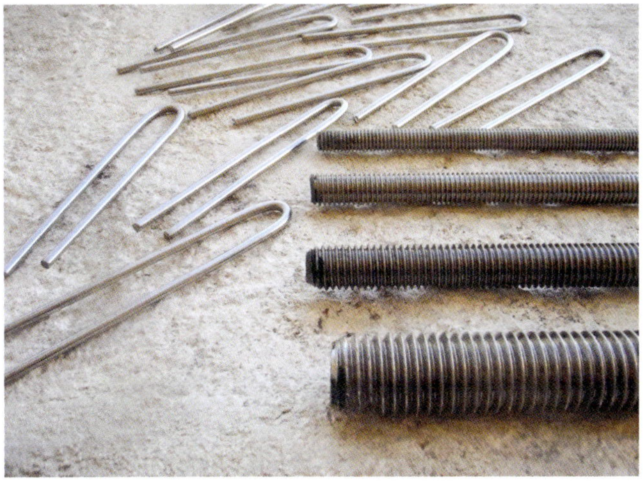

5-3 Schlingen aus 3 mm-Stahldraht und verschieden starke Gewindestangen für Zapfen und Bügel

5-4 Frauenkirche in Pernegg: Die große Fehlstelle bei den Quadern wird mit einem Bügel aus Edelstahl bewehrt. Normalerweise eine Fehlstelle für die Verwendung einer Natursteinvierung. Da sie aber unter dem Erdbodenniveau liegt, wird die kostengünstigere Variante einer Mörtelergänzung ausgeführt.

draht bis hin zu Zapfen und Bügeln von 6–16 mm Durchmesser bei sehr großen Fehlstellen.

Die Bohrung bei Schlingenmaterial aus 3 mm-Stahldraht mit 8 mm-Bohrer haftet durch leichte Spannung und ohne Kleber. Eine 6 mm-Bohrung würde beim Einschlagen der Drahtschlinge zu starken Spannungen führen und in weiterer Folge womöglich zu einer Beschädigung des Altbestands.

Zapfen und Bügel werden grundsätzlich in die Bohrung geklebt. Um genug Platz für den Kleber zu schaffen, sollte die Aufnahme um 2 mm größer gebohrt werden.

Großflächige dünne Fehlstellen, z. B. überkopf, bieten zu wenig Platz für die sonst kleinste Bewehrung, die Drahtschlinge. In diesem Fall kann in die Haftbrücke ein Kunststoff- oder Glasfasernetz eingearbeitet werden (siehe ▸ Seite 223).

Der Ausdruck „Bewehrung" würde eher für eine Vergütung von Mörtel mit einer Metallarmierung stehen, wird aber von uns schon lange auch für die Verbindung vom Bestandsstein zum Mörtel verwendet.

5-5
Freigelegte Säulen im Grazer Franziskanerkloster; die Druckspritzen erzeugen einen sanften Sprühregen, der ideal für das Vor-, aber auch das Nachnässen ist.

Vornässen

Damit der Haftbrückenmörtel nicht zu schnell austrocknet, muss die Fehlstelle vorgenässt werden. Je nach Steinart (stark oder schwach saugend) fällt diese Vornässung mehr oder weniger intensiv aus. In der kühleren Jahreszeit oder bei feuchtem Wetter wird zum Beispiel ein dichter Kalkstein wie Schöcklkalk wenig vorgenässt, während Sandstein, der sehr viel Wasser aufnehmen kann, mehrmals stark gewässert werden muss, vor allen bei heißem und trockenem Wetter. Fehlerquellen sind das Auftragen des Ergänzungsmörtels auf die bereits angetrocknete Haftbrücke, wenn zu wenig vorgenässt wurde, oder das Abfließen und Ausdünnen derselben durch zu starkes Vornässen bei dichten Steinen.

Haftbrücken

Haftbrücken sollen die Verbindung der Fehlstelle mit den Ergänzungsmörtel sicherstellen. Die Konsistenz der gebräuchlichen Haftbrücke ist die von gerührtem Jogurt. Ist sie zu flüssig, fließt sie von der Fehlstelle ab und wirkt nicht. Das unmittelbare Auftragen der ersten Mörtelschicht auf die noch feuchte Haftbrücke, bevor diese zu trocken wird und eher eine Trennschicht als eine Haftverbesserung darstellt, ist maßgebend für die Qualität der Ergänzung. Haftbrücken können je nach Beschaffenheit des Grundmaterials aus flüssiger aufbereitetem Ergänzungsmörtel (z. B. bei Sandstein), aus (auch akrylharzdispersionsvergüteten) Bindemittelgemischen (z. B. bei dichtem Kalkstein) oder aus elastischen Marmorfliesenklebermischungen mit hoher Standzeit (bei Überkopfanwendungen und dünnen Schichten) gefertigt werden (siehe ▸ Seite 222).

5-6
Haftbrücke, mit dem Pinsel aufgetragen: Frauenkirche in Pernegg, Gurtgesimse

Grund- oder Vorbaumörtel

Grund- oder Vorbaumörtel wird meistens für größere Fehlstellen verwendet. Gröbere Zuschlagstoffe vermindern die Entstehung von Schwundrissen und erhöhen durch Bildung einer raueren Oberfläche die Haftfähigkeit des Deckmörtels.

Nicht nur, aber besonders an den Rändern zum Bestandsstein ist es wichtig, mit den Vorbaumörtel mindestens einen ½ cm unter der 0-Fläche zurückzubleiben, um genug Platz für den sichtbaren Deckmörtel zu schaffen. Es ist nicht unbedingt nötig, den nicht sichtbaren Vorbaumörtel farblich auf den Originalstein abzustimmen. Ist man in der Farbgebung von Ergänzungsmörtel aber noch nicht so erfahren, so ist es sicher von Vorteil, sich beim Vorbaumörtel für die Färbung des Deckmörtels einzuüben.

Die zeitliche Abfolge des Aufbringens der Mörtelarten sollte so kurz wie möglich gehalten werden, deshalb ist zwischen Grund- und Deckmörtel keine spezielle Haftbrücke nötig. Gutes Vornässen und vielleicht eine etwas flüssigere erste Schicht des Deckmörtels sind ausreichend, um eine gute Verbindung zu gewährleisten.

Deckmörtel

Um die endgültige **Form** gut ausarbeiten zu können, wird der Deckmörtel ein paar Millimeter über die bestehende 0-Fläche

5-7 Nepomuk vor der Grazer St. Andrä-Kirche, in der Werkstatt: Erdfeuchtergänzung mit Hilfsschalung als Vorbaumörtel (links)

5-8 Deckmörtel in noch feuchtem Zustand: Nepomuk vor der Grazer St. Andrä-Kirche, in der Werkstatt (rechts)

aufgetragen (Bearbeitungsreserve). Die Fein- bzw. Grobbestandteile der Zuschlagstoffe (Sande) des Mörtels unterstützen beim Nachbearbeiten die zum Bestandsstein passende **Struktur**. Die **Farbe** des Umgebungssteins wird beim Deckmörtel durch Beimischung von endsprechend farbigen Sanden oder Natur- und Oxydpigmenten erreicht (Muster und Proben). Wenn man von der Verwendung eines Vorbaumörtels ausgeht, sollte man den Deckmörtel so schnell wie möglich danach auftragen, umso besser verbinden sich dann die beiden Mörtelarten (Abbindeprozess). Bei kleinen Fehlstellen wird natürlich nur der Deckmörtel ohne Vorbaumörtel verarbeitet.

Bestandseisen-Rostschutz vor dem Vermörteln

Alteisen, das nicht entfernt oder gegen rostfreie Materialien ausgetauscht werden kann, muss nach **Freilegung** und **Sicherung** gegen Rost geschützt werden. Das Ankereisen des über 400 Jahre alten Renaissance-Aufgangs im Schloss Hollenegg, um ein Beispiel zu nennen, kann natürlich nicht entfernt werden, da sonst statische Probleme auftreten würden. Abgesehen von der Sanierung der Ursache, nämlich des Rost- bzw. Frostdruckschadens (Beschädigung der Dachverblechung), wird alles erreichbare Eisen mit Bleiminium behandelt (▸ **Bild 5-9, 5-10**). Erst dann kann der Grund- und Deckmörtel eingesetzt werden (▸ **Bild 5-11, 5-12**). Die Bleifarbe ist der beste Rostschutz; sie ist aber sehr giftig, deshalb ist es wichtig, Handschuhe zu tragen, den benutzten Pinsel zu entsorgen und während der Arbeit nicht zu essen, zu trinken oder zu rauchen.

5-9 Durch Schäden in der Verdachung des Stiegenlaufs kam es, im Übergangsbereich zum Pfeiler des Aufgangs, zu einer anhaltenden Durchfeuchtung und in weiterer Folge zur Rost-Frost-Sprengung des Steins durch das Ankereisen.

5-10 Erst wenn alles erreichbare Eisen vom Rost befreit worden ist, wird Bleiminium als Schutz vor weiterer Korrosion aufgetragen.

5-11 Mit grobem Vorbaumörtel ergänzte Schadstelle

5-12 Fertigstellung der Ergänzung mit feineren Deckmörtel. Der sichtbare Knotenteil des Ankers wird später mit schwarzem Mattlack gestrichen (roter Kreis).

5-13 Das Nagelbrett reißt die Oberfläche des angezogenen, aber noch nicht vollständig ausgehärteten Ergänzungsmörtels auf. Dadurch wird die Ergänzung nicht nur in Form gebracht, sondern auch die Oberfläche, der Bestandsstruktur entsprechend, aufgeraut. (oben links)

5-14 Für den Vorgang des Abkratzens mit dem Nagelbrett, aber auch anderer Werkzeuge, muss der aufgetragene Ergänzungsmörtel ein paar mm über die 0-Fläche stehen (Abkratzreserve). (oben rechts)

5-15 Das Prinzip beim In-Form-Bringen dieses Gesimseecks ist in etwa gleich wie das Modellieren einer Sandburg am Strand. Obwohl immer noch relativ leicht zu bearbeiten, ist die Ergänzung durch den teilweisen Abbindeprozess im Vergleich zur Sandburg aber doch wesentlich kompakter. (links Mitte)

5-16 Bei einer Ergänzung sollte man drei optische Wertigkeiten beachten: 1. Form, 2. Struktur, 3. Farbe (rechts unten)

Oberflächenbearbeitung

Als Beispiel für das Thema Oberflächenbearbeitung werden Teilabschnitte eines Strebepfeilers der Frauenkirche in Pernegg gezeigt.

Ist der Ergänzungsmörtel bis zur Druckfestigkeit angezogen (je nach Witterung in 1–4 Std.), kann die Oberflächenstruktur mit verschiedenen Werkzeugen erzeugt werden (abkratzen): Nagelbrett – Kelle – Spachteln – Löffel – Zahneisen – Breiteisen – Stockhammereinsätze.

Das Bearbeiten der Oberfläche nach dem vollständigen Aushärten ist nur bei zementfreien Ergänzungsmörteln zu empfehlen. Auch bei Verwendung grober Zuschlagstoffe ist es bei richtiger Anwendung möglich, sauber auf den Null-

5-17
Warum die dritte Wertigkeit (Mörtelfarbe) bei diesem Projekt keine Beachtung fand, darauf werde ich in diesem Kapitel noch näher eingehen (siehe Seite 216).

punkt auszulaufen (Haftbrücke über den Fehlstellenrand). Ein großer Vorteil der Kratztechnik ist das Entfernen des Abbindesinters (zu harte, bindemittelreiche Oberflächenschicht, die beim Abbinden des Mörtels entsteht und den Feuchtigkeitsaustausch behindert).

Ein paar Stunden nach dem überstehenden Anbringen des Mörtels werden die ergänzten Stellen mit dem Nagelbrett in Form gebracht (▸ **Bild 5-13, 5-14**). Während bei geraden Flächen das Nagelbrett als Abkratzwerkzeug reicht, können an Profilen und Fugen auch Löffel und verschieden geformte Spachteln zum Einsatz kommen (▸ **Bild 5-15, 5-16**). Durch die Verwendung verschieden grober Zuschlagstoffe kann eine dem Stein angepasste Oberflächenstruktur erzielt werden (▸ **Bild 5-17**).

Nachbehandlung

Am Abbindetag sollte die Fehlstelle leicht feuchtgehalten werden. Bei sehr heißer Witterung oder Frostgefahr ist eine Abdeckung mit Folien oder Filz bis zum nächsten Tag ideal. Weil man mit der Haftbrücke ein wenig über die Fehlstelle geht, sollten die Ränder, vor allen vor dem Retuschieren, abgestrahlt werden (geht ganz schnell).

Retusche, wenn nötig

Um die optische Anpassung der Ergänzung zum Stein farblich zu optimieren, kann eine pigmentierte Retusche auf Sumpfkalkbasis aufgebracht werden.

Hier ein Beispiel: Wallfahrtskirche Maria Straßengel, gotischer Turmkopf-„Lehrling" (▸ **Bild 5-18**). Die Übergangszone der restaurierten Flächen zum Altbestand des Schiffs wird nach dem Abtrocknen der Ergänzung mit zweifärbiger Retusche angepasst. (▸ **Bild 5-19**)

Merkmale der Mörtelqualität

Gemäß Fachbüchern wie beispielsweise dem „Leitfaden Steinkonservierung. Planung von Untersuchungen und Maßnahmen zur Erhaltung von Denkmälern aus Naturstein", von Rolf Snethlage und Michael Pfanner (2008, 3. Auflage; mittlerweile in der 5. Auflage [2020]), soll die Haftzugfestigkeit des Ergänzungsmörtels die des Originalsteines auf keinen Fall übersteigen. Bei einem eventuellen Abbruch der Ergänzung würde die Trennungsfläche dann nämlich hauptsächlich im Altgestein liegen. Vor allem bei der Restaurierungsmaßnahme▸ **Freilegung** tritt dieses Phänomen häufiger auf. Betonergänzungen, die viel zu hart sind, nehmen beim Freilegen sogenanntes Muttergestein mit. In meinem Team kam es im Übrigen bisher nicht vor, dass deshalb extra eine Probe für das Labor erstellt werden musste. Außerdem ist meiner Meinung nach nicht nur die zu gute Verbindung des Steins zur Mörtelergänzung (jeder Handwerker will, dass seine Ergänzung gut hält) an der Übergangszonenzerstörung schuld. Durch die zu stark zementhaltige Altergänzung ist die Wasserdurchlässigkeit in der Übergangszone behindert, die dann vor allem im Winter in diesem Bereich (weicherer Originalstein und Frost) zu Schäden führen. Bei einer nicht sorgfältigen Antragung des Restaurierungsmörtels, sei es aufgrund von schlechter Untergrundreinigung oder schlechter Festigung oder zu trocken gewordener Haftbrücke, kommt es direkt in der Übergangszone (Riss) meist sehr schnell zu einer Trennung. Auch das ist zu vermeiden. Liegt die Ablösungsfläche (bei einer Probe der Zugfestigkeit) aber hauptsächlich in der Ergänzungsmasse, hat man alles richtig gemacht. Allzu weiche Ergänzungen sollte man aber auch vermeiden, da sie über die Jahre zu Formverlust durch Auswaschung führen, womit das Denkmalamt weniger (Bestandsmaterial bleibt erhalten), der Bauträger hingegen aber schon ein Problem haben dürfte (macht, wie man sich vorstellen kann, keinen guten optischen Eindruck).

Eigentlich wollte ich ab dieser Stelle auf Mörtelrezepturen für Steinarten eingehen, wie sie in unserer Gegend bei historischen Objekten Anwendung finden. Was aber für Graz und vielleicht noch für weite Gebiete der Steiermark gilt, ist schon für Wien oder gar Salzburg nicht mehr relevant. Um aber mit Blick auf regionale Besonderheiten der Mörteltechnik nicht zu speziell werden zu müssen, beschränke ich mich hier auf allgemeine Grundsätze.

Was mit Blick auf die Mörteltechnik zu vermeiden ist:

- zu hoher Wassergehalt im Mörtel;
- zu hoher Bindemittelanteil (eins zu drei ist die Grenze);
- zu viel Feinbestandteil bei den Zuschlagsanden (Sieblinie);
- falsche Bindemittelwahl, z. B. reinen Sumpfkalkmörtel knapp vor der kalten Jahreszeit oder zu hoher Weißzementanteil bei den Bindemitteln eines Mörtels zum Ergänzen von Weichgesteinen;
- verschmutzte, unreine Zuschlagsande; es sollten nur Wasch- oder Bruchsande verwendet werden;
- verschmutztes Anmachwasser;
- eine inhomogene Mischweise;
- Nachbearbeitung erst am nächsten Tag, aber auch zu frühes In-Form-Bringen;
- zu schnelles Austrocknen oder Frieren des Mörtels;
- Nichtbeachtung der Grundsätze der Mörteltechnik.

Form und Vorgehensweisen

Rekonstruieren im Vergleich zu Konservieren

Das auf der nächsten Seite befindliche Vorher-Nachher-Beispiel, eine neugotische Fiale (ca. 130 Jahre alt), steht natürlich nicht für konservierendes, sondern ganz im Gegenteil für rekonstruierendes Ergänzen (▸ **Bild 5-20, 5-21**). Hierbei wurden Mörtel- und Natursteintechnik im vollen Umfang angewandt. Ziel war es, die ursprüngliche Form wieder entstehen zu lassen. Wenn alle rekonstruierten Formen an anderer Stelle im Bauwerk enthalten sind, ist die Gefahr für Eigeninterpretationen, die vom Denkmalamt sicher nicht erwünscht sind, eher gering. Um dieses Risiko bei besonders wertvollen historischen Objekten von vornherein auszuschließen, wird oft

5-18 5-19 Basisgesimse des gotischen Dachreiterturms Maria Straßengel, Kopfdarstellung „Lehrling", vor und nach der zweifärbigen Retusche. Die Mörtelergänzung, erkennbar am linken Bild, ist noch im feuchten Zustand.

der Istzustand belassen; Rekonstruktionen sind dann nicht erlaubt.

Aber es gibt noch einen zweiten, eher ästhetischen Grund. An einer über 500 Jahre alten gotischen Kirche ist der Zahn der Zeit sicherlich nicht spurlos vorübergegangen. Warum soll das am Gebäude nicht auch ablesbar sein? Sie vollständig zu rekonstruieren, wäre, obwohl möglich, genauso unnatürlich, wie wenn man versuchen würde, einen 80-jährigen Menschen in einen 20-jährigen umzugestalten. Das nennt man heute kosmetische Chirurgie.

Was soll also der Handwerker im konkreten Fall einer, von ihm verlangten konservierenden Vorgehensweise machen? Ganz einfach, er ist angehalten, sich an den Grundsatz der Restaurierung erinnern, der da lautet: **Schützen, was erhaltenswert ist.** Leitend sollte hier folgende Schritte sein:

- Wo kann Wasser eindringen? Also Schließung aller offenen Fugen.
- Schadhafte Altergänzungen in der Masse werden ausgetauscht.
- Risse werden nach dem Sichern verschlossen.
- Verzapfungslöcher zu nicht mehr vorhandenen Steinteilen sowie Kreuzblumen werden geschlossen und leicht bombiert.

5-20 Detail einer Portikus-Fiale vor den Restaurierungsmaßnahmen

Stilkunde:
Eine Fiale ist ein gotisches Ziertürmchen, hat aber oft auch eine statische Funktion als Gegengewicht eines seitlichen Drucks (Bogen- oder Giebelansatz).

5-21 Detail einer Portikus-Fiale der Kirche des Grazer Zentralfriedhofs nach allen Restaurierungsmaßnahmen als Beispiel einer vollständigen Rekonstruktion

5-22 Frauenkirche in Pernegg, Portal und „Evangelisches Denkmal" (rote Ovale) (rechte Spalte)

5-23 Gegenüberliegende Seite: Bestands-Laibungsdetail nach der Reinigung, mit Farbmörtelprobe. Beim Portal (Gesamtansicht siehe Bild 5-24) wird nur die Fugenumgebung ergänzt, nicht die interessante Struktur des Bestandssteins.

- Bei vielen Schadstellen wird eine Anböschung nötig sein, um einen schnellen Wasserablauf zu gewährleisten.
- Eventuell könnten gut erhaltene Altergänzungen eine Anpassungsretusche vertragen.

Drei Beispiele für konservierendes Ergänzen

Es kommt nicht von ungefähr, sondern ist, wie auch bei der Grabanlage von Ernst dem Eisernen beim Kapitel „Reinigung" auf ▶ Seite 47 schon gezeigt wurde, ein Grundsatz der Vorga-

ben des Denkmalamts, bei besonderen historischen Objekten keine umfassende, rekonstruktive Ergänzung zuzulassen. Das **spätgotische Portal** (um 1500) und das bedeutendste Renaissance-Grabmal der **Protestanten** in der Steiermark (1590) an der **Frauenkirche Pernegg** gehören zu diesen Objekten, genauso wie das **gotische Hauptportal** der aus dem 14. Jahrhundert stammenden **Straßengeler Kirche**.

Das Hauptaugenmerk des ausführenden Handwerkers sollte bei dieser Restaurierungsmethode auf dem Schutz und Konservierung und nicht auf der formalen Rückführung der historischen Steinelemente liegen.

5-24
Gesamtansicht der rechten Laibungsseite des Portals der Frauenkirche in Pernegg (Detail siehe Vorseite, Bild 5-23)

5-25
Die Spuren der Glockenseile 1 haben sich oberhalb des Portals über die Jahrhunderte in den Sandstein eingefräst. (Die außenliegenden Glockenseile waren lange Zeit, vom späten Mittelalter bis in die Neuzeit, ein Provisorium.)

5-26 Beim „Evangelischen Denkmal" werden nur schadhafte Altergänzungen und Risse, nicht aber Fehlstellen am Marmor gerichtet.

Fertigstellen von kleinen Teilbereichen

Bei diesen Attikafiguren auf dem Grazer Mausoleum Ferdinands II. waren nach der Reinigung die alten Ergänzungsmörtelschichten von 1976 sehr gut zu erkennen. Diese waren formal relativ gut ausgeführt worden. Leider sind durch einem zu hohen Zementanteil im Mörtel Sperrschichten entstanden. Dadurch konnte das Wasser in dem sonst relativ stark durchgängigen Bestandsstein unter den Mörtelschichten nicht verdunsten, was vor allem im Winter zu Frostrissen und Abplatzungen führte.

Um die Form nach dem Freilegen nicht zu verlieren, wurde nur ein kleiner Abschnitt der Betonkrusten abgenommen und unmittelbar danach ergänzt, solange die Formen noch frisch im Gedächtnis vorhanden waren.

5-27 Wallfahrtskirche Maria Straßengel, Hauptportal (oben links)

5-28 5-29 Beim Hauptportal werden nur zwei Kreuzblumen in Naturstein-technik rekonstruiert. (oben Mitte und rechts)

Hält man sich nicht an diese Vorgehensweise, besteht die Gefahr, ins Spekulative abzudriften, was dem Denkmalamt nicht viel Freude bereiten wird.

Tipp: Bei komplizierteren Formen kann zusätzlich auch noch mit Detailfotos gearbeitet werden. In Plastik eingeschweißt, werden die Fotos baustellentauglicher.

Mörteltechnisch gesehen werden diese Statuen mit Standardergänzungen restauriert. Interessant werden sie aber durch die Vorgehensweise und den formalen Anspruch.

Die Beispiele zeigen Details, Freilegung und Ergänzung bei der zentralen Attikafigur, der hl. Katharina, an der Frontfassade des Mausoleums Ferdinands II. Übrigens: Die Heiligenattribute Rad und Schwert weisen auf die Art ihres Martyriums hin. Die Arme soll gerädert und geköpft worden sein.

5-30 Detailfotos des Bestands, vor Abnahme der Zementkrusten, erleichtern die Arbeit bei komplexen Formen wie bei diesem Gürtelknoten einer Statue.

5-31 5-32 5-33 Details der Statue vor dem Entfernen der losen und aufgeplatzten Betonkrusten (Bildreihe oben)

5-34 Krone nach der teilweisen Ergänzung

5-35 Fertigstellungsbild: Die hl. Katharina und ein Glorienengel (rechts) vor der Kuppel des Mausoleums

5-36 5-37 Detail: Hand beim Radattribut, vor und nach dem teilweisen Ergänzen

5-38 5-39 Detail: Schwerthand, vor und nach dem teilweisen Ergänzen

5-40 Bis zur Symmetrielinie können die alten Betonkrusten auf der rechten Seite abgenommen werden.

5-41 Ist die rechte Seite fertig ergänzt, wird die Linke freigelegt.

Symmetrisches Ergänzen

Graz, Oberlandesgericht, Risalit, Wappenschild: Sehr dichte Betonkrusten auf dem wesentlich weicheren Aflenzer Sandstein führten zu beträchtlichen Zerstörungen der bestehenden Steinsubstanz. Der Stein stirbt praktisch ab, da keine Feuchtigkeit über die Oberfläche entweichen kann und vor allem die Übergangszonen zum Kriegsgebiet werden.

Werden die alten, steinzerstorenden Krusten abgenommen, weil man sie durch neue wasserdurchlässige Ergänzungen ersetzen will, steht wieder das Problem im Raum, keine oder wenig nachvollziehbare Formen zu erkennen. Das ist keine große Sache, wenn es sich, wie im konkreten Fall, um ein symmetrisches Objekt handelt. Einfach die rechte Seite

5-42 Diese Methode ist sehr gut geeignet, um die Orientierung an der Ornamentikform nicht zu verlieren. (unten links)

5-43 Fertige Ergänzung unter dem Wappenschild (unten rechts)

5-44 5-45
Ziergiebelbasis eines Strebepfeilers aus Kunststein vor und nach der Ergänzung (oben links, oben rechts)

5-46 5-47
Giebelkreuz mit Detail – Jesusgesicht vor und nach der Ergänzung

bis zur Symmetrielinie freilegen und nach dem Vorbild der linken, noch nicht behandelten Seite ergänzen. Dann mit der linken Seite nach derselben Methode verfahren. Diese Methode dürfte allgemein bekannt sein; ich spreche sie hier nur der Vollständigkeit halber an (▸ **Bild 5-40** bis **5-43**).

Um die Grundsatzfrage anzusprechen, ob die Altergänzungen nicht schon eine Interpretation sind, die formal schlecht umgesetzt wurden. Sicherlich wird es öfter Zweifel geben, aber ohne andere Quellen (z. B. alte Bilder) sollte man sich nach dem Bestand richten. Manchmal finden sich unter den Krusten auch Ansätze der ursprünglichen Form, die Orientierung bieten.

5-48 Den Bildhauer dieser Statue konnte ich nicht herausfinden; ich tippe aber auf einen Schüler von Brandstätter.

5-49
Nischenfigur an der rechten Seite der Hauptfassade der im Neurenaissancestil um 1900 erbauten Josefskirche in Graz

Berücksichtigung formaler Vorlieben der Berufsgruppen

Bei diesen sehr ins Detail gehenden Ergänzungen der Statue auf der Josefskirche wurde die Zeitvorgabe um das Dreifache überschritten (▸ **Bild 5-48, 5-49**). Dennoch muss man auf Statuen auf jeden Fall genau bleiben. Die Zeit eventuell bei Fenster und Quadern einbringen. Es ist sicher ein Klischee, dass Steinmetze eher geometrische und Bildhauer lieber anatomische und ornamentale Formen bearbeiten. Trotzdem schadet es nicht, Steinmetze eher an Schadstellen wie auf ▸ **Bild 5-44** und **5-45** und Bildhauer an solchen wie in ▸ **Bild 5-46** und **5-47** sowie **5-48** ersichtlich, einzusetzen.

Farbe und Oberflächenstruktur

Grundlagen und Erfahrungswerte

Die Farbe des Ergänzungsmörtels sollte immer an den gereinigten und nicht patinierten Bestandsstein angepasst werden, weil sonst bei der Reinigung der nächsten Restaurierungsperiode die falsche Farbe zutage treten würde. Um einstweilen optische Ungereimtheiten zu verhindern, kann eine Anpassungsretusche aufgebracht werden (vgl.: Rolf Snethlage: Leitfaden Steinkonservierung, 5. Auflage, 2019).

Bei Buntkalken mit sehr viel verschiedenen Farbnuancen und Aderung im Zusammenhang mit großen Restaurierungsobjekten hat sich die **Einfarbmörtel- und Mehrfarbretuschentechnik** am besten bewährt. Der Nachteil, dass sich die Retusche mit der Zeit verabschiedet, aber die optisch noch immer recht ansprechende Grundfarbenergänzung übrigbleibt, ist bei Weitem nicht so gravierend wie der Eindruck, der entsteht, wenn mehrere individuelle „Farbspezialisten" zu Werke gehen. Bei kleineren oder wertvolleren Objekten, bei denen die Ergänzung in der Hand eines Facharbeiters bleibt (ein Duktus), ist die Gefahr, einen „Farbkasten" zu erzeugen, nicht so groß; es sollte die aufwendigere **Mehrfarbmörteltechnik** angewendet werden. Denn solange der Mörtel hält, werden auch bei einer späteren Reinigung alle Farben noch vorhanden sein. Die Erfahrung zeigt, dass beide Arbeitsmethoden, richtig angewandt, ihre Berechtigung haben. Beispiele hierfür werden auf den nächsten Seiten gezeigt.

Stehen die entsprechenden Körnungen und Sande in der Färbung des Originalsteins zur Verfügung und kann mit ihnen auch die Farbe des Bindemittels ausgeglichen werden, ist es möglich, ganz ohne Pigmente ein ansprechendes Ergebnis zu erzielen. Ein gutes Beispiel ist der Aflenzer Kalksandstein, der in unserem Gebiet am häufigsten bei Restaurierungsobjekten vorkommt. Der geologisch ähnliche Margarethener Kalksandstein wird in verschiedenen Körnungsgrößen (Struktur) gebrochen und in einer sehr hellen sowie auch einer kräftigen Ockerfarbe angeboten. Da der durchschnittliche Aflenzer heller als der burgenländische Sandstein ist, kann vor allem mit dem kräftigeren Ockersand das Weiß der Bindemittel Sumpfkalk und Weißzement ausgeglichen werden. Zwar wird der Sandstein an Gebäuden im Außenbereich meistens mit pigmentierter Kalkfarbe gefasst, aber wie das Beispiel Schloss Schwarzenegg (▸ Seite 238) zeigt, kann bei gewünschter Steinsichtigkeit (Innenbereich) durchaus „unsichtbar" ergänzt werden.

Der Oberflächenstruktur der Mörtelergänzung kommt genauso wie bei der Natursteinergänzung große Bedeutung zu und ist so gut wie möglich den Bearbeitungsspuren des Bestandssteins anzupassen; im zweiten Teil, Natursteintechnik, ist dieses Thema ausführlich behandelt. Vorab nur soviel: Sofern die Art des ursprünglich verwendeten Werkzeugs erahnt werden kann, wird es natürlich in beiden Ergänzungsarten eingesetzt. Da die Mörtelergänzung meist im druckfesten, nicht ausgehärteten Zustand bearbeitet wird, setzt man das entsprechende Werkzeug, z.B. vorsichtig nur mit der Hand, ohne treibenden Schlägel ein. Die Oberflächenspuren verlaufen sehr ähnlich; nur „Prellspuren" sind so (im weichen Zustand) nicht möglich. Hat man diese Steinbearbeitungswerkzeuge nicht, so versucht man mit anderen Gegenständen eine entsprechende Oberflächenstruktur zu erzielen, wobei der Fantasie keine Grenzen gesetzt sind und auch verschieden grobe Zuschlagstoffe eine wichtige Rolle spielen (siehe hierzu auch **Grundlagen der Mörteltechnik**, Oberflächenbearbeitung). Da die Schaffung der Oberflächenstruktur dem vom Steinmetzgewerbe kommenden Facharbeiter geläufiger ist als das Thema Mörtelfarbe, werden wir uns auf den nächsten Seiten ausführlicher mit Beispielen der Farbproblematik beschäftigen.

5-50 Einfärbiger Mörtel wird mit einer Bearbeitungsreserve aufgetragen.

5-51 Der blaugrau gefärbte Ergänzungsmörtel der Sockelplatte nach der strukturellen Bearbeitung

Farbmörtel und Werkzeugspuren

Im Steinbruch wurden die Schöcklkalk-Sockelplatten bruchfrisch mit einem schweren Oberflächenwerkzeug bearbeitet, wahrscheinlich mit einer Zahnfläche (sieht aus wie eine große Doppelaxt mit Zähnen). Ähnlich kann die Mörtelergänzung mit dem Nagelbrett fast bis zum Nullniveau in runden Bewegungen ohne Spuren bearbeitet werden; zum Schluss mit Riefen in Richtung der Spuren des Originalsteins (▸ **Bild 5-51**). Diese Oberflächenimitation der Struktur wäre natürlich bes-

5-52 Mit der Heißluft-Pistole getrocknete Mörtelproben beim Bestandsstein

ser mit den entsprechenden Altgeräten zu bewerkstelligen. Man darf sie in diesem Fall allerdings bei den relativ weichen Ergänzungen nur mit leichter Hand führen. Heutige Steinmetze kennen viele alte Werkzeuge der Steinbearbeitung nur als Bilder in Fachbüchern (hier wäre Nachholbedarf).

Dieses eher neuzeitliche Kirchenportal in St. Michael ist sicher kein bedeutendes Baudenkmal, aber klein genug, um nur mit mehrfarbigem und gemischtem Mörtel ohne Retusche auszukommen (▸ **Bild 5-54**).

Die Einfarbmörtel- und Mehrfarbretuschetechnik oder Mehrfarbenmörteltechnik haben beide ihre Vorteile; bei kleinen oder historisch sehr wertvollen Objekten würde ich die zweite, aufwendigere Technik empfehlen (siehe unten und nächste Seite).

5-54 Mehrfarbig gemischter Mörtel wird mit einer Bearbeitungsreserve aufgetragen.

Mehrfarbenmörtel

Auch bei diesem wichtigen Barockportal des Grazer Domherrenhofs wird der zu ergänzende Buntkalk mit mehrfarbigem Mörtel in einer Art Camotechnik gemischt und nicht retuschiert. Dieses Grazer Baujuwel mit dem Figurenschmuck von Veit Königer ist diesen Mehraufwand sicher wert. Denn wenn das Portal bei der nächsten Restaurierungsperiode in 25 bis 30 Jahren wieder gereinigt wird, würde die Retusche mit dem Schmutz verschwinden und nur der Grundmörtel überbleiben. Das ist sicher nicht schlimm, aber in diesem Fall vermeidbar.

Es ist eine normale und zum großen Teil erwünschte Eigenschaft des Ergänzungsmörtels, dass er gut wasserdurchgängig ist. Für den ergänzten Stein gilt dies allerdings nur im

5-53 Graz, Grabenkirche, Sockel: Zum Schluss wird eine Mehrfarbenretusche nach dem Freilegungsfoto aufgebracht. (links oben)

5-55 **5-56** Das Barockportal des Grazer Domherrenhofs, Bürgergasse 1

5-57 5-58
Die meisten Pigmente dunkeln mit der Zeit nach. Aus diesem Grund sollte man sich beim Mischen des Mörtels nicht an der Farbe des nassen Steins orientieren, sondern ein wenig heller bleiben.

5-59
Rund um Graz gibt es mehrere Brüche dieses Schöckelkalk genannten Steins. Wahrscheinlich kann man das Gestein des Portals eher der Variante des Steinberger oder Gaisberger „Marmors" zuordnen.

begrenzten Maße. Deshalb blieben einerseits die Ergänzungsstellen nach einem Regenfall länger nass und damit dunkler, andererseits wurden mit der Verdunstung immer wieder Farbpigmente an die Oberfläche transportiert – mit dem gleichen Effekt des Nachdunkelns bzw. kräftiger werdender Farbe.

Eine bewährte Technik, diesen Vorgang zu verzögern, besteht darin, das Portal nach vollständiger Trocknung der Ergänzungen zu hydrophobieren (**Schutz**). Für den Schöcklkalk ist das nicht so wichtig, aber die ergänzten Stellen konnten dadurch kein Wasser mehr aufnehmen (nur Regen-, keine Dampfsperre). Auf diese Weise wurde das Nachdunkeln mit einfachen Mitteln unterbrochen. Die ergänzten Stellen auf dieser Seite sind teilweise in noch feuchtem Zustand. Auf dem ▸ **Bild 5-59** (rotes Oval) sieht man eine fast trockene Ergänzung, die farblich und strukturell gut dem Umgebungsstein angepasst ist; an den Enden der Ergänzung kann man den leichten Schleier der pigmentierten Haftbrücke erkennen. Die Nachbehandlung erfolgt wie bei den ▸ **Grundlagen der Mörteltechnik**, Nachbehandlung, beschrieben.

Einfarbmörtel und Mehrfarbretusche

Am ersten Mörtelergänzungstag zogen fünf Jungkünstler, jeder mit verschiedenen, individuell angerührten Farbmörteln, hoffnungsvoll und voller Ambition zu den Fehlstellen der riesigen Buntkalkquader der Grazer Herz-Jesu-Kirche. Das Ergebnis war der Abbruch der Arbeiten noch am selben Tag.

- Einigung auf einen festgelegten, hellgrauen Grundmörtel.
- Nur eine Person macht die mehrfarbige Retusche, mit strikter Trennung der einzelnen Quader.

5-60 **5-61** Graz, Herz-Jesu-Kirche: Unterkirchen- und Turmsockel (links, oben)

5-62 Im Bereich des Strebepfeilersockels wird zur besseren optischen Trennung der Quader ein Fugenstrich gesetzt. (oben rechts)

5-63 Nach dem Abtrocknen wirkt der Fugenstrich natürlicher und erreicht doch den Eindruck der Abgrenzung der einzelnen Quader. (links unten)

5-64 Die Farben für die Retusche des einfärbigen Mörtels der Ergänzungsstellen und die Farbe für den Fugenstrich in einem Gebinde zu vereinen, ist recht praktisch. (rechts unten)

- Die Abgrenzung der Steine wird durch einen dezenten Fugenstrich noch betont, der aber trocken nicht zu aufdringlich wirkt.

Um bei diesem großen Volumen des unteren Kalksteinbereichs der Kirche einen gleichmäßigen Duktus zu erzielen, ist eine strikte Arbeitsteilung im Team erforderlich.

5-65
Strebepfeilerteil über fünf Etagen (oben links)

5-66 **5-67**
5. Ebene, rechte Seite, Mitte (Bild oben Mitte), Ausschnitt: Gerüst-etagen-Zuordnungszahl (Markierung, zum Mitfotografieren für die Dokumentation)

5-68 **5-69**
1. Ebene, rechte Seite, unten (Bild oben rechts) Ausschnitt: Gerüst-etagen-Zuordnungszahl (Markierung, zum Mitfotografieren für die Dokumentation)

Farbproblematik anhand des Beispiels einer Muster- oder Probefläche

Zur Überprüfung des Restaurierungskonzepts und der Maßnahmen wird eine Probearbeit angelegt. Dieses Thema ist auch für die **Tipps für Vorarbeiter** von Bedeutung, auf die auf den nächsten Seiten eingegangen wird.

Eine Musterarbeit ist nicht viel anders als ein Restaurierungsprojekt im kleinen. Hier wird sie zum Beispiel am Teil eines Strebepfeilers, an der ansonsten noch unbehandelten Südseitenfassade der Pernegger Frauenkirche angelegt. Der Erstbefund und jede Restaurierungsmaßnahme werden fotodokumentarisch erfasst, damit die Bauleitung und BDA über jede Maßnahme der Restaurierung auf dem laufenden sind. Die neugotische Überarbeitung und Steinsichtigkeit werden hier noch als Konzept der Restaurierung angestrebt. Deshalb ist der Schritt **Ergänzung** gleichzeitig die Fertigstellung der Probefläche, und es kann die Abnahmebegehung der Bauverantwortlichen erfolgen.

Für die Fotodokumentation auf der Baustelle sollte die Zuordnung zu der jeweiligen Restaurierungsmaßnahme, der Etagen und Ausrichtung der Bilder klar sein: fünf Etagen, pro Etage drei Richtungen (links, vorne, rechts) und pro Richtung drei sich überschneidende Ebenen (oben, Mitte, unten), also pro Etage neun Bilder.

Als Fertigstellungsbeispiel ▸ **Bild 5-66** und **5-68** und deren Zuordnung (Detail-Etagenzuordnung ▸ **Bild 5-67** und **5-69**).

Tipps für Vorarbeiter: Farbmörtel

An der Musterarbeit werden Sumpfkalk-Lasur-Proben für Stein und Verputz angebracht (▸ **Bild 5-70**). Eine dieser Proben wurde von der Bauleitung angenommen. Um die Kosten zu reduzieren, wurde auf den mehrfarbigen Mörtel der Musterfläche und die Anpassung an die unterschiedlichen Steinvarietäten verzichtet und der Mörtel ungefärbt verarbeitet. Im oberen Bereich der Kirche, wo meist helle Steinarten vorherrschen, ist das auch kein großes Problem, wie man am Bild eines ergänzten Maßwerkfensters der Kirche (vor der Lasur) erkennen kann (▸ **Bild 5-71**).

Natürlich hat die Bauleitung angenommen, dass der Vorarbeiter versiert genug ist, den nicht gefärbten Mörtel auf keinen Fall bei sehr dunklen oder farbigen Steinen einzusetzen. Wie man sich denken kann, war das Denkmalamt von meiner konsequenten Umsetzung der Direktiven der Bauleitung wenig begeistert (▸ **Bild 5-72**).

5-70 Ausgehend vom Konzept der Steinsichtigkeit müsste bei Schadstellen jeder Quader des Strebepfeilers meist mit mehreren verschiedenfarbigen Ergänzungsmörteln ausgebessert werden. Auftraggeber, Bauleitung und Denkmalamt bemühen sich um eine kostengünstigere Lösung. (oben links)

5-71 Maßwerkfenster mit Pass-Ornamentik aus vorwiegend helleren Sedimentgesteinen (oben Mitte)

5-72 Bei diesem kräftigen Farbton der Bestandsquader eines Strebepfeilers ist die Akzeptanz für die Verwendung ungefärbten Ergänzungsmörtels eindeutig überschritten. (oben rechts)

Der Grundsatz, den Ergänzungsmörtel auf die Farbe des Steins zu bringen, auch wenn ein Anstrich vorgesehen ist, kann als wichtige Regel angesehen werden. Auch ökonomische Erwägungen ändern daran nichts.

Um Bauleitung, Chef und Denkmalamt gleichermaßen zufriedenzustellen, sollte man den Farbmörtel so einfach und schnell wie möglich herstellen. Wurde eine Farbprobe gemacht, ist die Vermischung von trocken festgelegten Pigmenten und genormten Mörtelmengen und deren darauf erfolgende Vermengung mit Wasser die effizienteste Methode, Farbmörtel zu erzeugen (▸ **Bild 5-73**).

5-73 Beim Sakristeianbau an der Nordseite der Apsis der Pernegger Frauenkirche sind wir durch den etwas homogeneren Bestandsstein mit einem einzigen gefärbten Ergänzungsmörtel ausgekommen. (unten rechts)

Stilkunde:
Pass war in den gotischen Dombauhütten der Begriff eines Zirkelschlags. Besonders Drei- und Vierpass-Muster sind bei gotischen Fenstermaßwerk in vielen Varianten zu sehen.

5-74 5-75 Wenn die Grundfarbe festgelegt ist, werden die Pigmente pro Mischeinheit im Becher vorbereitet.

5-77 „02er" und „04er Sand": Zuschlagstoffe (Sandsteinsande) ergeben nach dem In-Form-Bringen die gewünschte Struktur.

5-76
Fertigstellungsergebnis (keine Retusche nötig)

5-78
Graz, Zentralfriedhof, Aufbahrungshalle, Südtrakt/Schöcklkalksockel: vierfarbige Retusche auf graublauem Grundmörtel

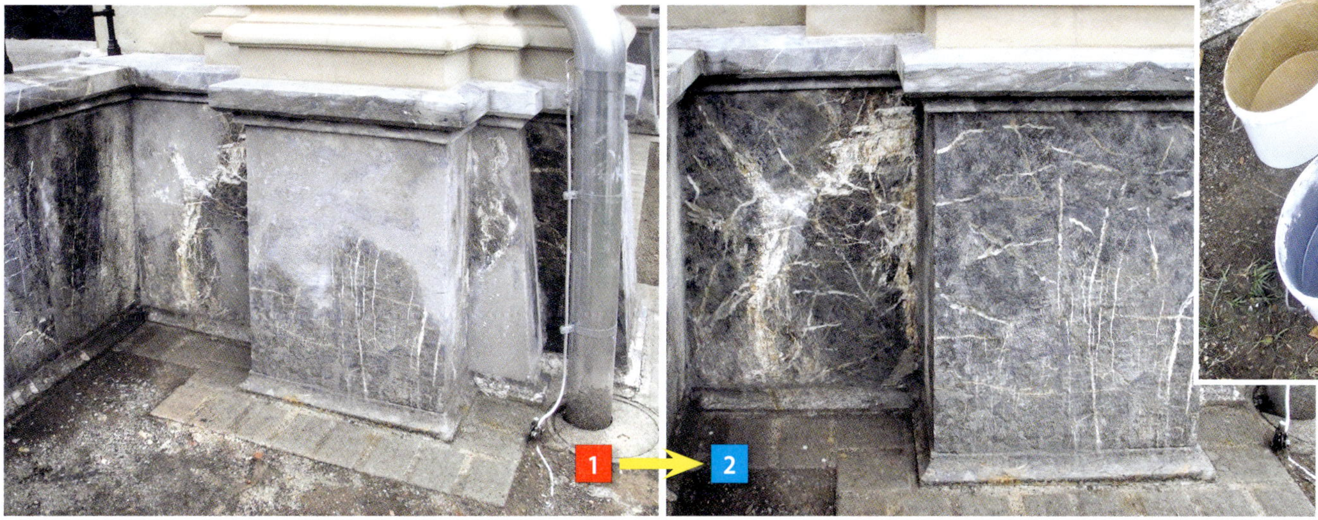

5-79 5-80
5-81 5-82
Schöcklkaölsockel, jeweils vor 1 und nach 2 Retusche

5-83
Die Retuschefarbe besteht aus Sumpfkalk, verschiedenen Pigmenten und ein wenig Acrylharzdispersion.

Um bei dem über 100 m langen Sockel einen gleichmäßigen Eindruck zu erzielen, ist, genau wie bei dem Herz-Jesu-Kirchenprojekt, die Arbeitsaufteilung des Teams von großer Bedeutung. Nach dem Prinzip des vorherigen Blatts wird der Farbgrundmörtel hergestellt, den das Team vormittags aufträgt und nachmittags bearbeitet, während die Arbeit vom Vortag retuschiert wird. Im trockenen Zustand wirkt der Buntkalk optisch etwas ruhiger und homogener als der feuchte Stein.

5-84
Um den Kontrast besser darzustellen, habe ich den Sockel vor dem Fotografieren bei den oberen Abbildungen befeuchtet. Nach dem Abtrocknen ist der Unterschied nicht so extrem.

Projektbeispiel: Erker in der Alberstraße in Graz

Als Beispiel für **Standard, Vorbau**, aber vor allem **Hilfsschalungsergänzung**, ist dieses Restaurierungsprojekt aus grauem Schleifsandstein, dargestellt auf den nächsten Seiten, bestens geeignet. (▸ **Bild 5-85**).

5-85
Erker in der Alberstraße nach der Fertigstellung

Einteilung der Mörtelergänzung nach Fehlstellengröße

- **Meist kleine oder kleinste Fehlstellen**
  - Keine oder nur Schlingen aus 3 mm Edelstahl als Bewehrung notwendig.
  - Vornässen der Fehlstelle des Steins je nach Wasseraufnahme.
  - Der Haftbrückenmörtel wird in der Konsistenz von gerührtem Joghurt mit dem Pinsel aufgetragen.
  - Unmittelbar danach wird auf den noch feuchtem Untergrund der Ergänzungsmörtel ein paar Millimeter **überstehend aufgetragen.**
  - Nach dem Anziehen des Mörtels, ein paar Stunden später, wird die Ergänzung mit entsprechenden Abkratzwerkzeugen in Form und Struktur gebracht.
  - Zur Nachbehandlung ist es ausreichend, die Ergänzung am selben Tag leicht feucht zu halten.
  - Wenn notwendig, gehört eine farbliche Abstimmung durch Retusche noch zum Thema Ergänzen.
- **Meist mittelgroße Fehlstellen**
  - Schlingen und oder Zapfen aus Gewindestangen Edelstahl bis 10 mm als Bewehrung.
  - Vornässen wie links.
  - Haftbrückenmörtel wie links.
  - Diesmal muss der Mörtel in zeitlichen Abständen mehrmals aufgetragen werden. Dass die untere Mörtelschicht vor dem Auftragen der nächsten Lage zwar anziehen, aber nicht zu trocken werden darf, ist sehr wichtig für die Qualität und Haltbarkeit der Ergänzung. Bis zur letzten Mörtelschicht wird in der Regel ein gröberer Vorbaumörtel verwendet.
  - In Form bringen wie links.
  - Nachbehandlung wie links.
  - Retusche wie links.
- **Mittlere und große Fehlstellen**
  - Zapfen und Bügeln aus Gewindestangen Edelstahl bis 12 mm als Bewehrung.
  - Vornässen wie links.
  - Haftbrückenmörtel wie links.
  - Der Vorbau- und Deckmörtel wird im Prinzip gleich wie links verarbeitet. Durch die Verwendung von Hilfsschalungen kann die Fehlstelle schneller vermörtelt und sicherer verarbeitet werden. Bei guter Zeiteinteilung kann auch eine große Fehlstelle an einem Arbeitstag zumindest bis zum Deckmörtel fertiggestellt werden. Ein mögliches Ablösen des Mörtels wird durch die Schalung verhindert und die Haltbarkeit erhöht.
  - In Form bringen wie links.
  - Nachbehandlung und Retusche wie links.

Schritt 1: Schadstelle auf sauberen (▸ **Reinigung**) und tragfähigen Untergrund bringen (Sandstrahlen, Abtragen oder Verkleben von lockerem Material und Behandeln der Oberfläche mit Steinfestiger). Dieser Arbeitsschritt gehört im Übrigen noch zu den Restaurierungsmaßnahmen ▸ **Freilegung** und **Sicherung**. (▸ **Bild 5-86**)

Schritt 2: Nach dem Einbohren der entsprechenden Bewehrungseisen wird ein Schalungsbrett gesetzt, um das Loslösen des Mörtels vom Untergrund durch das Eigengewicht des feuchten Materials zu verhindern. Kleinere Fehlstellen können statt Holz auch mit Styroporplatten unterlegt werden. (▸ **Bild 5-87**)

Um die Schalung nach dem Anziehen des Mörtels leichter zu entfernen, ist eine Folie als Trennmittel auf und Keile unter dem Schalungsbrett hilfreich. Bei schweren Ergänzungen werden als Konsolenauflager Bolzen in die untere Lagerfuge eingebohrt. (▸ **Bild 5-88**)

5-86	5-87	5-88
5-89	5-90	5-91
5-92	5-93	5-94

Arbeitsschritte 1 – 6

Schritt 3: Als Haftgrund wird die Schadstelle mit Wasser angefeuchtet und eine Haftbrücke, je nach Stein, mit dem Pinsel in der Konsistenz von Joghurt aufgetragen. Es ist sehr wichtig, die erste erdfeuchte Mörtelschicht vor Abtrocknung der Haftbrücke anzudrücken. (▸ **Bild 5-89**)

Schritt 4: Ist der Grundmörtel angezogen (nach ca. 3 Stunden), wird er mit Abkratzwerkzeugen, wie Kelle, Fugeneisen oder Nagelbrett, in Form gebracht. Das Entfernen des Abbindesinters und das Erzeugen einer rauen Oberfläche ist für die Haltbarkeit des Deckmörtels wichtig. (▸ **Bild 5-90**)

5-95 5-96 5-97
5-98 5-99

Schritt 5: Für die Deckmörtelschicht sollte mindestens ein halber Zentimeter Platz bis zur Endform sein. Vorfeuchten und dünnes Auftragen der ersten Schicht sind als Haftbrücke ausreichend. (▸ **Bild 5-91**)

Schritt 6: Der in diesem Fall dem Schleifsandstein farblich und strukturell angepasste Ergänzungsmörtel wird genauso wie der Grundmörtel nach dem Anziehen mit verschiedenen Abkratzwerkzeugen in Form gebracht (Endform). (▸ **Bild 5-92**)

Bis auf die Anschluss-Profilleiste zum Füllungssteg ist die Fensterbank jetzt fertig. Zur Nachbehandlung sollte sie am Fertigstellungstag und am Anfang des nächsten Tags leicht feucht gehalten werden (bei starker Sonnenbestrahlung abdecken). (▸ **Bild 5-93**)

Um Masse und Form von sehr leichten Ergänzungen einfacher zu erarbeiten, kann man die einfachste Form der Hilfsschalungen verwenden, nämlich die Klebeschalung. (▸ **Bild 5-94**)

Ein entsprechendes Stück Styropor wird mit wenig Ergänzungsmörtel auf eine Kantenseite gedrückt. Die Haftung des feuchten Mörtels ist in den meisten Fällen ausreichend, um ein sicheres Fertigstellen der Fehlstelle zu gewährleisten. (▸ **Bild 5-95**)

Am Beispiel der linken seitlichen Fensterbank kann man den Originalbestand des Abschlussprofils erkennen. (▸ **Bild 5-96**)

Das ▸ **Bild 5-97** zeigt die Fertigstellung nach Kalkfassung. Dieser Anstrich gehört schon zur Restaurierungsmaßnahme ▸ **Schutz**.

Bei dünnschichtigen Fehlstellen überkopf genügt eine Haftbrücke aus dispersionsvergüteter Bindemittelmilch nicht, zumal auch kein Platz für Bewehrungseisen vorhanden ist. Vorgehensweise wie unten beschrieben.

Überhängende Fehlstellen an der Balkongrundplatte wurden gereinigt, auf tragfähigen Untergrund gebracht und mit Kieselsäureester vorbehandelt (**Reinigung – Freilegung –Sicherung**). Nur an der Kante, nicht aber an den Flächen, ist ge-

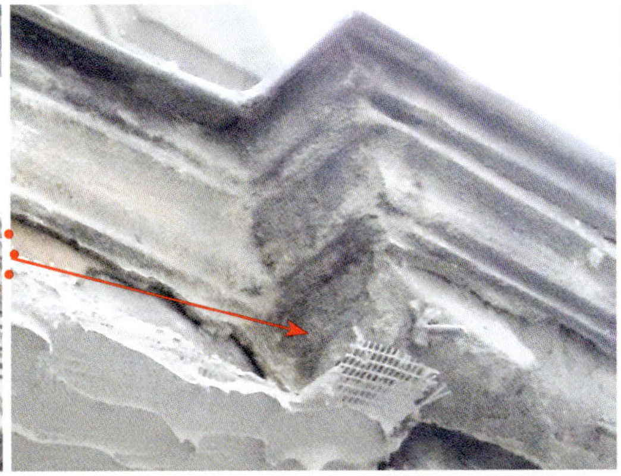

5-100 5-101 5-103 5-102

nug Platz, um Bewehrungseisen zu setzen. (▸ **Bild 5-98** und **5-99**)

Als Bewehrung wird ein Kunststoffnetz in die Haftbrücke eingearbeitet. Die Haftbrücke besteht aus elastischen Dünnbettmörtel für Marmor, wodurch eine gute und vor allem ausblühungsfreie Verbindung zum Ergänzungsmörtel gewährleistet ist. (▸ **Bild 5-100** und **5-101**)

Für die Vorderkante der Fehlstelle wird ein Brett als Hilfsschalung gesetzt. Der Ergänzungsmörtel wird auf die Haftbrücke aufgetragen, bis er etwas über die Nullfläche übersteht. (▸ **Bild 5-102**) Nach dem Anziehen des Mörtels wird die Oberfläche bearbeitet.

Das ▸ **Bild 5-103** zeigt die fertige Fehlstelle nach der Lasur.

Großergänzungen und Abformungen

Schalungsergänzung

Heiligen-Geist-Kapelle, Bruck a. d. Mur: In der Beschüttung gefundene Fragmente eines gotischen Laibungssockels werden ergänzt und mit neuen Kunststeingüssen weitergebaut (siehe Formgussergänzung ▸ Seite 231, ▸ **Bild 5-104** und **5-105**).

Wenn es möglich ist, eine sehr große Fehlstelle auf der Baustelle oder in der Werkstatt sinnvoll einseitig zu befüllen (von oben), kann eine mehrseitige Verschalung an die Schadstelle gebaut werden.

Ist die Schalung stabil und die Einfüllstelle groß genug, kann man auch hier relativ trockenen Mörtel einfüllen. Auf eine gute Randverbindung (Haftbrücke) und Verdichtung (Stampfen) ist zu achten. Muss man flüssigen Mörtel einfüllen (z. B., wenn die Einfüllöffnung klein ist), können die Luftbläschen durch Rütteln und Auf-die-Schalung-Schlagen teilweise aus der Mörtelmischung entfernt werden.

Bildet der Befüllmörtel nicht nur Vorbau, sondern auch die Endoberfläche, muss die Schalung etwas größer sein (zwischen Bestandsstein und Schalung Abstandhalter einlegen), um eine Bearbeitungsreserve zu erhalten. Sind in der Mörtelmischung Anteile von Weißzement enthalten, gilt auch hier der Grundsatz, dass die Oberfläche am selben Tag aus-

5-104
Die linke Basislaibung eines gotischen Bogens wird, unter Einbeziehung des noch vorhandenen Bestandfragments, rekonstruiert.
(oben links)

5-105
Ist der rekonstruierte Sockel in den Innenräumen der Heiligen-Geist-Kapelle versetzt, wird der erste Laibungsstein (Kunststeinguss) aufgesetzt (nur wenige Bogen und Laibungsfragmente wurden beim Ausräumen der Beschüttung des Fußbodens der Kapelle gefunden).
(oben rechts)

5-106 5-107
5-108
Abgüsse und Gussform für die Kunststeinelemente für den Risalit des Apothekerhauses in Bruck a. d. Mur
(links unten, rechts unten und gegenüberliegende Seite)

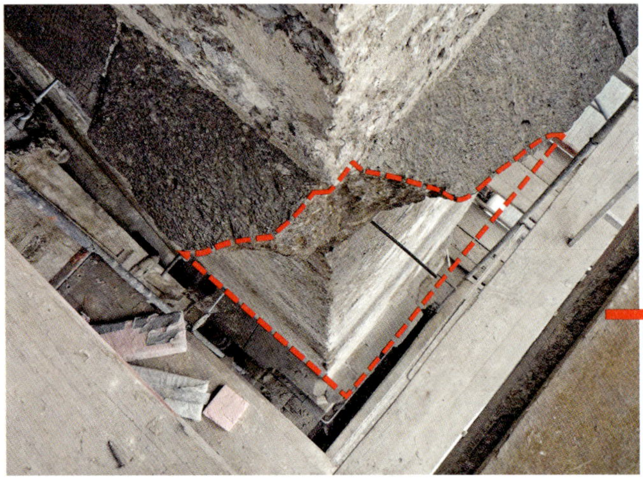

5-109
Fast alle Gesimseecken der Portalpfeiler der Frauenkirche in Pernegg wiesen Schäden oder schadhafte Maurerergänzungen auf. (links oben)

5-110
Bindemittelmilch als Haftbrücke und eine Hilfsschalung verhindern das Abrutschen des Mörtels beim Aushärten. (rechts oben)

5-111
Der erdfeuchte Mörtel wird mit den Fingern (Handschuhe) auf die Haftbrücke und um den Bewehrungsstahl gedrückt. (rechts Mitte)

5-112
Durch diese Verdichtungsart ist schon nach drei Stunden eine Bearbeitung mit dem Nagelbrett möglich. (rechts unten)

geschalt und nachbearbeitet werden muss. Werden nur Trass und Sumpfkalk als Bindemittel verwendet, kann auch abends befüllt werden, was eine Bearbeitung am nächsten Tag erlaubt. Für die Bewehrung von Schalungsergänzungen gilt das Gleiche wie für Hilfsschalungsergänzungen.

Erdfeuchtergänzung

Es ist eine regionale Eigenart des Hauptrestaurierungsgebiets meines Teams (Graz und mittlere bis südliche Steiermark), dass wir hauptsächlich mit Kalksandstein arbeiten. Der Sandstein aus Aflenz und Umgebung ist stark wassersaugend und im Prinzip so leicht zu ergänzen wie Mauerverputz. Wie beim Thema Standardergänzung schon dargelegt, ist bei dieser Gesteinsart nur gutes Vornässen und ein flüssiger gemachter Ergänzungsmörtel als Haftbrücke nötig. Vor allem im Sommer kann dann der Mörtel in der Konsistenz von Verputz (also breiig) aufgetragen werden. Durch das starke Ansaugen kann relativ schnell hintereinander mehrschichtig, ohne besondere Mörteltechnik und Hilfsmittel bis zur mittleren Größe, Ergänzungsmörtel aufgetragen werden. Deshalb sehen viele in meinem Team den einzigen Anspruch beim Ergänzen mit Mörtel im Formalen und schenken anderen Mörteltechniken nicht viel Beachtung. Wenn man nun aber versucht, die einfache Sandsteinergänzungsart auch auf schwach saugendes Gestein, wie dichtem Kalkstein oder in diesem Fall Brekzie anzuwenden, stößt man, zumindest bei größeren Fehlstellen, schnell an seine Grenzen. Deshalb wird in manchen Fachbüchern, deren Autoren natürlich mit anderen regionalen Steinen vertraut sind, die Erdfeuchtergänzung als einzig richtige Methode bezeichnet (siehe hierzu z. B. den bereits öfter ange-

5-113 Die Spengler können schon am nächsten Tag eine Bleiblechabdeckung auf der neuen Ergänzung montieren.

sprochenen „Leitfaden Steinkonservierung" von Rolf Snethlage und Michael Pfanner). Auf jeden Fall ist die Erdfeuchtergänzung qualitätsmäßig geeignet, anstelle von Natursteinvierungen eingesetzt zu werden. Dieses Verfahren bietet sich zum Beispiel bei einem stark ausgesetzten Gurtgesimseeck an.

Konkret wird hier die Ergänzung eines Strebepfeilergesimse-Eck der Frauenkirche in Pernegg gezeigt (▸ **Bild 5-109** bis **5-113**).

Anwendungsbeispiele für die Erdfeuchtergänzung sind die Schlüsselscharten auf dem Grazer Schloßberg, einschichtig sehr trocken, wird mit der Faust oder Handfläche aufgeschlagen (▸ **Bild 5-114, 5-115**).

5-114 **5-115** Erdfeuchtergänzung der Scharten auf dem Grazer Schloßberg

5-116 **5-117** Graz, Privathaus: Die Erdfeuchtergänzung wird in diesem Fall zum Vorbauen verwendet und nur ein paar Millimeter mit feinem Deckmörtel überzogen.

Der Generalihof in der Grazer Herrengasse, bekannt für seine Kulturveranstaltungen: An den Verdichtungsspuren dieser Säule ist zu erkennen, dass sie als Sandsack benutzt wurde. Alte Arbeitshandschuhe sind bei dieser Verdichtungsart ein wirklich unverzichtbarer Schutz, um raue Hände und blutige Knöchel zu verhindern (▸ **Bild 5-118, 5-119**).

5-118 5-119
Arkadensäule des Generalihofs, mit mörtelverdichteter Ergänzung (oben links) und mit fertiggestellter Oberfläche (oben rechts)

5-120
An der Hofseite des Franziskanerklosters in Graz befand sich wahrscheinlich ursprünglich ein offener Arkadengang mit Säulen und Bögen. Wenigstens die ursprünglichen Säulen wurden zum großen Teil wieder sichtbar gemacht (durch Wandnischen).

5-121 5-122 5-123 Um die Wand nach dem Vermauern der Arkaden eben verputzen zu können, wurden die vorspringenden Teile der Säulen brutal abgeschlagen. Unsere Aufgabe ist es, den ursprünglichen Zustand wiederherzustellen.

5-124 Fertigstellung eines Säulenkapitells nach der Rekonstruktion

5-125 Anwendung der „Knödeltechnik“: Portal der Kirche Taxenbach, Salzburg

Alles schon bekannt, werden viele bei der Betrachtung der Arkadensäulen des Franziskanerklosters in Graz denken; es handelt sich hier um eine mit den Fingern aufgedrückte Erdfeuchtergänzung in der Art der Hilfsschalungstechnik. Stimmt, aber als die Arkade vor langer Zeit zugemauert wurde, hat man die vorspringenden Teile der Säulen einfach abgeschlagen (▸ **Bild 5-120**). Nach deren Freilegung lautet der Auftrag nun, diese zum Teil extrem flachen und spitzwinkeligen Fehlstellen zu rekonstruieren. Um diesen groben Ergänzungsmörtel sauber auf den Nullpunkt auslaufen zu lassen, ist die Erdfeuchttechnik mit einer guten Haftbrücke ideal (▸ **Bild 5-121 bis 5-124**).

„Knödeltechnik“

Zusammenfassend kann man die Erdfeuchtergänzung, insbesondere bei groben Oberflächen (mindestens 02 Korngröße) und sehr großen Fehlstellen, als qualitätsmäßig beste Mörtelergänzungsart bezeichnen. Die relativ frühe Nachbearbeitungszeit, auch bei schwach saugenden Steinen und ungünstiger Witterung, ist ebenfalls ein großer Vorteil.

Die trockenste Art der Erdfeuchtergänzung, die „Knödeltechnik“, kann sogar bei relativ großen Fehlstellen über Kopf, völlig ohne Schalung, angewendet werden. Durch die Haftbrücke und die spezielle Verdichtungsart (drücken oder schlagen), verbindet sich der Ergänzungsmörtel ausgezeichnet mit der Fehlstelle. Durch diese Faktoren und den geringen Wasseranteil im Mörtel ist auch keine Schwundrissbildung zu erwarten. Durch diese Qualitätsmerkmale ist er außerdem auch der beste Vorbaumörtel.

Gozzoburg in Krems/ Niederösterreich

5-126 Gotische Fensterlaibung, Maßwerkansatzprofile, Bestand (links oben)

5-127 „Knödel" (oben Mitte)

5-128 Fertigstellung (rechts oben)

Gozzoburg in Krems

5-129 Ähnliche Schadstellen, mit Schalung ergänzt (unten links)

5-130 Fertigstellung (unten rechts)

Anrühren des Erdfeuchtmörtels

Die einfachste Methode besteht darin, das oder die Bindemittel mit Farbpigmenten und Wasser (mit einem Schuss Primal) in einem Kübel anzurühren (Rührwerk).

Der größte Teil dieser Flüssigkeit wird in eine Mischwanne geleert und mit trockenen Zuschlagsstoffen (entsprechenden Sanden) mittels des Rührwerkes auf die geeignete erdfeuchte Konsistenz gebracht.

Der kleinere Teil der Flüssigkeit wird praktischerweise gleich als pigmentierte Haftbrücke verwendet.

Gezogene Kunststeinergänzung

Der hauptsächlich im Innenbereich vom Stuckateur verwendete Gipszug kann im Prinzip auch auf

5-131 Apothekerhaus, Bruck a. d. Mur (oben links)

5-132 5-133 5-134 5-135 Rekonstruierte Fassadenteile aus Kunststein (oben Mitte und rechts, unten links und Mitte)

5-136 Gleiches Prinzip, nur gröberes Werkzeug: Maurer-Fassadenhobel für den Einsatz direkt am Gebäude (unten rechts)

Kunststeinprofilen angewendet werden. Benötigt wird ein Zugprofil aus Blech, verstärkt mit Holz und ein oder zwei Anschlagslatten. Auf einem Tisch kann der Zug am bequemsten ausgeführt werden. Mit einem Mittelpunktloch, dem dazu passenden Zapfen und einem Holzstück als Verbindung zum Profil kann auch bogenförmig gezogen werden. Als Erstes wird grobes Ergänzungsmaterial und im Inneren Bewehrungseisen zwischen den Anschlagslatten aufgehäuft. Mit der scharfen Blechseite des Profils wird nun gezogen und dann von neuem Material zugegeben, bis die Grobform erreicht ist. Nach der Aushärtung des Grundmörtels wird das Zugprofil mit der abgeschrägten Blech-/Holzseite und feinen Deckmörtel verwendet. Durch die Schräge schmiegt sich der Feinmörtel glatt an den Vorbaumörtel an. Ähnliche Montagetechniken wie Verzapfungen und Befestigung an der Fassade werden ausführlich im Thema Natursteintechnik behandelt.

Formengussergänzung

Der erste Schritt bei dem Arbeitsvorgang Formengussergänzung ist der Ausbau eines relativ gut erhaltenen Bauelements. Danach wird das Teil sorgfältig ergänzt (Standardergänzung). Wichtig ist vor allem, dass die Oberfläche stabil ist, um die Abformung nicht zu gefährden.

Die Abbildungen zeigen für den Formenbauer abgenommene Kunststeinteile der südseitigen neugotischen Aufbahrungshalle am Grazer Zentralfriedhof:

5-137 Profiliertes Auflager-Gesims

5-138 Große Traufengesims-Konsole (oben links)

5-139 Profiliertes Gurt-Gesims (oben Mitte)

5-140 Strebepfeilersockel (Eckstück 1) (oben rechts)

5-141 Profilteil (noch nicht für den Formenbauer ergänzt) (Mitte Mitte)

5-142 Strebepfeilersockel (Mitte rechts)

5-143 Strebepfeilersockel (Eckstück 2) (unten links)

5-144 Kleine Traufengesims-Konsole (unten Mitte)

5-145 Verkleidungsplatte (für den Übergang vom Steinsockel zum Ziegelmauerwerk) (unten rechts)

Der Formenbauer erzeugt mit Hilfe des jeweiligen Originalstücks eine entsprechende Gussform. Für einfache Teile ohne Unterschneidungen wird nur eine Glasfaser-Kunstharz-Form erzeugt. Für komplexe, stark strukturierte oder profilierte Bauelemente werden Silikonkautschukformen mit Glasfaser-Kunstharzstützformen verwendet (▸ **Bild 5-148**). In Restau-

5-146
Abschlusskrabbe eines Fialen-Ziergiebels (links)

5-147
Zahnprofil eines Bogensegments der Fenster (Mitte)

5-148
Silikonkautschukform mit Kunstharzstützform einer Konsole (rechts)

5-149
Ein fertiger Guss wird für ein Spezialteil verlängert.

5-150
In der unbenutzten Aufbahrungshalle des Südtrakts, also praktisch vor Ort, konnten wir die Kunststeine erzeugen und bis zur Montage lagern. (oben)

5-151
Mit ein paar Pigmenten macht unser ausgezeichneter Malerrestaurator aus einer Kunststeinmischung eine ziegelfarbige Keramikmischung, wie man an den gezahnten Bogensegmenten unschwer erkennen kann.

rierkursen kann diese Art der Abformung gelernt werden. Viele unserer Facharbeiter beherrschen diese Technik, zumindest mit Gipsstützform. Für eine Modifikation (Eckstück) erweiterten wir einen normalen Abguss mit einer Hilfsschalung. Für eine bessere Verbindung wurde ein schwalbenschwanzförmiges Styroporstück mitgegossen und nach dem Aushärten des ersten Gusses entfernt (▸ **Bild 5-149**).

Glasfaserflocken im Mörtel (anstatt einer Bewehrung) ergaben bei Versuchen sehr gute Werte bezüglich der Haltbarkeit. Bestehende Bedenken, dass Glasfasern die Oberfläche strukturieren könnten, haben sich glücklicherweise nicht bestätigt; nur bei einer groben Überarbeitung der Teile würden die Fasern sichtbar werden. Eine Bearbeitung der Gussteile war aber in diesem Fall sowieso nicht vorgesehen (▸ **Bild 5-150**). Nach Versuch und Probe wird für jeden Guss die gleiche Menge an Farbpigmenten verwendet. Besonders wichtig ist die Farbgebung bei den Zahnstabbögen (Ziegelfarben). Es gab indes mit Farben von verschiedenen Firmen bei gleichen Mengen Probleme, das gleiche optische Ergeb-

5-152 5-153 Graz, Seitentrakt am Zentralfriedhof vor und nach der Sanierung

5-154
Ergänzungsstellen (linke Spalte)

5-155
Mörtelfarbmuster (rechts oben)

5-156
Politurprobe (rechts unten)

nis zu erzielen. Will man hier auf der sicheren Seite sein, gilt folgende Maxime: Gleiche Menge, gleiche Lieferfirma, gleiches Pigment – dann stimmt die Farbe (▸ **Bild 5-151**).

Während die Kirche am Zentralfriedhof Graz hauptsächlich, neben Ziegeln, mit Naturstein erbaut wurde, wurde der Naturstein bei den beiden Seitentrakten aus Kostengründen sehr oft durch Kunststein ersetzt. Deshalb ist es auch völlig legitim, bei der Restaurierung fehlende Elemente mit Kunststeinguss zu ersetzen. Am Beispiel der Vorher-Nachher-Bilder des Südtrakts (hier nur ein kleiner Ausschnitt) kann der hohe Beschädigungsgrad und die große Stückzahl der Neuanfertigungen erkannt werden (▸ **Bild 5-152** und **5-153**).

Die geringen Kosten des Formgusses führen in der Restaurierung vermehrt zu Überlegungen, fehlende Natursteinelemente mit Kunststein zu ersetzen. Meine Meinung dazu lautet: Ganze, fehlende Werkstücke, die nachweislich aus Naturstein gefertigt wurden, gehören auch mit Naturstein ersetztp.

Polierbare Ergänzung

Dieses Teilkapitel gehört eigentlich zum Thema Standard- oder Vorbauergänzung, hat aber ein paar Eigenheiten, die zu beachten sind.

Polierter Buntkalk ist im Innenbereich von Kirchen meist nur bei Altargrundaufbauten (Barock), Weihwasser- und Taufbecken oder wie oben als Sarkophag gebräuchlich. Meist sind Schäden durch Fehlen jeglicher Verwitterung (innen) gering bis nicht vorhanden. Möglich sind mechanische Beschädi-

5-157 5-158 Ausschnittsvergrößerung

Baugeschichte:
Der Rotmarmor-Sarkophag (datiert um 1608) wurde 1783 aus dem aufgehobenen Grazer Klarissinnenkloster in den Gruftraum des Mausoleums überführt.

gungen durch kriegerische Ereignisse oder Umbauten. Aber auch Rostdruck bei Eisenverankerungen durch aufsteigende Bodenfeuchtigkeit ist ein Grund für Beschädigungen. Im Fall des Gruft-Sarkophags der Mutter Ferdinands II. (Maria von Bayern; der Vater, Karl II., ruht in Seckau) sind der Abbau am Originalort und Wiederaufbau in der Mausoleumsgruft sowie wahrscheinlich schatzsuchende französische Soldaten für den Großteil der Beschädigungen verantwortlich.

Während meiner langjährigen Tätigkeit als Restaurator kamen in unserem Team nur drei nennenswerte Objekte zum Thema polierbare Ergänzung vor. Dennoch möchte ich hier ein paar Tipps geben, die beachtet werden sollten. Die meist kleinen Fehlstellen werden mit sonst gebräuchlichem, farblich abgestimmtem Deckmörtel der feinsten Art (Reibsandzuschlag) bis fast zur 0-Fläche vorgebaut. Dann wird dispersionsvergütetes reines Bindemittel wie Malfarbe in Konsistenz einer Haftbrücke verwendet. Wie Malfarbe kann es in verschieden pigmentierten Nuancen der Steinfärbung gemischt oder nur leicht gemischt (Wolkeneffekt) auf den vorgefeuchteten Grundmörtel aufgestrichen werden (auch in diesem Fall über die 0-Fläche [Abschleifreserve]). Durch das mehrfache dünne Auftragen dieser Malschicht wird die Rissbildung verhindert und der natürliche wolkige Effekt im Idealfall verstärkt.

Sehr wichtig ist in diesem Zusammenhang eine spezielle Nachbehandlung. Mit Plastikfolie und nassen Schwämmen als Feuchtigkeitsreserve wird über Nacht ein ideales Mikroklima geschaffen. Zu beachten ist nur, dass die Folie nicht direkt auf den ergänzten Fehlstellen aufliegt, da sonst das Kondenswasser die Mörtelqualität negativ beeinflusst.

Am nächsten Tag kann meistens schon mit Bimsstein nass geschliffen werden. Das ist auch maschinell mit weichen

5-159 Das fertiggestellte Taufbecken der Kirche St. Johann bei Herberstein

5-160 Sarkophag der Mausoleumsgruft in Graz nach allen Restaurierungsmaßnahmen

Schleifmitteln (Papierrondellen) nach ein paar Tagen möglich. Eine sehr feine Äderung im Stein, die schwer aufzumalen geht, erreicht man durch das Einschleifen mit einer Diamantschleiflinse (Dremel) und das Ausfüllen mit heller Mörtelpaste (noch einmal kurz schleifen).

Ist die Ergänzung vollständig abgetrocknet, wird sie mit Paraloid (3 ½ %–7 % Acrylharzlösung) eingelassen und nach einiger Zeit mit Filz oder Tuchscheiben überarbeitet. Das feuert die Ergänzung an und es entsteht schon ein leichter gleichmäßiger Glanz. Wenn am nächsten Tag reversibles Steinwachs verwendet und ebenfalls mit einer Lammfell-Scheibe oder weichen Tüchern aufpoliert wird, ist das Ergebnis vom Bestandsstein nicht zu unterscheiden.

5-161 Eine noch feuchte, geschliffene Ergänzung mit ausgefrästen Adern in Arbeit (Diese müssen mit hellem Mörtel ausgefüllt werden.)

5-162
Nach der Reinigung (oben links)

5-163
Beim Freilegen des Sandsteins (oben rechts)

5-164
Mörteltechnik

Mörtel- in Kombination mit Natursteintechnik

In der Praxis kommen beide Ergänzungsarten fast immer gemeinsam vor.

Nach der Reinigung eines Portals vom Schloss Schwarzenegg in Wildon trat diese farblich und strukturell nicht sehr ansprechende Altergänzung zu Tage. Der Altbestand wurde abgenommen und im Einklang mit beiden Ergänzungsarten restauriert.

5-165 Natursteintechnik (Vierung)

VI. Ergänzung mit Naturstein

6-1
Neuanfertigung eines Kreuzblumenblatts aus Aflenzer Kalksandstein für die Grazer Herz-Jesu-Kirche

Grundsätzliches zu Ergänzungen aus Naturstein

Der Steinmetz steht in dem Ruf, eine Vorliebe für Ergänzungen aus Naturstein zu haben und wird deshalb vor allem vom Denkmalamt mit leichtem Misstrauen betrachtet.

Warum ist das so? Antwort: Weil beim Einsetzen einer Neuanfertigung nicht nur der Schaden behoben, sondern auch meistens Teilbereiche der alten historischen Steinelemente für den Halt der Vierung geopfert werden. Damit wird auch die Gefahr der Quasi-Neuerrichtung eines Bauwerkes heraufbeschworen, wenn Vierungen nach und nach die bestehende Steinsubstanz ersetzen.* Mit Garantie, bevor es soweit kommt, steht das Bauwerk oder Denkmal nicht mehr (umso schneller, wenn keine fachgerechten Reparaturen stattfinden). Denn nichts übersteht die Zeiten, soviel ist klar. Jeder weiß, was bis auf die Pyramiden mit den sieben Weltwundern geschehen ist (wahrscheinlich wurden zu viele Vierungen eingesetzt …). Aber Spaß beiseite, natürlich ist es sehr wichtig und ein Hauptanliegen in der Restaurierung, bestehende Substanz (vor allem alte, bearbeitete Oberflächen) zu schützen. Man kann nicht für die Ewigkeit, aber über Generationen hinweg bewahren. Das halte ich für die Hauptaufgabe des Restaurators. Zum Beispiel im Fall meiner Heimatstadt Graz: Für den Fremdenverkehr ist die Restaurierung ein wichtiger Faktor. Wenige Gäste würden sich für diese Stadt mit ihrer historischen Altstadt (Weltkulturerbe) interessieren, wenn stattdessen nur Ruinen oder Plattenbauten in der Innenstadt vorhanden wären.

Deshalb gebe ich jungen Steinmetzen mit Blick auf das Thema Restaurierung zwei Ratschläge:

- Sie sollten verantwortungsbewusst mit den alten bestehenden Steinen umgehen und die Richtlinien oder Vorgaben von Bauleitung und Denkmalamt in Bezug auf Natursteinergänzungen genauestens einhalten.
- Manchmal kommt es vor, dass dem Steinmetz die Ergänzungsart (Mörtel oder Stein) selbst überlassen wird. Dann ist es wichtig, nicht nach Vorlieben, sondern den bestmöglichen Weg für das Restaurierungsobjekt zu wählen.

Die Entscheidung für eine Vierung kann durch ihre Langlebigkeit, aber auch durch das traditionelle Erscheinungsbild begründet sein. Ein gutes Beispiel hierfür ist das Großprojekt Herz-Jesu-Kirche in Graz. Nicht der Stein- oder der Ziegelrestaurator, nicht der Spengler, Dachdecker und Glaser, noch irgendein anderes Gewerk war für den Auftraggeber der kostspieligste Einzelposten des Auftragsvolumens, sondern die Gerüstbaufirma. Dass man da, im Zweifelsfall, in 70 m Höhe eine bewährte, langlebige Ergänzungsmethode wählt, dürfte jeden einleuchten.

Für die Ergänzung von Schadstellen mit Naturstein-Neuanfertigungen benutzt man schon lange den Begriff Vierung. Dieser wird auch von mir verwendet, erweitert um die Begriffe Neuteil und Replik.

- **Vierung**: Ist eine Neuanfertigung aus Naturstein für den Schaden an **einem Teil** eines gesamten Werkstücks.
- **Neuteil**: **Ein ganzes**, schwer beschädigtes oder fehlendes **Werkstück** wird durch eine Neuanfertigung aus Naturstein **ersetzt**.
- **Replik**: Meist vollständig fehlendes, **auch mehrteiliges, abschließendes Werkstück** (z. B. Kreuzblume) oder auch ein **aus mehreren Werkstücken** bestehendes Bauelement (z. B. Fensterumrahmung). Die Voraussetzung für die Herstellung ist natürlich ein vorhandenes gleichartiges oder symmetrisches Element am Bauwerk oder Denkmal für die Kopie.
- **Original oder Bestand**: Ist die Baugeschichte eines Restaurierungsobjekts nicht hinreichend bekannt, ist es besser, von bestehendem Steinmaterial oder bestehenden Oberflächenstrukturen zu schreiben und den Begriff Original eher nicht zu verwenden.

Die Oberflächen der alten Steinsubstanz zu erhalten, ist nicht ohne Grund die „heilige Kuh" der Restaurierung. Bearbeitungsspuren, alte Fassungsreste oder Steinmetzzeichen sollen auch beim Ausarbeiten einer Vierung so wenig wie möglich in Mitleidenschaft gezogen werden. Wie ich auf den nächsten Seiten darlegen werde, ist es mit kleinen Kompromissen in Richtung der inneren Steinsubstanz möglich, die Oberflächen fast vollständig zu erhalten und trotzdem eine mechanisch haltbare Vierung zu erzeugen (schadenangepasste Vierung).

Das traditionelle Handwerk zu fördern und zu bewahren wird in Fachbüchern gern als weiterer Grund für Ergänzungen aus Naturstein genannt. Moderne Maschinen sollen höchstens für untergeordnete Vorarbeiten zum Einsatz kommen, sonst sollte die Ausführungstechnik dem jeweiligen Zeitalter entsprechen.*

* Vgl. Rolf Snethlage/Michael Pfanner, Leitfaden Steinkonservierung, Stuttgart, 5. Auflage, 2020

6-2 Der historische, geschützte Teil eines kleinen Sandsteinbruchs oberhalb des Schlosses Schwarzenegg (Wildon) (links oben)

6-3 Vorgeschnitten mit der Flex, bleibt durch deren zu geringe Schnitttiefe in der Mitte noch ein schmaler Steg für die Handsteinsäge übrig. (rechts oben)

6-4 Ein grob vorgearbeiteter Kalksandstein aus dem neuen Abbaubereich desselben Bruchs (links Mitte)

6-5 Fertiges Werkstück einer Portalvierung (links unten)

Meiner Meinung nach bin ich der Ausführende. Und welche Mittel (Handgeräte) ich bis zur Oberfläche (die muss natürlich eine historisch passende Struktur aufweisen) verwende, geht nur mich etwas an. Versöhnlich muss ich aber eingestehen, dass alte Oberflächenbearbeitungsarten in den Berufsschulen oft vernachlässigt werden. Verbindliche Seminare (Mauerbach) hierzu für Facharbeiter wären deshalb hilfreich. Die in neuerer Zeit aufkommenden computergesteuerten Fräsen, die seelenlos produzieren, stehen dem Wunsch des Denkmalamts nach menschlich Individueller und der Tradition verpflichteten Ausführung entgegen. Wir Handwerker können noch, wenn wir in Übung bleiben, wirtschaftlich mit diesen Maschinen mithalten. Dazu sollte man uns aber bis zur Oberfläche das im Kapitel „Replik" beschriebene Werkzeug zugestehen, auch wenn damit der Begriff „traditionell" etwas erweitert wird.

Schäden an historischen Bauwerken und Denkmälern mit Naturstein (Vierungen) zu ergänzen, hat in der Geschichte eine lange Tradition und blieb hauptsächlich dem Steinmetz vorbehalten. Die Qualität einer Vierung sollte im Idealfall die Haltbarkeit einer Mörtelergänzung, vor allem in ausgesetzter Lage der Schadstelle, um Jahrzehnte übersteigen. Da aber auch der Preis einer Natursteinergänzung wesentlich höherliegt, wird von der Bauleitung in Zusammenarbeit mit dem Restaurator sorgfältig mit der Auswahl für diese Ergänzungsart umgegangen. Die Herstellung einer einfachen Vierung vom Steinbruch bis zum fertigen Werkstück, wie am Beispiel der Bilder der vorhergehenden Seite zu sehen ist, sollte für den gelernten Steinmetz kein Problem darstellen.

Steinaustausch: Qualität und Haltbarkeit

Herstellung und Montage 1986

Meine Behauptung, dass Vierungen langlebig sind, kann ich beweisen (zumindest über einen Zeitraum von mittlerweile mehr als 30 Jahren). 1986, als junger Steinmetz mit einem Alter von 26 Jahren, restaurierte ich Abschnitte der neugotischen Lazaristenkirche gegenüber des Westbahnhofs in Wien. Im Zuge dieser Restaurierung stellte ich vor Ort auch einige Vierungen und Neuteile her und montierte sie am Gebäude. Als Steinmetz war es damals eigentlich nicht üblich, seine Arbeiten zu dokumentieren (in der Restaurierung heutzutage undenkbar). Diese Aufnahmen entstanden in rein privatem Interesse und wurden damals von niemandem gefordert. Später aber, bei der Rechnungslegung, waren alle sehr froh über meine Vorher-Nachher-Bilder. Heute wäre eine Restaurierung ohne aussagekräftige Fotodokumentation, gerade auch von Seiten des ausführenden Facharbeiters, nicht mehr vorstellbar. Für die verwendeten Bilder fand ich keine Negative mehr,

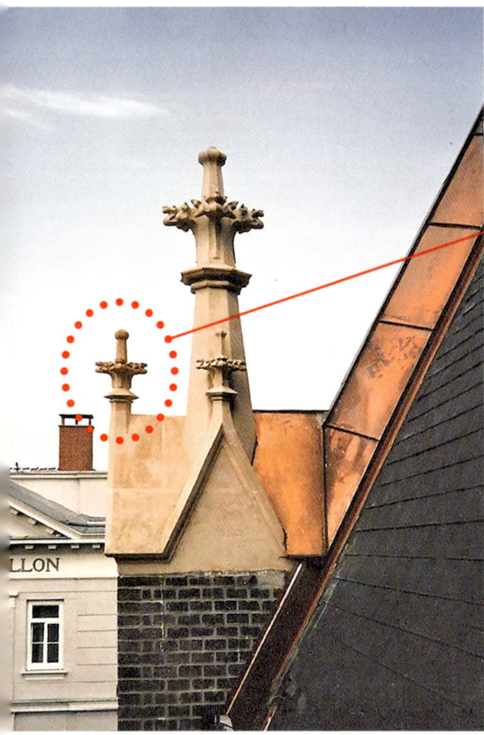

6-6 Position vom Dach aus (links)

6-7 Position am Seitenschiff (rechts)

6-8 Wien, Lazaristenkirche: Neuanfertigung eines Fialengiebelteils aus St. Margarethener Kalksandstein (1986), Zustand vor Sanierung

6-9 6-10 6-11 Wien, Lazaristenkirche: Neuanfertigung eines Fialengiebelteils aus St. Margarethener Kalksandstein (1986), Zustand nach Sanierung (oben links, Mitte und rechts)

Durch die stärkere Abwitterung des weicheren Natursteins in Gegensatz zum Zement sind nach längerer Zeit auch „Krampfader-Fugen" zu erwarten (bis jetzt noch nicht). Andererseits hätte aber auch ein zu weicher Verfugungsmörtel bei der sehr der Witterung ausgesetzten Stoßfuge zu Problemen führen können.

also musste ich die Papierbilder aus einem alten Fotoalbum scannen und hatte damit eigentlich alles, was man braucht. Vorher- und Nachher-Bilder, angefertigte Vierung und die Position am Objekt:

Siehe Bild 6-13

6-12 Ich darf mich an dieser Stelle bei Hochwürden Eugen Schindler, dem Pfarrer der Lazaristenkirche in Wien, für die Erlaubnis, das Kirchendach betreten zu dürfen, bedanken.

Zustandskontrolle 2017

Außer der normalen Verschmutzung waren nach einem Zeitraum von 31 Jahren keine sichtbaren Schäden bei der Ergänzung aus Naturstein zu erkennen.

Flüssig angerührter, reiner Weißzement als Verfugungsmaterial kann die Wasserdurchlässigkeit des Steins behindern. Dadurch sind Schäden im Übergangsbereich möglich.

6-13 Scheingiebelvierung, 31 Jahre der Witterung ausgesetzt (oben links)

6-14 Diese Vierung wurde als Beispiel ausgewählt, weil Nahaufnahmen ohne großen Aufwand (Dachluke) möglich waren. (oben rechts)

6-15 Zu dieser Zeit war ich noch mehr Steinmetz als Restaurator; so ist der Fehler, einen viel zu harten und dichten Montage- und Verfugungsmörtel **1** gewählt zu haben, zu erklären. (rechts unten)

Bestandsbeispiel – Horror-Vierungen

Vorab: Die Bildqualität lässt leider zu wünschen übrig, ist aber immer noch besser als das, was darauf immer noch gut genug erkannt werden kann.

Nach der Reinigung und bei der Freilegung trat dieses Ergebnis der „Steinmetzkunst" (wahrscheinlich) aus dem Jahr 1976 zutage.

Fast alle Grundprinzipien des Natursteineinsatzes wurden bei diesen Ausschnitten der Westfassade des Mausoleums in Graz nicht beachtet:

6-16 Völlige Interesselosigkeit an historisch bedeutenden Bauwerken ist an dieser „Arbeit" zu erkennen. (links oben)

6-17 Westfassade des Grazer Mausoleums Kaiser Ferdinands II. vor der Restaurierung (rechts unten)

6-18 Aus Fehlern lernen: Das ist das einzig Positive, was man hierzu sagen kann. (links unten)

- fugenbildüberbindende Vierungen;
- mehrteilige Trümmervierung;
- statt fachgerechtem Auslösen der Ecken mit dem Eisen wurden Schnitte über den Rand gesetzt;
- optisch nicht vertretbare, zu dünne, plattenartige Vierungen.

Projektbeispiel Gargoyle-Vierungen

Die Bilder zeigen einen Scheinwasserspeier („Drache") eines Strebepfeilers. Es handelt sich hier um eine Neuanfertigung aus einem Stück für das Monument „Spinnerin am Kreuz", einer bekannten gotischen Steinsäule in Wiener Neustadt in Niederösterreich. Das verwendete Material ist Italienischer Muschelkalk (Giallo Dorato).

Viele Vierungen und Neuteile, die ich herstellte, werden als Beispiele für verschiedene Themenbereiche in diesem Kapitel verwendet (Vierungsarten, Montage, Kopierhilfen, Arbeitsschritte, Einsatzwerkzeug, Material). Mein Buch war eigentlich schon „verlagsreif", als ich als 60-Jähriger die Gelegenheit zur Herstellung dieser beiden Werkstücke bekam. Als Themenbeispiele für die **Steinmetz-Bildhauer-Teamarbeit** und die **Kopiergenauigkeit** von komplexen Vierungen musste ich sie einfach verwenden.

Steinmetz–Bildhauer: Einzel- oder Teamarbeit und Kopiergenauigkeit

Zwei Vierungen wurden von mir in Graz für die „Spinnerin am Kreuz" in Wiener Neustadt hergestellt (▸ **Bild 6-21**). Vier weitere Wasserspeier wurden von meinen Steinmetz- und Bildhauerkollegen in Wien im Team gefertigt. Die **Kopiergenauigkeit** war sehr stark von dem abgenommenen Muster und seinen Erhaltungszustand abhängig, aber auch sein Alter (Gotik, Neugotik oder schon eine Interpretation aus einer neueren Restaurierungsperiode) spielte dabei eine Rolle.

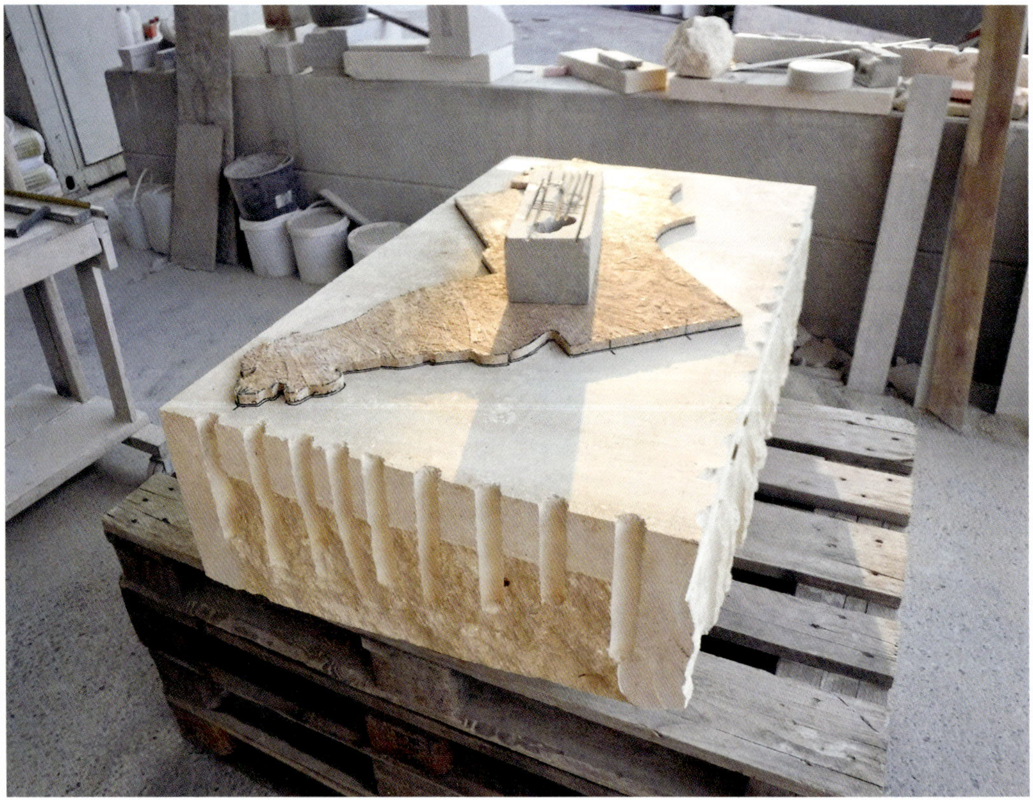

6-19 Der drachenähnliche Scheinwasserspeier (ohne wasserableitende Funktion) ist das auffallendste Element des Werkstücks. (links oben)

6-20 Außerdem beinhaltet das Werkstück noch einen Strebepfeiler mit Säulen- und Blattkapitellansatz, einen Strebebogenansatz mit Krabbe und Maßwerk sowie den unteren Abschnitt einer Fiale. (links unten)

6-21 Grobblock mit Konturschablone (rechts unten)

6-22 Winkelförmiger Grobblock (links oben)

6-23 **6-24** Scheinwasserspeier („Phönix") eines Strebepfeilers. Neuanfertigung aus einem Stück für das Monument „Spinnerin am Kreuz" in Wiener Neustadt, Material: Bosnischer Sandstein (links unten und rechts)

Obwohl man bei Projekten wie diesem das am besten erhaltene Austauschteil als Muster verwendet, werden oft Altergänzungen und fehlende, nicht völlig nachvollziehbare Bereiche des Bestandsteils die Neuanfertigung etwas verändern. Darauf muss hier aufmerksam gemacht werden. Bei einem nicht vollständigen oder durch alte Betonergänzungen schon formal etwas verfälschten Muster würden selbst die genauesten musealen Kopiermethoden, wie die Abformung (Nachteil: Das Neuteil wäre aus Kunststein) oder das Punktieren mit sehr vielen Punkten (Nachteil: sehr zeitaufwendig und somit teuer), nur den momentanen, desolaten „Istzustand" wiedergeben. Um das Restaurierungskonzept (Vervollständigen der **neueren Bereiche** des Denkmals) zu erreichen, sollte der Gesamteindruck des Gargoyles trotzdem weitgehendst erhalten bleiben (▸ **Bild 6-28**). Als Kopierhilfen, die in diesem Kapitel noch ausführlich beschrieben werden, verwendete ich deshalb für diese Werkstücke das **Muster**, eine davon abgeleitete **Konturschablone** (▸ **Bild 6-27**) und die **Symmetrielinie** (▸ **Bild 6-26**).

Bei diesem Zwischenstadium einer der Strebepfeilervierungen samt Scheinwasserspeier ist der Übergang von reiner Steinmetzarbeit zur bildhauerischen Arbeit gut dokumentiert (▸ **Bild 6-30**). Wird im Team gearbeitet, wäre die Übergabe des Werkstücks von einer Berufsgruppe zur anderen in die-

6-25 Das gotische Monument ist ein Wahrzeichen Wiener Neustadts.

Stilkunde:
Darstellungen von Dämonen wie diese Gargoyles zur Abwehr des Bösen, nach außen gerichtet, sind ein weit verbreitetes Stilmerkmal der Gotik.

Gegenüberliegende Seite:
6-29 Werkstatt Straßengel, Außenbereich

6-26 Formen des Werkstücks mit dem Zahneisen; gut zu erkennen: die Symmetrielinie

6-27 Die Kontur wird von einem Bestandsmuster abgenommen.

6-28 Die Steinmetzarbeiten konnte ich beim liegenden Werkstück ausführen. Für die bildhauerische Bearbeitung stelle ich mir den Stein auf, um beide Seiten des Wasserspeiers gleichmäßiger bearbeiten zu können.

sem Stadium sinnvoll. Alle wichtigen Profile, Massen und Konturen sind angelegt. Der Wasserspeier, das Blattwerk und eine Krappe wären noch bildhauerisch fertigzustellen.

Da die Form der ursprünglichen Wasserspeier schon im 19. Jh. verlorenging und der Bestand im oberen Bereich wegen eines Einsturzes des Denkmals im Jahre 1902 zum großen Teil aus dem 20 Jh. stammt (laut Baubericht), wurde keine museale Kopiergenauigkeit gefordert. Auch waren die Bestandsmuster durch die Verwitterung von Teilbereichen der Form auch durch schlechtgemachte Altergänzungen aus Beton nicht mehr vollständig nachvollziehbar. Überdies waren so einige beabsichtigte Änderungen, die der besseren Haltbarkeit dienen sollten, möglich, ohne dass sich der Gesamteindruck deshalb veränderte (stärkere vordere Gliedmaßen).

6-30 Obwohl ich das gesamte Werkstück fertigstelle, mache ich ebenfalls in zeitlicher Abfolge zuerst die gesamten Steinmetz- und dann erst die Bildhauerarbeiten. (links oben)

6-31 Wiener Werkstatt: Arbeiten mit dem Punktiergerät. Rot umrandet: Aufnahmebasis für das Punktiergestell (rechts oben)

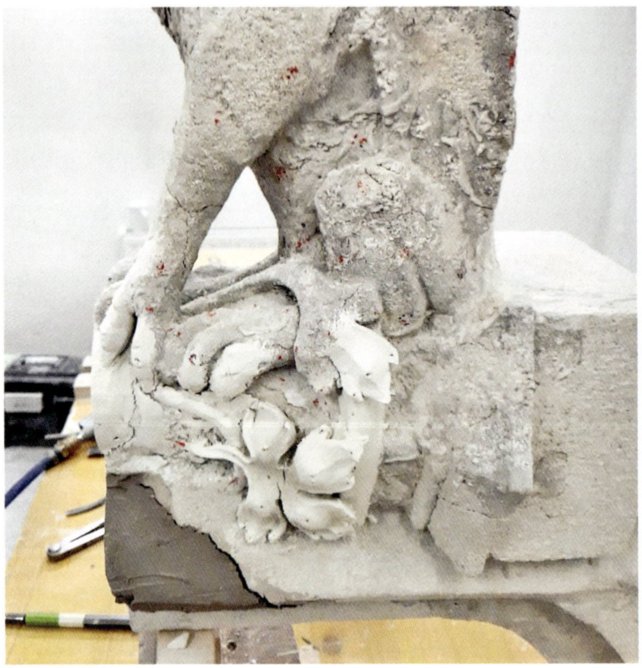

6-32 Bei diesem stark verfälschten Muster ist der Aufwand des Punktierens, vom Ergebnis ausgehend, schon etwas grenzwertig.

Nach den Steinmetzvorarbeiten gab es zwei Möglichkeiten der weiteren Vorgehensweise. In beiden Fällen wurde das Werkstück aufgestellt und nach dem Bestandsmuster ausgerichtet. Die erste Kopierhilfe, die ich verwendete, ist die Kontur und das Einmessen von der Mittellinie aus (▸ **Bild 6-29**). Auch bei der zweiten, klassischen Methode, die einer meiner Bildhauerkollegen nutzte, nämlich dem Arbeiten mit dem Punktiergestell, wäre eine genaue Kontur hilfreich (weniger Punkte), aber nicht unbedingt notwendig. Auf dem Bild ist am Werktisch die Aufnahmebasis für das Punktiergestell zu sehen (▸ **Bild 6-31**). Die roten Punkte links markieren den Übertrag am (ergänzten) Muster (▸ **Bild 6-32**).

Die beiden Vierungen, die ich im „Corona-Jahr" 2020 herstellte, waren nicht unbedingt Werkstücke, die im Arbeitsleben eines Steinrestaurators alltäglich sind. Sollte ein junger Facharbeiter seine Ausbildungszeit nicht gerade in einer Dombauhütte verbracht haben, dürfte ein solches Teil ihn wahrscheinlich etwas überfordern (▸ **Bild 6-36**). Für die Grundsätze der Vierungserzeugung werde ich in diesem Kapitel als Beispiele wesentlich einfachere Werkstücke heranziehen.

Fast jeder Steinmetz hätte die technischen Voraussetzungen, eine solche Vierung neu anzufertigen, und umgekehrt sollte sich der Bildhauer mit der formbedingten Komplexität des Wasserspeiers zurechtfinden. Natürlich hat jeder Facharbeiter der beiden Berufsgruppen nach einiger Zeit in einem

6-33 Hier sind die Trennungslinien für die neue Vierung zu sehen.

Betrieb, der sich hauptsächlich mit Steinrestaurierung beschäftigt, genug Gelegenheiten, um sich mit Blick auf Material- oder Formgebung zu verbessern. Es gibt aber nur wenige Spezialisten, die beide Voraussetzungen bei sehr komplexen Werkstücken oder schwieriger Gesteinsart erfüllen. Deshalb der

Tipp für Vorarbeiter: Den Steinmetz für Schablonen und Profilarbeiten der Maßwerksteile (vielleicht noch Krabben) einsetzen, woraufhin dann der Bildhauer, nach dem Einmessen oder mit dem Punktiergestell, den Wasserspeier fertigstellt.

Alle Teile der Bestandssteine, die aus statischen Gründen mit Vierungen und Neuteilen ersetzt wurden, werden in einem eigens dafür vorgesehenen Räumlichkeiten gelagert. Somit ist die bewegte Geschichte des Monuments für die Bauforschung und das Denkmalamt sehr gut nachvollziehbar (▸ **Bild 6-34**). Die Strebepfeiler-Vierung mit Scheinwasserspeier, Strebebogen, Krappe und Fialenansatz, ist als Bestand in einem Stück mit dem gesamten Strebebogen und der zweiten Krappe gefertigt (▸ **Bild 6-33**).

6-34 Bestandsmuster für die Kopie

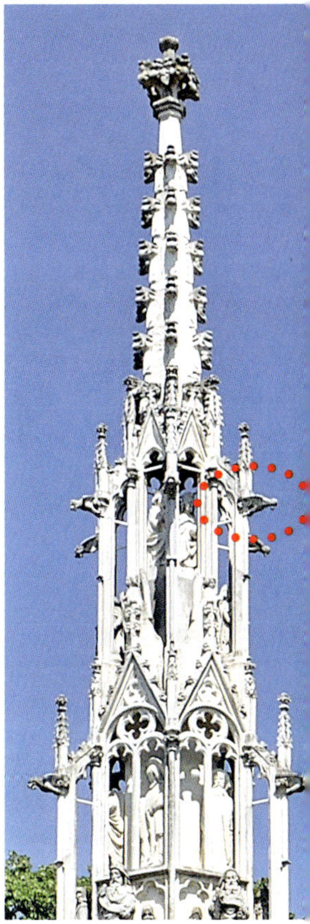

6-36 Position eines Scheinwasserspeiers am Monument

6-35 Ich gebe zu, dass mein Vogel etwas „besser im Futter stehend" wirkt als das halb verhungerte Bestandsmuster. Heutzutage sind aber auch die Dämonen sicher besser genährt als in der Gotik.

Die Vierung

Standardvorgehensweise bei Vierungen

Die auf diesen beiden Seiten beschriebenen Vorgehensweisen sind vor allem bei einem großen Auftragsvolumen im Bereich Natursteinergänzung hilfreich. Sind viele Vierungen eines Projekts im Arbeitsablauf erst später an der Reihe, so werden die dafür vorgesehenen Fehlstellen mit Baukreide markiert (▸ **Bild 6-37** 1). Diese Maßnahme zeigt den Mitarbeitern an, welche Stellen von den Mörtelergänzungsvorarbeiten (z. B. Bewehrungsstahl setzen) ausgenommen sind.

Die Schadstelle an einer Arkadenbrüstung im Schloss Schwarzenegg/Wildon zeigt ▸ **Bild 06-38**

6-37 Für eine Vierung vorgesehene Fehlstelle oberhalb einer Verdachung (rechts oben)

6-38 Schadstelle an einer Arkadenbrüstung im Schloss Schwarzenegg/Wildon (links Mitte)

6-39 Randschnitte so knapp wie möglich an der Schadstelle (rechts Mitte)

6-40 Kleinere Randschäden werden mit Mörtel ergänzt. Angabe der Nummer 2 der Vierung. (links unten)

6-41 Erstellen einer Kartonschablone 3, auf der die Nummer der Vierung (VII) und das fehlende dritte Maß (Dicke der Brüstung) stehen sollte. (rechts unten)

Die Randschnitte mit dem Winkelschleifer werden so knapp wie möglich an der Schadstelle gesetzt (▶ **Bild 6-39**).

Um Vierungen nicht unnötig groß auszuarbeiten (Bestandsstein), werden die kleineren Randschäden mit Mörtel ergänzt (▶ **Bild 6-40**).

Mit dem Erstellen einer Kartonschablone, auf der die Nummer 2 der Vierung (VII) (▶ **Bild 6-40**) und das fehlende dritte Maß (Dicke der Brüstung) stehen sollte, kann der Stein ortsunabhängig bearbeitet werden. Die Schablonen 3 sollten immer bei den erzeugten Stücken bleiben (▶ **Bild 6-41**).

Die Vierung wird eingepasst und das Profil nach dem Altbestand (Außenseite) der Brüstung gearbeitet (▶ **Bild 6-42** roter Kreis).

Nach der Montage und Aufmaßbegehung der Bauleitung werden die Fugen der Vierung später mit dem Sandstein angepassten Mörtel und die Stoßfuge rechts mit weicherem Kalkmörtel verfugt (▶ **Bild 6-43**).

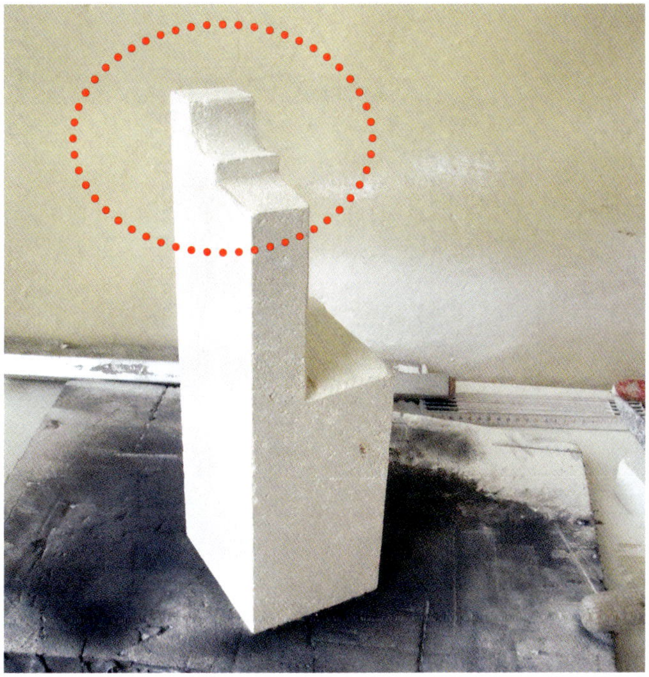

6-42 Die Außenseite der Vierung wird an den profilierten Bestand der Brüstung angeglichen. (links oben)

6-43 Die noch nicht verfugte Vierung nach der Montage (links unten)

6-44 Innenhof von Schloss Schwarzenegg (Wildon)

1 Reparaturstelle

6-45 Arkadengang im zweiten Stock des Schlosses mit der Position der Brüstungsvierung

Als Fertigstellungsbeispiel und Aufmaß- und Abrechnungshilfe wird diese einfache Brüstungsvierung gezeigt:

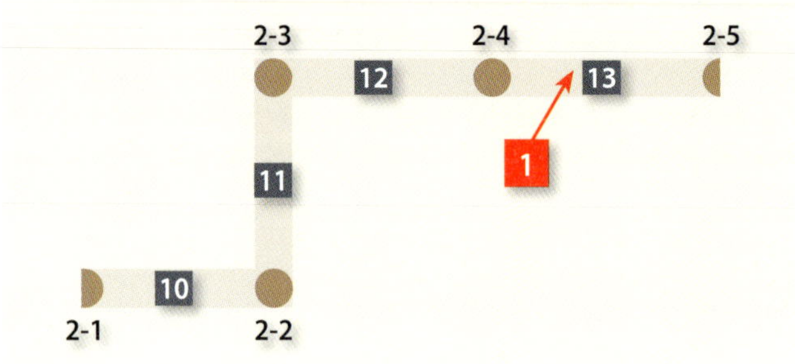

6-46 Schloss Schwarzenegg/Wildon, Position 1 und Maße der „Beispiel-Vierung"

1.000 cm³ oder 1 dm³ ist die Einheit für die Zeitvorgabe der Herstellung und somit der Abrechnung für die Bauleitung (für einen dm³ profilierte Vierung werden bspw. 5 Std. Herstellungszeit berechnet).

13/B/P:	19 x 11,5 x 11	= 2.403,50 cm³
	17 x 11,5 x 4,5 =	879,75 cm³
	Gesamt	= 3.283,25 cm³

B = Brüstung, S = Säule und Pfeiler, P = profiliert, A = angepasste Vierung

Für die Bauleitung (Abrechnung) sind die Ausmaße, aber auch die Position der Vierungen wichtig, um diese Angaben bei der Aufmaßbegehung überprüfen zu können und die Übersicht bei einer größeren Anzahl Vierungen nicht zu verlieren.

6-47 Das Anpassen an den Bestand erfordert bei einer schadensangepassten Vierung den größten Teil des Arbeitsaufwands der Herstellung.

6-48 Die Position des fertigen Kapitells beim Doppelfenster an einer Fassade der Gozzoburg

Schadenangepasste Vierung (1)

Viele Fragmente der gotischen Fenster in der Gozzoburg (Krems/Niederösterreich) wurden in der Beschüttung der Böden während der Restaurierungsarbeiten entdeckt; das gilt auch für das hier dokumentierte Teil eines Doppelfenster-Mittelsäulenkapitells (▸ **Bild 6-47, 6-48**). Bei dieser Vierung handelt es sich um ein extremes Beispiel, denn weder die Oberfläche noch die Masse des Fragments wurden verändert. Es wäre völlig legitim gewesen, dieses Fundstück auf Lager zu legen und ein Neuteil anzufertigen. Ich wollte aber sehen, wie weit man mechanisch mit dem Sandstein gehen kann und habe die Herausforderung angenommen (▸ **Bild 6-49, 6-50**). Bei dieser Art der Ausführung ist allerdings folgendes zu bedenken: Erhaltung um jeden Preis hat auch Nachteile. Diese spitzwinkelige, nicht steingerechte Ausführung erzielt natürlich nicht die Haltbarkeit einer traditionellen Vierung oder einer Neuanfertigung und ist nur im Innenbereich und geschützten

6-49 Fertiggestelltes Kapitell

6-50 Erst nach der vollständigen Anpassung der Vierung an die Fehlstelle können die äußeren Umrisse bearbeitet werden (wichtiges Grundprinzip bei dieser Art von Vierung).

Außenbereich (Dachgesimse) zu empfehlen. Die Herstellung ist erst in heutiger Zeit durch relativ erschütterungsfreie Werkzeuge und moderne Kleber sinnvoll.

Schadenangepasste Vierung (2)

Bei dieser einfachen Brüstungsvierung in Schloss Schwarzenegg ist das Grundprinzip gut zu erkennen (▸ **Bild 6-51 bis 6-55**).

6-51 Fertiggestellter Arkadengang im Schloß Schwarzenegg (Wildon)

Ein guter Kompromiss von Haltbarkeit und Denkmalschutz besteht darin, die bestehende Oberfläche weitgehend zu erhalten und nur bei der unbearbeiteten Steinmasse in die Tiefe zu gehen, wodurch beim 0-Punkt „ausscherbende" Natursteinvierungen vermieden werden. Bei dieser unbehandelten

6-52 Der Übergang vom Schadstellenbereich zur erhaltenswerten Bestandsoberfläche wird angezeichnet.

6-53 Von der Schadstellenkante wird winkelrecht in die Steinmasse gearbeitet. Somit wird nur unbearbeitetes Bestandsmaterial entfernt und die Haltbarkeit der neuen Vierung verbessert.

6-54 Die neue Vierung wird an den Bestand angepasst. Das lässt sich durch die unregelmäßige Kontur der Schadstelle nicht immer genau auf den Millimeter vorausberechnen. Deswegen ist es besser, noch etwas Reservematerial für die Fertigstellung der Außenseiten zu erübrigen.

6-55 Fertige, schadenangepasste Vierung (noch nicht verfugt). Nicht traditionell und vielleicht etwas gewöhnungsbedürftig, aber für die Erhaltung von bearbeiteten Bestandsflächen ganz im Sinne des Denkmalschutzes

Schadstelle wurde die Kante zur Bestandsoberfläche mit dem Bleistift markiert (▸ **Bild 6-52**).

Dann wird in die Tiefe gearbeitet, bis eine mechanisch haltbare Vierung ermöglicht wird. Mit transparentem Schablonenmaterial (Schablonit) wird der Anschluss zum Stein abgenommen und die Vierung erzeugt

Fertige Vierung ohne Verfugung: Für Aufmaß und Abrechnung werden bei diesen unregelmäßigen Vierungen die größten Außenmaße genommen (▸ **Bild 6-55**).

Schadenangepasst und klassisch im Vergleich

Durch die Möglichkeit der Verwendung desselben Steinbruchs für das Material der Vierungen, das auch ursprünglich für die alten Steinelemente genutzt worden war (schlosseigener Steinbruch), waren die Natursteinergänzungen nach dem Schließen der Fugen fast nicht mehr erkennbar. Dennoch möchte ich hier den optischen Eindruck der beiden Vierungsarten im nichtverfugten Zustand gegenüberstellen (schadenangepasst und klassisch).

6-56 Schadenangepasste Vierungen bei den Arkaden des Schloss Schwarzenegg

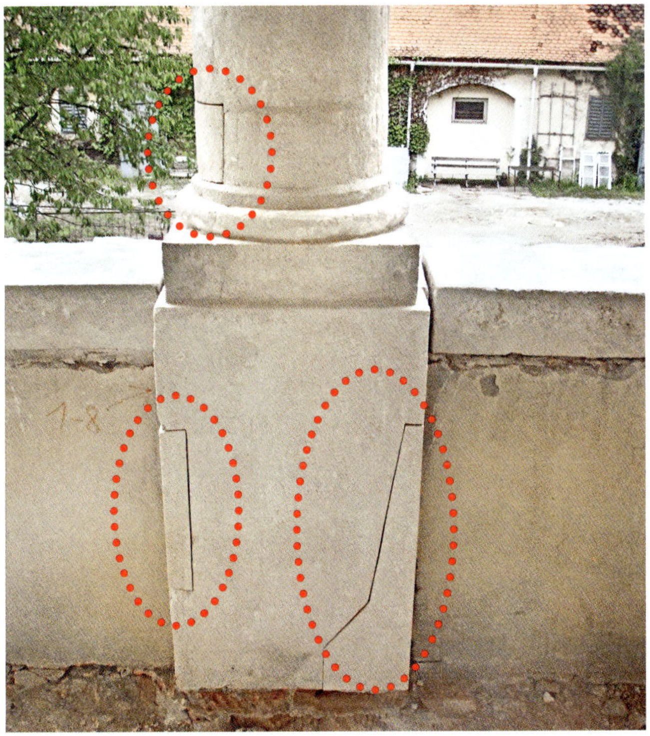

6-57 Standard-Vierungen bei Säule und Sockel der Arkaden des Schlosses Schwarzenegg (links oben)

6-60 Die untere Angel, die zum Schaden an der Laibung führte, wurde nicht mehr eingebaut. (oben Mitte)

6-61 Das genaue Einpassen dieser Art Vierung fiel mithilfe zweier Schablonen leichter (mit Klebeband verbunden). (oben rechts)

Hybridvierung

Diese Portallaibungsvierung, eigentlich schadenangepasst, hat im oberen Abschnitt aus mechanischen Gründen eher die Merkmale einer klassischen Vierung (zu flacher oder zu spitzwinkeliger Steinersatz wird so vermieden).

6-58 Ausgearbeitete Fehlstelle (unten links außen)

6-59 Fertiggestellter Laibungssteher eines Portals im Schloss Schwarzenegg (unten links)

Vierungen und Neuteile

Projektbeispiel (1)

Als Beispiel für eine Zusammenarbeit auch über größere Distanzen hinweg (auf dieser Baustelle war ich nie) und für die fast unheimlich gute Abstimmung mit zwei alten Steinmetzkollegen zeige ich hier die Erzeugung meiner größten klassischen Vierung.

6-62 Rechter Balkon eines Jugendstilhauses in Hollabrunn/Niederösterreich (oben)

6-63 Dieses abgebrochene Eckstück wurde mir als Muster für die Anfertigung der profilierten Balkongrundplatte übergeben.

6-64 Unterseite des Balkons mit Füllungen (vertiefte Flächen mit profilierten Rand) (links unten)

6-65 Schadensdetail auf der Unterseite des Balkons (rechts unten)

Aufgrund dieser Größe ist es angebracht, Maße und Schablonen vom Original abzunehmen und den Stein in der Werkstatt und nicht vor Ort zu bearbeiten. Ich bekam die Konturschablone aus Wellpappe (was man halt so auf der Baustelle findet) und ein Profilfragment vom Steinmetz aus Niederösterreich. Nach einem längeren Telefongespräch mit diesem Steinmetzkollegen war alles klar und das Werkstück konnte in Angriff genommen werden. Bei ungenauen Schablonen, die man nicht selber abgenommen hat, ist es sicher besser, mit dem Erzeuger Rücksprache zu halten, um Nacharbeiten zu minimieren. In der Füllungsmitte, auf der Flucht der roten durchbrochenen Linie, wurde der desolate Teil des rechten Balkons abgenommen.

6-66 6-67 Schäden an der Vorderseite der Balkongrundplatte. Vermutete Schadensursache ist die Befestigung des Eisengeländers.

Neuanfertigung aus kristallinem Wachauer Marmor

Auch nach langjähriger Tätigkeit als Steinmetz kommt es vor, dass man einen Stein bearbeitet, dessen Eigenheiten einem völlig unbekannt sind (▸ **Bild 6-68, 6-69**).

Bei einem Vergleich mit mir bekanntem Material würde ich diesen Stein der Balkonvierung arbeitstechnisch zwischen Sallamarmor und feinkörnigen Granit einordnen. Erfahrungen mit bekannten oder regionalen Gesteinsarten sind eine große Hilfe und außerdem freut sich sicher jeder Steinmetz mit Herz über neue Herausforderungen (▸ **Bild 6-70**).

6-68 Das fertige Werkstück der halben Balkongrundplatte aus Wachauer Marmor noch in der Werkstatt am Stapler (oben rechts)

6-69 Die Position des ergänzten Balkons an der Fassade eines Jugendstilhauses in Hollabrunn (roter Kreis) (rechts Mitte)

6-70 Oberflächenbearbeitung mit dem Stockeisen

6-71 Fertigstellungsfoto vor Ort

6-72 Als erster Schritt wird ein Falz und ein rundum laufendes Profil ausgeführt. (rechts oben)

6-73 Eine breite Flachnut wird als Wassernase an der Unterseite der Balkongrundplatte ausgearbeitet. (rechts Mitte)

6-74 Die Füllungen an der Unterseite werden angezeichnet. (rechts unten)

Dieses Fertigstellungsfoto, das mein Werkstück in Verbindung mit der Restbalkongrundplatte zeigt, wurde mir vom Montageteam Niederösterreich zur Verfügung gestellt (▸ **Bild 6-71**).

Arbeitsschritte

Tipp: Um Füllungsböden mit der Flex gleichmäßig tiefzuschneiden, ist eine (dicke) abgemessene Holzlatte als Tiefenanschlag unter den Winkelschleifer zu legen. Es gibt zwar auch einen verstellbaren Tiefenanschlag für die Flex, der sich aber leicht durch Vibrationen im Laufe der Arbeiten lockern könnte.

Auf dem Bild ▸ **Bild 6-72** ist im Übrigen die lange Konturschablone der Füllungsanschlüsse aus Wellpappe zu sehen; auf dem ▸ **Bild 6-77** die fertige Kontur (im Schatten).

So feine Stege und sogar Würfelchen zu schneiden, ist keine Verspieltheit von mir, sondern verhindert das Ausbrechen in den Füllungsboden beim Wegschlagen der Stege (▸ **Bild 6-73** bis **6-75**)

6-75 **6-76** Stege mit Tiefenanschlag einschneiden, diese abschlagen und planschleifen: Heute würde ich diese Arbeit mit der Ausklinkscheibe verrichten, das geht schneller. (Bild oben links und oben rechts)

6-77 Das innen wiederkehrende Profil der Füllungen (eigentlich halbe Füllungen) ist schon die letzte Feinarbeit. (rechts Mitte)

6-78 Ich bin schon ein wenig stolz auf dieses Werkstück, denn um es zu formen, braucht man Herz, Hirn und Kraft, und genau diese „Kombination" ist für mich das Schönste an meinem Beruf. (rechts unten)

Fertigstellung

Wenn man bei diesem großen Stück (▸ **Bild 6-78**) vom Überbegriff her „Naturstein Neuanfertigung" oder Neuteil verwendet, ist das sicher nicht falsch; dennoch müsste man das Werkstück als Teil der ganzen Balkonplatte als klassische Vierung ansehen.

Wem sich jetzt die Frage stellt, ob die Vierung bei der Baustelle in Niederösterreich gepasst hat? Ja! Auf den Millimeter. (Wahrscheinlich war das eher Glück als Intuition.)

6-79
Portal der Heiligen-Geist-Kapelle in Bruck a. d. Mur vor der Restaurierung (oben links)

6-80 **6-81**
Das im Fenster praktisch integrierte Portal ist eine interessante bautechnische Lösung aus der Zeit der Gotik. (oben Mitte und oben rechts)

6-82
Die Kapelle hat einen dreiseitigen Grundriss mit abgeflachten Ecken. Obwohl nur eine Seite einen Eingang aufweist, sieht doch jede der drei Seiten auf den ersten Blick gleich aus (Vater – Sohn – Geist). (rechts unten)

Projektbeispiel (2)

Gotisches Portal der Heiligen-Geist-Kapelle in Bruck a. d. Mur: Lange Zeit als Profanbau benutzt, fehlten durch Umbauarbeiten (Gaststätte/Wohnhaus) Teile der linken Laibungsseite und ganze profilierte Quader der rechten Laibungsseite des gotischen Portals.

Neuteileanfertigung (profilierter Quader aus Naturstein)

Nur diese beiden Laibungsteile des Eingangsportals fertigte ich aus italienischem Travertin (kam dem Bestandssteinen am nächsten) an.

> **Tipp**: Nein! Ich gebe hier keine Ratschläge über Profil und Todlauf. Diese Fertigkeiten erwarte ich von einem qualifizierten Facharbeiter. Auch wird kein echter Steinmetz Angst vor einem Stein haben, der ein wenig härter ist.

Es geht um einen zu groß bestellten Stein und ich muss ihn um mehr als die 7 cm Schnitttiefe meiner Flex reduzieren (▶ **Bild 6-87, 6-88**). Erster Schritt: die Stege schneiden und abschlagen. Dann einen exakten Randschnitt als Holzlatten-

6-83 6-84
6-85 6-86

Ich habe zwei Neuteile für die rechte Laibungsseite des Portals der Heiligen-Geist-Kapelle aus Travertin hergestellt, die auf dieser Seite als fertige Werkstücke und versetzt am Portal dargestellt sind. Alle anderen Portalelemente und vor allem die Vierungen der linken Laibung stellte mein begabter Lehrling Andi Sauseng her.

auflager setzen. Auf diese Randlatten wird das Abstandholz gelegt (Dicke nach Endmaß). Mit Hilfe dieses Anschlags werden nun dünne Stege geschnitten, um ein Ausreißen in die Tiefe beim Abschlagen zu verhindern. Das Planschleifen dürfte nach diesen Vorarbeiten nicht mehr so aufwendig sein. Al-

6-87 **6-88** Bei einer genauen Bestellung der Grundquader auf Maß, hätte ich mir natürlich einige Arbeit erspart. Andererseits muss, um das Material rechtzeitig zu erhalten, oft sehr frühzeitig bestellt werden. Vor dem Freilegen sind die Grenzen zum erhaltungswürdigen Bestandsmaterial schwer abzuschätzen. Deshalb wird sicherheitshalber eher ein größeres Maß genommen. (oben links und unten links)

6-89 **6-90** Bei den Arbeitsschritten 3 und 4 wird noch hauptsächlich die Flex und die Diamantscheibe gebraucht. (unten Mitte, rechts oben)

ternative: Der Stein wird zu einem Steinmetzbetrieb gebracht, der eine entsprechend große Säge besitzt.

Eine einfache Methode: Nur mit einer Flex und unter Zuhilfenahme von ein paar Latten Stege schneiden, um so eine neue Fläche herzustellen (▸ **Bild 6-88**).

Die Möglichkeit, eine Ausklink-Schneidscheibe für die Flex zu verwenden, wird hier als Beispiel für ein anderes Projekt behandelt.

6-91 Fertiggestellt (Schritt 5) wird das Werkstück dann doch mit traditionellem Steinbearbeitungswerkzeug.

6-92 Starke Gebrauchsspuren sind bei dieser beschädigten Scheibe zu erkennen (links oben).

Beitrag für den sicheren Gebrauch der Ausklinkscheibe

Durch das Restaurierungskonzept bei den Semmeringsteinen (Bahnviadukte), das nur Vierungen als Ergänzung von Schadstellen erlaubte, war es mir aus Termingründen (Zeitersparnis) und dem großen Auftragsvolumen nicht mehr möglich, den Einsatz von Ausklinkscheiben außer Acht zu lassen.

Diamantfelder auch auf der Fläche verleiten dazu, diese Schneidscheibe auch zum Schleifen zu benutzen. Bedingt ist das zwar möglich, aber nicht generell zu empfehlen (Bruchgefahr des dünnen Blatts). So ein abgebrochenes Stahlstück (9000 U/min) tut weh (Gott sei Dank wurde nur mein Oberschenkel getroffen). Ich weiß, viele verwenden diese Scheiben ohne Schutz, weil selten etwas passiert. Selten heißt aber nicht nie!

Wenn möglich, sollte man (je nach Marke durch Weglassen des unteren Flansches oder Anbringen von Beilagscheiben) die Ausklinkscheibe genau auf den Rand des Schutzes ausrichten (rote Linie, ▸ **Bild 6-93**).

6-93 Der große Vorteil dieser Schneidscheibe (rechts oben) besteht darin, eine Ebene ohne störenden Befestigungsflantsch erzeugen zu können. (rechts oben)

6-94 Wenn man einseitig den nicht mehr gebrauchten Abschnitt des Steins wegschlagen kann, um dem Motorgehäuse der Flex Platz zu schaffen, ist die Größe der hergestellten Fläche mit diesem Werkzeug theoretisch unbegrenzt möglich. (rechts unten)

6-95 Bei dieser neuen Scheibe (andere Marke) sieht man gut die nach innen gerichteten Schleiffelder. (links unten)

Dadurch ist die Sicherheit in Radialrichtung verbessert und die Funktion der Scheibe noch immer gewährleistet. Dass die Marken von Scheiben und Winkelschleifer so zusammenpassen, wäre neben der Qualität ein wichtiges Kriterium für die Benutzung. Bei schmalen Ausnehmungen (die Schutzbreite ist die Einsatzgrenze für den großen Winkelschleifer) kann der Winkelschleifer bei den meisten Geräten durch eine schnelle Hebelverstellung des Schutzes auf die Schneiderichtung nach vorn umgestellt werden.

Fertigstellung

Dieses Beispiel habe ich ausgesucht, damit der begriffliche Unterschied zwischen einer Vierung (neuangefertigter Teil eines alten Werkstücks) und einem Neuteil aus Naturstein (Anfertigung eines fehlenden oder total beschädigten alten Gesamtwerkstücks), deutlich wird.

6-96
Vierungen 1, als Teile von Werkstücken, links im roten Rahmen. Vier Neuteile 2, also ganze Werkstücke, rechts im roten Rahmen. Dieses Foto des fertiggestellten Portals der Heiligen-Geist-Kapelle in Bruck a. d. Mur wurde wegen der besseren Sichtbarkeit der Natursteinergänzungen ohne Farblasur aufgenommen. (links)

6-97
Fertigstellungsfoto (rechts)

Montage von Vierungen und Neuteilen

Die einfachste Art der Montage ist die von Endstücken (z. B. Kreuzblumen oder Vasen). Das Versetzen und Verzapfen von solchen Neuteilen unterscheidet sich nicht von normaler Steinmetzarbeit und muss nicht genauer beschrieben werden.

Dennoch für den Laien einige Grundsätze:

- Die Zapfeneinbindung sollte mindestens 1/10 der Länge des Montageobjekts betragen.
- Ist eine Verdrehung des Werkstücks zu befürchten, kann z. B. ein kleinerer Nebenzapfen gesetzt werden (nächste Doppelseite).

6-98 Obwohl die neugotische Kirche am Grazer Zentralfriedhof im 19. Jh. erbaut wurde, fehlten alle Dachfialen-Kreuzblumen oder es konnten von ihnen nur mehr Trümmerstücke in den Dachräumen gefunden werden.

6-99 Das Anpassen einer Wimperg-Kreuzblume vor Ort an den Bestand

- Aus Materialgründen (Basis, Mittelteil und Stempel) wurden die Kreuzblumen auf dieser Seite von mir aus mehreren Teilen gefertigt. Für die Verbindungszapfen dieser Teile gelten aber die gleichen Grundsätze (Vormontage, ▸ **Bild 6-100, 6-101, 6-102**).
- Während bei der **Sicherung** von gebrochenen Steinteilen Epoxidharz zum Einsatz kommt, kann bei diesen normalen Versatzstücken für die Zapfenlöcher und Lagerfugen weicherer Kalkmörtel verwendet werden. Dadurch würde auch eine möglicherweise in der Zukunft ausgeführte Demontage vereinfacht.

Tipp: Elastischer Marmor-Fliesenkleber als Versetzmörtel bei stark wassersaugenden Sandsteinen erleichtert die Montage.

Bei einem Endstück wie dieser **Brüstungsvase** wird nur der untere Teil (Stiel und Basis) als Vierung gefertigt. Die Verbindung von Alt und Neu ist in diesem ziemlich dünnen Bereich nicht ganz unproblematisch (▸ **Bild 6-105**).

Schloss Hollenegg, historistischer Abschnitt: Vier Vasen waren ursprünglich aus einem Stück Sandstein gefertigt. Die schmalste Stelle des Vasenstiels (ca. 9 cm) war immer schon eine Schwachstelle des Steinobjekts und wurde bei drei Vasen, wahrscheinlich in der Nachkriegszeit, mit Eisenzapfen

6-100 Sehr viele verschiedene Kreuzblumenformen habe ich in meinen Arbeitsleben aus Naturstein angefertigt. (oben links)

6-101 Mit dem Aufsetzen des Stempels ist die Kreuzblume fertiggestellt. (oben Mitte)

6-102 Neuangefertigte Kreuzblume auf der seitlichen Wimperg-Giebelspitze, vom Portikus in Richtung Aufbahrungshalle Nord aufgenommen (oben rechts)

und Betonfaschen notdürftig saniert (Schadensursache für die Neuanfertigung siehe ▸ **Bild 6-104**).

6-103 Der optische Unterschied von neuangefertigten zum Bestandsstein wird nach der Montage mit einer Retusche angeglichen.

6-104 Die umlaufende Betonergänzung erinnert an ein gebrochenes, eingegipstes Bein, nur das unter dem Beton leider nichts mehr zusammenwachsen kann.

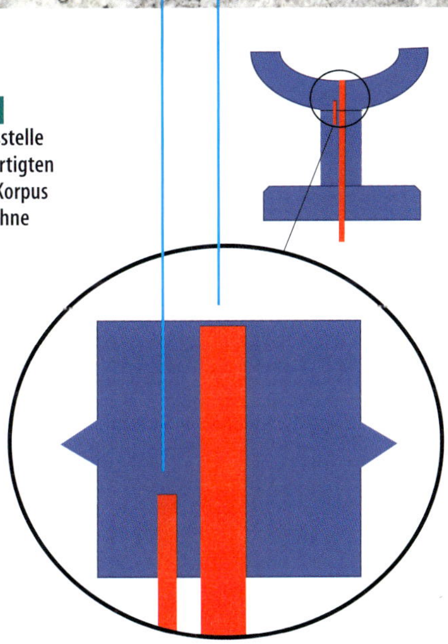

6-105 6-106 Die Verbindungsstelle vom neu angefertigten Stiel zum alten Korpus der Vase (noch ohne Kleber)

Bei drei Vasen wurden von meiner Seite der Vasensockel ganz oder teilweise mit einer Vierung aus Aflenzer Kalksandstein ergänzt (▸ **Bild 6-103**). Ein durchgehender Edelstahlzapfen mit Einbindungsreserve (in die Brüstung) wurde bei allen vier Vasen montiert.

Um die Verbindung in die nur 6 bis 8 cm starke Vasenschale zu verbessern, wurden eine seitliche Nut gefräst und ein zweiter, kleinerer Zapfen gesetzt, um ein Ausbrechen und Verdrehen der Schale zu verhindern (Grafik).

Montage von Standardvierungen

Ähnlich wie beim Thema ▸ **Sicherung** fange ich gern mit einfachen Grundprinzipien an. Natürlich gab es zu meiner Zeit als Montagesteinmetz auch schon alle möglichen genormten Befestigungsanker aus Edelstahl. Warum ich mit Gewindestangen und Flachstahlbänder in verschiedenen Dimensionen auskomme, hängt mit der Frage schneller Verfügbarkeit zusammen. Bei großen Steinmetzprojekten (Fassadenverkleidungen) sind Normanker immer vorgeschrieben, aber das ist eine andere Geschichte.

Auf dieser Seite zeige ich die Montage an einfachen klassischen Vierungen anhand der Grafik einer Brüstung. Solange solche Vierungen (▸ **Bild 6-113),** auch von sonst kompetenten Facharbeitern, erzeugt werden, muss ich leider manchmal mit „Adam und Eva" beginnen.

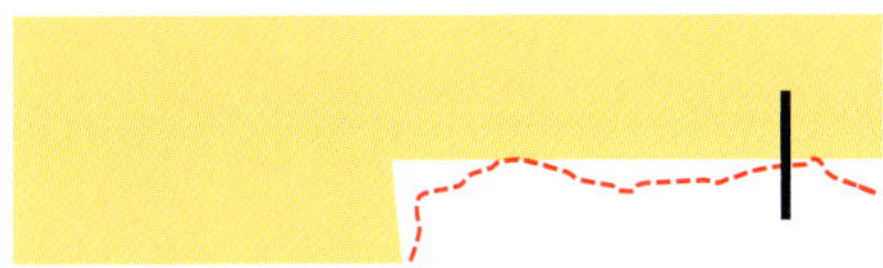

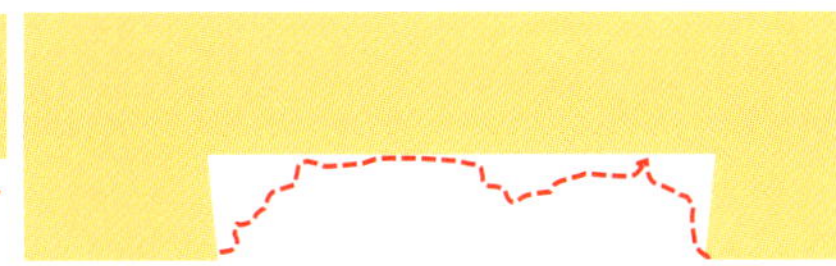

6-107 (links)
6-108 (rechts)

Der Schaden liegt am Rand oder neben der Stoßfuge zum zweiten Brüstungsstein. Ein Zapfen (innen) muss gesetzt werden (▸ **Bild 6-107**).

Die Schadstelle liegt im Brüstungsstein, wird beidseitig schwalbenschwanzförmig ausgearbeitet und braucht deshalb keine Verzapfung (▸ **Bild 6-108**).

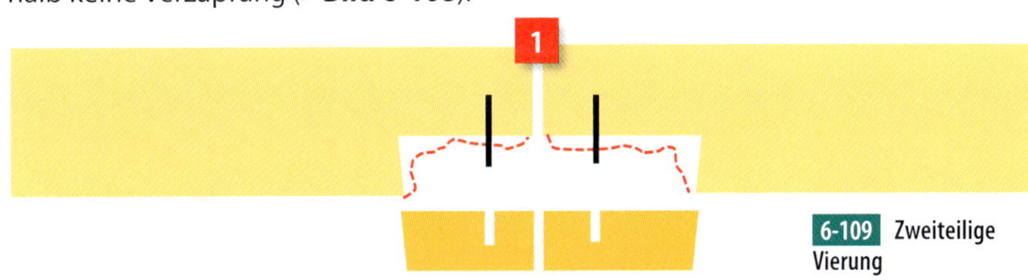

6-109 Zweiteilige Vierung

Montagefugen 1 dürfen auch von der Vierung nicht überbunden werden (▸ **Bild 6-109**).

Von außen durchgebohrte Zapfenlöcher bei dieser kleinen Vierung (▸ **Bild 6-113**) sind nicht notwendig. Es wäre ohne Weiteres möglich, sie mit einem Schwalbenschwanz einzuspannen. Also keinen Zapfen; wenn aber doch, dann **innenliegend!**

Auch die Hohlkehle läuft spitzwinkelig aus (darum die Ausbrüche der unteren Kante). Eine **Einbindung** des Querschnitts (rote Strichlierung in nebenstehendem ▸ **Bild 6-110**) hätte das verhindert.

6-110

6-111 Auch vor mehr als 100 Jahren wurden Vierungen verzapft (mit Holzzapfen). (oben links)

6-112 Vierungen, die man nicht einspannen kann (Stoßfuge), müssen verzapft werden. (links Mitte)

6-113 Ein gutes Beispiel dafür, was man, wenn auch in guter Absicht, alles falsch machen kann. (links unten)

Innenverzapfung und Schwalbenschwanz

Stoß- und Lagerfugen von gesamten Werkstücken gelten nur bedingt für die zapfenlose Einspannung einer Vierung (weichere Verfugung). Gleiches gilt im konkreten Fall für das untere Ziegellager eines Steinpfeilers der Brüstungssäulen. Aus

6-114 6-115 Siehe Tipp auf der Seite 272

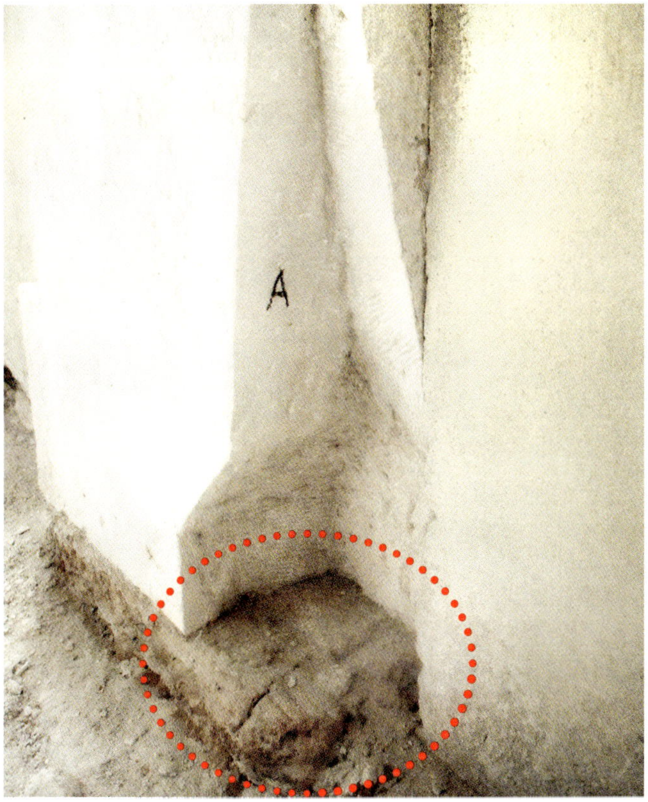

6-116 Das Ziegellager gilt nicht zum Einspannen der Pfeilervierung (Fremdmaterial)

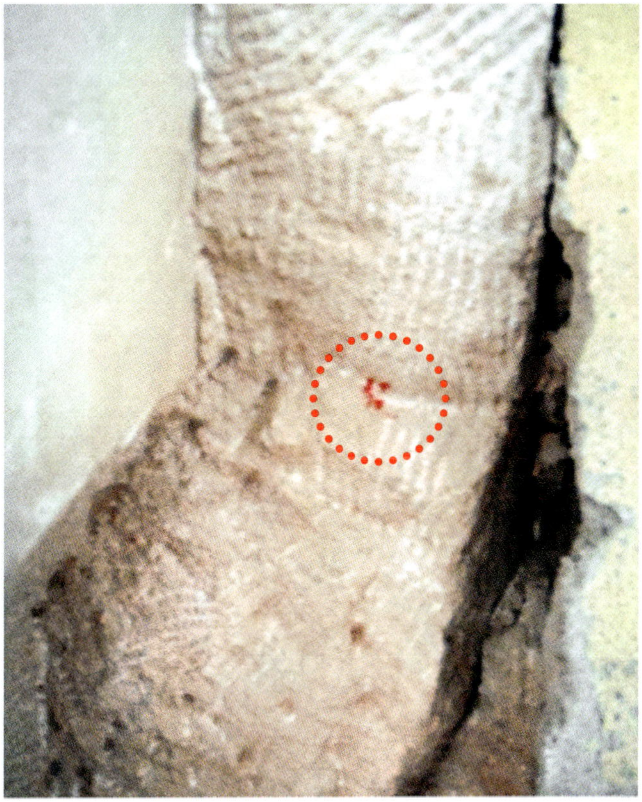

6-117 Der Abdruck der Baukreide zeigt an, wo für die innenliegende Verzapfung gebohrt werden muss.

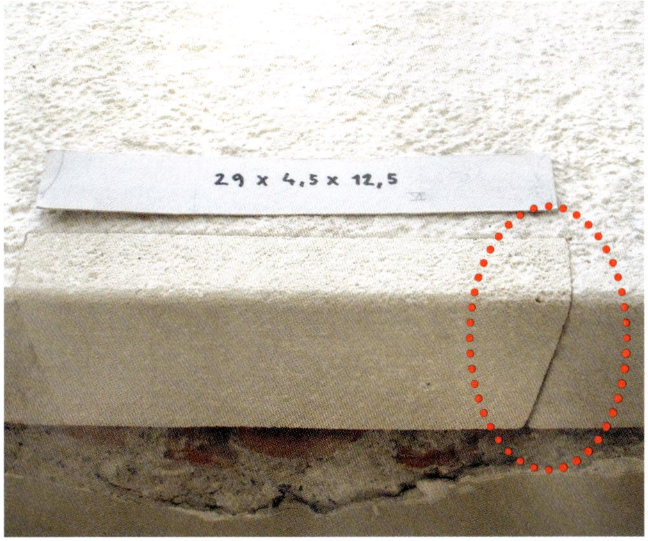

6-118 Korrekter Schwalbenschwanz in Falllinie

6-119 Eine spitzwinkelige Machart von Steinvierungen sollte man vermeiden.

diesem Grunde wurde eine innenliegende Verzapfung aus Edelstahl ausgeführt (▸ **Bild 6-114** und **6-115**).

Die Montagekleber und ihre Anwendungen wurden im Kapitel ▸ **Sicherung** schon ausführlich behandelt.

> **Tipp**: Sind die Bohrlöcher nicht so leicht einzumessen, so kann man sich mit einem Stück Baukreide behelfen, um die Position des Bohrlochs im Bestand zu bestimmen. ▸ **Bild 6-115, 6-117.**

Ob traditionelle oder schadenangepasste Vierungen, auf keinen Fall sollte man sie spitzwinkelig ausarbeiten. (▸ **Bild 6-119**).

Die Steineinbindung

Einen Abschnitt einer auskragenden Vierung (in diesem Fall einer gotische Turmkrabbe) als Einbindung in die Bausubstanz zu verwenden, ist eine sehr alte Montageart (Kirche Straßengel, ▸ **Bild 6-120, 6-121**).

6-120 Die Einbindungsöffnung für die neue Krabbe

6-121 Nur zwei der über 70 Turmhelmkrabben mussten neu angefertigt werden, nicht schlecht für einen über 600 Jahre alten Turm.

Moderne Anwendung der Steineinbindung bei neugotischen Krabbenvierungen in eine kleine Fiale, in ▸ **Bild 6-123** ein mitgearbeiteter Vierungszapfen und Aufnahmelöcher beim Bestand.

6-122 Eine Krabbenvierung ist montiert. Drei Einbindungslager sind vorbereitet (siehe auch Bild 6-123).

Bei diesem Vasensockel ist die leichte Einbindung eher dazu da, um einen spitzen Winkel (Kantenausbrüche) bei der eingesetzten Vierung zu verhindern (▸ **Bild 6-124** und **6-125**).

Bei diesem Neuteil auf einem Barockportal erleichtert die Steineinbindung vom Stiel zur Kugel die Montage und schützt die Verbindungsfuge. Die Vierung stammt von meinem Lehrling Michael Breininger (▸ **Bild 6-131**).

6-123 Miteingearbeiteter Vierungszapfen **1** (links oben)

6-124 **6-125** Erst nach dem Verkleben passe ich den Knauf an den Bestandssockel an. (Mitte links und links unten)

6-126 **6-127** Michael Breininger, mein damaliger Lehrling, der dieses Neuteil erzeugte, ist inzwischen schon Bildhauermeister und Berufsschullehrer. (rechts oben und rechts unten)

Natursteinaustausch und Türangelmontage/Bolzenverankerung

Untere Leibungsvierungen bei drei Barockportalen im Schloss Hollenegg: Die schweren Türen und starke Hebelkräfte führten trotz verbleiter Angelbefestigung bei allen drei Portalen zu den schweren Schäden im unteren Leibungsbereich (▸ **Bild 6-128**). Beim Austausch oder Einsetzen von Vierungen muss man sehr oft, im Gegensatz zur Montage von neuen Anlagen (von unten nach oben), mit schwierigen Positionen für

6-128 In Anbetracht dieses Schadensbildes kommt für mich nur mehr die Neuanfertigung des unteren Bereichs der Türlaibung in Frage. (links)

6-129 Über die Herstellung einer Portallaibungs-Vierung vor Ort im zwar weitläufigen, aber doch bewohnten Bereich des Schlosses, ist nicht jede Kundschaft begeistert (Lärm und Staubentwicklung).

6-130 Die Vierung ist fertig. Nur die Angel muss noch eingebohrt werden.

die Befestigung mit Zapfen, Klammern oder Bügeln rechnen. Gerade deswegen sind solche Beispiele wichtig und wurden auch schon beim Thema ▸ **Sicherung** behandelt.

Nach der Herstellung vor Ort, Montage und Anpassung der Vierungen an den Altbestand werden sie in die Ziegelmauer verankert und die Angeln eingearbeitet (▸ **Bild 6-132**).

6-131 Eines der drei Barockportale im Hof des Schlosses Hollenegg vor der Fertigstellung

Tipp: Vor dem Steinaustausch muss die Angelposition horizontal an der Anschlussmauer und vertikal am oberen Leibungsbestand mit der Wasserwaage angezeichnet werden (▶ **Bild 6-132**).

6-132 Erst nach der Montage des Neuteiles wird die Position der Angelbohrung von oben und der Seite übertragen. (links unten)

Bolzenverankerung bei den Portalvierungen von Schloss Hollenegg

Tipp: Hohlstellen, die im Bohrloch mit einer Verlängerung überbrückt werden, erhöhen die Befestigungssicherheit des Steins und sparen Kleber.

Klebereinbringen (blau) bei Hohlräumen, oben mit Normspitze und unten mit zusätzlicher Verlängerung: Zur Stabilisierung der neu eingesetzten Vierungen wird ein Bolzen vom Stein in die Ziegelmauer verankert (▶ **Bild 6-133, 6-134**).

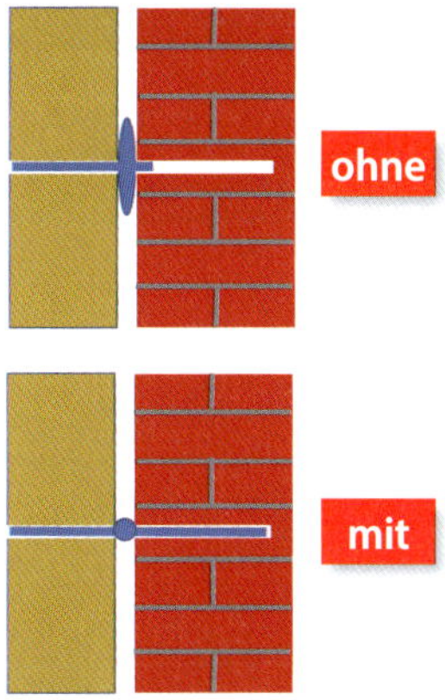

6-133 6-134 Hohlstellenüberbrückung (unterer Bildteil) durch Verwendung einer Verlängerung der Normspitze bei der Klebereinbringung (rechts oben)

6-135 (unten Mitte) 6-136 (unten rechts)

1 Spalt Stein/Ziegel
2 Edelstahlbolzen
3 Verlängerungsschlauch
4 Normspitze

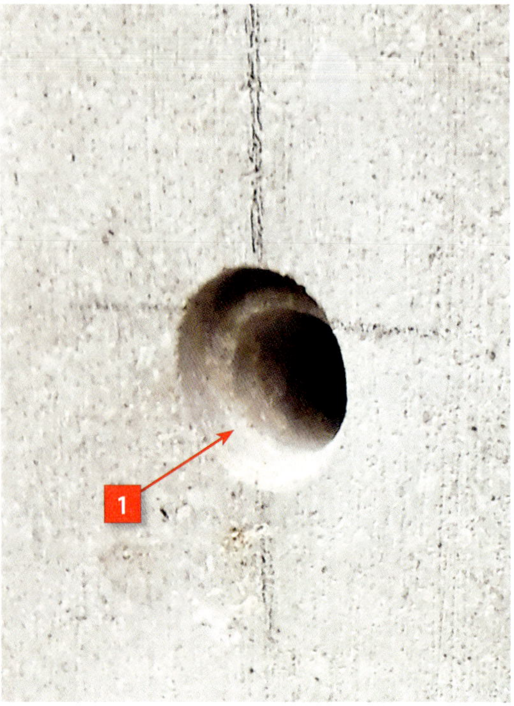

6-137 Ausgefräster Falz **1** um das Bohrloch, damit der Druckpunkt der Angel weiter in den Stein verlagert wird. (oben links)

6-138 Die untere Türangel beim Einpassen in den neuen Stein (oben Mitte)

6-139 Fertiggestellte Vierung mit Angel (oben rechts)

Ich halte diese Maßnahme für notwendig, da gerade in diesem Bereich starke seitliche Scherkräfte, verursacht durch die gewichtigen Holztüren, auftreten (▸ **Bild 6-139**).

Angelbefestigung bei den Portalvierungen von Schloss Hollenegg

Tipp: Da ich Stein-Hilti Hit zum Einkleben der Angeln verwende, verlege ich den Druckpunkt des Bolzens durch ein Größer-Fräsen des vorderen Bohrlochbereichs etwas nach hinten. Dieser Bereich wird mit weicherem Kalkmörtel verfugt. (▸ **Bild 6-137, 6-138**).

6-140 Frauenkirche Pernegg, Westfassade Turm, Portalpfeiler rechts, Gesimse

1 Position des Portalgesimses am fertiggestellten Turm (rechts unten)

Montagebeispiel – Mehrteilige Vierung

Pernegg, Frauenkirche, Gesimse – Schadensbild: Eine Stahlbetonergänzung, wahrscheinlich aus der Nachkriegszeit ohne Rücksichtname auf die Profilführung (glatte Schalung).

Der Versuch, auf der Vorderseite ein Profil nachträglich einzuschlagen, wurde nicht beendet, da man damals auf das eigene Bewehrungseisen stieß (dumm gelaufen). Mechanisch gesehen mag diese Ergänzung zwar sehr haltbar sein, aber da sie weder fachlich noch materialgemäß den Anforderungen entspricht, wurde der Austausch gegen eine dreiteilige Natursteinvierung beschlossen.

Wie auch beim Beispielprojekt 1 zeige ich nicht nur die Montage, sondern alle **Arbeitsvorgänge** bis zur fertigen Vierung. Aus verschiedenen Gründen sind auch andere Themen bei diesem Projekt wegen des interessanten Schadensbildes bemerkenswert. Das stellt zwar ein formales und fachliches Desaster dar; die Haltbarkeit und Schutzfunktion des Sichtbetons stehen aber außer Frage.

Frauenkirche Pernegg, Westfassade Turm, Portalpfeiler rechts, Gesimse

2 Als Erstbefund 6-141

3 Befundene Betongussfläche ohne Profile muss entfernt werden. 6-142

4 Nach dem Versetzen der profilierten Natursteine 6-143

6-144 (rechts oben)
6-145 (rechts unten)

Die Härte des Sichtbetons und die Art der Bewehrungseisen lassen auf eine Maurerergänzung aus der Nachkriegszeit schließen.

6-146
Anscheinend war die Bauleitung damals mit der formalen Ausführung unzufrieden. Das nachträgliche Ausarbeiten des Profils hat Bewehrungseisen (Rost) freigelegt. Aus diesem Grund wurde es wahrscheinlich auf der rechten Seite glatt belassen. (links oben)

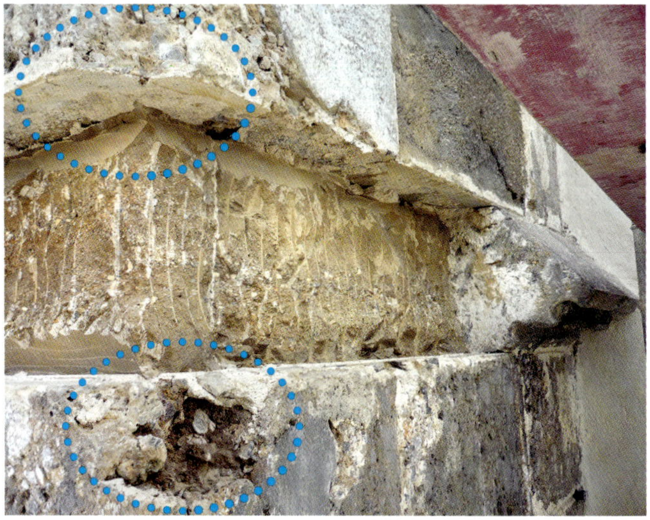

6-147 (links unten)
6-148 (rechts oben
Um eine Einbindung der neuen Steine zu erzielen (Haltbarkeit), wurde bis zum alten Gesimsstein freigelegt (Bild 147 mit und im Bild 148 ohne ergänztem Auflager).

6-149
Diese dreiteilige Vierung setzt aufrgund des Schwierigkeitsgrads einen ausgelernten Steinmetz voraus.

Diese dreiteilige Vierung (▸ **Bild 6-149, 6-150**) hat genau den Schwierigkeitsgrad, den ich für die Anfertigung durch einen ausgelernten Steinmetz voraussetzen kann. Wenn er auch in seiner Firma möglicherweise nie mit Restaurierungen und Natursteinergänzungen in Berührung gekommen ist, müsste er zumindest bei der Gesellenprüfung ein vergleichbares Werkstück aus Weichgestein bearbeitet haben. Deshalb wird auf die Herstellung formal und arbeitstechnisch nicht näher eingegangen.

6-150 Umgekehrtes Anpassen der drei Gesimsstücke

6-151 Man benötigt nur eine von den Gesimsen abgenommene Konturschablone zum Anreißen des Profils (roter Kreis).

Interessant ist auch, dass die Naturstein-**Neuanfertigung** des Gesimses optisch eher dem Begriff Neuteil zuzuordnen wäre. Da die neuen Gesimseteile auf der nicht sichtbaren, aber für die Haltbarkeit wichtigen Rückseite mit den alten Einbindungsresten des bestehenden Gesimses verbunden sind, kann man in diesem Fall zu Recht noch von Vierungen sprechen. In der Praxis werden diese Begriffe sowieso zumeist synonym verwendet.

Montagetechnik

Bei der **Montage der Vierungen am Pfeiler** wird zuerst das Gesimseeck mittels Holzkeile fixiert. Das Eckstück kann nicht kippen, aber die zwei seitlichen Profilteile müssen mit Pfosten zur unteren Lagerfuge stabilisiert werden. Für die eigentliche Befestigung werden pro Stein zwei Edelstahlbolzen eingebohrt und mit Hilti Hit montiert (▸ **Bild 6-152**).

6-152 Die beiden Längsstücke des Gesimses, links und rechts vom Eckstück, binden nicht sehr weit in den Hintergrund ein und sind bis zur Montage der Zapfen „vordergewichtig", weshalb es einer kurzzeitigen Abstützung bedarf.

Tipp: Bohrungen für Hilfskonstruktionen immer in eine Fuge und nie im alten bestehenden Stein setzen (roter Kreis).

Da eine Bleiblechabdeckung auf den Gesimsen vorgesehen ist, wurden die Bohrungen für die Verzapfung von außen gesetzt. Ich muss zugeben, dass diese Methode des Fixierens und Verzapfens auch bei Steinsichtigkeit und schweren Sandsteinteilen gern angewendet wird. Im Gegensatz zu einer innenliegenden Verankerung ist diese Art wesentlich einfacher und sicherer in der Ausführung. Auch das vertiefte Bohrloch ist mit Sandsteinmörtel nahezu unsichtbar zu kaschieren.

6-153
Gesimse im nicht verfugten Zustand (oben links)

Natürlich würde ich z. B. bei kleineren Vierungen oder Marmor, im Falle der Steinsichtigkeit, zu einer innenliegenden Befestigungsart raten.

Montagebeispiel – Auskragende Vierung

Am Beispiel eines Balkenteiles der Statue „Christus mit Kreuz" auf der Kirchenfassade in Ehrenhausen ist auf ▸ **Bild 6-154** das Verzapfen und Armieren einer weit auskragenden Natursteinergänzung (Position: roter Kreis) zu sehen.

6-154
Die eingerüstete Kirchenfassade am Hauptplatz von Ehrenhausen (oben rechts)

6-155
Der Schnittpunkt im Bereich des Kreuzes zwischen dem beschädigten oberen Längsbalken und dem Ansatz der Blechattrappe des linken Querbalkens ist auf diesem Bildausschnitt zu sehen. (links unten)

Der linke Teil des Kreuzquerbalkens war abgebrochen und wurde mit einer Attrappe aus kunststoffüberzogenem Blech ersetzt. Der obere Teil des Längsbalkens hatte eine Armierung aus Eisen, was in späterer Folge zu Rost- und Frostdruck sowie zusätzlichen Schäden beim Kreuz-Mittelteil führte. Dieses Teil war schon mehrfach mit Epoxidharz verklebt worden. Deshalb war das Blechrohr auch bogenförmig mit dem „gesunden" Teil des unteren Längsschafts des Kreuzes verzapft (▸ **Bild 6-155**, rote durchbrochene Linie). Die verwendeten Materialien lassen auf mindestens zwei unterschiedliche Zeitabschnitte für die Reparaturen des Kreuzes schließen: Der armierte obere Längsbalken stammt aus älterer Zeit (▸ **Bild 6-156**, mit roter strichlierter Linie hervorgehoben). Die Reparatur des Mittel-

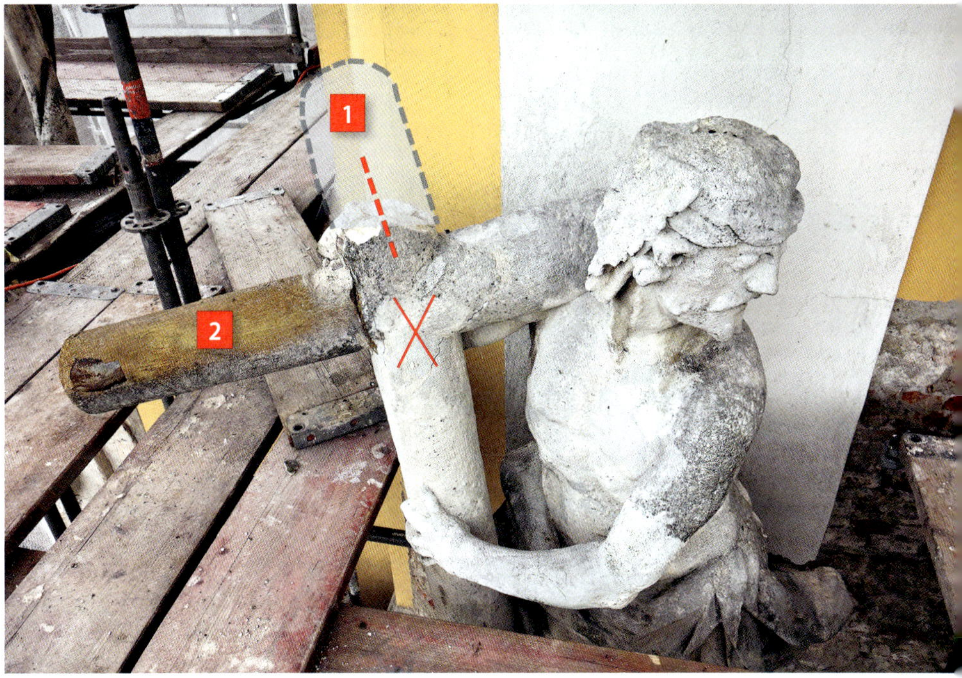

6-156 Die treibende Kraft des Eisenzapfens einer älteren „Reparatur" des oberen Kreuzteils **1** ist sicherlich mitverantwortlich für die Schäden in der Schnittpunktzone der Kreuzbalken. (oben links)

6-157 Gesamtansicht des Bestandes mit Blechattrappe **2** des linken Kreuzarms und abgenommenen oberen Kreuzteils (oben rechts)

teiles, mit der Notlösung der leichten Steinattrappen aus jüngerer Zeit.

Da es statisch durchaus möglich ist, eine Vierung des Balkenteils aus Stein (Aflenzer-Kalksandstein) sicher zu montieren, wurde eine Ergänzung mit leichteren Fremdmaterial verworfen.

Beim Abbruch des linken Balkenteils und durch den rostigen Zapfen des oberen Längsteils sind mit hoher Wahrscheinlichkeit die massiven Schäden am Kreuzmittelteil entstanden (rotes x, ▸ **Bild 6-157**). Die vorläufige Abnahme wird beschlossen.

Neuanfertigung von Kreuzvierungen

Aus stabilen, alten Bogensegmenten (Lagerbestand, Werkstatt), die sich statisch schon bewährt haben, wurden die Kreuzvierungen gefertigt (▸ **Bild 6-158)**

6-158 Das alte Bogensegment **3**, das ich für die größte Kreuzbalken-Vierung wiederverwerte, hat zwar eine Krümmung, es geht sich auf Maß aber gerade noch aus. (links unten)

6-159 Blech mit Kleber im noch nicht abgebundenen Zustand mit Sandsteinkörnung zu beschichten, um eine Steinimitation zu erzielen, ist keine neue Idee und war in diesem Falle auch nicht nachhaltig. (unten rechts)

6-160 Mit diesen Bewehrungs- und Verzapfungsvorarbeiten in einem „gesunden“ Vierungsstein kann ohne Weiteres „auskragend“ gearbeitet werden, auch wenn der Gewichtsvorteil der Blechattrappe natürlich genauso für diese Lösung gesprochen hätte.

6-161 Die Zahneisenoberfläche der Bearbeitung würde mir schon am besten gefallen; leider ist der Oberflächenbestand etwas glatter. (links unten)

6-162 Den rostigen Zapfen durch einen Edelstahlzapfen beim oberen Kreuzteil zu ersetzen, wäre auch möglich gewesen. Nach Sichtung des Bestands habe ich mich aber für eine Neuanfertigung entschieden. (rechts unten)

Bei der Blechrohrattrappe kann man sehr gut die Ablösung der Kunststoffschicht, die zur Strukturierung aufgetragen wurde, erkennen (▸ **Bild 6-159**).

Um nicht zu unnatürlich gleichmäßige Oberflächen zu erhalten, wurden die Vierungen mit dem Zahneisen grob bearbeitet und erst dann mit der Raspel geglättet (▸ **Bild 6-161**).

Die wichtigsten statischen Maßnahmen für den ausladenden Querbalken sind zum einen zwei 10 mm starke Edelstahlstifte als Bewehrung und Mittelteileinbindung über fast die Gesamtlänge der Vierung, und zum anderen der 16 mm starke Hauptzapfen, der bis über die Mitte der Vierung und auf der Seite des rechten Querbalkens bis Mitte Christuskopf einbindet (▸ **Bild 6-160**).

Die obere Längsbalkenvierung (Altbestand aus Beton mit Eisenzapfen, ▸ **Bild 6-162**) wurde mit zwei 10 mm starken Stahlstäben praktisch als Klammer durch den statisch bedenklichen Mittelteil in den gesunden unteren Längsbalkenteil geführt (das Teil hat somit statisch nur mehr eine untergeordnete Funktion und dient hauptsächlich als Verblendung der Edelstahlkonstruktion). Die Verbindungsmontage der oberen Balkenvierung mit dem bestehenden Mittelteil erfolgte als Vormontage in der Werkstatt (im roten Oval, ▸ **Bild 6-163**).

6-163 Den oberen Kreuzteil habe ich als Vormontage mit dem abgenommenen Bestandsmittelteil verbunden und den linken Kreuzbalken für die Montage vorbereitet.

Montage der Kreuzvierungen

Auf dem ▸ **Bild 6-164** ist der Hauptgrund für den Erhalt des Kreuzmittelteils gut zu erkennen. Der rechte Arm, der den Kreuzteil umfasst, ist bis auf das Vorderteil der Hand in einem

6-164 Am Querschnitt der „Amputation" des Kreuzmittelteils erkennt man die eher seltene Darstellung des Christuskreuzes mit rundem Kreuzbalken.

6-165 Bestandsmittelteil mit neuer oberer Kreuzvierung

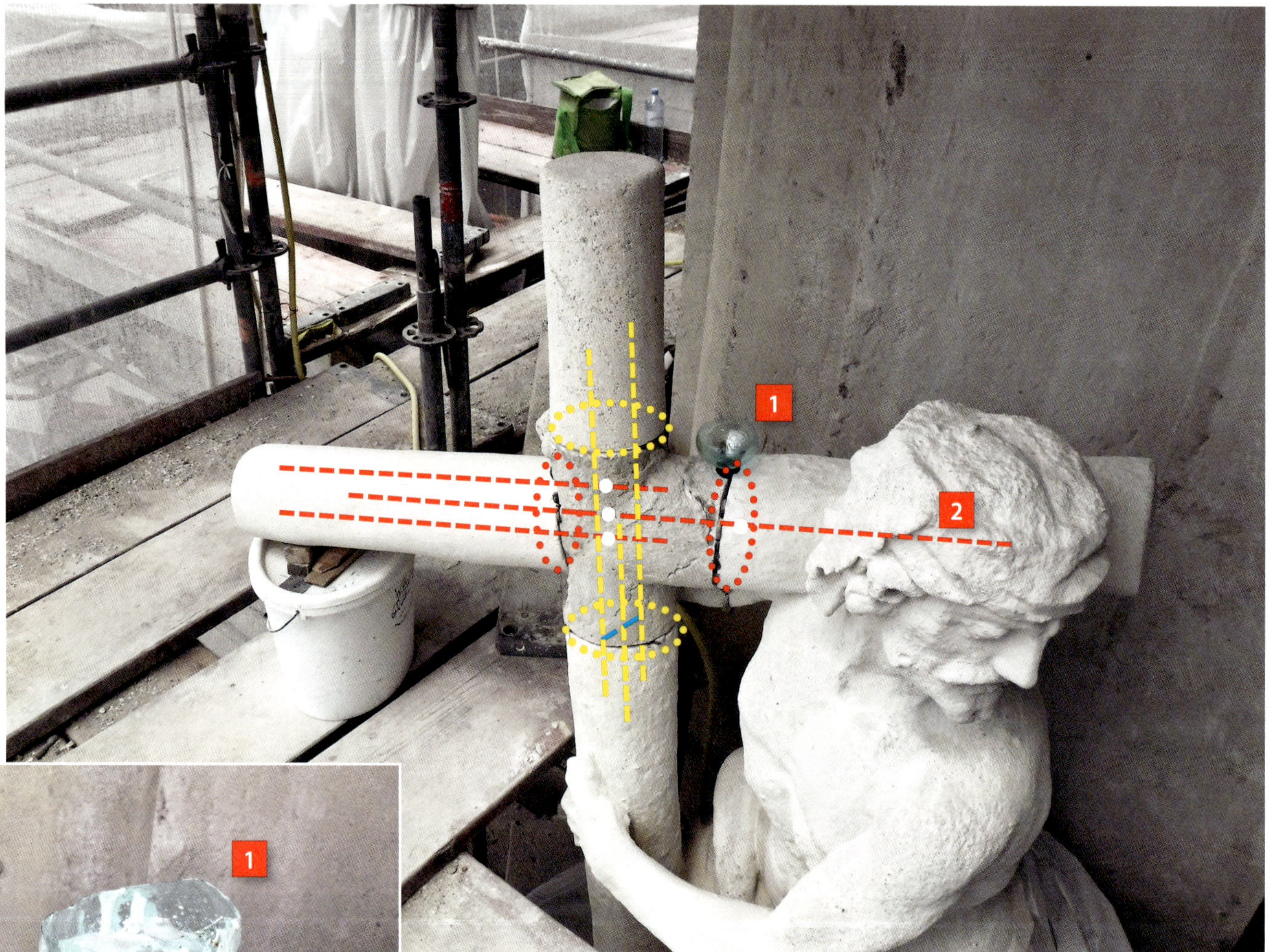

6-166
Schematischer Aufbau der verschiedenen Bewehrungs- und Haltezapfen in der Steinsubstanz: nicht gerade wenig Metall, aber der auskragende Kreuzbalkenteil ist eben nicht mehr aus dünnem Blech. (rechts)

6-167
Behelfstrichter 1 aus Kunststoffflaschen zu schneiden, hat Tradition (zumindest seit es Plastik gibt). (links)

relativ guten Erhaltungszustand (Armansatz im roten Kreis, ▸ **Bild 6-164**).

Mit der Baustellen-Elektrowinde wurden die Kreuzteile auf den Turm aufgezogen; in diesem Fall das erhaltene Mittelstück mit Arm und die obere Kreuzbalkenvierung (▸ **Bild 6-165**).

Der Altbestand des Längsbalkens war durch das Ausbohren der Altverzapfung hohl und wurde deshalb mit zwei relativ weit außenliegenden Verstrebungen mit der oberen Vierung und dem unteren Längsbalken verbunden. Dann wurde unten zusätzlich ein Mittelzapfen bis in die Höhlung des Altteiles gesetzt (gelb und blau).

Die Bewehrungen der waagrechten Balkenvierung banden ebenfalls in den Hohlraum des Mittelteiles ein (rot und weiß). Der 16 mm starke Hauptträgerzapfen band auf der linken Seite mittig bis über die Hälfte der Länge der Vierung ein. Über den hohlen Mittelteil band der Hauptträgerzapfen 2 des Weiteren bis in die Mitte der Höhe Christuskopf in den Altbestands-Querbalken auf der rechten Seite ein (▸ **Bild 6-166**). Die Hohlstelle im Altbestand wurde zum Schluss mit Mörtel ausgegossen (▸ **Bild 6-167** 1).

Kreuzvierungen: Anfertigung und Montage einer Handvierung

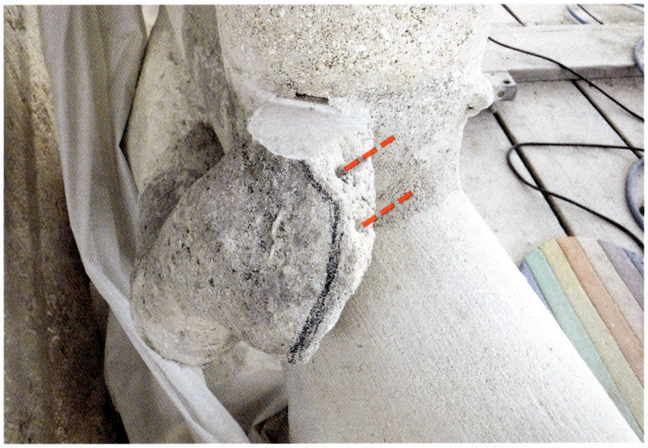

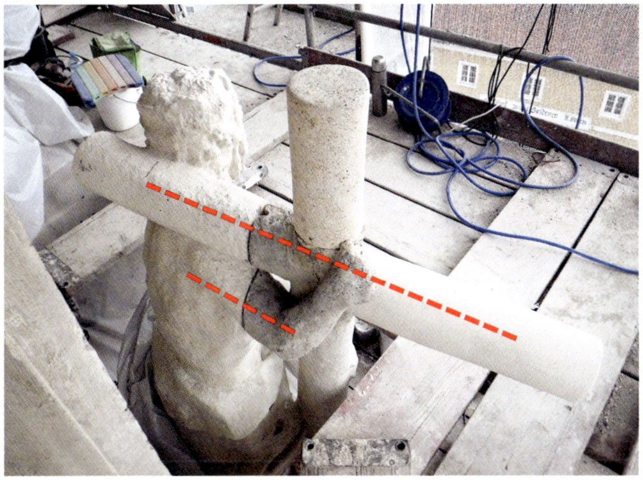

6-168
Fertiggestelltes Kreuz; jetzt fehlt nur mehr der Vorderteil der rechten Hand. (links oben)

6-169
Der Bleistiftstrich markierte in etwa die Eindringtiefe des Hauptzapfens der waagrechten Kreuzteile. Vom Ellenbogen bis in den Oberarm wurde zusätzlich ein 10 mm starker Zapfen gesetzt. (rechts oben)

6-170 **6-171**
Die Hand wurde als schadenangepasste Vierung vor Ort aus einem sehr homogenen Stück Sandstein angefertigt und mit einer doppelten Verzapfung montiert. (Mitte links, Mitte rechts)

6-172 **6-173**
Grob an die Schadstelle angepasstes Steinstück 1: Solche Vierungen sind deshalb aufwendiger, da das Anpassen, genauso wie das formale Ausarbeiten, nur vor Ort erfolgen kann. (unten links, unten rechts)

6-174 In Kombination wurden für diese Arbeit die Kopiermethoden Muster, Modell und Einmessen verwendet.

6-175 Unser Simon Mayrhofer, mittlerweile Bildhauermeister (Den besten Bildhauer unserer Firma auf seinem Gebiet herauszufordern. habe ich oft versucht, ist mir aber nie ganz gelungen, außerdem ist der gebürtige Bayer mit der Zeit auch schon ein ganz passabler Steinmetz geworden.)

Kopiermethoden und Kopierhilfen

Unter Berücksichtigung der Projekte des Natursteinaustausches beim Thema ▸ **Sicherung** und der vorangegangenen Beispiele der Vierungsmontagen kommen wir jetzt zum formalen Teil der Vierungserzeugung. Erst gegen Ende dieses Kapitels von Ergänzungen mit Naturstein werden wir uns beim Thema Replik noch einmal mit der Montagetechnik befassen.

Keine Angst, die Abbildung oben ist nur als Teilkapitelbild gedacht. Ein Steinmetz oder auch ein gewerblicher Bildhauergeselle muss jetzt nicht unbedingt gleich einen Papst kopieren. Die Grundprinzipien der Kopiermethoden sollte er aber schon beherrschen. Hat er dann im Laufe der Zeit seine anatomischen und plastischen Fähigkeiten erweitert, kann er sich auch an formal schwierigeren Objekten versuchen.

In irgendeiner Form (stark beschädigt oder verwittert) müsste der Ausführende immer ein Muster für seine Arbeit erhalten. Bei vollständig fehlenden Endelementen (z. B. Kreuzblumen) sollte für die Kopie ein gleichwertiges Bestandsstück an anderer Stelle am Bauwerk oder Denkmal vorhanden sein. Im Normalfall nimmt man ein bestehendes Werkstück vom Bauwerk, das noch alle plastischen Komponenten in ausreichenden Maßen aufweist. Auf die Problematik eines Mustererhalts aus zweiter Hand werde ich beim Projekt „Kreuzblumen Wien" noch näher eingehen (▸ Seiten 308 und 309).

In diesem Teilkapitel werden einfache, auch auf der Baustelle praktikable Methoden vorgestellt.

Maßskizze

Bei diesem Beispiel einer Säulenbasisvierung am gotischen Turm der Straßengeler Kirche habe ich mich dazu entschie-

6-176 Die ausgemessene Vierung eines Teilstücks einer Säulenbasis wird mit Übermaß in die Schadstelle eingesetzt. (Die Dreiviertelsäulen bilden die Eckverstrebungen an den acht Seiten des Turms.)

6-177 Die Profile der Vierung werden vor Ort fertiggestellt und an den Bestand angepasst.

den, den Einsatzstein nur grob in der Werkstatt herzustellen und die eigentliche Form erst nach der Montage vor Ort zu erarbeiten (▸ **Bild 6-176**).

Eine Skizze der ausgearbeiteten Schadstelle, auf der ein paar Maße vermerkt wurden, waren für diese Methode ausreichend. Der Grund, warum dieser Arbeitsablauf sicher nicht häufig angewendet wird, ist eine oft schlechte Arbeitshöhe am Gerüst, aber auch ein größerer Zuleitungs- und Werkzeugbedarf an schwer zugänglicher Stelle sowie eine Lage, die der Witterung ausgesetzt ist.

Drei Schablonen in drei Richtungen wären möglich, aber auch anfällig für Fehlerquellen. Deshalb nahm ich in diesem Fall die etwas schlechtere Arbeitsbedingung auf dem Gerüst gegenüber der Werkstatt in Kauf (▸ **Bild 6-177**).

6-178 Brrr … „Säulen der Erde" war ja so romantisch!

Tipp: Vierungen kann man auch in der kalten Jahreszeit herstellen (kein empfindlicher Mörtel nötig).

Dieses Restaurierungsprojekt (Kirchturm) wurde bauzeitmäßig fast nach mittelalterlicher Tradition ausgeführt. Arbeiten mit temperaturempfindlichen Materialien sollten noch im Herbst stattfinden.

Dann, am Anfang des Winters, folgt die Ausarbeitung der Vierungseinbindungen vor Ort am Gerüst, bis uns der Schneesturm verjagt. Im kältesten Teil des Winters werden dann die Steinteile nach Schablonen in der Werkstatt hergestellt. Sind die Temperaturen im Frühjahr wieder um 1 °C, kann das Versetzen und Anpassen der Vierungen am Turm angegangen werden.

Schablone

Außer einen Quader auszumessen ist wohl eine Profilschablone aus Karton die häufigste aller Kopierhilfen (▸ **Bild 6-179**). Am fertigen Werkstück erkennt man, dass insgesamt drei Schablonen zum vollständigen Erfassen der Vierung notwendig waren (▸ **Bild 6-181**).

6-179
Mit Hilfe eines Winkels und einer Platte eruiert man die Tiefe der neuen Vierung auch bei einem unregelmäßigen Hintergrund. (links)

6-180
Da sieht man mal wieder, wie wichtig das Alkoholverbot auf Baustellen ist (mit einer Bierflasche wäre diese praktische Einfüllhilfe nicht so leicht zu machen gewesen). (rechts oben)

6-181
Nicht schlecht gemacht für einen Lehrling im zweiten Lehrjahr (der italienische Travertin ist außerdem kein ganz so leicht zu bearbeitender Stein). (rechts unten)

Tipp: Eine Fehlstelle oberhalb des ausgearbeiteten Vierungslagers kann gleich als Mörtel-Einfüllöffnung zum späteren Fixieren der Vierung benutzt werden (▸ **Bild 6-180**).

Tipp: Da der Hintergrund der Einbindung unregelmäßig mit dem Spitzeisen ausgearbeitet wurde, dienen die steife Gipskartonplatte und der Winkel als Tiefenmaß der hinteren Fläche des neuen Steins (▸ **Bild 6-179**).

Ich erwähnte bereits auf der vorherigen Seite, dass der Einsatz von drei Schablonen zu Fehlern führen kann. Deshalb benötige ich diese Fläche, um von dort alle Schablonen ausgehen zu

6-182
Das Portal ist nicht sehr hoch. Deshalb war unser kleiner Kran am Pritschenwagen ausreichend, um uns den Stein auf Position zu heben.

lassen. Nur einen Quader einzusetzen und das Werkstück vor Ort fertigzustellen, war in diesem Fall durch schlechte Gerüstlage und zu harter Gesteinsart nicht so günstig.

Portal der Heiligen-Geist-Kapelle in Bruck a. d. Mur: Diese Vierung auf der linken Laibungsseite des Portals wurde von meinem damaligen Lehrling Andi Sauseng erzeugt und von meinen Kollegen vor Ort versetzt (▸ **Bild 6-182**).

Muster

Die Spitzenkreuzblumen der drei Dachfialen des Nordturms der Grazer Zentralfriedhofskirche fehlten und sollten mit Naturstein rekonstruiert werden. Bei relativ komplexen Nachbildungen ist ein originales Muster immer die beste Voraussetzung für eine Kopie. Ist nur ein altes, vielleicht noch unscharfes Foto vorhanden, ist es z. B. ungleich schwieriger, alle Maße genau zu eruieren. Erfahrungsgemäß sollte immer die Möglichkeit einer Lagerung der fehlenden Teile am Dachboden in Betracht gezogen werden. Es kann nämlich vorkommen, dass absturzgefährdete Steinteile schon vor einigen Jahrzehnten aus Sicherheitsgründen abgenommen wurden.

6-183 Der Nordturm der Grazer Zentralfriedhofskirche

Tipp: Immer Dachböden und Turmräume nach Originalen durchsuchen, bevor Replikationen in Betracht Gezogen werden.

6-184 Fertigstellungsbild der drei neu angefertigten Kreuzblumen

Vom Südturm, der schon vor Jahren von einer anderen Firma rekonstruiert wurde, konnte ich mir mit einiger Mühe (klettern) eine Kreuzblume als Muster besorgen (im roten Oval, ▸ **Bild 6-185**).

Ein Mitarbeiter der Firma, die den Südturm restaurierte, erzählte mir, dass er alle drei Hauptteile seiner Kreuzblumen am Dachboden gefunden hatte. Das Fragment war alles, was er mir gelassen hatte. Was soll man da machen? „Wer zuerst kommt, mahlt zuerst." Dieses alte Sprichwort hatte auch hier seine Gültigkeit (▸ **Bild 6-187**).

Die ersten Maße, die vom Muster abgenommen wurden, waren Größen für die Grundblöcke aus Aflenzer Kalksandstein für Hauptteil und Stempel, damit diese sofort bestellt werden konnten (▸ **Bild 6-186**).

In einer improvisierten Bauhütte aus Bauzaunteilen und Planen wurden die Maße vom Muster auf den Rohblock übertragen; der Stein wurde dann vor Ort bearbeitet.

6-185 Vom linken Risalit-Turm der Kirche konnte ich mir eine Musterkreuzblume abnehmen (keine Angst, da stand dann schon ein Gerüst). (oben)

4-186 Nur wegen der Grundblöckebestellung müsste ich das Muster nicht von der Fiale entfernen (kann man auch vor Ort ausmessen), aber für die Ausarbeitung aller Formen wird sie unten benötigt. (Mitte links)

4 187 Das einzige Fragment einer wahrscheinlich abgestürzten Kreuzblume, das ich am Dachboden finden konnte. (Mitte rechts)

6-188 Ein Hauptteil einer Kreuzblume in Arbeit

Tipp: Warum Arbeiten wie diese nicht in der Werkstatt mit einer etwas besseren Infrastruktur ausgeführt werden, hat zwei Gründe:

- Nur so ist es als Vorarbeiter möglich , mehrere Teams auf der Baustelle zu leiten und trotzdem ein paar Stunden am Tag für anspruchsvolle Steinbearbeitung übrig zu haben.
- Wenn der Auftraggeber und die Bauleitung die Entstehung eines Werkstücks mitverfolgen, ist das Verständnis für unsere Arbeiten wesentlich besser als bei einer mehr oder weniger „abstrakten" Lieferung aus der Werkstatt.

6-189 Zwei Mittelteil- und ein Stempelgrundblock (links oben)

6-190 Ein Stempel in Arbeit: Wichtig ist eine gerade Gehrungslinie beim Knauf. (links unten)

6-191 Mittelteil beim „Anreißen" (Anzeichnen) der Oberseite (rechts oben)

6-192 Bei solchen, sehr symmetrischen Objekten ist eine systematische Schritt-für-Schritt-Vorgehensweise beim Arbeitsablauf essenziell. (rechts Mitte)

6-193 Als Stein ist der Aflenzer Kalksandstein für einen Steinmetz kein Problem. Hier geht es eher um die Form. (rechts unten)

6-194 Bei der fertigen Kreuzblume wird der Hauptteil mit dem Stempel durch eine Stahlverzapfung verbunden.

Vorher – Nachher (Fertigstellung)

6-195 **6-196** Der Risalit-Nordturm vor und nach allen Restaurierungsmaßnahmen (oben Mitte, oben rechts)

6-197 **6-198** Die am schwersten beschädigte Fiale vor und nach allen Restaurierungsmaßnahmen (links unten, rechts unten)

6-199
Abnehmen der Form mit Profilschablone 1 und Drahthaken 2

Schneiddrehen

Ein paar Monate vor diesem Auftrag erstellte ich für ein anderes Bauwerk zwei Rundbaluster nach klassischer Art. Aus einem Vierkanter wird durch Abfasen ein Rundstab erzeugt. Erst dann werden mit Hilfe von Kontraschablonen die Profile gesetzt. Das ist mit ziemlich viel Arbeit verbunden.

Deshalb hatte ich mir vorgenommen, eine provisorische Dreheinrichtung zu bauen, sollte die Menge der beauftragten Baluster zwei Stück übersteigen. Mit einer Profilschablone und einem Drahthaken wird die Form abgenommen (▸ **Bild 6-199**).

Obwohl das Gerät zwei Personen bedienen müssen (einer die Kurbel, einer die Flex), reduziert sich die gesamte Arbeitszeit um die Hälfte gegenüber der klassischen Methode (▸ **Bild 6-200 bis 6-203**).

6-200 Man könnte einen langsam drehenden Grillspießmotor statt der kurbeldrehenden Person einbauen (aber jetzt reicht es langsam, bin schließlich nur Steinmetz und kein Erfinder). (rechts oben)

6-201 Schnitt auf Schnitt wird im Abstand von 5 mm gesetzt und dabei das Werkstück gedreht. (links oben)

6-202 Für das Fertigstellen mit Hartmetallraspeln sind die exakten Tiefenspuren der Schnitte ein guter Anhaltspunkt. (links Mitte)

6-203 Das Muster im Vordergrund und die drei Kopien (links unten)

Die Idee für diese improvisierte, aber dennoch effektive „Schneiddrehmaschine" ist nicht über Nacht gekommen, sondern schön langsam gewachsen. Grundlage war ein Support-Schraubstock, den ich zufälligerweise hatte, und sehr gleichförmige Bauzaunsockeln. Dann brauchte ich nur noch Anregungen in einem Fachbuch der alten Römer (Schleifdrehen von Steinen, diese Methode ist schon sehr alt) und ein paar Folgen „MacGyver" im Fernsehen und schon war die Idee geboren. Bei der praktischen Umsetzung haben mir dann auch noch ein paar nette Arbeitskollegen geholfen.

6-204 6-205 6-206
6-207 6-209
6-208

Bildanordnung
(Bildlegenden auf der Folgeseite)

Zu den Bildern der vorhergehenden Seite:

6-204 Ein Muster wurde uns übergeben, mit dem Auftrag, drei Balusterneuanfertigungen zu erstellen. (links oben)

6-205 Auf dem Bild sieht man die Flex fixiert auf einem Support-Schraubstock. Der ist auf einem Gleitstein zwischen zwei Metallschienen montiert. Eine vom Muster abgenommene Schablone ist knapp über dem Boden, parallel zu den Schienen, befestigt. Der Abnehmer-Drahtbügel ist am Schutz der Flex angeschweißt. (oben Mitte)

6-206 In den Rohling (oben im Vordergrund) wird eine Edelstahl-Gewindestange als Achse, die aber auch als Bewehrung dient, gebohrt. (oben rechts)

6-207 Vergrößerungen zu den Drehlagern (Löcher der Absperrungszaunsteine): Im Durchmesser werden passende Stahlrohrstücke aufgesteckt, verschraubt und einseitig mit einer Handkurbel versehen. (Mitte links)

6-208 **6-209** Die Schnitttiefe ist erreicht, wenn die Schablone **1** durch die Vibrationen des sie berührenden Abnehmerdrahts **2** schlagartig vom Staub des Schneidens befreit wird. (links unten, rechts unten)

Lehmmodell

Diese vor allem bei organischen Teilformen angewandte Methode hat drei Vorteile:

- Die Ansatzfläche der Schadstelle kann exakt abgenommen werden (schadenangepasste Vierung).
- Die Masse der Ergänzung kann mit dem Lehm leicht bestimmt werden (auch wenn die genaue Form erst recherchiert werden muss).
- Das Modell ist leicht transportierbar (für die Umsetzung aus Stein in der Werkstatt).

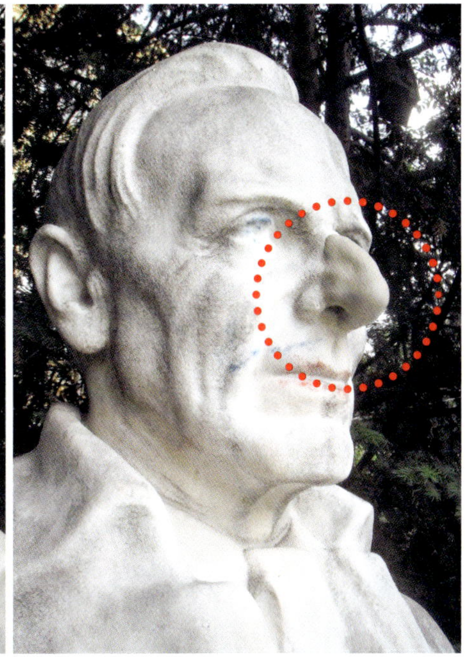

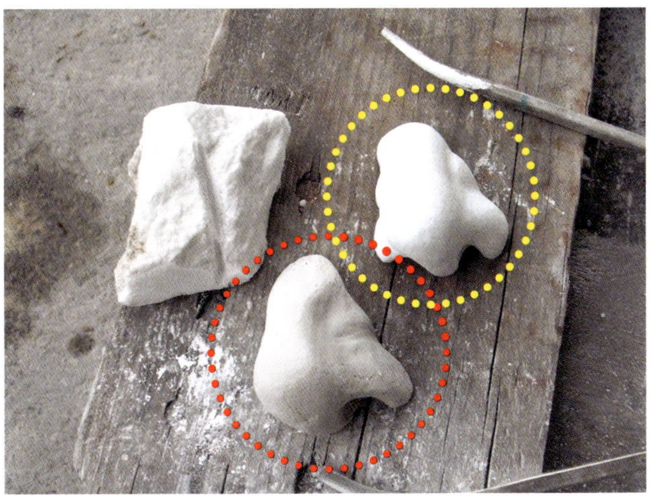

6-210 Wäre eine gute Scherzfrage (wenn man den Schaden belassen würde): Was hat der steirische Heimatdichter Rosegger mit der großen Sphinx von Gizeh gemeinsam? (Mitte oben)

6-211 **6-212** Lehmmodell im roten Kreis (links unten, rechts oben)

6-213 Ausführung als schadenangepasste Vierung aus Marmor (Mitte unten)

6-214 Ein so „milchiges" Marmorstück wie beim Bestand konnte ich in unserem Steinlager nicht finden, deshalb musste ich mit einer Retusche etwas nachhelfen. (rechts unten)

Schadensbild: Ein Fall von Vandalismus: Mit einer Bierflasche wurde die Nase der Peter- Rosegger-Statue in Graz abgeschlagen (▸ **Bild 6-210**). Das abgeschlagene Steinteil war nicht mehr auffindbar.

Nach Durchsicht unseres Steinlagers fand ich ein ähnliches Marmormaterial. Hergestellt in der Werkstatt (gelber Kreis) und angepasst vor Ort, wurde die Nase nach Schließen der Fuge auf den Altbestand retuschiert (▸ **Bild 6-213, 6-214**).

6-215 Kornmesserhaus am Hauptplatz in Bruck an der Mur

Beim **Kornmesserhaus in Bruck an der Mur** ist die Vorgehensweise im Prinzip gleich wie beim Peter-Rosegger-Denkmal, also Abnehmen der Anschlüsse und Massen mit Hilfe von Lehmmodellen, Umsetzen in der Werkstatt von Lehm auf Stein, Montage vor Ort und Retusche auf Altbestand.

Da die Schadensbilder in beiden Fällen vandalismustypisch sind, greife ich das Thema noch einmal auf. Lokale in der Nähe und die leichte Erreichbarkeit mit Schirm, Stock oder Flaschen führen dazu, dass wir bei diesen Denkmalen schon

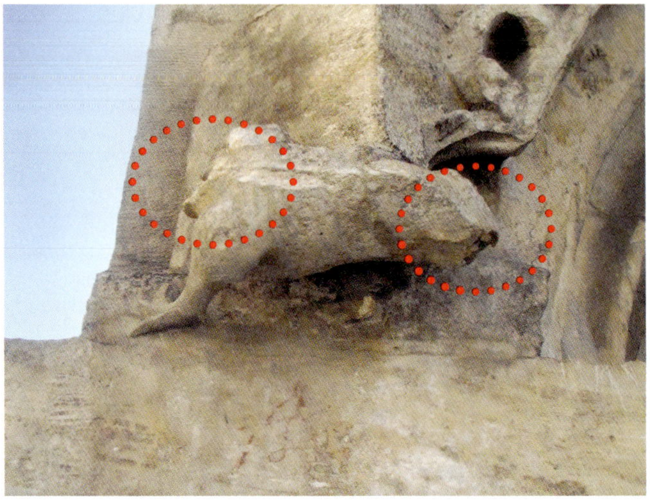

6-216 Abgeschlagener Kopf eines Salamanders am Kornmesserhaus

öfter im Einsatz waren. Glücklicherweise sind die Schäden nicht immer so massiv, sondern bestehen meistens „nur" aus Sprühfarbenexzessen.

Die ▸ **Bilder 6-215** und **6-216** zeigen abgeschlagene Steinteile beim „Salamander" am Kornmesserhaus am Hauptplatz in Bruck a. d. Mur.

6-217 Ist der abgeschlagene Teil nicht mehr auffindbar, wird genauso wie bei der Rosegger-Nase ein Lehmmodell angefertigt. Wobei es hier vorerst eher um die Proportionen und die Anschlüsse an den Bestand als um genaue Formen geht.

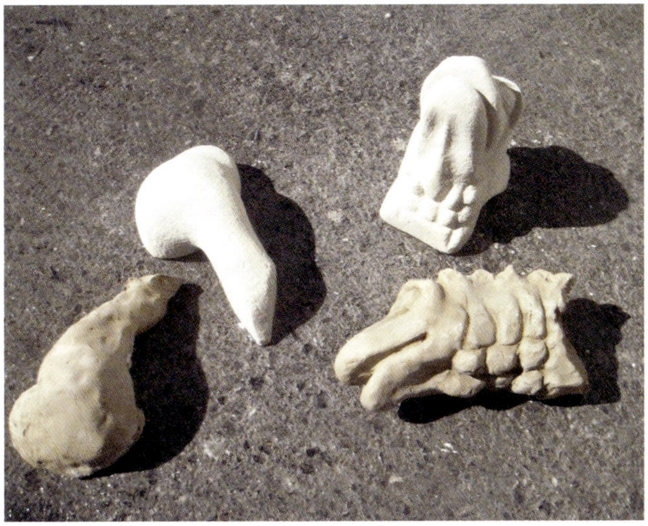

6-218 6-219 Die Umsetzung von Lehm auf Stein der beiden fehlenden Teile des Salamanders wurden in der Werkstatt ausgeführt.

Einmessen

Bei den Ziergiebeln der großen Fialentürme am Einfahrtsportal des Grazer Zentralfriedhofs mussten zwölf Abschlussblätter angefertigt werden (Fertigstellungsbild, drei Blätter in Reihe, ▸ **Bild 6-221**). Hierbei empfiehlt sich folgendes Vorgehen:

- Die Kontur des Blatts wird von einem gut erhaltenen Bestand mit einer Kartonschablone abgenommen (▸ **Bild 6-222**).

6-220 Zum Schluss werden die neuen Bereiche des Salamanders „auf alt" patiniert (Retusche).

6-221 Ein Eckturm der neugotischen Einfahrts-Portalanlage des Grazer Zentralfriedhofs mit Positionierungsanzeige (rotes Oval) der Ziergiebelblätter

6-222
Eine Konturschablone, abgenommen vom Muster, fördert die gleichmäßige Herstellung bei einer größeren Stückzahl an benötigten Kopien. (oben links)

6-224 **Das Muster auf einer ebenen Fläche, eine 0-Punkt-Linie, ein robuster Stahlwinkel und ein Metermaß sind nötig, um ein paar Fixpunkte auf dem konturierten Rohblock zu bestimmen.**

- Mit einer Messskala auf einer Grundplatte, Winkel und Maßband werden ein paar Höhenpunkte bestimmt (▶ **Bild 6-224**).
- Bis zum Schluss werden diese Punkte sichtbar gehalten, um eine formale Gleichmäßigkeit der in Reihe stehenden Blattabschlüsse zu gewährleisten (▶ **Bild 6-223, 6-225, 6-226 und 6-227**).

6-223
Verschiedene markante Punkte, übertragen vom Muster auf den neuen Stein, fördern nicht nur die Gleichmäßigkeit, sondern auch den plastischen Eindruck. (links unten)

6-225 **Diese Fixpunkte werden auch bei einem groben Ausarbeiten der Form sichtbar gehalten.**

6-226 Alle zwölf benötigten Neuanfertigungen aus Kalksandstein vor der Lieferung zur Baustelle (links oben)

6-227 Ein fertiggestelltes „Blatt" vor der Montage (rechts oben)

Kombination (Schablonen, Einmessen und Bestandsmuster)

Kornmesserhaus Bruck a. d. Mur, Brüstungsteil „Weinstock", Brüstungsmaßwerk-Segment 1: Demontage von instabilen, gebrochenen Maßwerksteilen (hauptsächlich Ziegel und Stuckergänzungen). Es wurde eine Natursteinvierung für das gesamte, rechte untere Eck der Brüstung beschlossen (▸ **Bild 6-228**).

Mit einem steifen Styroporstück konnte die Vierung massemäßig bestimmt und die Anschlüsse zum Bestand auf der Vorder- und Rückseite abgenommen werden (Detail ▸ **Bild 6-229, 6-230**). Von der vorderen Referenzebene (Umrahmung) wurden dann die Mittelpunkte 1 der Astansätze bestimmt und eingemessen. Die Anschlüsse zum Unterzug und dem Rand wurden mit Kartonschablonen abgenommen (▸ **Bild 6-231**). Die Trümmerstücke aus Gipsstuck und der provisorisch geklebte Unterzugsteil sowie Positionsfotos dienten als Anfertigungshilfe für den Neuteil und wurden in die Werkstatt mitgenommen (▸ **Bild 6-232**).

Bei Vorarbeiten in der Werkstatt **(▸ Bild 6-233)** wurde ein Steinsteg in Richtung Bestand belassen (▸ **Bild 6-234**).

Tipp: Bei der Herstellung vor Ort könnte man ein fehlendes Maß schnell nachsehen. Weit entfernt in der Werkstatt nicht. Also besser nichts vergessen.

6-228 Die Fundamente des Gesimses haben sich auf der Brüstungssockelseite gesenkt und damit in diese Region über Jahrzehnte Regen und Schmelzwasser geleitet; schwere Schäden sind die logische Folge.

6-229 **6-230**
Nach dem Abräumen des gesamten desolaten Materials hilft eine Styroporplatte beim Bestimmen der Neuanfertigung.

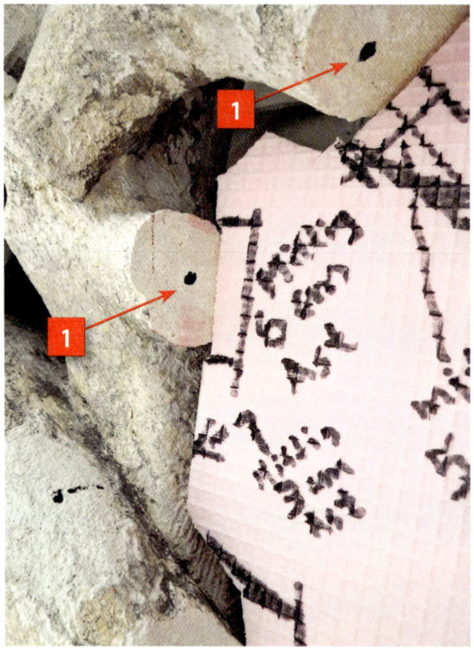

6-231
Die Form des Bestands ist bei den Unterzügen der Brüstung durch den „Zahn der Zeit" schon etwas „verwaschen" (Schablone nach Bestand). (unten links)

6-232
Die geborgenen Gips- und Steintrümmer werden in die Werkstatt mitgenommen. (unten rechts)

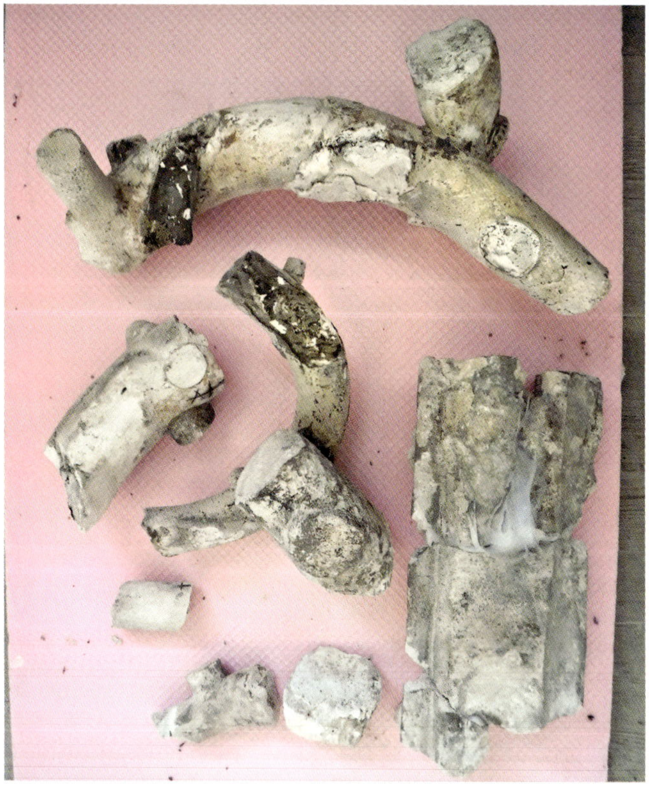

Montage und Anpassen der Vierung bei der ersten Brüstung vor Ort: Nach der Montage wurde der schützende Steinsteg an den Altbestand angepasst. Der Gesamteindruck und die Haltbarkeit sind nun wieder erreicht. Bildhauerische Feinheiten, wie aufgeplatzte Rinde und Zweig-Endstücke, könnten noch ausgeführt werden (▸ **Bild 6-236, 6-237**).

Bei diesem sehr unregelmäßigen Werkstück war die genaue Maßabnahme zum Bestand für die Vorarbeiten in der Werkstatt wesentlich. Die Anpassung des Steins vor Ort zu minimieren, verhinderte viel Staub und Lärm am Brucker Hauptplatz.

6-233 Statt in der Werkstatt würde ich mein Neuteil viel lieber vor Ort erzeugen, aber durch die Gastronomie am Brucker Hauptplatz geht das definitiv nicht. (oben links)

6-234 Die Vorarbeiten in der Werkstatt sind abgeschlossen, nun folgt die Bestandsanpassung vor Ort. (oben Mitte)

6-235 Jede der sechs unterschiedlichen Brüstungsteile war ursprünglich aus einem Stück Stein gefertigt (das Brüstungsteil „Weinstock" im roten Kreis). (oben rechts)

6-236 Die Vierung wird in die Brüstung eingepasst. (unten links)

6-237 Beim Anpassen an den „Weinstockbestand" wird der schützende Steinsteg bei den Anschlüssen entfernt. (unten rechts)

Vereinfachtes Punktieren

Beim Portikus der Kirche am Zentralfriedhof in Graz fehlten einige Wimperg-Krabben und mussten mit Naturstein ergänzt werden (▸ **Bild 6-238, 6-239**).

An dem Bild der Fertigstellung sieht man, wie wichtig die Ausrichtung und Drehung der Neuteile im Verband der Krabben des Altbestands ist (▸ **Bild 6-240**).

Nur mit Einmessen ist die Verdrehung der Werkstücke nicht so leicht zu erfassen. Deshalb schlug ich in diesem Fall Punk-

6-238 Die Position (roter Kreis) des Beispiels-Ziergiebels (Wimperg) am Portikus der Frontfassade der neugotischen Kirche am Grazer Zentralfriedhof (links unten)

Stilkunde:
Den Vorbau an der Eingangsseite eines Gebäudes nennt man Portikus.

6-239 Befund: In Balustradensockelhöhe fehlen eine linke und eine rechte Krabbe am rechten Wimperg des Portikus. (links oben)

6-240 Fertiggestellter Ziergiebel mit den beiden neuen Krabben (links Mitte)

tieren als Alternative vor. Mir ist sehr wohl bewusst, dass nicht jeder Ausführende gleichmäßige Steinquadern (brauchte ich für über 40 kleine Kreuzblumen) auf der Baustelle vorfindet. Improvisieren gehört zum Handwerk und das Prinzip ist ausreichend erklärt (▶ **Bild 6-241** bis **6-243**).

Hat man kein Punktiergerät zum Kopieren der Altkrabbe (Muster) zur Hand, so kann man sich, wie in diesem Beispiel, mit gleichmäßigen Quadern (Rohblöcke für kleine Kreuzblumen), einer Latte, einem Messstäbchen und einer Skalierung auf den Grundplatten sowie auf den Steinblöcken behelfen.

6-241 Ich weiß, dass ich mit einem Punktiergerät jeden beliebigen Punkt im Raum bestimmen kann, während ich bei meinem Provisorium mehr oder weniger auf eine Richtung beim Einmessen beschränkt bin. In einer immer mehr „vorgefertigten Welt" ist es besonders auch für den Lehrling eines Handwerks wichtig, eigene Wege zu erproben und dazu gehört das Improvisieren.

6-242 Die Rohblöcke für kleine Kreuzblumen-Neuanfertigungen vor der Bearbeitung als Übertragungshilfe vom Muster zur Neuanfertigung einer Krabbe zu verwenden, war nur so eine Idee, die aber funktioniert hat.

6-243 Bei jedem Punkt wird die Tiefe der Bohrung mit einem schmäler gemachten Stück eines Meterstabs vom Muster (Bild 6-242) auf den Grundblock übertragen. (links oben)

6-244 Mit dem Zahneisen habe ich grob die Punkttiefe erreicht. In diesem Stadium sollten alle Punkte noch sichtbar gehalten werden. (oben rechts)

6-245 Mit dem Raspelaufsatz für die biegsame Welle kann ich dann bis zum jeweiligen Markierungspunkt gehen. (Mitte links)

6-246 **6-247** Mit dem Lammellen-Schleifstift und Handraspeln erziele ich eine ausreichend gleichmäßige Oberfläche. (links unten, rechts unten)

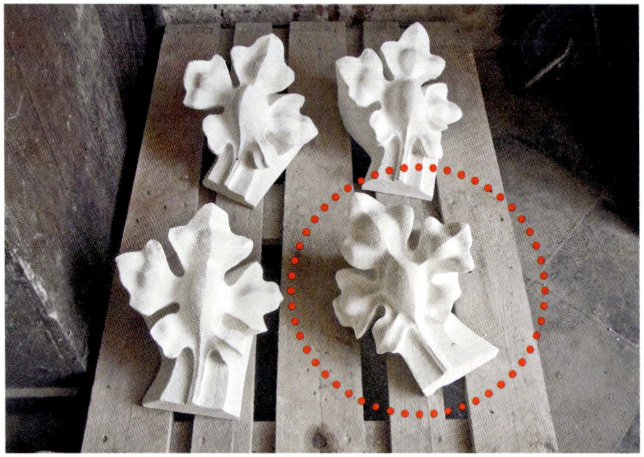

6-248 Vier fertiggestellte Krabben für den gesamten Portikus vor der Montage

6-249 Eine neuangefertigte Wimperg-Krabbe nach der Montage, im Verband mit den Bestandskrabben

Die Bohrungen werden damit in Ausrichtung und Tiefe vom Muster auf den neuen Stein übertragen (▸ **Bild 6-241, 6-242, 6-243**). Die gebohrten Punkte werden mit dem Zahneisen grob verbunden (▸ **Bild 6-244**). Rundeisen und Raspelfräsen werden vor dem Finish eingesetzt (▸ **Bild 6-245**).

Bei der Fertigstellung einer linksseitigen Krabbe wird mit feinen Geräten weiterbearbeitet, bis die tiefsten Markierungen der Bohrlöcher erreicht sind (▸ **Bild 6-246, 6-247**). Im Fertigstellungsbild aller vier neuen Krabben sieht man die einzige rechtsseitige Neuanfertigung im roten Kreis (▸ **Bild 6-248**). Die abgenommenen Muster und die neuen Krabben müssen wieder sicher auf den Wimperg-Giebeln montiert werden (▸ **Bild 6-248, 6-249**).

Die Replik – auch mehrteilig

Als Beispiel für eine typische Replik steht diese aus fünf Teilen bestehende Pfeileramphore (▸ **Bild 6-250**). Ohne die Beteiligung alter Originalteile (die sind beim Umstürzen des Pfeilers irreparabel zerstört worden) wurde die Pfeilerspitze vollständig mit neuen Steinen rekonstruiert (Schadensursache, ▸ Seite 84).

6-250 Pfeileramphore der Schlossgelände-Einfahrt in Eibiswald, Steiermark; mehrteilige Neuanfertigung aus Kalksandstein mit dem Herstellungsteam

Der Begriff Replik tauchte das erste Mal bei einem Baubericht der Bauforschung über das Projekt Kirche und Südtrakt des Grazer Zentralfriedhofs auf und hat mir gleich, im Zusammenhang mit oben genannten Werkstücken, gut gefallen. Da dieser Begriff werkstoffneutral ist, kann man ihn nicht nur für Natursteinteile, sondern auch für Mörtel-Formengussstücke (Kunststeine) anwenden (beim Projekt Kirche – Zentralfriedhof war eben beides vertreten). Außerdem kann die Replik für ein mehrteiliges Einzelobjekt wie auch für ein ersichtlich mehrteiliges Bauelement stehen. In diesem Teilkapitel werden hauptsächlich zwei Beispiele mit verschiedenen arbeitstechnischen Schwerpunkten vorgestellt.

- Für die Restaurierung eines Trakts des neugotischen Wiener Rathauses stellten wir für einen Wiener Steinmetz ca. 60 Brüstungspfeiler-Kreuzblumen mit dazugehörigem Sockel her. Schwerpunkt dieses Projektbeispiels sind Details von Abläufen der Anfertigung in Zusammenhang mit dem Einsatz verschiedener Werkzeuge.
- Für ein Schloss in Kärnten kopierten wir die Steinteile eines Renaissancefensters und versetzten es vor Ort. Wohl wird auch hier auf die Anfertigung eingegangen, der Schwerpunkt liegt aber bei diesem mehrteiligen Objekt doch mehr auf der Vormontage und Montagearbeiten vor Ort.

6-251
Werden die Feinarbeiten beim Kreuzblumen-Stempel ausgeführt, ist die Fertigstellung bereits nahe herangerückt. (oben)

Projektbeispiel: Kreuzblumen am Wiener Rathaus

Arbeitshilfen – Werkzeuge – Material

Es ist ein spannendes Unterfangen, diese anspruchsvollen Werkstücke vom Rohblock bis zur Fertigstellung zu bearbeiten (▸ **Bild 6-252**). Bei der großen Anzahl von Neuanfertigungen (insgesamt 60 Stück) ist es aber nur mehr mit einem Team möglich, die Termine zu halten. Deshalb wird die Arbeit in einfache Arbeitsschritte aufgeteilt, um es jedem in der Gruppe zu ermöglichen, seinen Teil zum Werkstück beizutragen. Jedem Teammitarbeiter, der die Fähigkeit und den Willen dazu hatte, wurde es natürlich ermöglicht, zumindest eine Kreuzblume vom Block bis zur Endfertigung zu begleiten (▸ **Bild 6-251**).

6-252
Alle Arbeitsschritte bis zur Fertigstellung selber auszuführen, braucht eine gute Arbeits- und Werkzeugorganisation. Auch diese sollte man als Vorarbeiter für willige Teammitglieder bereitstellen. (links)

Festlegen der Arbeitsschritte und Pilotarbeit

Als Teamleiter ist es sehr wichtig, ein paar Tage für sich allein die Vorarbeiten und Arbeitsschritte festzulegen. Außerdem werden vom Muster Schablonen und Maße abgenommen und eine Probe oder Pilotarbeit angefertigt. Nach diesen eigenen Erfahrungen ist es möglich, die Arbeitsschritte je nach Fähigkeiten der Teammitglieder einzuteilen. Der Ablauf und die Reihenfolge der Anfertigung sollte logisch aufeinander aufgebaut sein.

Für die Anfänger und Lehrlinge des Teams werden die Schritte stark vereinfacht (fast wie bei „Malen nach Zahlen"). So fühlen sie sich beim Arbeitsprozess sicherer und verbessern mit der Zeit ihr plastisches Verständnis (▸ **Bild 6-253, 6-254, 6-255**).

6-253 6-254 6-255
Diese drei Bilder zeigen unser Werkstück für das Wiener Rathaus in verschiedenen Stadien der Herstellung. (oben)

6-256
Erst gegen Ende des Winters konnten wir die ersten Kreuzblumen nach Wien liefern (22 Stück im ersten Jahr).

Später, wir hatten ja drei Winter Zeit, wurde die Reihenfolge verändert und die Arbeitsschritte optimiert (▸ **Bild 6-256, 6-257**). Solange die Schablonen und die Formen passen, habe ich diese Gruppendynamik gefördert. Nur so nämlich können gute Steinbildhauer ausgebildet werden.

6-257 Bei der Qualitätskontrolle in Wien war die Bauleitung mit unserer Arbeit sehr zufrieden und teilte uns das sogar schriftlich mit.

Muster

Als Kopiermethode fanden hauptsächlich das **Muster** und die davon abgeleiteten **Schablonen** Anwendung. Das Erstmuster für 2013 wurde durch ein Versehen seitens der Wiener Partnerfirma geliefert. Eigentlich wollten sie die Größe und Form des Zweitmusters erreichen, das uns nach Rücksprache später dann auch übergeben wurde (zum Vergleich ▸ **Bild 6-258**).

Tipp: Um Fehler zu vermeiden, sollten immer auch die Fotos der Befundung gesichtet werden, wenn das Muster unzulänglich erscheint.

6-258 Frage: Braucht man keine Befundungsbilder mehr, wenn ein Muster zur Verfügung steht? Antwort: Es kann vorkommen, dass falsche Muster geliefert werden. Deshalb ist es hilfreich, auch das Bildmaterial sichten zu können.

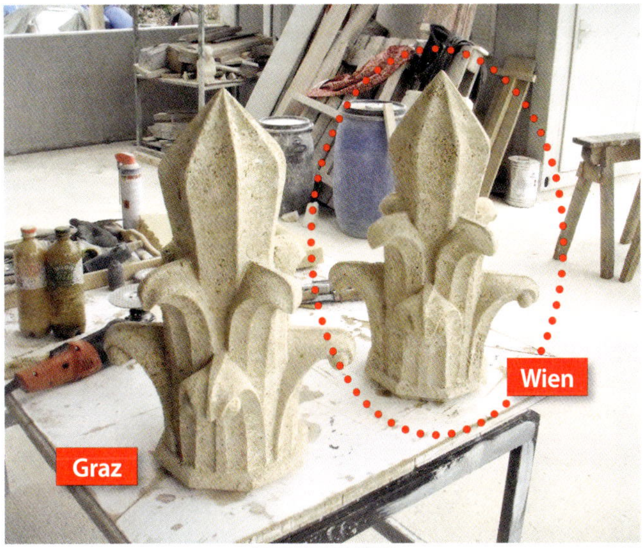

6-259 Eine Kopie der Wiener Steinmetze als Muster für den zweiten Herstellungsabschnitt im Winter 2014 zu bekommen, war ungewöhnlich. Aber so hatten wir gleich den Vergleich Wien/Graz.

6-260 Bestandsfragment als Muster für den letzten Abschnitt 2015

6-261 Beim Bearbeiten der neuen Werkstücke habe ich das Muster gern in der Nähe, um im Bedarfsfall Maße und Formen kontrollieren zu können.

6-262 Bei einem fünfköpfigen Team und nur einer Schablone für den jeweiligen Arbeitsschritt ist das Ausmachen eines verbindlichen „Zurücklegeplatzes“ der Schablonen für alle „vergesslichen Mitarbeiter“ wichtig, um Suchaktionen zu vermeiden.

6-264 Kontraschablone zum Anreißen und Kontrollieren der Knospenform

6-263 Konturschablonen aus Karton: Die Mittellinien am Stein helfen beim korrekten Ausrichten der Schablone.

Im Normalfall liegen der Auftrag, die Befundung, Herstellung und Montage sowieso in einer Hand. Sind wir aber, wie im konkreten Fall, das Subunternehmen, sollten von dem Partnerbetrieb so viele Informationen wie möglich über das Werkstück zur Verfügung gestellt werden. Das hat nach dem ersten Jahr, in weiterer Folge, dann auch sehr gut funktioniert.

Nicht nur wir, das Grazer Team, sondern auch Wiener Steinmetze arbeiteten für diese Riesenbaustelle. Deshalb schickten sie uns als Muster für 2014 eine von ihnen angefertigte Kopie (▸ **Bild 6-259**). Das Muster für 2015 ist wieder, wie 2013, ein von der Brüstung des Rathauses abgenommenes Bestandsfragment (▸ **Bild 6-260**). Wie auf diesem Arbeitsfoto zu sehen, ist es ein guter Grundsatz, das Muster bei der Herstellung im Auge zu behalten, um sich daran zu orientieren (▸ **Bild 6-261**).

Schablonen

Gleich zu Beginn sei hier darauf hingewiesen, dass das Denkmalamt eine leicht individuelle Note der Werkstücke fordert (Handarbeit). Die vom Muster abgenommenen Maße und Schablonen sind aber für jeden beteiligten Handwerker bindend, um doch eine gewisse Gleichmäßigkeit zu erzielen (▸ **Bild 6-262**). Während die Konturschablonen aus Karton bestehen (▸ **Bild 6-263**), sind die **Kontraschablonen** aus Kunststoff, da sie öfter verwendet werden und dadurch mehr aushalten müssen (▸ **Bild 6-264**).

Übersicht der Steinbildhauerwerkzeuge

Als Steinmetz wundert man sich oft über die Vielzahl der Eisen und Einsatzwerkzeuge des Bildhauers. Die Erklärung dafür ist einfach.

Für das eine Werkstück und die Gesteinsart ist ein bestimmtes Werkzeug ideal geeignet, für ein anderes Teil wieder gar nicht. Deshalb gilt: Je mehr verschiedenartige Werkstücke in Form und Material bearbeitet werden, desto größer wird die Werkzeugsammlung.

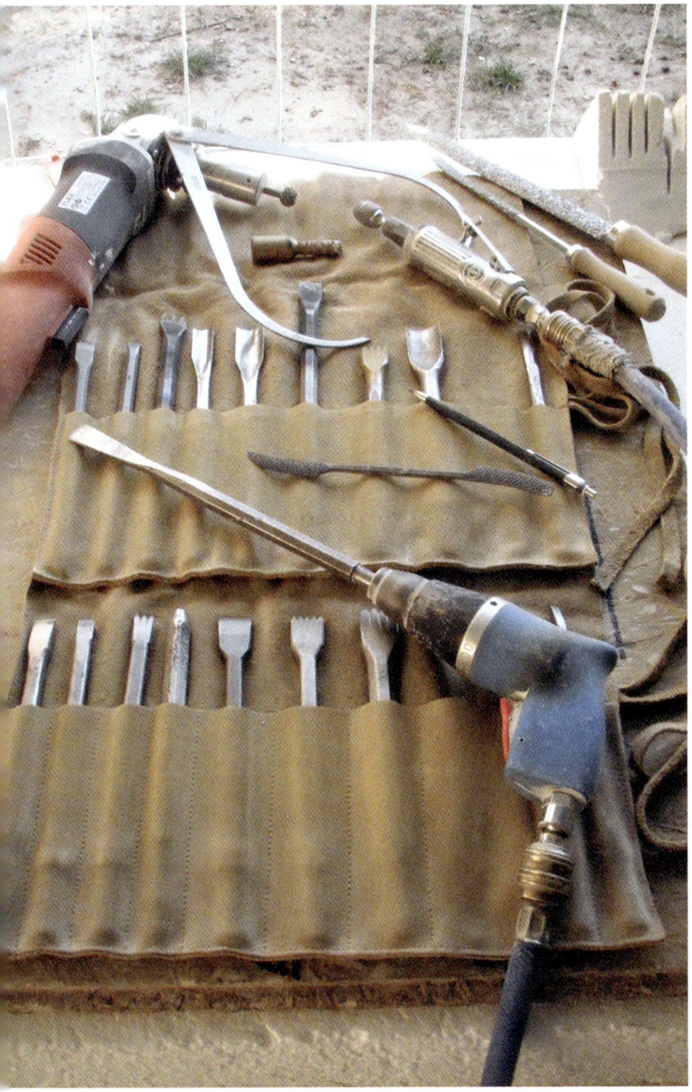

6-265 In jedem Werkzeug liegt eine Möglichkeit; zur konkreten Form bedarf es aber noch des Menschen.

6-266 Antonia und Lisa sind eine starke Stütze meines „Kreuzblumen-Teams".

Auf den nachfolgenden Seiten (siehe dazu auch Kapitel 8) werden die Werkzeuge und Hilfsmittel im Einzelnen beschrieben, die zur Herstellung eines komplexen Werkstückes aus Stein benötigt werden (▸ **Bild 6-265, 6-266, 6-267**). Die verschiedenen Einsatzwerkzeuge für den kleinen regelbaren Winkelschleifer und die Luftturbine im ▸ **Bild 6-267** ergänzen sehr gut die Kompressoreisen im ▸ **Bild 6-265**. So eine Sammlung anzulegen, dauert allerdings einige Zeit.

6-267 Kleines Einsatzwerkzeug für Feinarbeiten braucht genormte Adapter, einmal wegen der austauschbaren Aufnahme für den 6 mm-Schaft der Luftturbine, aber auch für das Schraubgewinde der kleinen „Bildhauerflex". Nur so können die positiven Eigenschaften der unterschiedlichen Antriebsmittel optimal ausgenutzt werden.

Anreißhilfen

Greifzirkel, Winkel, Druckbleistift, Latte und Meterstab sind die grundsätzlichen Anreißhilfen in der Steinbildhauerei. ▸ **Bild 6-271**.

Der Greifzirkel ist ideal zum Um-die-Ecke-Messen. ▸ **Bild 6-268**.

Tipp: Einen Druckbleistift anstatt eines Steinhauerstifts zu verwenden, hat den Vorteil, dass keine Zeit für das Anspitzen verschwendet werden muss. Striche, die länger sichtbar sein sollen, kann man mit Filzstift setzen oder mit einer Hartmetallnadel einritzen.

Um gerade Linien auf geschwungenen Körpern zu bestimmen, braucht man eine flächige Latte (Wasserwaage, ▸ **Bild 6-269, 6-270**).

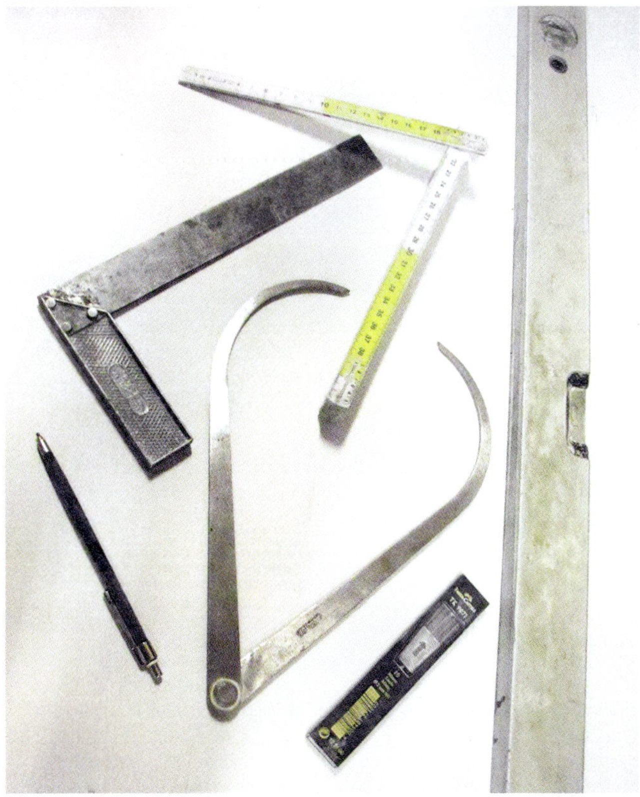

6-268 Den Greifzirkel benötige ich, um ein Maß um einen Körper herum zu bestimmen. (links oben)

6-269 **6-270** Auf einer geraden Fläche (Grundblock) eine Linie zu bestimmen, ist leicht. Ein Strich wird mit Hilfe eines Lineals von Punkt zu Punkt gezogen. Will man auf einer unregelmäßigen Kontur das gleiche versuchen, ist eine Wasserwaage durch ihre Stärke die bessere Wahl. Bringt man die beiden Kanten der Wasserwaage auf eine Ebene mit dem anvisierenden Auge, kann die Linie auf gekrümmten Flächen ganz einfach bestimmt werden. (oben Mitte und oben rechts)

6-271 Greifzirkel, Winkel, Druckbleistift , Latte und Meterstab: Mehr benötigt man für dieses Werkstück nicht. (rechts unten)

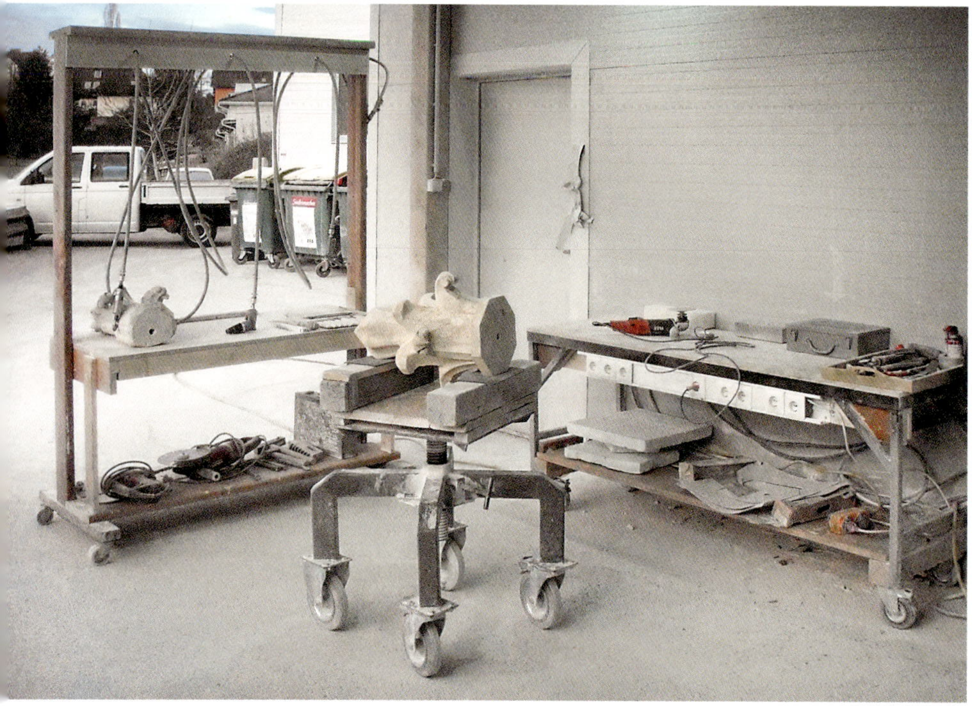

6-272 Auch bei – 10 °C musste ich im Freien arbeiten; immerhin war der Arbeitsplatz gut eingerichtet. Um drinnen zu arbeiten, staube ich zu viel, sagten einige Kollegen … (links oben)

6-273 Bei dem Gebrauch mehrerer Elektrogeräte geht es hauptsächlich darum, Kabelgewirr zu vermeiden, für die Geräteaufnahme Platz zu schaffen und für eine „kreuzgerechte" Arbeitshöhe zu sorgen. (links unten)

6-274 Bei Verwendung von drei luftbetriebenen Geräten und gleichzeitig drei strombetriebenen Werkzeugen versuche ich mit dieser Station, die Wege der Luftschläuche nach oben zu verlagern und möglichst kurz zu halten.

Werkstationen

Da drei Winter an den Kreuzblumen gearbeitet wurde (pro Winter im Durchschnitt 20 Einheiten), war es angebracht, sich selber praktische, mobile Werkstationen zu bauen. Auch wenn die Druckluft- und Elektrostationen ein wenig „gebastelt" wirkten, erfüllten sie doch ihren Zweck und erhöhten die Arbeitsqualität (▸ **Bild 6-272**).

▸ **Bild 6-273** zeigt eine fahrbare Werkbank mit Elektroleiste und Ablageflächen für mehrere Elektrogeräte.

Um Schlauchgewirr zu vermeiden, wird eine praktische Druckluftstation für drei Anschlüsse konstruiert (▸ **Bild 6-274**).

Zwischen den Stationen steht ein in allen Richtungen bewegbarer Steinmetzbock zur Aufnahme des Werkstücks (▸ **Bild 6-275**).

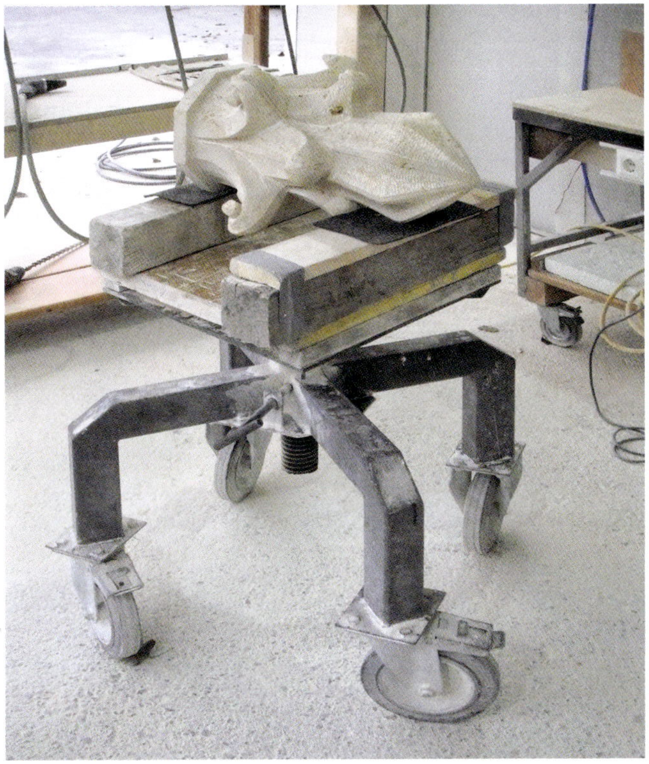

6-275 Ein stabiler Steinmetzbock, beweglich und höhenverstellbar, ist natürlich auch zum Tragen wesentlich schwererer Werkstücke aus Stein geeignet.

6-276 Die Diamanttrennscheibe wird für alle groben Schneidarbeiten verwendet.

6-277 Beim Waagrecht-Schneiden mit meiner schweren Hilti-Flex (Winkelschleifer) ist sehr viel „Körperspannung" vonnöten, um einen kontrollierten Schnitt zu setzen. (oben rechts)

6-278 Senkrecht geht es leichter, aber auch hier wäre eine optimalere Arbeitshöhe besser, um Kreuzschmerzen zu vermeiden. (rechts unten)

Diamanttrennscheibe & großer Winkelschleifer

Um die Diamanttrennscheibe präzise zu führen, braucht man vor allem bei waagrechten Schnitten viel Kraft und Konzentration. Bei senkrechtem Gebrauch der Maschine braucht man weniger Kraft. Hat man aber nur diese Möglichkeit, muss das Werkstück dauernd umgebettet werden, was viel Zeit kostet. Auch bei Vorarbeiten an Profilen ist die Scheibe in Gebrauch (▸ **Bild 6-277**); meistens wird die Maschine aber zum Einschneiden von Stegen zur Massereduktion verwendet (▸ **Bild 6-278**). Ausklinkscheiben (wurden bereits auf ▸ Seite 265 beschrieben) haben eine ähnliche Funktion.

6-281 Dieses grobe Elektrowerkzeugszubehör wird beim ersten Arbeitsschritt, der Grobform, verwendet.

6-279 Natürlich ist der Diamantschleiftopf, wie der Name schon sagt, zum Schleifen da, und das gilt auch für alle härteren Steinsorten. Für Kalksandstein wirkt er aber eher als Fräse, denn die Abtragleistung bei diesem eher weichen Gestein ist enorm.

6-280 Die Diamantschruppscheibe wird zum schnellen Abtragen von Steinmaterial jeder Sorte verwendet. (links unten)

6-282 Drucklufthammer mit verschieden breiten Zahneiseneinsätzen (rechts unten)

Diamantschruppscheibe & kleiner Winkelschleifer

Neben einem regulierbaren Gerät derselben Art für verschiedene Einsatzwerkzeuge habe ich auf diesem kleinen, aber relativ starken Winkelschleifer permanent eine grobe Diamantschleifscheibe montiert. Das Gerät ist handlicher als der große Winkelschleifer, bei annähernd der gleichen Abtragleistung. Da hohe Umdrehungszahlen für Diamantwerkzeuge unerlässlich sind, benötigt man keinen regulierbaren Winkelschleifer für dieses Einsatzwerkzeug (▸ **Bild 6-279**).

Zahneisen & Drucklufthammer

Wenn der Rohling mit verschiedenen Schneid- und Schleifwerkzeugen fertiggestellt ist und die einzelnen Blätter getrennt sind, erfolgt das Formen mit dem Zahneisen (▸ **Bild 6-282**). Ein kleines Zahneisen ist für die Vorarbeit an schmalen Flachnuten ideal (▸ **Bild 6-284, 6-285)** Die Kanneluren der Knospe werden grob ausgearbeitet (▸ **Bild 6-283**).

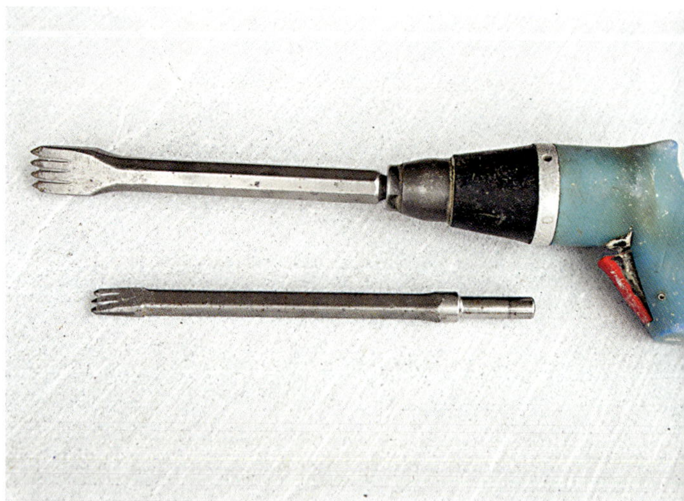

6-286 Wenn alle Formen, wenn auch vorerst nur grob, zutage treten, ist das Wichtigste geschafft

6-283 Das Formen des Werkstücks mit dem Zahneisen ist in der Steinbildhauerei seit jeher sehr beliebt. (oben links)

6-284 6-285 Obwohl mit Hartmetallzähnen bestückte Eisen für diesen Stein nicht nötig wären, verwenden wir sie wegen der höheren Haltbarkeit der Schärfe. (oben rechts)

An diesem Werkstück sieht man die Zahneisenspuren am ganzen Stein verteilt (▸ **Bild 6-286**).

Steinbohrer 18 mm & Schlagbohrmaschine

Dieses Gerät wird für die Zapfen-Verbindungslöcher zum Sockel benutzt (▸ **Bild 6-287**). Fast zu jeder Neuanfertigung gehört auch ein Sockel. Auf ihn wird hier nicht näher eingegangen, weil ich voraussetze, dass es einem gelernten Steinmetz möglich ist, den Sockel an einem Tag ohne Hilfe fertigzustellen.

6-287 Lange Lebensdauer und ein starker Schlag zeichnen die Bohrmaschinen dieser bekannten Marke aus.

6-288
Wechselt man das Winkelauflager (gelb hervorgehoben) während des Bohrens öfter um 90 Grad, wird das Loch schön gerade.

6-289
Die Verbindungszapfen vom Sockel zur Kreuzblume. Die Zapfen bestehen aus 16 mm starkem Edelstahl, Einbindung beiderseits mindestens 10 cm.

Tipp: Wenn das Loch in einem frühen Fertigungsstadium gebohrt wird, kann es mit dem Zapfen als Griff verwendet werden. Damit ist der Block leichter zu hantieren.

Tipp: Während des Bohrens kontrolliert man mit einem Winkel (gelb hervorgehoben, ▸ **Bild 6-288**) die Ausrichtung des Lochs. Der Durchmesser der Edelstahlzapfen ist wegen des Füllmaterials um 2 mm kleiner als das Loch (▸ **Bild 6-289**).

Diamanthohlbohrer & kleiner Winkelschleifer mit variabler Drehzahl

Dieses Werkzeug oder Zubehör findet beim erschütterungsfreien Vorbohren von Rundformen Anwendung (▸ **Bild 6-290, 6-291**). Für die Kreuzblumen des ersten Winters hatten wir dieses Werkzeug noch nicht zu Verfügung. Das Muster, das wir für den zweiten Winter geliefert bekamen, war eine Kopie, die von einer Wiener Werkstätte angefertigt worden war (siehe ▸ Seite 309 ▸ **Bild 6-259**). Mir fielen sofort die Hohlbohrerschleifspuren am Ansatz der Samenkapseln auf, nicht traditionell, aber als sichere Vorarbeit eine gute Idee. Allerdings sollte man diese Marker bei der fertigen Arbeit nicht mehr erkennen können (moderne Bearbeitungsspuren).

6-290 **6-291** Die kleine Flex ist sozusagen das „Schweizer Messer des Fliesenlegers". Da so viele verschiedene Einsatzwerkzeuge mit Flex-Aufnahmegewinde für ihn hergestellt werden, profitieren auch die Bildhauer davon.

6-292 Ein wenig Augenmaß und Gefühl wird benötigt, dann stimmt der geringe Neigungswinkel der Samenkapsel.

6-293 Der rote Kreis kennzeichnet eine Samenkapsel nach der Bohrung: der blaue markiert eine fertiggestellte Samenkapsel.

Um die Position der Samenkapseln im Grobblock zu bestimmen, ist einiges an Geschick erforderlich (▸ **Bild 6-292**).

In einem Werkzeugkatalog für Fliesenleger fanden wir kurze Hohlbohrer für eine Winkelschleiferaufnahme, die man auch ohne Wasserkühlung verwenden kann. Wir bestellten einen Hohlbohrer mit dem Innendurchmesser der Samenkapseldicke.

6-294
Es ist durchaus möglich, den Schleifkolben mit hohen Geschwindigkeiten der regelbaren Flex zu fahren, aber dann sollte ein geringerer seitlicher Anpressdruck Gebrauch finden.

Schleifkolben & kleiner Winkelschleifer mit variabler Drehzahl

Statt des Hohleisens kommt bei sehr inhomogener Steinqualität der Schleifkolben für Kannelurenvorarbeiten zum Einsatz (▸ **Bild 6-295**). Die „Stefans Wand"-Qualität im Steinbruch ist nicht mehr zu bekommen und wenn doch, ist sie dem Dom vorbehalten. So erhielten wir im zweiten und dritten Jahr Blöcke mit vielen harten, weichen und porigen Abfolgen im Ge-

6-295
Bei der Verwendung des Schleifkolbens kann es bei minderer Qualität des Getriebes der Flex zu starken Vibrationen kommen, die das Werkstück beschädigen können.

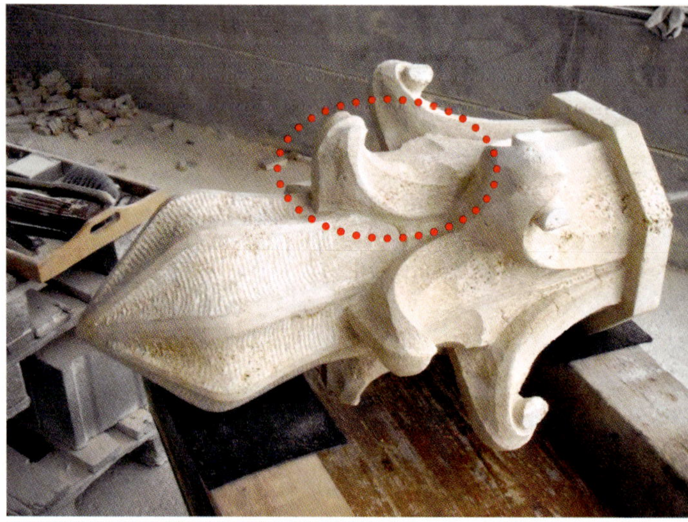

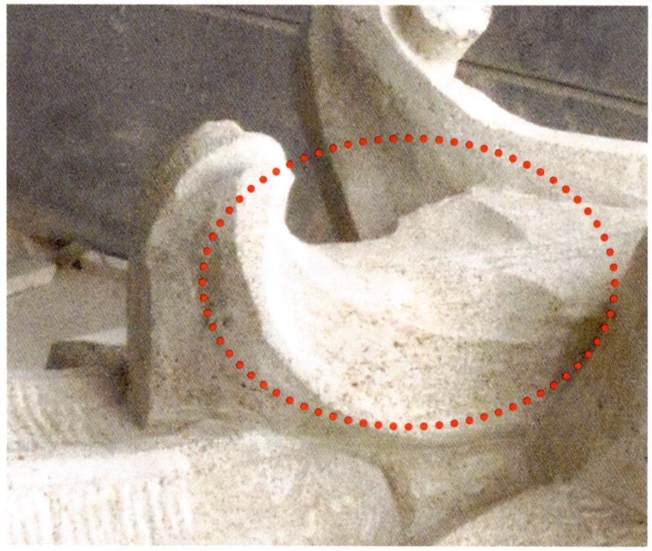

6-296 6-297 Wo eine runde auf eine gerade Form trifft, werden dann doch die klassischen Eisenarten verwendet (rotes Oval).

stein, die mit traditionellen Eisenarten schwer zu bearbeiten waren (mehr dazu auf den ▸ Seiten 332 und 333). Diese Vorarbeit wurde bei den Kreuzblumen des ersten Abschnitts 2013 mit dem Hohl- und Rundeisen gefertigt (▸ **Bild 6-294**). Mit einem Stahlstück kann der Schleifkolben spitzbogenförmig abgerundet werden („Abrichten") und ermöglicht so ein verlaufendes Schleifen. In den Bereichen, die der Schleifkolben nicht erreicht, müssen die beiden oben erwähnten Kompressor-Eisenarten trotzdem verwendet werden (▸ **Bild 6-296**).

6-298 Für das Formen der Kontur des Kreuzblumenblatts ist diese Scheibe ideal.

6-299 Diese Scheibe glänzt, und zwar nicht nur durch ihre ausgezeichnete Abtragleistung bei Weichgestein, sondern auch, weil genaue Kleinarbeiten wie das Fassettieren (Abkanten) der Samenkapseln mit ihr möglich sind.

6-300 Eines der vielseitigsten Werkzeuge der heutigen Zeit in der Steinbildhauerei ist diese mit relativ großen Diamanten beschichtete Schneid- und Schleifscheibe.

Ausklinkscheibe (klein) & kleiner Winkelschleifer mit variabler Drehzahl

Diamant-Trenn- und Schleifscheiben (▸ **Bild 6-300)**

- werden zum Nachputzen grob vorgearbeiteter Flächen eingesetzt zum Ausklinken von Falzen und
- zum Vorarbeiten von Nuten und Modellieren von Rundungen usw.

An Ober- und Unterseite sowie natürlich auch an der Kante diamantbeschichtet, trägt die Scheibe in allen Richtungen Material ab. Zusammen mit einem drehzahlgeregelten Winkelschleifer ist dieses Gerät ein sehr vielseitiges Werkzeug (▸ **Bild 6-298**).

Auf die Größe der Scheibe ist zu achten, damit der Schleifkörper nicht aus Versehen dort abträgt, wo er nicht soll (▸ **Bild 6-299**).

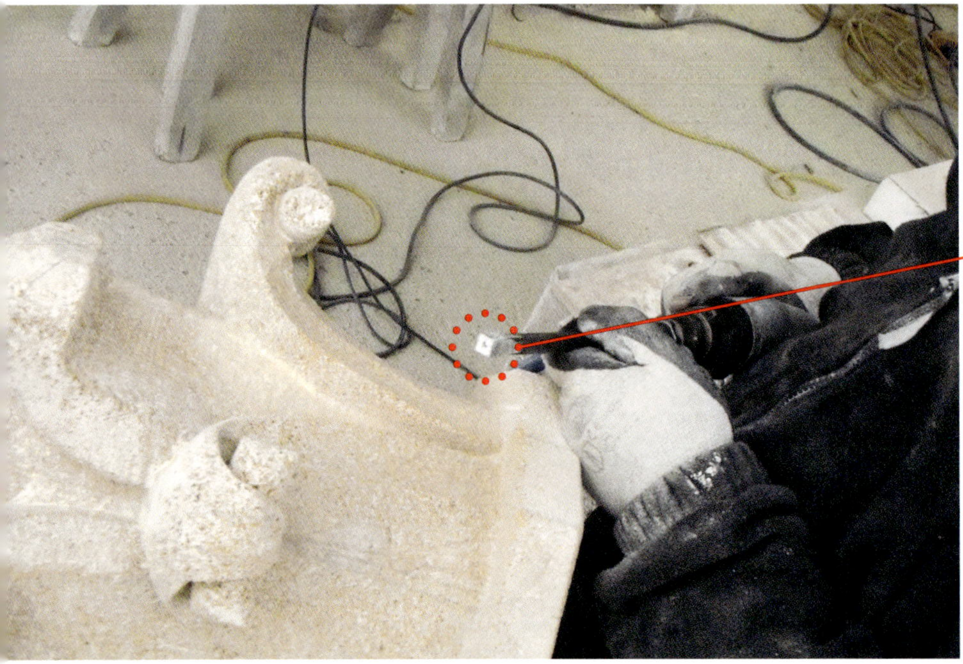

6-301 Eine Flachnut ist oft sehr schmal, deshalb benötigt man auch sehr kleine Exemplare dieser Stockeisen.

6-303 Stockeiseneinsätze in verschiedenen Größen

Stockeisen & Drucklufthammer

Dieses Eisen wird, wie der Name schon sagt, in der Regel für die Oberflächenbearbeitung „Stocken" gebraucht (jedem Steinmetz bekannt) (▸ **Bild 6-304**). Bei diesem relativ weichen Kalksandstein ist es aber auch gut für das Vertiefen von Füllungen geeignet. Da die Werkstücke für das neugotische Wiener Rathaus erzeugt wurden, sind Stockspuren am Stein nicht

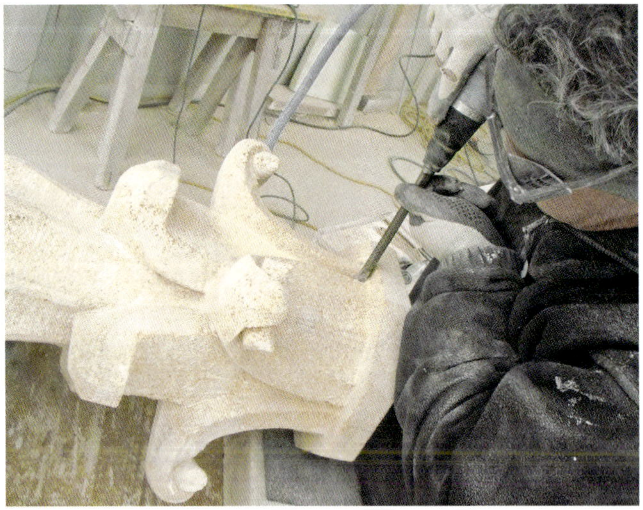

6-302 Bei Weichgesteinen kann man das Stocken auch für das Vertiefen von Füllungen und Flachnuten verwenden.

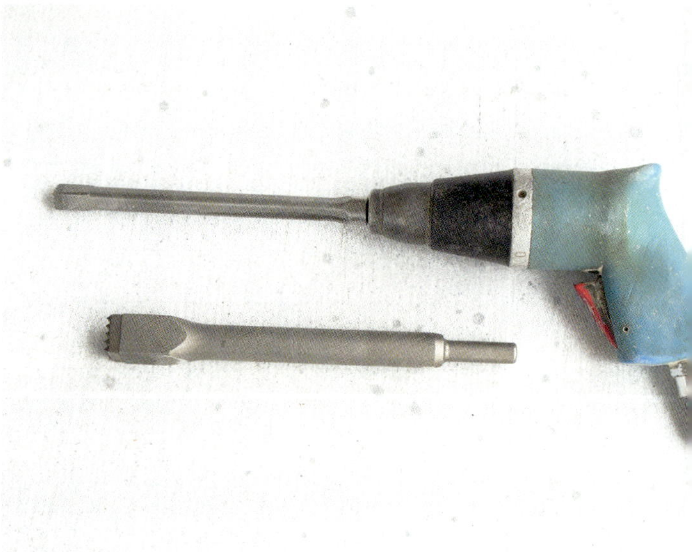

6-304 Stocken ist eher eine Oberflächenbearbeitung der neueren Zeit, schaut nicht schlecht aus und geht schnell.

unbedingt stilgerecht. Bei einer kreisenden Eisenführung und sehr kleinen Zähnen wirkt die erzeugte Fläche nur eben und etwas rau. Damit ist auch das Denkmalamt zufrieden.

Zum Vertiefen und Planarbeiten des Füllungsbodens und zum Herstellen einer schmalen Flachnut wird das kleine 16-zahnige Stockeisen verwendet (im roten Kreis, ▸ **Bild 6-301, 6-302, 6-303**).

6-305 Die Tropfenform des Frässtifts ist für alle kannelierte (Innenwölbung) Flächen ideal.

6-306 Ein paar Züge mit einer Hartmetall-Formraspel vervollständigen die Endbearbeitung der Oberflächen.

Hartmetallfräser – Tropfenform & Stabschleifer

Dieses Werkzeug oder Zubehör wird zum Nachputzen und Endfertigen aller geschwungenen Kanneluren verwendet (▸ **Bild 6-307, 6-308**). Der druckluftbetriebene Stabschleifer steht für hohe bis mittlere Geschwindigkeiten bei geringer Kraft. Damit ist er für Korund-, Diamant- und Hartmetallfräser bestens geeignet. Raspelaufsätze für weichere Gesteinsarten (Aflenzer) benötigen niedere Geschwindigkeiten und werden, mit einem geeigneten Antrieb, auf der biegsamen Welle verwendet. In der Praxis benutze ich gern auch einen variablen Winkelschleifer mit Adapteraufsatz für den 6 mm-Schaft der verschiedenen Raspelfräsen. Mit der feinen Fräse werden alle groben Bearbeitungsspuren von den vorherigen Arbeitsschritten ausgelöscht (▸ **Bild 6-305**).

Am Ende der Arbeiten ist nur noch eine kurze Bearbeitung mit der HM Handraspel notwendig (▸ **Bild 6-306**).

Stilkunde:
Der Begriff „Kannelierung" ist als Stilmerkmal eher bei dorischen- und ionischen Säulen in Gebrauch (senkrechte Rillen).

6-307 **6-308** Hartmetall-Lamellen sind gut, aber noch besser wäre eine Beschichtung mit groben Diamanten (ist natürlich auch eine Kostenfrage). (links unten, rechts unten)

6-309 Fertigstellungsbild von Fialen auf den Strebepfeilern einer neugotischen Gruftkapelle

Raspelfräser & kleiner Winkelschleifer mit variabler Drehzahl

Als Ergänzung zum vorherigen Abschnitt zu „Hartmetallfräser – Tropfenform & Stabschleifer" zeige ich hier kleine Werkstücke aus einem weicheren Stein (Aflenzer). Die Fräsen für diese Gesteinsart benötigen geringere Geschwindigkeiten, aber größere Kraft als die Luftturbine für Diamant-, Korund- und Hartmetalllamellen. Deshalb ist der Winkelschleifer und Adapter für 6 mm-Schäfte zwar nicht so leicht zu führen wie die biegsame Welle, aber viel praktischer (▸ **Bild 6-310, 6-311, 6-312**). Auf dem Fertigstellungsdetail einer neugotischen Gruftkapelle am Grazer Zentralfriedhof sind sehr viele der kleinen Werkstücke (Fialenkrabben) zu erkennen, um die es in diesem Werkzeugbeispiel geht (▸ **Bild 6-309**).

Das letzte Mittel bei Kleinsteinsätzen ist ein Stabschleifer (Dremel) für 3 mm-Schäfte (▸ **Bild 6-313**).

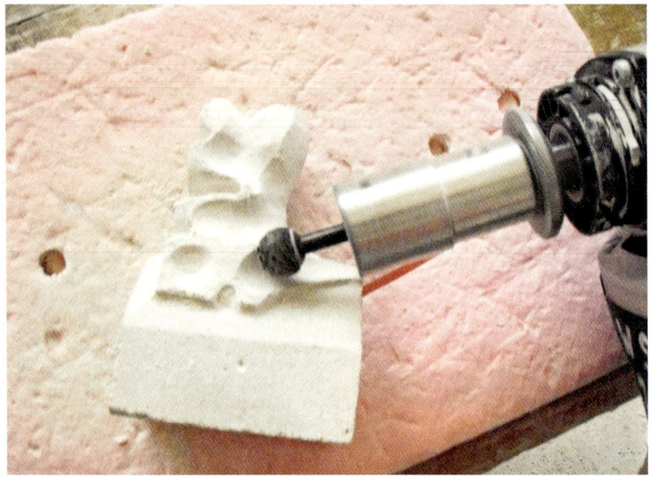

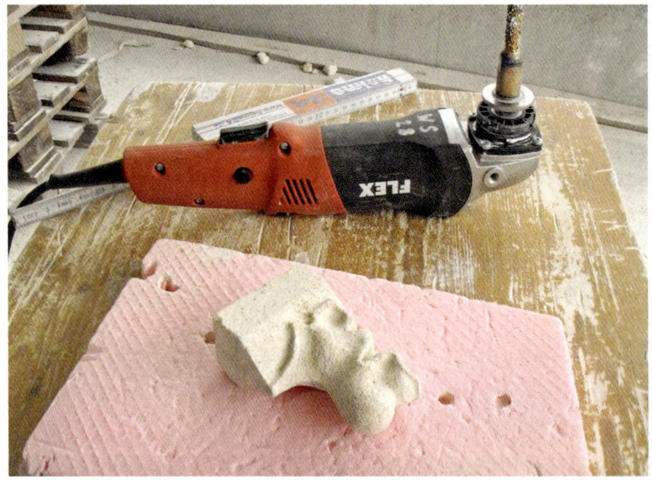

6-310 Beschädigte Krabben sollen bei einer Fiale mit Naturstein ersetzt werden. (oben)

6-311 Die Raspelfräse, eigentlich für Holz gedacht, funktioniert auch bei weichen Sandsteinarten (im Bild auch der Adapter für 6 mm-Schäfte). (rechts oben)

6-312 Auf sehr langsame Umdrehungsgeschwindigkeiten einstellbar, ist dieser Winkelschleifer am besten für grobes Fräswerkzeug geeignet. (rechts Mitte)

6-313 Eher selten, aber gelegentlich doch in Gebrauch: ein kleiner Stabschleifer (Dremel) (rechts unten)

Gegenüberliegende Seite:

6-314 Bevor ich einen Adapter zur Aufnahme von 6 mm-Schäften für den kleinen Winkelschleifer hatte, verwendete ich eine biegsame Welle **1** und als Antrieb eine Bohrmaschine.

Raspelfräser & Bohrmaschine und biegsame Welle

Neuanfertigung von Kreuzblumen für das Hauptportal der Kirche Maria Straßengel: Bei Weichgesteinen wie Aflenzer Sandstein verwendete ich schon vor meiner Zeit als Restaura-

1

6-315
Mit der biegsamen Welle lässt sich der Raspelaufsatz besser führen als mit der Flex, aber zusammen mit dem Bohrmaschinenantrieb ist das Ganze auch sperriger.

tor die Bohrmaschine, biegsame Welle und Holzraspelfräsen für kleine Hohlformen und Vertiefungen. Eine Stehleiter, ein Stück Schnur oder Kabel zum Befestigen der Bohrmaschine findet sich fast auf jeder Baustelle.

> **Tipp**: Zum Einschalten den Befestigungsriemen über den Einschaltbalken der Hilti-Bohrmaschine legen. Durch den Schwerpunkt der Maschine rutscht der Riemen (in diesen Fall die Kette) bei einer starken Unregelmäßigkeit vom Schalter und die Maschine steht (wie Notausschalter, ▸ **Bild 6-314**). Beim Verfangen des Fräskörpers in der Kleidung kann es sonst zu Unfällen kommen.

6-317
Korund-Schleiftöpfe haben gegenüber dem Diamant-Schleiftopf den Vorteil, dass man deren Form mit relativ einfachen Mitteln an die Gegebenheiten des Werkstücks anpassen kann. (rechts unten)

Die kugelförmige Raspelfräse ist ideal geeignet für Blattschwünge und Durchbrüche ▸ **Bild 6-315, 6-316**).

Korund-Schleiftopf & kleiner Winkelschleifer mit variabler Drehzahl

Kommen wir an dieser Stelle wieder zurück zu unserem Wiener Werkstück. Bei geschickter schräger Anwendung ist es möglich mit diesem Schleiftopf den größten Bereich spitz zusammenlaufender Kanneluren auszufräsen (▸ **Bild 6-318, 6-319**). Genauso wie der Schleifkolben wird er mit einem Eisenstück abgerundet („abgerichtet") und ist somit für die Herstellung von Hohlformen verwendbar. Am besten eignet sich ein schon etwas abgebrauchter Topf der gröbsten Art (etwa Korngröße/16). Von breit auf schmal durch schräge Werkzeugführung (▸ **Bild 6-318**).

6-316 Fertiggestellte Kreuzblume für das Hauptportal der Kirche Maria Straßengel

Die Vorarbeit mit dem Zahneisen erleichtert die Fertigstellung. Ganz oben, beim Knospenspitz, werden die schmale Diamantscheibe und Handraspeln benutzt (▸ **Bild 6-319**).

> **Tipp**: Je nach Steinsorte wähle ich die ideale Geschwindigkeit des Winkelschleifers.

6-318 „Abgerichteter" Schleiftopf

6-319 Durch unterschiedliches Schräghalten des Werkzeugs kann man sich verschiedenen Hohlformen noch zusätzlich zum abgerundeten Topf anpassen.

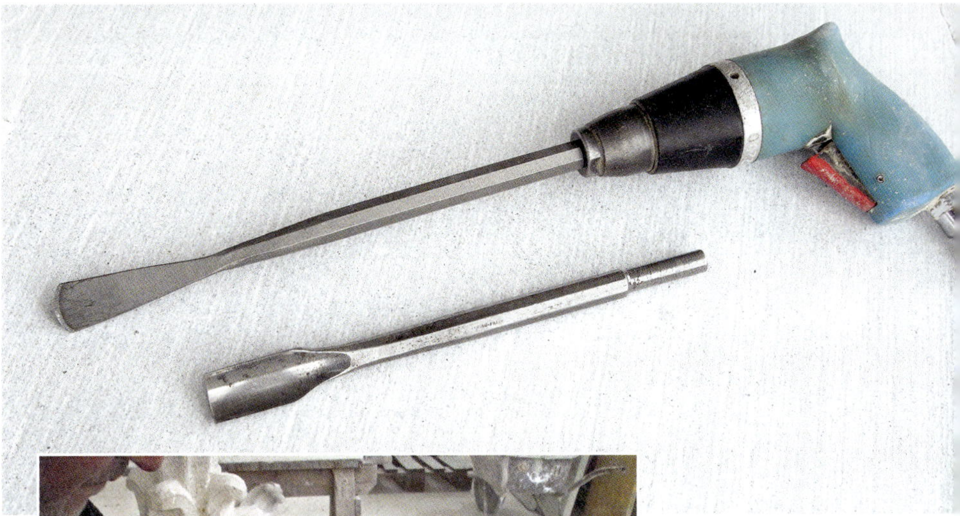

6-320 Die wichtigsten Eisen der Steinbildhauerei für komplexe Formen sind meiner Meinung nach das Rund- und das Hohleisen. (oben rechts)

6-321 Für die Übergänge bei verschiedenen Hohlformen sind diese Eisen schwer zu ersetzen. (rechts unten)

Rund- und Hohleisen & Drucklufthammer

Diese Eisenarten werden je nach Steinqualität im ganzen Bereich der Kanneluren oder nur an den Enden verwendet (▸ **Bild 6-320, 6-322**). In meiner Zeit als junger Steinmetz war ich nie im Besitz dieser Eisenarten. Als typische Bildhauereisen für weichere Gesteinssorten sind sie aber für dieses Werkstück unerlässlich.

Gerundete Todläufe gibt es verteilt über das ganze Werkstück. Als Beispiel dient hier der Übergang von der Knospen-Kannelur zum oberen Blattansatz (im roten Kreis, ▸ **Bild 6-321, 6-322**).

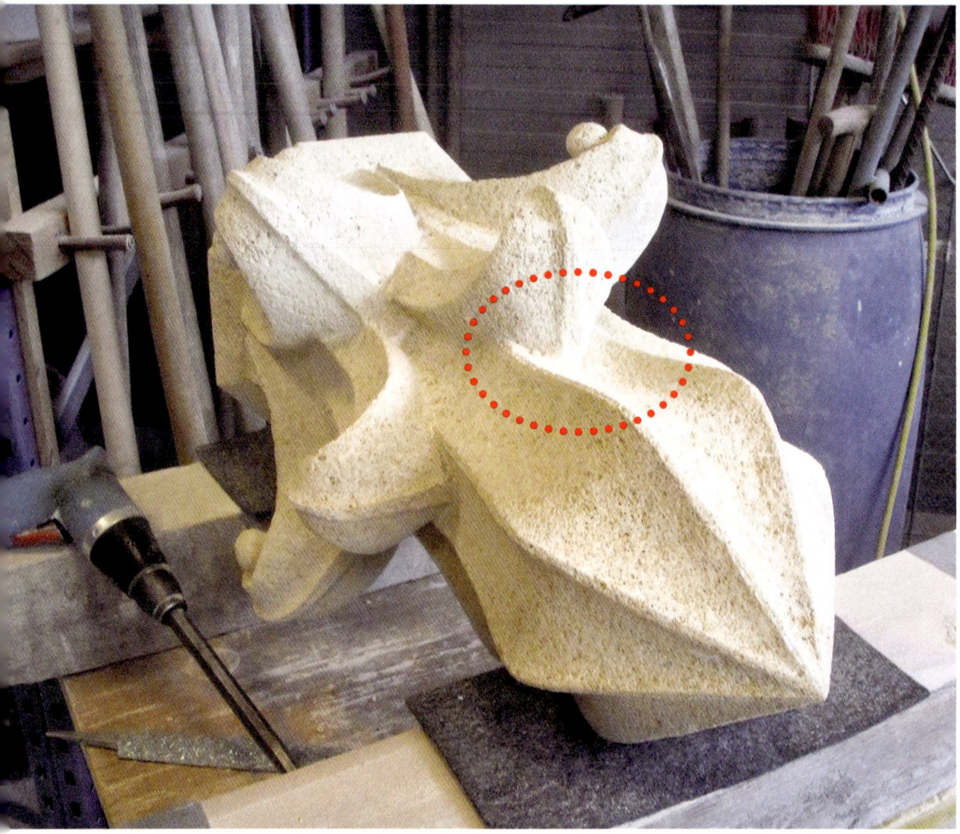

6-322 Am fast fertiggestellten Werkstück kann die Bedeutung der beiden Eisenarten für die Bearbeitung abgelesen werden.

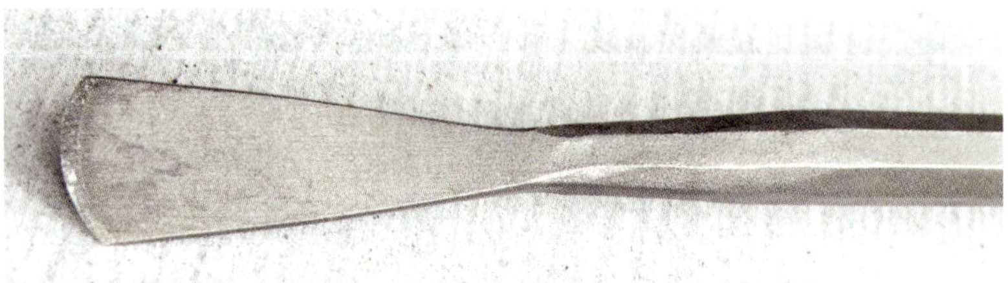

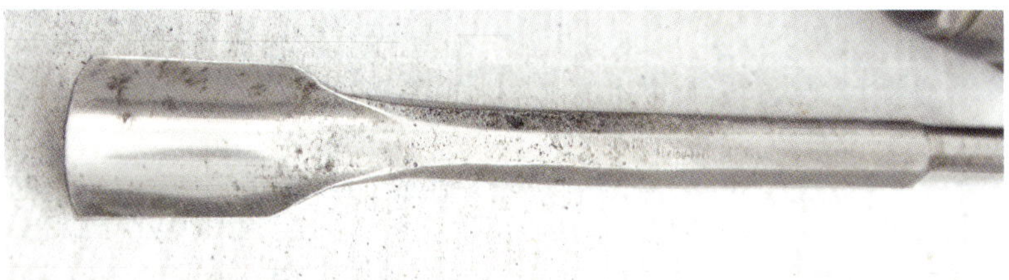

6-323 6-324 Rund- und Hohleisen sind typische Werkzeuge für die Sandsteinbearbeitung.

6-325 Eigentlich das gleiche Prinzip wie beim groben Schleiftopf, nur wurde hier der Schleiftopf für die Herstellung dieser Hohlkehle bei der Kreuzblumenbasis ganz genau auf die Form abgerichtet.

6-326 Ohne kanten zu müssen, kann man gerade bis zu den Endkanten der Hohlkehle schleifen und ist damit, fast ohne Nacharbeit, auch schon fertig.

Mittelfeiner Schleiftopf Korund & kleiner Winkelschleifer mit variabler Drehzahl

Am Rande wird die Topfscheibe vor der Verwendung mit einem Stahlstück in eine Viertelrundstabform gebracht (▸ **Bild 6-325**). Das „Abrichten" erfolgt mit einem möglichst harten Metallstück (Bewehrungsstahl, kaputtes Handeisen- oder Bohrerschafft usw.) bei voller Drehzahl des Winkelschlei-

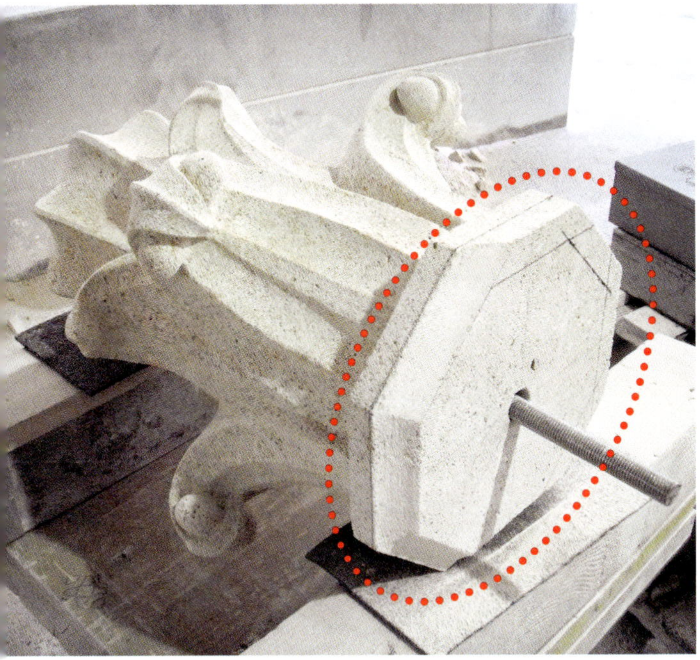

6-327 Vier Hohlkehlen bei der Kreuzblumenbasis sind bereits augearbeitet (links), drei weitere (rechts im Bild) sind mit Bleistift angezeichnet.

fers. Ist die Hohlkehle entsprechend klein, kann die Form des Schleiftopfs in der Korngröße/60 genau der Rundung des Werkstücks angepasst werden. Verlaufendes oder gekantetes Schleifen ist somit nicht nötig. Am Ende sind noch ein paar Züge mit der Raspel nach dem Schleifen notwendig (▸ **Bild 6-326**).

Im roten Kreis sind links bei der Kreuzblumenbasis die schon fertigen Hohlkehlen zu sehen; die nächsten Seiten des Achtecks rechts sind mit Bleistift angerissen (▸ **Bild 6-327**).

Flexible Klettschleifscheiben & kleiner Winkelschleifer mit variabler Drehzahl

Die flexiblen Schleifrondellen, hier in mittelgrober Körnung (60), werden für die Endbearbeitung von Wulstprofilen verwendet (▸ **Bild 6-328, 6-329**). Dieses Einsatzwerkzeug ist wohl jedem Steinmetz bekannt und wird nur der Vollständigkeit halber vorgestellt. Mit steifen Schleiftöpfen bleiben meist Facetten stehen. Deshalb benutzt man zur Endbearbeitung von Rundprofilen Schleifpapier auf Gummitellern (▸ **Bild 6-330**). Für dieses Werkstück ist das nicht unbedingt erforderlich, da man die Endbearbeitung auch leicht mit einer Handraspel schafft (▸ **Bild 6-331**).

6-328 6-329 Ein weiches flexibles Schleifmittel wie diese Rondellen unterstützen zwar das fassettenlose Abrunden, wären bei diesem Werkstück aber auch mit Handraspeln zu ersetzen.

6-330 Spezielle Schleifkörperträger sind sehr weich (wie Schaumstoff) und damit sehr gut zum Abrunden von facettierten Flächen geeignet.

6-331
Die Abrundung bei der Kreuzblumenbasis (rotes Oval) und die Samenkapseln (rote Kreise) wären Beispiele für den Einsatz dieses Schleifmittels. (links)

6-332
Verschieden geformte Hartmetallraspeln haben gegenüber Standardraspeln eine längere Standzeit. (rechts oben)

6-333
Um jede Krümmung des Werkstücks bearbeiten zu können, gibt es unterschiedliche Raspelformen. (rechts unten)

Hartmetall-Raspeln

Je nach Werkstück werden unterschiedliche Formenraspeln verwendet (▸ **Bild 6-332**).

> **Tipp**: Bei der Bearbeitung von noch leicht feuchten Steinen müssen die Raspeln von Zeit zu Zeit mit der Drahtbürste gereinigt werden.

Eigentlich ist es Lehrlingsarbeit, alle Teilbereiche und Flächen der Kreuzblume mit der Handraspel fertigzustellen (▸ **Bild 6-333**). Nach der Fertigstellung dürfen keine maschinellen Bearbeitungsspuren erkennbar sein.

Das Abblasen mit der Luftpistole und starkes Sonnenlicht (am besten Streiflicht) dienen zur Kontrolle der Raspelspuren (▸ **Bild 6-334**). Je komplexer die Form des Werkstücks, umso feiner wurden auch damals die Oberflächen gefertigt. Es ist

6-334 Spuren moderner Bearbeitungswerkzeuge sollen nicht zu erkennen sein. Das Entfernen von Staub und schräges Licht helfen bei der Kontrolle.

6-335 Traditionelle Steinmetzeisen, von unten nach oben: Spreng-, Spitz-, Zahn- und Breiteisen

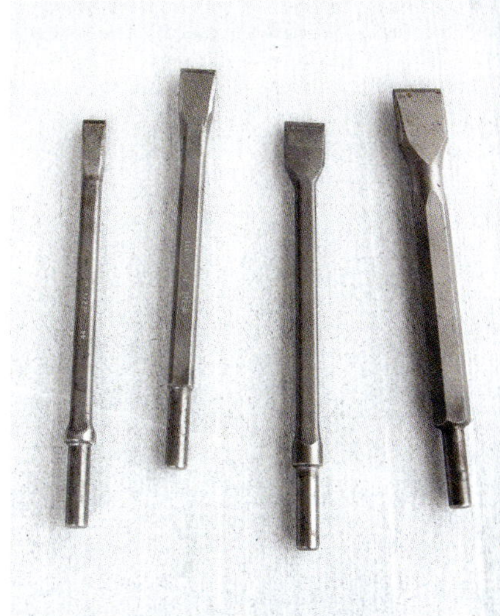

6-336 Durch die stark geschwungenen Formen des Werkstücks ist die Verwendung von Eisen mit geraden Schneiden eher weniger gegeben.

sehr oft wesentlich aufwendiger, die bestehenden Oberflächen für formal einfachere Neuanfertigungen (z. B. Sockelsteinen) zu imitieren.

Traditionelle Steinmetzeisen

Diese Bearbeitungswerkzeuge gehören zur Grundausstattung des Steinmetzes (▸ **Bild 6-335**).

Natürlich könnte das Werkstück auch nur mit diesen Werkzeugen entstehen (sowie Rund- und Hohleisen). Da wir aber in keiner Schule, sondern in einem gewinnorientierten Unternehmen beschäftigt sind, konnten wir uns diese Romantik arbeitszeitmäßig nicht leisten. Beherrschen sollte man die alten Bearbeitungsmethoden aber schon, da zum Beispiel bei Füllungen, innen wiederkehrenden Profilen und den verschiedenen Tod-Laufarten elektrische Handgeräte und Fräsen durch ihre begrenzte Form unzulänglich sind. Genauso ist aber auch das Märchen von der Arbeitserleichterung durch moderne Handgeräte unwahr. Wir sind nur schneller, müssen dadurch aber auch wesentlich konzentrierter arbeiten als früher, wo man werkzeugbedingt für jeden Arbeitsschritt mehr Zeit zu Verfügung hatte.

Mit der großen Flex eingeschnittene Stege werden mit dem Handeisen abgeschlagen (▸ **Bild 6-337**). Drucklufthammer-Breiteisen der verschiedensten Größen sind bei diesem Werkstück selten in Gebrauch, da es nur wenig gerade „Tod-Läufe" aufweist (▸ **Bild 6-336, 6-338**).

6-337 Das Stegeschneiden zur Massereduktion kommt noch aus einer Zeit, in der es noch keine brauchbaren Ausklink-Schneidscheiben gab. Durch ihre Konstruktionsmerkmale (einseitige Gewindeaufnahme) sind sie zwar teurer als Standard-Schneidscheiben, haben sich aber durch ihren Vorteil, leichter eine ebene Fläche erzeugen zu können (kein Flansch), weitgehend durchgesetzt.

6-338 Obwohl bei diesem Todlauf eine wenn auch flache Hohlform besser wäre, fällt ein gerader Übergang optisch nicht auf. (links oben)

Gesteinsart – Material

Normalerweise würde das Thema Material am Anfang behandelt werden. Für diese Werkstücke hatten wir aber keine Auswahl, da die Rohquader vom Wiener Steinmetz gestellt wurden. Diese Kreuzblume (Foto: 2014) zeige ich als Materi-

6-339 6-340 Wie an diesen Bildern erkennbar, ist das Sedimentgestein von St. Margarethen, je nach Lage im Steinbruch, oft sehr unterschiedlich. Ästhetische Gesichtspunkte sind ein großes Plus dieser Gesteinsart; arbeitstechnisch und vom Zeitaufwand der Herstellung her ist es aber eine zusätzliche Herausforderung. (rechts oben, unten)

6-341 Einen St. Margarethener Kalksandstein, der fast nur aus sogenannten „Rotalgenrosen" besteht, würde sich kein Bildhauer für komplexe Formen auswählen. Aber bei genauerer Betrachtung kann zurecht gesagt werden: „Dieser Stein lebt", und dann ist man doch froh darüber, der Geburtshelfer gewesen zu sein (auch wenn es eine schwere Geburt war).

albeispiel für einen stark mit Rhodolithen durchsetztem Kalksandstein aus St. Margarethen im Burgenland (▸ **Bild 6-341**). Obwohl ästhetisch interessant, waren dem Bildhauer arbeitstechnisch doch feinere und homogenere Varietäten des Leithakalk-Sedimentgesteins lieber (▸ **Bild 6-340**). Über diese recht gleichmäßige Qualität wird sich der Steinmetz oder Bildhauer nicht beklagen (▸ **Bild 6-339**). Nur der härtere Streifen (im roten Oval), durch die Diagenese mit mehr feinkörnigem Kalzit versorgt, war ein kleiner Wermutstropfen.

Fertigstellung

Von unten sind unsere Werkstücke auf dem rechten Bild gar nicht so leicht zu entdecken, wenn man nicht wüsste, dass sie auf den Brüstungspfeilern stehen (▸ **Bild 6-342, 6-343**). Wahrscheinlich war die ausgesetzte Lage der Kreuzblumen für die hohe Austauschrate der Steine maßgebend. Das ist natürlich nur eine Vermutung meinerseits, da wir weder mit der Befundung noch mit der Demontage oder der Montage vor Ort etwas zu tun hatten. Mit der Lieferung der Kreuzblumen an die Partnerfirma in Wien war unser Auftrag abgeschlossen. Die Bilder vor Ort, es handelt sich hier um eines der größten Steinbauten Europas, entstanden bei einem Privatbesuch in Wien.

6-342 Eigentlich habe ich gedacht, alle möglichen Positionen für eine abschließende Kreuzblume zu kennen; eine Balustraden-Pfeiler-Kreuzblume aber war auch für mich neu. (rechts oben)

6-343 Bildausschnitt (rechts unten)

Projektbeispiel: Schloss Pöllan/Kärnten: Renaissance-Doppelfenster

Stilkunde:
Biforium bezeichnet im Allgemeinen ein Doppelfenster mit Mittelpfeiler oder Mittelsäule (in diesem Fall aus dem Renaissancestil).

Das zweite Projekt zum Thema ▸**Ergänzung** – Replik habe ich aus mehreren Gründen ausgewählt (▸ **Bild 6-344, 6-345).**

- wegen der interessanten Vorgeschichte;
- wegen der ungewöhnlichen Befundung und Recherchen;
- natürlich auch wegen der klassischen Steinmetzarbeit an den Renaissancefenster-Werkstücken und dem Umgang mit einem nicht alltäglichen Steinmaterial;
- nicht zuletzt auch wegen der sehr anspruchsvollen Kundschaft (Tipp für Vorarbeiter);
- vor allem aber aus Gründen der Zusammenstellung zur **Montage** in der Werkstatt und den angewandten **Montagetechniken** vor Ort.

6-344 Unsere fertiggestellte Replik eines Renaissance-Biforiums aus Naturstein im unverputzten Mischmauerwerk des Schlosses (oben)

6-345 Das „niemals fertiggestellte Schloss" Pöllan in Kärnten ist baugeschichtlich sehr interessant. (rechts oben)

Obwohl es keine direkte Information für den Leser beinhaltet, finde ich es angebracht, die Beteiligten an dieser Teamarbeit, ihre Zusammensetzung und Funktionen vorzustellen.

Befund

Schloss Pöllan ist ein durch die Gegenreformation* bis heute nicht fertiggestellter Bau geblieben (Notverkauf der evangelischen Besitzer und Weiterverwendung als Stadel oder Schuppen für landwirtschaftliche Geräte, diente auch als Unterbringungsmöglichkeit für Forst- und Landarbeiter).

Ob alle, die für das Renaissancegebäude vorgesehenen Fenster und Portale schon eingebaut waren, kann ich nicht sagen. Auf jeden Fall sind sie heutzutage, meiner Meinung nach, auf ganz Paternion verteilt. Nach Auskünften der Bauleitung und der jetzigen Besitzer wurde das Biforium im 19. Jahrhundert von Schloss Pöllan ausgebaut und in Schloss Paternion eingesetzt (ebenso das darunterliegende Portal, ▸ **Bild 6-346,**

* Weite Teile von Kärnten und der Steiermark waren im 17. Jahrhundert evangelisch (Reformation). Im Zuge der Gegenreformation (Ferdinand II.) wurden viele Lutheraner vor die Wahl gestellt, entweder wieder katholisch zu werden oder das Land sofort zu verlassen. Ob das wirklich der alleinige Grund war, das Schloss damals nicht fertigzustellen, ist mir nicht bekannt. Es wäre aber immerhin eine in die Zeit des Schlossbaus passende, **plausible Theorie.** Da das Originalfenster am Schloss Paternion vermutet wurde, wurden alle Maße für die Kopie von dort genommen.

6-346
Der Befundungsbestand beim Schloss Pöllan (Bestandsfenster im roten Oval) (links oben)

6-347
Im Schloss Paternion eingebautes, ursprünglich vom Schloss Pöllan stammendes Originalfenster (im roten Oval) (rechts oben)

6-348
Die Lage des Fensters, angezeigt mit einem Karton (im roten Kreis) oberhalb des Portals (links unten)

6-347). Vom Standpunkt des Denkmalschutzes gibt es wegen der teilweisen Rekonstruktion der historischen Fassade klarerweise unterschiedliche Ansichten, aber als Handwerker bin ich natürlich froh, so eine nicht alltägliche Arbeit auszuführen.

Am Schloss Pöllan wurden die Größenverhältnisse anhand eines Kartons angezeigt (▸ **Bild 6-348).**

Recherchen

Bei den Arbeiten vor Ort waren wir in Paternion, einer in der Nähe des Schlosses Pöllan gelegenen Ortschaft, untergebracht. Ich will nicht die Recherchen der Bauleitung in Zweifel ziehen, aber wenn man offenen Auges durch Paternion geht, findet man schnell auch andere Kandidaten als die Fenster-

und Portal-Kombination des Schlosses Paternion (z. B. Haus Bahnhofstraße 47).

- Das Doppelfenster ist unsere fertiggestellte Kopie von Schloss Paternion. 1
- Das Wappen für die ersichtliche Nische ging wahrscheinlich verloren. 2
- Das mit Ziegel gemauerte Portal stammt schon aus neuerer Zeit. 3
- Die lichte Weite beider Portale ist gleich. 4

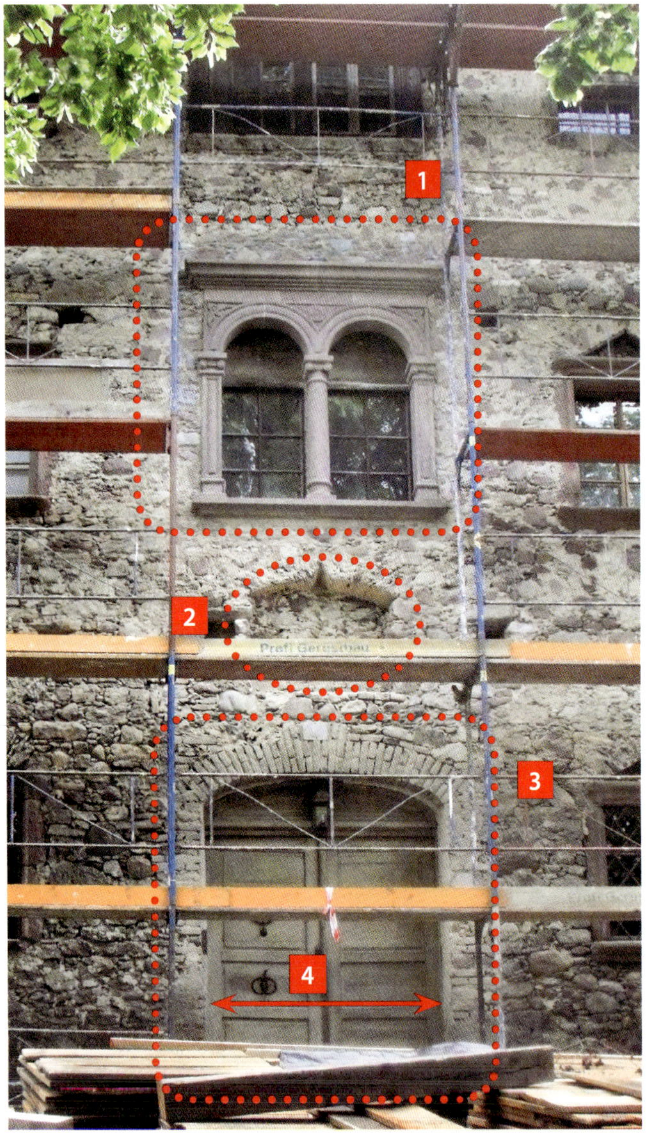

6-349
Schloss Pöllan
(links unten)

6-350
Haus Bahnhofstraße 47
in Paternion
(rechts oben)

6-351
Das Gesteinsmaterial gleicht jenem, das bei den alten, einfachen Nebenfenstern des Schlosses Pöllan verwendet wurde.
(rechts unten)

6-352 6-353 Das Seitenornament, das im Fenster und Portal von Haus 47 vorhanden ist, ähnelt dem von Schloss Paternion. (links oben, links unten)

6-354 Dass der Laibungsschaft für das Haus 47 gekürzt wurde, ist offensichtlich, zumindest fehlen Basis oder Radabweiser.

Neuanfertigung der Fensterwerkstücke

Als Materialvorbild wird das Sedimentgestein der schlichten Nachbarfenster genommen. Wir konnten ein ähnliches Material im Donauraum finden. ▸ **Bild 6-355.** Die Probleme der Materialbeschaffung (siehe hierzu auch Seite 408) sind bei so einem alten Objekt ähnlich: kein Steinbruch bekannt und wenn doch, ist er nicht mehr in Betrieb. (Jeder alte Steinbruch ohne Bergbaukonzession steht automatisch unter Naturschutz. Deshalb wäre ohnehin keine Entnahme möglich.)

Unser Material ist etwas heller und hat kleine gelbe Muscheleinschlüsse.

6-355
Diese Seite zeigt einige Werkstücke, die ich selbst für das gesamte Doppelfenster angefertigt habe. Das dafür verwendete Material ist heller, aber sonst den Bestandssteinen sehr ähnlich (links oben, mit einer dunklen Lasur an den Bestand angepasst).

6-356
Rechter Teil eines profilierten Überlagers als oberer Fensterabschluss (rechts oben)

6-357
Mitteltelteilstück des Doppelbogens (Mitte links)

6-358
Werkstückteile von Pfeilern und Mittelsäule des Doppelfensters (Mitte rechts)

6-359
Der Autor bei der Arbeit an einem Kapitell (links unten)

6-360
Kaum zu glauben, aber auch dieser Minischleiftopf stammt aus dem Werkzeugkatalog des Fliesenlegers. (rechts unten)

6-361 Ein Nebenzapfen 1 verhindert das Verdrehen. Da der befundete Stein viel dunkler und außerdem nicht mehr zu bekommen ist, wurde die Säulenbasis als Probe mit einer Speziallasur umgefärbt.

Arbeitsschritte: Mittelsäulenkapitell

Bei der Reihenfolge der Bearbeitung stelle ich keine Vorschriften auf, da jeder Steinmetz seine eigene Methode verwendet (▶ **Bild 6-362).** Dennoch möchte ich an dieser Stelle vorschlagen, die einzelnen Formen des Kapitells vor der Endbearbeitung grob in geometrische Körper zu trennen (bessere Übersicht) (▶ **Bild 6-363 bis 6-368).**

6-362 Das Werkstück dieses Arbeitsschrittes (Kapitell) im roten Kreis bei der vormontierten Mittelsäule.

6-363 Der für das Kapitell benötigte Grundblock wird formal in einen Quader und einen Zylinder getrennt.

6-364 Durch Vertiefen der Zwischenräume werden die einzelnen Profilzonen sichtbar.

6-365 Die beiden Volutenwülste werden an der Vorderseite sichtbar.

3-366
Der Steg zwischen den Wülsten kommt als nächster an die Reihe. (oben links)

3-367
Die Volutenwülste bekommen ihre geschwungene Außenform. (oben rechts)

3-368
Fertigstellung des Rundstabprofils zum Säulenschaft

Mittelsäulenbasis und Sohlbank

Die einfachste Methode einen Körper zu runden, ist, viel zu essen (Spaß beiseite) oder ihn vom Viereck zum Achteck, zum Sechzehneck usw. zu bearbeiten, bis die Zylinderform entsteht. Danach wird das Werkstück erst in die verschiedenen Profilzonen eingeteilt und die Wülste werden fertiggestellt (▸ **Bild 6-369, 6-370, 6-371, 6-374, 6-375).** Der waagrechte Ansatz der Pfeiler und Säule, im Gegensatz zur Wasserschräge der Sohlbank, nennt man Gewändeaufstand (zumindest in der Gotik, wo eine sehr ausgeprägte Wasserschräge üblich ist) (▸ **Bild 6-372, 6-373).**

6-369 Fertige Säulenbasis mit Lasurprobe im roten Kreis

6-370 Fast die gesamte Form (bis auf den Basissockel) muss zum Zylinder gerundet werden. (oben rechts)

6-371 Wenn man beim Abkanten für den Zylinder sorgfältig arbeitet, bekommt man als Lohn eine schöne, gleichmäßige, runde Form. (Mitte rechts)

6-372 Bei der zweiteiligen Sohlbank des Fensters ist der winkelrechte Aufstand **1** für die beiden Pfeiler und die Mittelsäule im Gegensatz zur Wasserschräge nicht sehr ausgeprägt, aber doch erkennbar. (unten links)

6-373 Sohlbank des Fensters im roten Oval. Die auf diesem Bild ersichtlichen Fensterstöcke sind nur ein Provisorium. Die neue Holzkonstruktion schließt dann natürlich an den Stein der Sohlbank an. (unten rechts)

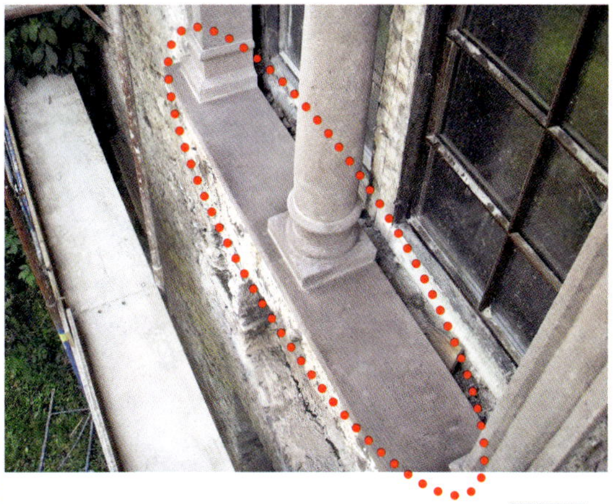

6-374
Durch eine breite Vertiefung (Flachnut) werden die beiden Profilwülste getrennt. (links oben)

6-375
Nach dem Fertigstellen beider Rundstabprofile verbinde ich zum Anpassen den Schaft mit der fertigen Basis. (links unten)

6-376
Diese paketartige Linierung ergibt ein Ausgehen für das Anzeichnen von der Mitte des Werkstücks, was den Vorteil hat, dass der Grundblock, auch wenn er nicht im Winkel ist oder Unregelmäßigkeiten aufweist, trotzdem genau bearbeitet werden kann. (links oben)

6-377
Pfeilerkapitelle haben den Vorteil, dass ich keine runde Grundform benötige, allerdings brauche ich als Ausgleich dafür zwei Stück. (rechts Mitte)

6-378
Bei den beiden seitlichen Volutenwülsten kann ich genauso wie beim Säulenkapitell vorgehen. (rechts unten)

Pfeilerkapitell

Eine Volute kann man konstruieren (ist in den meisten Steinmetz-Fachbüchern dargestellt). Bei so einem kleinen Objekt geht es aber auch mit Leichtigkeit freihändig (▸ **Bild 6-376** bis **6-381).**

6-379
Auf der Vorderseite ist das Kapitell schon fast fertig. (links oben)

6-380
Mauerseitig einbindend, muss der Volutenwulst auf dieser Seite nur beim sichtbaren Teil bearbeitet werden. (rechts oben)

6-381
Die beiden Pfeilerkapitelle nach der Fertigstellung im roten Oval

Profiliertes Überlager

Ein profiliert wiederkehrendes Werkstück sollte wohl jeder Steinmetz erzeugen können. Der Vollständigkeit halber weise ich nur auf das Qualitätsmerkmal der sauberen Gehrungslinie hin (mit Latte kontrollieren). Die Wasserschräge am oberen Profil darf nicht vergessen werden und sollte am Anfang der Arbeiten schon angerissen werden (▸ **Bild 6-382 bis 6-386**).

6-382 Ein Grundblock für das zweiteilige Überlager des Fensters (links oben)

6-383 Für die Vorarbeiten an dem Profil des Überlagers würde ich heute sicherlich eine Ausklinkscheibe für die Flex verwenden, weil Stegeschneiden einfach länger dauert. (links unten)

6-384 Auf der Vorderseite ist das Profil fertig – jetzt kommt die rechte Seite an die Reihe. (rechts oben)

6-385 Vergisst man die Wasserschräge 1 am oberen Teil des Überlagers, so hätte man später Probleme mit der Stärke des Abschlussprofiles. (Mitte rechts)

6-386 Eine gerade Gehrungslinie 2 ist das Qualitätsmerkmal eines wiederkehrenden Profils. (rechts unten)

6-387
Beide Sturzteile wurden in der Werkstatt zusammengestellt und angeglichen.

Bogen-Ornamentik

Bei dieser einfachen Ornamentik ist nur darauf zu achten, immer von einer Ebene zur nächsttieferen anzureißen (▸ **Bild 6-388 bis 6-393).**

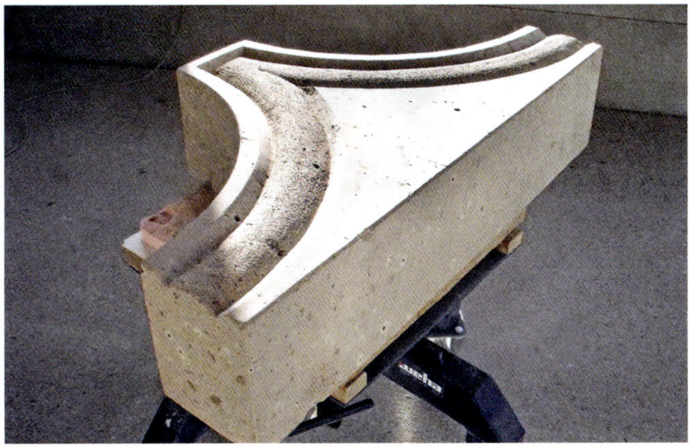

6-388
Das mittlere Bogenteilstück noch ohne obere Ornamentik (links unten)

6-389
Die Schrifthauer-Hartmetalleisen sind auch für die Bearbeitung dieses feinkörnigen Materials ideal. (rechts unten)

6-390 Der Autor beim Bearbeiten des rechten Bogenteilstücks (links oben)

6-391 Fertiggestelltes linkes Bogenteilstück (links unten)

6-392 Der erste Schritt für die obere Ornamentik ist gemacht.

6-393 Fertiggestellter Bogenmittelteil

Vormontage

Nicht nur für Vormontagen, sondern auch für das Anpassen des mehrteiligen Doppelbogens ist eine gerade Betonbrüstung in Arbeitshöhe ideal (▸ **Bild 6-394).** Viele Montagearbeiten kann man in der Werkstatt leichter erledigen als vor Ort am Gerüst. So macht man aus 19 Einzelteilen durch Vormontage 11 Stücke (▸ **Bild 6-395** bis **6-399).**

6-394 Bei dem dreiteiligen Doppelbogen ist natürlich keine Vormontage notwendig (er wäre zu unhandlich); für manches Teil aber, wenn auch mittels Schablone angefertigt, ist mitunter noch ein exaktes Anpassen bei den Übergängen der einzelnen Bogenteile notwendig. (oben links)

6-395 Bevor man eine Vormontage in Erwägung zieht, sollte man sich über die Gegebenheiten der Kärntner Baustelle Informieren. (oben rechts)

6-396 **6-397** Wichtig ist, in Erfahrung zu bringen, ob ein Baukran auf der Baustelle vorhanden ist, denn durch die Vormontage hat man zwar weniger, dafür aber schwerere Einzelteile. (Mitte links und Mitte rechts)

6-398 **6-399** Ist ein Baukran vorhanden, so werden ihn doch auch andere Firmen nutzen (Wartezeiten). Wegen der deswegen zeitlichen Begrenzung unserer Nutzung dieses Geräts ist es angebracht, für das exakte, längerdauernde Einrichten der Steinelemente einen Flaschenzug mitzunehmen, der vor Ort oberhalb des Doppelfensters montiert werden kann. (unten links, unten rechts)

Oberfläche: Struktur und Farbe

Da der Bestandsstein nicht mehr zu bekommen war, wurde ein ähnlicher Sandstein genommen und durch Lasieren umgefärbt. Für die Kopie eines 400 Jahre alten Fensters war die Struktur der Oberfläche zu glatt. Deshalb wurde sie mit Sandstrahlen aufgeraut (▸ **Bild 6-400, 6-402, 6-404**). Das Fundstück eines alten Fensters aus Schloss Pöllan als Farbmuster beweist auch, dass ursprünglich mehrere Doppelfenster vorgesehen waren (▸ **Bild 6-401).** An den beiden umgefärbten Stücken sieht man auf den Fotos, je nach Lichtwert, einen starken Farbunterschied. Zwischen Sonnenlicht, Schatten und künstlichem Licht ist die Farbe scheinbar immer eine andere (▸ **Bild 6-403, 6-405**).

6-400 Neue Werkstücke formal ein wenig an den Altbestand anzupassen, ist ein oft geäußerter Kundenwunsch, aber im formalen Bereich restauratorisch eigentlich nicht richtig.

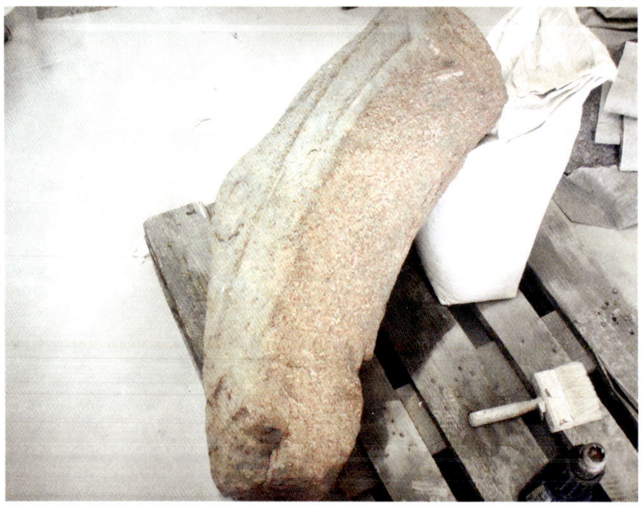

6-401 Bestandsfragment eines Doppelfensters, gefunden im Schloss Pöllan. Im Bereich der farblichen Anpassung der neuen Steine an das Bestandsmaterial gibt es zwei Ansichten. Die eine will den neuen Stein als Neumaterial erkennbar belassen. Die andere findet eine farbliche Anpassungsretusche in Ordnung. Beide Auffassungen kann man als richtig gelten lassen.

6-402 In diesem Fall gehe ich mit den Ansichten des Denkmalschutzes völlig konform, denn auch mir als ausführenden Handwerker widerstrebt es, künstliche Schäden bei meinen Werkstücken zu erzeugen. Zu einem geringen „Verstrahlen" der Oberfläche kann ich mich aber, der Kundschaft zuliebe, durchringen (sieht man schon aus zwei Meter Entfernung nicht mehr).

6-403 Etwas rötlicher ist der Farbton des Werkstücks bei künstlichem Licht.

6-404 Die Bereiche, die durch die Bearbeitung schon eine etwas rauere Oberfläche aufweisen, werden durch das Aufstrahlen noch stärker strukturiert.

6-405 Retuschiertes neues Werkstück im Schatten. Seltsamerweise ist die Farbe doch sehr unterschiedlich zu dem Eindruck, den man bei künstlichem Licht oder Sonnenlicht hat (ist auch bei den Bestandssteinen zu beobachten).

Zusammenstellen und Transportverpackung

Der vollkommen plane Estrichboden im vorderen Bereich der Werkstatt erlaubt das Zusammenstellen mehrteiliger Objekte auf eine Ebene (▶ **Bild 6-406).** Montagehilfen wie Zapfen und Klammerlöcher wurden gesetzt, um uns die Arbeiten vor Ort zu erleichtern. Am Ende steht das Verpacken für den sicheren Abtransport nach Kärnten (▶ **Bild 6-407, 6-408).**

6-406 Um mögliche Fehler frühzeitig zu erkennen und Montagehilfen und Zapfenlöcher vorzufertigen, stellen wir alle neuen Steinteile des Doppelfensters in der Werkstatt zusammen. (rechts oben)

6-407 Nicht vergessen: Stein ist spröde, darum bei der Transportverpackung immer weiches Material (Styropor) zwischenlegen.

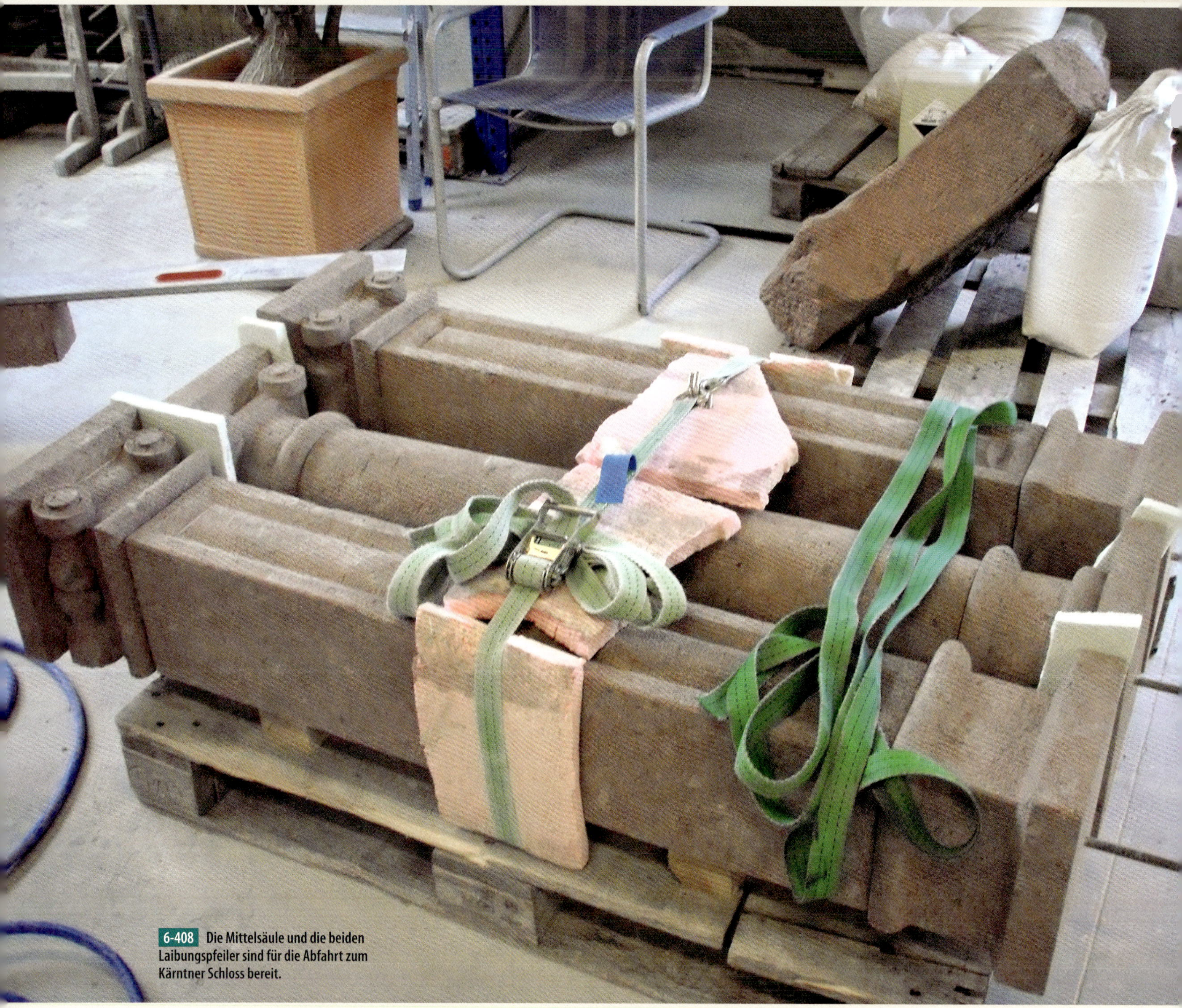

6-408 Die Mittelsäule und die beiden Laibungspfeiler sind für die Abfahrt zum Kärntner Schloss bereit.

Montagetechnik: Unterbau und Sohlbank

Die Positionsbestimmung durch Bauleitung, Kundschaft und Ausführenden war sehr wichtig (wir brauchten drei Stunden), da die bis zum Einmauern freistehende Konstruktion eine stabile, nicht mehr ohne Beschädigung zerlegbare Montageart erforderte.

Tipp: In aller Ruhe auf Kundenwünsche einzugehen, aber gleichzeitig die baulichen Gegebenheiten der Montage und der Position des Fensters nicht aus dem Auge zu verlieren, ist wichtig, um später Doppelarbeiten zu vermeiden.

6-409 Wir hätten die beiden Sohlbankteile auch gleich mit erdfeuchtem Beton und Haftbrücke mitversetzen können. Da es aber schon spät am Tag war, war der Kran der Baufirma nicht mehr aktiv. Ein paar Kübel Beton konnten wir auch händisch auf das Gerüst bekommen.

6-410 Die beiden Teile der Solbank werden miteinander verzapft und auf dem vorbetonierten Fundament fixiert (Detail: Bild 6-414).

6-411 Zum Versetzen der ersten Steinteile hat sich der direkt am Gerüst eingesetzte Flaschenzug bewährt.

6-412 Die Aufnahme für den Zapfen der Mittelsäule wurde schon vor dem Versetzen ausgeschnitten.

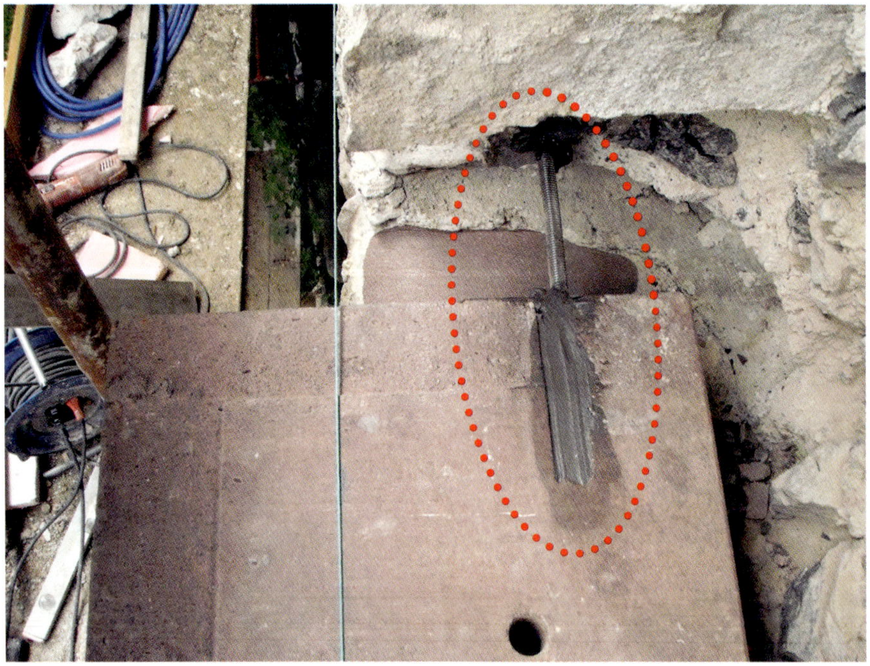

6-413 Mit Edelstahl wird die Bank seitlich fixiert. Die Schnur bezeichnet die Mauerfläche. Da die Sohlbank weit vorragt, bin ich sehr froh über die zusätzlichen 5 cm Auflagerfläche des Holzpfostens (siehe auch Bild 6-409).

6-414 Das vorbetonierte, völlig ebene Fundament hat auch den Vorteil, dass die Verzapfung der beiden Sohlbankteile und das Fixieren mit Kleber auf einem gesicherten Auflager relativ leicht vonstatten geht.

Mit Hilfe eines völlig geraden Pfostens wurde das Auflager betoniert. Das Holz wurde bis zur Fertigstellung belassen, um das Auflager zu vergrößern (▸ **Bild 6-409, 6-410).** Mit dem Flaschenzug wurde die zweiteilige Sohlbank in Position gebracht, mit dem Auflager verklebt und seitlich mit Ankern fixiert (▸ **Bild 6-411** bis **6-413).** Aus den beiden Teilen wird durch Verzapfen eine Einheit geschaffen (im Kreis) (▸ **Bild 6-414).**

Laibungspfeiler und Mittelsäule

Der Baustellenkran hob uns jedes Teil des Fensters auf das Gerüst (▶ **Bild 6-415).** Von dort ging es genauer mit dem Flaschenzug weiter (▶ **Bild 6-416).** Die seitliche in die Mauer gehende Verankerung (Bügel aus Bandedelstahl) stabili-

6-415 Wenn sie gerade Zeit haben, hebt uns die Baufirma ein Steinteil auf das Gerüst. Will man nicht zu lange warten, hilft „bestechen" mit (Kärntner) Hirter-Bier!

6-416 Nachdem uns der Baukran den seitlichen Laibungspfeiler auf das Gerüst gehoben hat, war das Einrichten mit dem Flaschenzug nur mehr eine Kleinigkeit.

6-417 Der rechte Laibungssteher wird mit einem Stahlbügel in die Mauer fixiert.

6-418 Eine Hebeöse auf Gewindestangenzapfen erzielt eine sichere Verbindung mit dem Flaschenzughaken.

6-419 Zum leichteren Absetzen der Mittelsäule vom Baukran auf das Gerüst muss das Gerüstgeländer kurzfristig entfernt werden.

6-420
Die beiden Pfeiler und die Mittelsäule sind fertig versetzt.

6-421
In Ruhe mit unserem Flaschenzug die schweren Steinteile einzurichten, hat sich gut bewährt, denn der Baustellenkran ist auch für andere Gewerke auf der Baustelle da. Dieser Umstand kann zu unnötigen Wartezeiten und Stress führen. (rechts oben)

sierte die Seitenpfeiler (▸ **Bild 6-417).** Die Hebeöse auf den Gewindestangenzapfen ist eine ideale Aufhängung für den Flaschenzug (▸ **Bild 6-419, 6-420).**

Achtung: Das Geländer, nach dem Umhängen vom Baukran auf den Flaschenzug, sobald wie möglich wieder einhängen.

Bogensegmente

Mangels einer Hintergrundmauer konnte die Säule nur notdürftig zur provisorischen Holzkonstruktion versteift werden (▸ **Bild 6-422, 6-424).** Eine Lochstahlplatte, verwendet als Montagehilfe bei den Verbindungsfugen der Bogensegmente, stabilisierte die Teile bis zur Fertigstellung (▸ **Bild 6-425, 6-426).**

6-422 An eine provisorische Holzverschalung 1 etwas provisorisch zu fixieren, kann ja nur funktionieren.

6-423 Das Bogenteil steht schon etwas wacklig auf dem Kapitell der Säule und gehört so schnell wie möglich fixiert. (links oben)

6-424 Erst die Verbindung mit den beiden seitlichen Bogenteilen macht das Ganze stabiler. (links unten)

6-425 Somit ist auch die Montage der Bogenteile fast fertiggestellt. (oben rechts)

6-426 Dass ich mir in der Werkstatt in Graz schon eine Montagehilfe hergerichtet habe, zahlt sich jetzt auf der Baustelle in Kärnten aus. (rechts unten)

6-427
Die Teile des Doppelbogens stehen gar nicht so schlecht in der Mauernische, nur müssen sie, um weiterarbeiten zu können, noch fixiert werden.

Fixieren der Bogensegmente

Die freistehenden Bogensegmente mussten stabilisiert werden (▸ **Bild 6-432).** Dafür gibt es zwei Möglichkeiten: entweder sofortiges Mitmauern der Segmente oder die Befestigung der Teile mit Bandstahlbügeln an der Hauswand. Da die Bögen einen großen Abstand nach hinten aufweisen, wäre ein Vermauern ohne Grundplatte nur seitlich möglich gewesen (▸ **Bild 6-428).** Deshalb entschied ich mich für die zweite Montageart. Um die rückwärtige Wand überhaupt erreichen zu können, musste der Bügel vom Mittelteil sogar geknickt werden (▸ **Bild 6-429).**

6-428
Der Bogen ist relativ weit weg von der Bruchsteinmauer, aber irgendwo muss ich ihn befestigen.

6-429 Weiter zum Rand der inhomogenen Mauer kann ich nicht gehen, also muss ich den mittleren Bügel knicken.

6-430 Der seitliche Bügel in Vorbereitung …

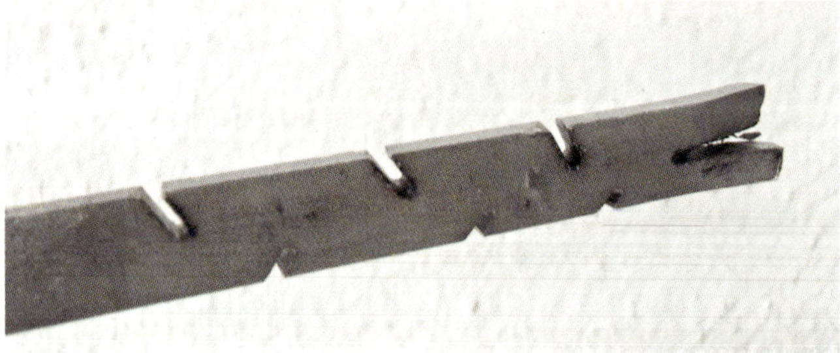

6-431 … Rückhaltekerben erhöhen die Befestigungssicherheit des Bügels …

6-432 … und fertig montiert. In diesem inhomogenen Mauerwerk musste der Befestigungsbügel tief genug eingebohrt werden.

6-433 Die Verblendungsteile zwischen Bögen- und Überlagersteinen sind nicht sehr dick, da sie nicht weit aus der Mauer vorstehen. Um dem schweren Überlager ein sicheres Auflager zu bieten, wird der Rest bis zum Nischenhintergrund ausbetoniert. (oben rechts)

6-434 Die neuen Fensterstöcke werden dann natürlich direkt bei der hinteren Bogenkante ansetzen. (links unten)

Verblendung und Betonabschlussplatte

Die Verblendungsteile dienten gleichzeitig als vordere Schalung für die abschließende, betonierte Deckenplatte. Außerdem bekommt man so ein größeres Auflager für das profilierte Überlager (▸ **Bild 6-433**).

Dreiteilige Verblendung: Durch die Stabilität gebende Betonplatte ist jetzt keine Durchsicht mehr möglich (▸ **Bild 6-434**).

Auf diesem Foto ist leider nicht zu sehen, dass die dreiteilige Verblendung nicht sehr dick ist; sie muss, um dem schweren Sturz ein sicheres Auflager zu geben, nach hinten zur Wand ausbetoniert werden (▸ **Bild 6-435**. Schade, dass nur die beiden seitlichen Schalungsbretter (im roten Kreis) zu erkennen sind, denn die untere Schalung der betonierten Grundplatte musste abnehmbar ausgeführt und an die sehr unregelmäßige Hintergrundmauer angepasst werden.

6-435 Eine Schalung auf der Unterseite und zwei Schalungsbretter seitlich (rote Kreise) sind nötig, um den Beton zu hinterfüllen.

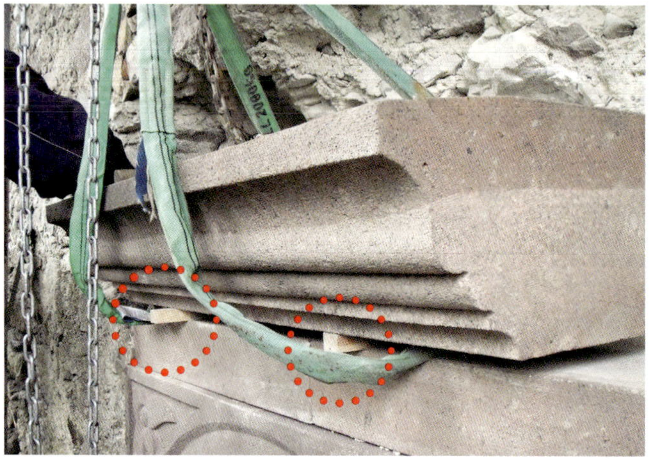

6-436 Es ist mir lieber, die beiden Seitenanschlüsse zu den Bruchsteinen zuerst zu vermauern, bevor wir die schweren Überlagerteile aufsetzen.

Zweiteiliges Überlager

Aus Sicherheitsgründen wurde der Bestand, vor dem Versetzen des Überlagers, von unserem Steinmaurer bis zur Verblendungshöhe fixiert (▸ **Bild 6-437**). Da die Mauer natürlich unverputzt bleibt, geschah das angepasst mit Altbestandssteinen (rotes Oval).

Der Stein der Neuteile ist sehr druckempfindlich. Selbst Holzlatten als Absetzhilfe können Kanten beim Gleichrichten beschädigen (▸ **Bild 6-436**).

Deshalb verwendete ich Hebeösen und eine Ruckstange auf der nicht sichtbaren Oberseite zum Einrichten des zweiten Sturzteiles (▸ **Bild 6-438, 6-439**).

6-437 Das zweite Überlagerteilstück versetzen wir mit Hilfe von Hebeösen, mit dem Hintergedanken, sie auch gleich als Widerlager für die Ruckstange, zum Einrichten des Steinteils, verwenden zu können.

6-438 Das genaue Einrichten muss bei dieser spröden Steinsorte sehr vorsichtig erfolgen (Kantenbruchgefahr).

6-439 Bis aufs Verfugen sind alle Teile versetzt. Oberhalb und seitlich des profilierten Überlagers kommt noch unser Steinmaurer in Aktion.

Fertigstellung

Man darf nicht vergessen, dass der Bau ein herrschaftliches Schloss werden sollte, verputzt und mit mehreren Doppelfenstern sowie schönen Portalen und Wappenschildern. Unser Fenster wirkt vielleicht etwas verloren in der alten Bausubstanz und kann sicher als Diskussionsgrundlage für das Thema „Wie weit eine Rekonstruktion sinnvoll ist" dienen.

Auf diesen Bildern sieht man das Fenster nach dem Einmauern und Verfugen: ▸ **Bild 6-440 bis 6-444**.

6-440 Doppelfenster von oben, Richtung Sohlbank

6-441
Doppelfenster von rechts, Richtung linker Laibung (links oben)

6-442
Doppelfenster von links, Richtung rechter Laibung (rechts oben)

6-443
Doppelfenster von unten, Richtung Überlager (links unten)

6-444
Gegenüberliegende Seite: Doppelfenster, Gesamtansicht

Das Team

Da ich selber sowieso viel zu oft häufig auf den Bildern in diesem Buch zu sehen bin, möchte ich an dieser Stelle einmal ein paar liebe Kollegen meines Restaurierungsteams vorstellen. Zur Erklärung: Als die Bilder, die in diesem Buch Verwendung fanden, gemacht wurden, waren es halt Bilder meiner Projekte, und meine Kollegen, die diese Aufnahmen von mir machten, dachten natürlich nicht nur an den Dokumentations-, sondern auch an einen gewissen Erinnerungswert. Von einem Schriftwerk, bei dem diese Fotos Gebrauch finden würden, war sowieso noch keine Rede.

Steinmetze, Bildhauer, ein Maurer und ein Maler gehören zum Team.

Jeweils von links nach rechts

6-445 Loran, Steinmetz: Säulenschaft

6-446 Andi, Bildhauer: Sohlbank und Montage

6-447 Der Autor, Projektleiter: Kapitelle, Basisteile, Fenstersturz, Ornamente und Montage

6-448 **6-449** Michael, Bildhauer: Laibungen, Bogenteile und Steinmaurerarbeit vor Ort (links und Mitte)

6-450 Außerdem: Peter, Maler: dunkle Lasur (rechts)

6-451 **6-452** Denise, damals Lehrling: Bogen und Laibungsnuten (links und Mitte)

6-453 Auch die sensible Anschlussarbeit bei der Steinmauer war ein wichtiger Beitrag zum Gesamteindruck. Bernt, unser Maurer

VII. Schutz

7-1 Lasur-Team bei der Grazer Herz-Jesu-Kirche: Ein Team-Mitglied ist mit dem Sprühgerät zum Auftragen und das andere mit dem Pinsel beschäftigt, um entstehende Rinnspuren bei dieser sehr dünnen Lasur gleich zu beseitigen.

Grundsätzliches zum Thema Schutz

Das wird eindeutig das kürzeste Kapitel in diesem Buch, denn auch alle anderen vier Restaurierungsmaßnahmen dienen im Grunde dem Schutz des historischen Bauwerks oder Denkmals. Ein gutes Beispiel hierfür ist der Eggenberger Brunnen in Wildon, der bereits beim Thema Reinigung (▸ Seite 39) angesprochen wurde. Obwohl keine Ergänzung vorgesehen war, musste dieses Konzept, natürlich mit Absprache (Konzeptänderungen müssen immer begründet werden), bei speziellen Fehlstellen zum Schutz der Anlage angepasst werden. Konkret wurde eine große Fehlstelle am oberen Brunnenrand ergänzt, um die darunterliegenden Buchstabenfragmente vor weiterer Zerstörung zu schützen. Auch wird gezeigt, wie ältere Schutzmaßnahmen, obwohl mechanisch einwandfrei, den optischen Gesamteindruck negativ beeinflussen und was mit einfachen Mitteln dagegen unternommen werden kann.

Schutz und Opferlasuren aus pigmentiertem Sumpfkalk sind die geläufigsten Beschichtungsmaßnahmen, um die Verwitterung der Sandsteinoberflächen im Außenbereich zu verzögern. Hydrophobierungsmittel dienen dem gleichen Zweck, sind aber momentan zugunsten des natürlicheren Sumpfkalks ins Hintertreffen geraten. Warum der chemische Schutz derzeit nicht sehr gefördert wird, müsste ein Spezialist des Denkmalamts beantworten. Meiner Meinung und meinen Erfahrungen nach ist die Verzögerungswirkung auf die Verwitterungsschäden bei porösem Stein wie Aflenzer Kalksandstein enorm (bei richtiger Anwendung oft Jahrzehnte). Aber es wird schon richtig sein, dass dieses Mittel nicht für jede Gesteinsart geeignet ist und im Extremfall sogar zu Schäden führen kann.

In diesem Kapitel werde ich eine vernünftige Anwendung der Hydrophobierung darstellen, aber auch Beispiele dafür bringen, die zeigen, wo darauf verzichtet werden sollte.

Wichtig zur Erhaltung der Steinsubstanz sind auch firmenübergreifende Maßnahmen in Zusammenarbeit mit Bauleitung und anderen Berufsgruppen. Natürlich kann man als Vorarbeiter der Steinrestauratoren keine Aufträge an andere Firmen erteilen, aber die Bauleitung wird immer ein Ohr für vernünftige Vorschläge zum Schutz des Restaurierungsobjekts haben. Übergangszonen von Arbeiten verschiedener Berufsgruppen nicht nur in der Restaurierung stellen erfah-

7-2 Merkmale einer „musealen Ergänzung" sind ihre leichte Erkennbarkeit, ohne aber wie ein Fremdkörper zu wirken.

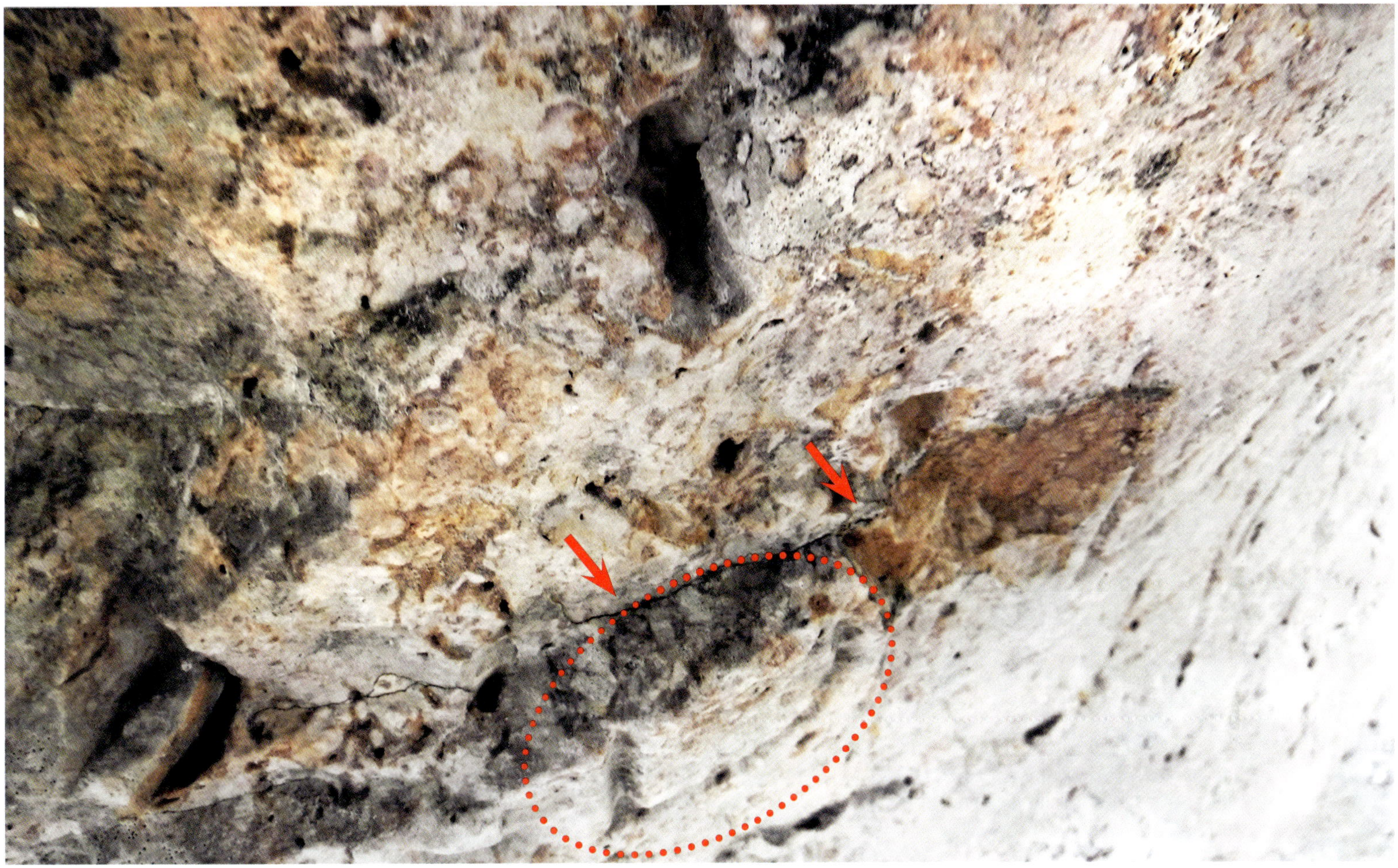

7-3
Bei diesem Detail (vor der Ergänzung) tritt der Grund für die Schutzmaßnahme klar zu Tage. Das halbe D von Andreas ist schon abgesplittert und die Verwitterung würde, beim Offenlassen des Spalts, in absehbarer Zeit zu weiteren Schäden führen (rotes Oval und Pfeile).

rungsgemäß eine oft nicht unerhebliche Schwachstelle dar. Wenn man als Vorarbeiter der Steinrestauratoren auch ein wenig von der Arbeit anderer beteiligten Professionisten versteht, ist das auf alle Fälle von Vorteil für den Erhalt eines historischen Bauwerks. Die Ausrüstung und auch die Einrichtung des Firmenfahrzeugs sollte vor allem bei abgelegenen Baustellen nicht nur spezielle Restaurierungswerkzeuge, sondern auch Werkzeuge und Materialien aus den Berufen der Steinmetze, Bildhauer, Maurer (Stuckateur) und Maler mitführen.

Ein paar Beispiele zum Erhalt von historischen Stufenanlagen möchte ich noch vorstellen, da Schäden an diesen Objekten eigentlich immer die gleichen Ursachen (Fundamente) haben. Vorbeugende Maßnahmen, wie regelmäßige Zustandskontrollen des restaurierten Bestandes, dienen zum Schutz und zur Früherkennung von neuerlichen Schäden.

Ergänzung als Schutz

Beim Brunnen der Eggenberger beim Schloss Schwarzenegg in Wildon läuft im vorderen Bereich des Namens „Andreas" eine große Fehlstelle mit Frostaufbrüchen und Spalten durch die Schrift (▸ **Bild 7-3**). Außer dem Sichern der Steinscherben wird zum Schutz der Buchstaben und weiterer Verwitterung eine genau auf den Stein eingestellte Mörtelergänzung gemacht. Obwohl im Maßnahmenkatalog keine Ergänzung vorgesehen war, wurde von Seiten der Bauleitung die Empfehlung des Restaurators berücksichtigt, eine Ergänzung zum

7-4 Um die Ergänzungsmasse bis zur Bearbeitbarkeit in Form zu halten, reichen zwei Zwingen und ein Stück Isolations-Styropor, das sich dank seiner Flexibilität optimal an die Rundung des Brunnens anpasst (Hilfsschalung).

7-5 Mit ein wenig Epoxydharz und Schwarzem Metalllack verwandle ich die industriell gefertigten Edelstahlklammern, die anscheinend von einer früheren Sanierung stammen, in ein grobes Schmiedeeisen.

7-6 7-7 Wenn man die Altbestandsklammer am Brunnensockel (unten rechts) mit den neuen Edelstahlklammern am Brunnenkranz vergleicht (unten links), würde ich auf jeden Fall eine optische Anpassung des Neubestandes empfehlen.

Schutz der Inschriften auszuführen (Konzeptanpassung). Optisch kann mit leichtem Absetzen des Mörtels und farblich ruhiger, aber nicht total angepasster Retusche auf das museale Konzept ohne Rekonstruktionen Rücksicht genommen werden (▸ **Bild 7-2, 7-4**).

Die Edelstahlklammern aus einer früheren Restaurierung erfüllen zwar ihre Funktion, passen aber nicht zum Erscheinungsbild (▸ **Bild 7-6**). Es ist kein großer Aufwand, sie mit ein wenig Epoxidharz und Eisenlack auf die Optik der ebenfalls vorhandenen ursprünglichen Schmiedeeisenklammern zu bringen.

In ▸ **Bild 7-5** ist das Ergebnis der optischen Anpassung, darunter eine Altbestandsklammer des Brunnens (▸ **Bild 7-7**), zu sehen.

Sumpfkalklasur

Gotischer Turm der Kirche Maria Straßengel bei der Fertigstellung

Die Sumpfkalklasur ist so dünn, dass sie mit dem Sprühgerät aufgetragen und mit dem Pinsel verstrichen werden kann (▸ **Bild 7-8**). Optisch interessant ist die Gegenüberstellung, die den Zustand vor und nach der Lasur zeigt. Sandsteine, Tuff, Mauerwerk, alte und neue Vierungen und Mörtelergänzungen, sogar leichte Sinterreste an den Köpfen vervollständigen zusammen mit den Steinfugenbild den optischen Reiz des Turms (▸ **Bild 7-9**).

7-8 Bei diesem porigen kalktuffähnlichen Gestein ist das Aufbringen der dünnen Sumpfkalklasur mit dem Luftdruck-Sprühgerät ideal. Allerdings sollte dennoch mit Pinsel oder Bürste nachgearbeitet werden.

7-9 Detail des Turms ohne Lasur (oben rechts)

7-10 Detail des Turms mit Lasur (unten rechts)

Obwohl die Transparenz der Lasur die Verschiedenheiten des Turmaufbaus noch erahnen lassen, wirkt der Turm farblich ruhiger, aber nicht so spannend wie im Bild darüber. Die Entscheidung fiel zugunsten der Schutzfunktion (▸ **Bild 7-10**).

Laut dem Denkmalamt ist der Malerbürstencharakter der Lasur von großer Bedeutung. Nur wegen der extremen Großporigkeit des Tuffs verwende ich zum Aufbringen des Sumpfkalks den Luftdrucksprüher, arbeite aber sofort mit dem Pinsel und der Bürste nach (Nass in Nass).

7-11 7-12
Neugotischer Portikus, Wimperg-Relief: Kirche am Zentralfriedhof in Graz (oben links und oben rechts)

Sumpfkalkanstriche und Schlemmen

Obwohl ich in meiner Laufbahn als Vorarbeiter zwei große gotische Objekte betreute, konnte ich im Zuge meiner Restaurierungen keine wirklich dicken Schutzschlemmen benutzen.

7-13 7-14
Maßwerk (Dreipass), Herz-Jesu-Kirche in Graz (links unten und rechts unten, siehe Bild 7-1)

Diese Bauten wurden nämlich in der Zeit der Neugotik zum Teil schon auf Steinsichtigkeit „verschönert" (Kirchen in Pernegg und Straßengel).

Je nach Notwendigkeit der Schutzwirkung wird der Anstrich mehrmals dünn aufgetragen. Die optische Komponente wird durch Zugabe von Pigmenten zum Sumpfkalk erreicht. Von uns wird, auch wenn der Endanstrich vom Maler ausgeführt wird, der Sandstein mit Schutzlasur übergeben.

7-15 Hl. Katharina, Mausoleum Kaiser Ferdinands II. in Graz (links)

Zusammenarbeit von Firmen

Bei den Übergangszonen von der Blechabdeckung der Gesimse eines Erkers in Graz ist die Zusammenarbeit von Spengler und Stein-Restaurator sinnvoll, um alte Baumängel, die zu Schäden geführt haben, zu beheben. Die starken Zerstörungen des Steins im Bereich des Übergangs zwischen Unterzug und Gesimsabdeckung waren auf falsche Verarbeitung des Blechbestandes zurückzuführen. Die Vorarbeiten für den Spengler mussten mit der Bauleitung besprochen werden (▸ **Bild 7-16**).

Wie besonders auf dem Detail vom Maueranschluss in ▸ **Bild 7-17** zu sehen, war die zu geringe oder fehlende Ein-

7-16 Der graugrüne Schleifsandstein weist eine ausgeprägte Schichtung auf und ist deshalb leider auch sehr frostanfällig.

7-17 Reicht das Blech nur bis, aber nicht unter den Stein, hilft die beste Wasserschräge auf der Gesims-Oberfläche nicht viel.

bindung des Abdeckungsblechs (1 in ▸ **Bild 7-17**) für die schweren Schäden im Übergangsbereich verantwortlich. Die zweite Schadensursache war die zu geringe Ausladung der Wassernase 2 beim Altbestand, wodurch bei Regen oder Schneeschmelze zu viel Wasser in den Stein kam (▸ **Bild 7-18**).

Wenn das Einschneiden der Einbindungsnut für die neue Blechabdeckung des Spenglers auch nicht im Maßnahmenkatalog berücksichtigt ist, so ist es doch im Sinne des Restaurators, die Bauverantwortlichen darüber zu informieren.

7-18 Auch eine zu wenig weit vorspringende Wassernase bei der Blechabdeckung des Gesimses trägt ihren Teil zu den Schäden bei.

7-19 Behobener Schaden beim Neubestand (mit Anstrich)

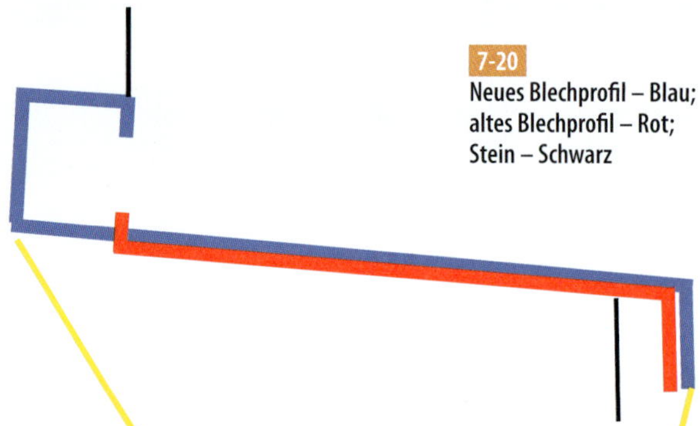

7-20 Neues Blechprofil – Blau; altes Blechprofil – Rot; Stein – Schwarz

7-21 Die Nut im Erkersockel wird von uns gefertigt, damit die Konstruktion des Spenglers, die den Übergang von Stein auf Blech bildet, tief genug einbinden kann.

Die Nut sollte ca. zwei cm hoch und zwei cm tief in den Stein eingearbeitet werden (▸ **Bild 7-20, 7-21**); oben das ideale Blechprofil zum Schutz vor Schlagregen (blau).

Stufenfundamente

Die Hauptportalstufen der Frauenkirche in Pernegg
Der gotische Altbestand (Niveau) wurde nicht nur dokumentiert; es wurde auch beschlossen, das letzte Stück der neuen Stufenfundamente zum Schutz der Bestandssteine bindemittelfrei (wie eine Rollierung) zu erstellen (▸ **Bild 7-22, 7-23, 7-24**). Die alten Stufen wurden abgetragen und in der Werk-

7-22 Das frostsichere, zweistufige Fundament, das die Baufirma für unsere restaurierten Altbestandsstufen herstellte (links oben)

7-23 Reste der gotischen Bestandsstufen müssen unbedingt erhalten werden. (oben Mitte)

7-24 Detail: der Niveauunterschied der Stufenanlage 1500–1914 (oben rechts)

7-25 Unser auf dem Baufirmenfundament errichtetes Auflager für die einzelnen Stufenreihen lässt aufsteigende Bodenfeuchtigkeit und damit im Winter Frost gar nicht aufkommen. (unten links)

7-26 Fertiggestellte Stufenanlage für den Haupteingang der Pernegger Frauenkirche, Ausschnitt (unten rechts)

7-27 Fertiggestellte Stufenanlage für den Haupteingang der Pernegger Frauenkirche

7-28 Bei diesem katastrophalen Zustand der Stufenanlage wird Bestandserhalt im Sinne des Denkmalschutzes zu einer schwierigen Aufgabe.

7-29 Alle Bestandsstufen wurden abgetragen und in der Werkstatt saniert. Auch diesmal errichtet uns die Baufirma ein frostsicheres Fundament.

7-30 Gegenüberliegende Seite: Die ersten beiden Reihen ersetzen mit Neuanfertigungen provisorische Bruchsteinplatten, die eher an „Gartengestaltung" erinnerten.

statt restauriert. Nach dem Abräumen des völlig zerstörten Untergrunds wurde von Seiten der Baufirma ein frostsicheres, zweistufiges Fundament errichtet. Beim neuerlichen Versetzen der alten Steinstufen wurde mit Betonziegeln und Überlagerträgern ein hinterlüftetes Sekundärfundament errichtet (▸ **Bild 7-25**. Die Hauptportalstufen nach der Fertigstellung, ▸ **Bild 7-26, 7-27**)

Stufenfundamente und Adaptionen

„Wo ist der Schuttcontainer?" Das würde ein normaler Steinmetz fragen; unsere Aufgabe hingegen ist es, auch schwierige Fälle zu restaurieren. Bei dieser Stufenanlage der Pfarrkirche St. Martin in Deutschfeistritz waren außer Schäden durch unzureichende Ausbesserungen zwei Hauptursachen zu erkennen. Die Fundamente waren praktisch nicht mehr vorhanden, wodurch das Oberflächenwasser mit der Zeit durch die Stufen nach innen geleitet wurde. Verstärkt wurde das Ganze noch durch das oberflächliche Ableiten des Dachrinnenwassers (▸ **Bild 7-28, 7-29**).

Die Restaurierung der Altstufen und die Anfertigung neuer Stufen in der Werkstatt waren dann eine andere Geschichte. Der Platz zum Einrichten und die Hinterlüftung sollten bei der Maßangabe für die Fundamente berechnet werden (▸ **Bild 7-30**).

In Zusammenarbeit mit einer Baufirma wurde ein frostsicherer Stufenkern betoniert. Über einen Auffangschacht wurde das Dachwasser unter der Anlage abgeleitet, dazu eine Neustufe adaptiert (▸ **Bild 7-31, 7-32, 7-33**).

7-31
Eine Stufe muss wegen des Dachrinnenabflusses adaptiert werden. (links oben)

7-32 Erstaunlich viele Bestandsstufen konnten trotz schwerer Schäden erhalten werden.

7-33
Fertigstellung der Stufenanlage: Eine halbrunde Stufenanlage beim Seiteneingang einer Kirche hat Seltenheitswert und sollte schon deshalb erhalten bleiben. (links unten)

Stufenfundamente und Belüftung

Die Bilder zeigen drei Stufenanlagen des neugotischen Südtrakts im Zentralfriedhof Graz. Dieses Schadensbild ist typisch für alte Stufenanlagen. Die Fundamente haben sich aufgelöst und die Stufen „vergehen", wie der Steinmetz sagt. Dadurch

7-34
Wie an der Stufeneinbindung bei den Wangensteinen aus Schöckelkalk ersichtlich, muss das darunterliegende Fundament vollständig eingesunken sein. (rechts unten)

7-35 Ob Montage oder Demontage, ein Portalkran ist für diese schweren Granitstufen eine gute Arbeitshilfe.

kommt noch mehr Wasser in den Untergrund, der im Winter durch Frost noch schneller zerstört wird (▸ **Bild 7-34, 7-36**).

Sehr lange, vielleicht sogar seit der Zeit der Errichtung der Anlagen, wurde nichts mehr saniert. Der Zustand der Fundamente war so gesehen kein Wunder (▸ **Bild 7-35**).

Eine Rollierung und frostsichere Fundamente wurden zum Schutz der Anlagen für die Baufirma in Auftrag gegeben (▸ **Bild 7-38**). Zusätzlich wurden bei der Eckanlage, wegen

7-36 Nach der Demontage ist das Schadensbild offensichtlich, denn außer Erde und Ziegelschutt sind keine Fundamente mehr vorhanden.

7-37 7-38 Die Stufenanlagen sind der Ziegelmauer des Hauses ohne Isolierung nur vorgeblendet, was zu Feuchteproblemen im Bauteil führte. Deshalb wurde das neue Fundament mit einer Rollierung und nicht über die ganze Länge der Stufen ausgeführt (bei Granitstufen kein Problem). Zusätzlich wird der entstandene Hohlraum durch Bohrungen nach außen belüftet. (links oben, rechts oben)

7-39 Fertigstellungsbild: eines der drei Stufenanlagen an der Rückseite der Aufbahrungshalle Süd am Grazer Zentralfriedhof (rechts unten)

hoher Mauerfeuchtigkeit, Löcher gebohrt, um eine Belüftung unter den Stufen zu schaffen (▸ **Bild 7-37, 7-39**).

Für und Wider Hydrophobierung

Die Figuren der Grazer Stadtpfarrkirche waren ursprünglich auf der Rückseite ausgehöhlt und bei der Positionierung am Kirchturm zur Befestigung mit Ziegeln ausgemauert (Erstbefund). Nach der ersten Restaurierung und dem Hydrophobieren der Figuren war eben dieser völlig durchnässte Ziegelkern und der dem Dachwasser ausgesetzte Standort ursächlich für die bald auftretenden Frostschäden (Zweitbefund). Auch die Hydrophobierung, die zwar keine Dampfsperre ist,

sollte bei zu viel aufsteigender Feuchtigkeit (Kapillar) nicht eingesetzt werden. Die Statuen wurden abgenommen, der Ziegelkern entfernt, Frostaufbrüche gerichtet und die Figuren an einen geschützteren Ort bei der Kirche wieder aufgestellt (▸ **Bild 7-45**).

Anhand der beiden Beispiele, ungefähr gleich großer und aus gleichem Material (Sandstein) bestehender Statuen, wird gezeigt, dass ein sinnvoller Schutz vor Regen, Schnee und somit Frost in der Denkmalpflege grundsätzlich außer Frage steht (Mausoleum und Schloss Eggenberg).

7-40 7-41 Abnahme der Statuen (links oben, links Mitte)

7-42 Entfernen des Ziegelkerns (links unten)

7-43 Sichern der Steinsubstanz mit Klammern (rechts oben)

7-44 Ergänzen der Rückseite und Fehlstellen (rechts unten)

7-45 Montage der Statuen „Glaube" und „Hoffnung" am neuen Standort

7-46 7-47 Die Statuen am Grazer Mausoleum Ferdinands II. können im Winter keine Schutzabdeckung bekommen, deshalb ist in diesem Fall aus meiner Sicht eine Hydrophobierung eine sinnvolle Schutzmaßnahme. (links unten und rechts oben)

Auf ebener Erde stehende Statuen, ob vor dem Schloss Eggenberg wie in unserem Beispiel, aber auch im Grazer Stadtpark, werden über die kalte Jahreszeit immer „eingehaust" (▸ **Bild 7-48, 7-49, 7-50**). Aus optischen und ökonomischen Gründen kann diese Schutzmaßnahme bei den Attikafiguren des Grazer Mausoleums nicht angewendet werden (▸ **Bild 7-46, 7-47**). Sind die Objekte vor innen aufsteigender Feuchtigkeit ausreichend geschützt, halte ich in diesem Fall die ausgeführte Hydrophobierung für sinnvoll.

Die Wirkung einer Hydrophobierung kann man gut anhand der Mikrofaserjacke des Wanderers erklären. Dampf (Schweiß) dringt durch, Tropfen (Regen) dringen nicht durch. Das Problem: In dieser Kleidung transpiriert man zwar weniger als in einem Gummiregenschutz, aber doch weit mehr als in einem T-Shirt aus Baumwolle. Das bringt es sehr anschaulich auf den Punkt. Ist das zu schützende Objekt ausreichend vor zu viel innerer kapillar aufsteigender Feuchtigkeit geschützt, ist eine Hydrophobierung je nach Steinsorte kein Problem. Hat man aber nur den leisesten Verdacht, zu viel Wasser könnte von innen in den Stein gelangen, ist es besser, auf die Hydrophobierung zu verzichten oder die Ursachen der Durchfeuchtung zu beheben.

7-48 7-49 7-50 Die überlebensgroße Herkulesstatue vor dem Eggenberger Schloss wird samt Sockel im Winter „eingehaust" und benötigt aus diesem Grund keine Hydrophobierung. (oben links, oben Mitte und oben rechts)

Zustandskontrollen

Als vorbeugende Schutzmaßnahme wird eine regelmäßige Zustandskontrolle nach der Restaurierung im Abstand von fünf Jahren vor allem bei sehr der Witterung ausgesetzten Bauelementen und Statuen schon im Erstangebot von der ausführenden Firma empfohlen (aber nicht sehr oft beauftragt, denn verpflichtend ist diese Maßnahme leider nicht).

Drohnennachschau

Eine einfache, aber auch kostengünstige und effiziente Möglichkeit der Zustandskontrolle ist die Drohnennachschau. Diese Möglichkeit gibt es noch nicht sehr lange und beschränkt sich natürlich nur auf dem optischen Bereich (darum Nachschau).

Da die Hemmschwelle für den Auftraggeber, diese Maßnahme vorbeugend zu finanzieren, durch den günstigen Preis niedrig bleibt, ist die Drohne in letzter Zeit wesentlich häufiger im Einsatz als der Steiger. Durch die spektakulären Bilder und ungewöhnlichen Perspektiven kann sie auch ausgezeichnet für Präsentationszwecke und Dokumentationen genutzt werden.

Wenn man aber bei der Drohnennachschau unvermutete Schadensbilder vorfindet, wird man als Restaurator nicht umhinkommen, andere Mittel der Kontrolle persönlich und vor Ort einzusetzen (mechanisches Abklopfen, Probennahme, sichern etc.). Dann kann man aber durch die optische Vorarbeit der Drohne schon gezielt eingreifen.

Der Kontrollintervall von fünf Jahren wurde im Fall der Kirche Maria Straßengel um das Dreifache überschritten. Obwohl nur eine dünne Kalklasur als Schutz und keine Hydrophobierung erlaubt wurde, hat der Dachreiter die ersten 15 Jahre nach seiner Restaurierung gut überstanden.

7-51 Na, kleine Drohne, da haben wir dich (zumindest als Schatten) erwischt.

7-52 Turmkrone mit Wimperg-Giebeln, Kreuzblumen, Statuen und Blattkapitellen (links oben)

7-53 Die Kirche Maria Straßengel, einmal aus einer etwas ungewöhnlichen Perspektive (rechts oben)

7-54 Die Ebene der Maßwerksfenster und Scheinwasserspeier (rechts Mitte)

7-55 Die Ebene der Steinköpfe und Wappen (links unten)

7-56 Heilige Maria, eine der acht Statuen in der Turmkrone (rechts unten)

7-57
Der Ansatz des gotischen Dachreiterturms auf Höhe des Traufengesimses des Kirchenschiffs (oben links)

7-58
Im Vordergrund: eine der vier „Posaunenengel"-Statuen in der Turmkrone (oben rechts)

Steiger-Nachschau

Die Zustandskontrolle mit dem Steiger ist nicht ganz so einfach und günstig wie die Nachschau mit der Drohne, hat aber den Vorteil, dass man kleinere Sicherungsarbeiten, wenn notwendig, gleich vor Ort miterledigen kann.

7-59 7-60
Bei der hl. Katharina und den Glorienengeln ist alles im „grünen Bereich".

7-61
Zustandskontrolle auf dem „Steiger" bei den Attikafiguren Kaiser Ferdinands II. auf der Westfassade des Mausoleums in Graz

7-62
Linksseitiger Glorienengel an der Westfassade des Mausoleums Kaiser Ferdinands II. in Graz (links)

7-63
Auf Wiedersehen, ihr Attikastatuen! Wenn das Kontrollintervall eingehalten wird, sehen wir uns wahrscheinlich in fünf Jahren wieder. (rechts)

VIII. Steinmaterialien und Werkzeuggebrauch in der Restaurierung

8-1 Eine schöne Blattversteinerung wurde beim Freilegen einer beschädigten Altmörtelergänzung an einem Maßwerksteil des durchbrochenen Turmhelms der Kirche Maria Straßengel sichtbar.

Grundsätzliches zum Thema Steinmaterial und Werkzeuggebrauch in der Restaurierung

Es ist nicht das eigentliche Ziel der Steinrestaurierung, beschädigtes Bestandsmaterial durch neue Steine zu ersetzen. Soweit irgendwie möglich und wenn es statisch zu vertreten ist, wird immer versucht, den Bestandsstein, vor allem bearbeitete Oberflächen aus historischen Zeitabschnitten, zu erhalten. Für die dazu benötigten Methoden wie Konservierungsmaßnahmen oder eventuell Mörtelergänzungen am Stein wäre keine Notwendigkeit für ein Kapitel über Natursteine und Steinbearbeitungswerkzeug gegeben (▸ **Bild 8-2**).

8-2 1986 fuhren mein damaliger Chef und ich mit einem VW-Bus zu den Steinbrüchen von St. Margarethen im Burgenland, um ein paar Rohquader für Vierungen und Neuteile für die Lazaristenkirche in Wien zu besorgen. Mehr Steine als Reserve mitzunehmen, als man eigentlich vorhatte, ist an und für sich ein empfehlenswerter Grundsatz; das sollte nur nicht mit einem Kleinbus geschehen. (Wir erlebten durch Überladung einen Reifenplatzer auf der Autobahn.)

8-3 Diese Aufnahme entstand 1997, als ein Lehrer der Kunstschule, die ich damals besuchte, wegen des Auftrags für die Herstellung einer Miniatur eines Seitentrakts des Gebäudes vor Ort recherchierte. Warum ich ein Gebäude (ich glaube, viele kennen es) aus Dresden zeige? Ganz einfach, weil es sich um das gleiche Steinmaterial in vielen Stadien der Verwitterung und Kriegseinwirkungen handelt (Feuersturm durch großflächige Bombardierungen im Zweiten Weltkrieg). Die Vierungen und Neuteile wurden hier absichtlich nicht an den Bestand angepasst, was in der Restaurierung ein völlig legitimes Konzept darstellt. Da wurde mir das erste Mal bewusst, dass Steine im Steinbruch, was den Menschen betrifft, wie ein unbeschriebenes Blatt erscheinen, aber als Bau- und Dekorstein durchaus in der Lage sind, Menschheitsgeschichte anschaulich zu dokumentieren.

Meistens aus statischen Gründen, um die Haltbarkeit teilweiser oder auch ganzer Bauelemente aus Stein nicht zu gefährden, wird ein Steinaustausch vom Statiker und von der Bauleitung in Zusammenarbeit mit dem Denkmalamt beschlossen. Genau für diese speziellen Fälle wird der Steinmetz in der Restaurierung gebraucht und natürlich auch seine Material- und Bearbeitungskenntnisse (▸ **Bild 8-3**).

Fehlende Stilelemente (z. B. Kreuzblumen), deren Form an anderer Stelle (für eine mögliche Kopie) noch zur Verfügung steht, sind, wenn man sie durch Neuteile ersetzen will, aus Sicht des Denkmalschutzes kein Problem, da man dafür kein Bestandsmaterial (da es sowieso nicht mehr vorhanden ist) behandeln muss (▸ **Bild 8-4**). Beispielsweise wurden bei dem neugotischen Portikus und Dachfilialen der Grazer Zentralfriedhofskirche sehr viele, aber nur fehlende Steinelemente rekonstruiert (▸ **Bild 8-6** bis **8-8**). Da die Rekonstruktion keinen Steinaustausch notwendig macht und auch die Schutzfunktion für darunterliegende Steinelemente (Fialen) gegeben ist, sehe ich, außer finanziellen Erwägungen, keinen wirklichen, dem Denkmalschutz geschuldeten Grund, Neuteile nicht in Erwägung zu ziehen. (Im Kapitel 5, ▸ Seiten 203 und 204, bin ich schon einmal auf diese Problematik eingegangen.)

Auf dem ▸ **Bild 8-5** sieht man das für diese Werkstücke verwendete Luftkompressoren-Werkzeug.

8-4 Sechs für fehlende Kreuzblumen hergestellte Kopien aus Bihać-Kalksandstein in der Werkstatt. Das sind die Steineigenschaften, die man sich in der Steinbildhauerei wünscht: Einen feinkörnigen Kalksandstein, der nicht zu weich und in der Masse homogen ist und vor allem keine Risse in der Steinsubstanz aufweist. Sicherlich manchmal ein Wunschtraum, aber das bosnische Steinmaterial erfüllt ihn zum großen Teil.

8-5 Lufthammer mit verschiedenen Einsatzeisen: Breit-, Zahn-, Stock-, Rund- und Hohleisen. Außerdem sind Luftturbinen mit Diamant-Einsatzwerkzeug zum Schneiden und Schleifen zu sehen.

Breiteisen:
Überbegriff für Eisen mit glatten Schneiden. Einzelbezeichnung je nach Verwendungszweck:
– Schrifteisen
– Bildhauereisen
– Beizeisen
– Schlageisen
– Scharriereisen

8-6 8-7 Auch beim normalen Feuchtigkeitsaustausch neigen Kalksandsteine, wie auch der Aflenzer, zu härteren Schichtbildungen an der Oberfläche, die mit der Zeit die Verdunstung des Wassers aus dem Stein behindert. Bei Minusgraden sprengt das gefrorene Wasser die Schollen auf, und es entsteht dieses typische Schadensbild, wie es an den Fialenspitzen der Zentralfriedhofskirche in Graz zu erkennen ist. (links unten, rechts unten)

8-8 Ist der Bestandsstein des zu restaurierenden Objekts nicht oder nicht in ausreichender Qualität zu bekommen, muss geologisch ähnliches Steinmaterial als Ersatz für Rekonstruktionen gefunden werden.

Geologe und Steinmetz: zwei Sichtweisen

Als Steinmetz, der sein ganzes Berufsleben hindurch der Steinbearbeitung widmete, hat man natürlich nicht ganz die gleiche Sichtweise auf diese Materie, auch wenn man nur Bau und Dekorsteine in Betracht zieht, wie ein Geologe. Der Geologe erforscht wissenschaftlich die Eigenschaften von Mineralien und Gestein, während der Steinmetz die speziellen Eigenschaften der Steine am besten bei der Bearbeitung kennenlernt (▸ **Bild 8-9** bis **8-11**). Der jeweilige Verwendungszweck am Bauwerk oder Denkmal wurde zusätzlich noch durch Beobachtungen und dem Sammeln von Erfahrungswerten im Umgang mit dem Gestein über Generationen hinweg ermittelt. Obwohl die meisten Steinmetze geologische Daten, wenn sie nicht direkt mit ihrer Arbeit im Zusammenhang stehen, oft wenig Beachtung schenken, sollte man sich in dieser Hinsicht aber nicht täuschen lassen. Denn wenn der Stein-

8-9 Eine von mir bei der Bearbeitung des bosnischen Steins gemachte Erfahrung kann und will keine wissenschaftliche Beweisführung sein und kann vielleicht auch nur für den von mir verwendeten Grundblock gelten. Bearbeitungserfahrung: Der bosnische Sandstein ist ein ideales Bildhauermaterial; so hart wie der burgenländische St. Margarethener Sandstein, aber wesentlich homogener und viel feiner in der Körnung. Dadurch lässt er beim Ausformen eine größere Detailarbeit zu.

8-10 In der Steinsubstanz meist fehlerlos, hat er nur manchmal Spalten 1, direkt in der Masse, die aber meistens keine durchgehenden Risse bilden. Von der Farbe ist er mit St. Margarethener und Aflenzer Kalksandstein zu vergleichen und kann sie auch ersetzen. (Bildausschnitt von Bild 8-9)

8-11 Verschiedene Kalksandsteinarten wurden eben wegen ihrer Eigenschaft der guten Formbarkeit seit alters her als Dekorsteine bei Gebäuden und Denkmalen verwendet. Eine gewisse geologische, aber auch optische Ähnlichkeit ist deshalb nicht verwunderlich und dadurch oft auch ein Vorteil für den Verwendungszweck des Restaurators.

8-12 Neuanfertigung einer Wimperg-Kreuzblume für das Portal der Franziskanerkirche in Graz (Material: Bihać-Kalksandstein)

8-13 Markierungsschnitte, um eine Ebene durch einen Durchbruch zu führen (Bei diesem Stein ist sogar der Einsatz einer Holzsäge möglich.)

8-14 Portal der Franziskanerkirche nach der Fertigstellung; Bestandsmaterial ist Aflenzer Kalksandstein.

metz auch jeden Buntkalk umgangssprachlich als Marmor bezeichnet und fast jedes Tiefengestein zum Granit mutiert, müsste er ganz genau über den geologischen Unterschied zwischen verschiedenen Buntkalk-Arten und metamorphen, also Kalksteinen, die durch Hitze und Druck in echten kristallinen Marmor umgewandelt wurden, Bescheid wissen (Fach- und Materialkunde in den Berufsschulen). Auch dass es noch andere Vertreter der Gruppe der Hartgesteine außer Granit, wie beispielsweise Syenit, Diabas, Porphyr, Paragneis, Basalt usw., gibt, ist ihm durchaus bewusst.

Verantwortlich für die etwas grobe Einteilung der Gesteinsarten aus der Sicht des Steinmetzes ist die Bearbeitbarkeit. *Weich: Sandstein, Mittel: Marmor, und Hart: Granit,* das ist eigentlich schon fast alles, was der Steinmetz in der Praxis benötigt (auf den auch wichtigen Verwendungszweck werde ich später noch genauer eingehen).

In der Grazer Berufsschule für Steinmetze wurden alle Übungsarbeiten an einem relativ harten steirischen Marmor ausgeführt. Die Berufsschule bekam diesen Salla-Marmor genannten Stein (in der Steinwürfelsammlung von Mauerbach auch als Kainachtaler Marmor verzeichnet) als Altmaterialspende von verschiedenen ortsansässigen Steinmetzbetrieben. Auch damals wurden in Salla, Bezirk Voitsberg, nur mehr in Ausnahmefällen größere Blöcke für die Restaurierung abgebaut. Hauptsächlich wurden nur mehr Kies und Verputzsande gebrochen (der Verputzsand 01 wird in der Restaurierung als Zuschlagssand für helle Mörtelergänzungen verwendet).

Ein paar Blöcke Kärntner Marmor aus dem Krastal, der dem Salla-Marmor bis auf die etwas größere kristalline Struktur sehr ähnlich ist, hatten wir auch noch für unsere Schulungsarbeiten zur Verfügung. Um die verschiedenen Eisenführungsarten richtig zu erlernen, ist, nach Ansicht unserer damaligen Berufsschullehrer, ein zu weicher Stein ungeeignet. Dieser Meinung kann ich mich zwar anschließen, aber gerade in der Restaurierung, wo das Vorkommen von Kalksandsteinarten und komplexerer Formen im Vordergrund stehen, müsste sich der Steinmetz auch mit speziellen Eisenarten, die eher dem Bildhauer von der Holzbearbeitung (gleiche Form, aber für Stein wesentlich stabiler) geläufiger sind, und dementsprechend geeigneten weicheren Steinmaterial üben (▸ **Bild 8-12** bis **8-18**).

Ein Beispiel hierfür wäre der bosnische Bihać-Kalksandstein. Für einen Steinmetz ist das kein Stein, sondern ein zur Wirklichkeit gewordener Traum eines Bildhauers, der von der Holzbildhauerei kommt und das erste Mal mit Stein zu arbeiten versucht. Während wir armen Steinmetze angestrengt an unserem Marmor klöppeln, der außerdem beim Bearbeiten so stinkt, als hätte die ganze Berufsschulklasse schwere Verdauungsstörungen. Peinlich, peinlich, wenn ich Geologe wäre, würde ich auf Schwefelverbindungen im Stein tippen. Aber Geruchserinnerungen beiseite: Auch ich arbeite sehr gern mit diesem Bosnier, der fast nur positive Eigenschaften besitzt.

Historische Anmerkungen zur Steinbearbeitung

In alten Zeiten der Steinbearbeitung hat jeder Steinmetz auch etwas von der Herstellung seines Werkzeugs und vor allem, je nach Gesteinsart, der Härtung seiner Eisen verstanden („Ei-

8-15
Die Brüstungsgitter (10 Stück) der Grazer Oper aus Kalksandstein weisen starke Salzschäden auf und müssen durch Neuanfertigungen aus Naturstein ersetzt werden. Eines der zu ersetzenden Teile sieht man links. 2004 wurden sie das letzte Mal ausgetauscht. Meiner Meinung nach gehört die Ursache für diese massiven und frühzeitigen Schäden unbedingt abgeklärt.

8-16
Um den Endtermin zu halten, werden einige Bildhauer und auch Lehrlinge für dieses Projekt von anderen Baustellen abgezogen. Durch Lieferverzögerungen bei meinem damaligen Projekt war es auch mir möglich, ein Gitter fertigzustellen.

8-17
Altan-Brüstungsgitter oberhalb des Portikus der Grazer Oper (Material: Kalksandstein)

8-18
Die Ornamentik dieses Weichgesteins kann fast vollständig mit dem Hohleisen ausgearbeitet werden. Das ist ein Vorteil für den Bildhauer, da diese Eisenform eher aus der Holzbildhauerei kommt und ich als Steinmetz mich erst daran gewöhnen muss.

sen" ist hier nur der fachliche Überbegriff für beispielsweise Spitz-, Breit-, Zahn- und Sprengeisen, und diese waren natürlich aus gut härtbarem Stahl und nicht aus Eisen.)

Bei großen Bauvorhaben des Mittelalters bis in die Neuzeit gab es sogar, auf eine bestimmte Anzahl Steinmetze, auch einen Schmied, der nur mit dem Herstellen von neuem Eisen und dem Härten der verbrauchten und abgenutzten Werkzeuge beschäftigt war.

Allen Laien, aber auch vielen Steinmetzen ist es ein Rätsel, wie die Ägypter des Alten Reichs Granite und Porphyr bearbeiten konnten. Selbst im Neuen Reich, in der Zeit Echnatons und Ramses II., in der schon lange keine Pyramiden gebaut wurden, war Eisen (noch lange kein Stahl) eine Kostbarkeit, wie man den Funden aus dem Grab des in jungen Jahren verstorbenen Sohns des Echnaton, Tutanchamun, entnehmen kann (Messer mit Eisenklinge aus Meteoreisen).

Die Bearbeitung des Hauptbaustoffs der Pyramiden, nämlich Kalksandstein, stellt für mich als Steinmetz gedanklich heute natürlich kein großes Problem dar. Das kann ich mir auch in der Kupfer- und Bronzezeit vorstellen, denn auch Kupfer ist bis zu einem gewissen Grad härtbar (entsprechende Werkzeuge wurden auch gefunden).

Ganz anders verhält es sich mit Granit. Jeder, der z. B. wegen einer Granit-Arbeitsplatte für die Küche oder wegen einer Grabanlage einen Steinmetzbetrieb besucht, kann ein Experiment selber ausführen. Ein kleines poliertes Reststückchen vom Granit bekommt man dabei sicherlich vom Steinmetz gratis zur Verfügung gestellt. Das Experiment geht so: Ein Taschenmesser wird mit der Spitze auf den Stein gesetzt; dann mit mittlerem Druck kreisende Bewegungen ausführen. Da die Härteklasse von Taschenmesserstahl niedriger ist als die Härteklasse von Granit, dürfte sich kein Kratzer zeigen.

Natürlich sind nur besondere Teile der Pyramiden aus Granit gefertigt worden, aber so wenig ist das auch nicht. Die Verkleidung der Grabkammer sowie die gefundenen Reste des Stein-Sarkophags in der Cheops-Pyramide gehören meines Wissens sicher dazu. (Auch die Fallsteine zum Verschließen der Gänge waren aus Hartgestein gemacht worden.)

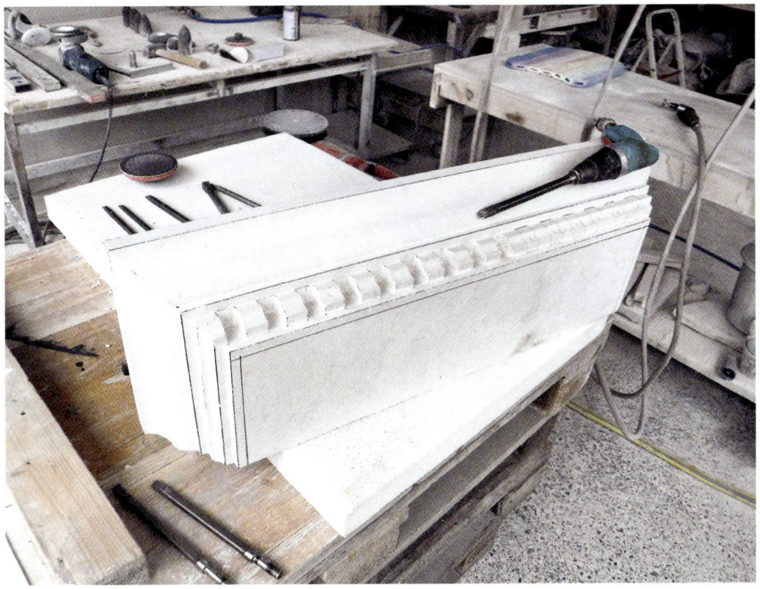

8-19 Da wir als Restauratoren Eisen mit Hartmetallschneiden auch beim Freilegen von alten Betonergänzungen verwenden, werden von Seiten der Firma eher die klobigen, aber dadurch auch haltbareren Eisen für Hartgesteine ausgegeben. Für den seltenen Fall der Ausarbeitung einer Verzahnung hätte ich mir die schlankere Variante gewünscht, aber wenn man vorsichtig ist, geht es zur Not auch so.

8-20 Als Schlagwerkzeug wird der Klüpfel aus Holz für Weichgesteine (gibt es heute auch aus schlagfestem Kunststoff) und der Stahlfäustel für härtere Steine verwendet. Der Kopf des Eisens ist je nach Schlagwerkzeug entsprechend geformt.

In einem alten ägyptischen Steinbruch wurden bei einem riesigen, nicht ganz fertiggestellten Obelisken aus Rosengranit Dolerit-Schlagsteine gefunden (es zeigte sich während der Bearbeitung ein Riss; deshalb wurde er damals aufgegeben). (Dolerit, eine Form des Basalts, ist härter als Granit.)

Wenn ich mir auch sehr mühsam das Ausarbeiten einer ebenen Fläche mit diesen Werkzeugen vorstellen kann, so ist es mir als Steinmetz unverständlich, wie es zu den winkelrechten Kanten und der wie scharf ausgeschnitten wirkenden Schrift (Hieroglyphen) auf den vielen fertiggestellten Obelisken kommen konnte.

Steinbearbeitung aus heutiger Sicht

Nach diesem kurzen Ausflug in das Alte Ägypten und das Mittelalter kommen wir wieder in die heutige Zeit zurück. Bei der Werkzeugverwendung für mittelharte Steine und den weichen Steinarten hat sich eigentlich seit dem Mittelalter nicht so viel verändert.

Die „Eisen" bestehen immer noch aus den an den jeweiligen Stein angepassten, gehärteten Stahl (▸ **Bild 8-19** bis **8-21**).

8-21

1 Aufnahmekopf für den Luftkompressorhammer

2 Stahlfäustelkopf

3 Klüpfelkopf bei einem typischen Weichgesteinseisen

8-22 Diese Eisenart hat zwar eingelötete Hartmetallspitzen, ist aber nur für Feinarbeiten bei Skulpturen, Schrift und Ornamentik bis zur Härte von Marmor gedacht.

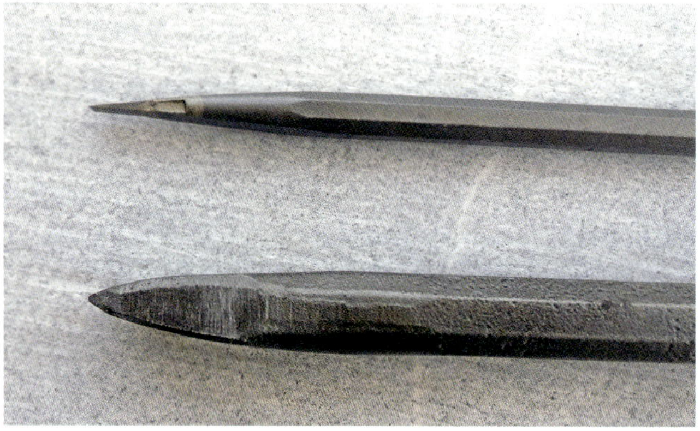

8-23 Der Vergleich mit einem wesentlich robusteren Graniteisen (beide im Profil) lässt den Verwendungszweck erahnen.

Bei Hartgesteinen werden heutzutage statt gehärteten Stahls Hartmetallschneiden und Spitzen, eingebettet in den verschiedenen Eisenarten, verwendet; dadurch ist eine längere Einsatzdauer der Werkzeuge gegeben. Speziell für Marmor und für das Ausarbeiten enger Vertiefungen bei Ornamenten oder figuraler Werkstücke gibt es eine im Profil schlankere Version dieser Eisen (▸ **Bild 8-22** und **8-23**).

Dabei sollte man einen Steinmetz in der Restaurierung oder Denkmalpflege nicht mit einem Steinmetz verwechseln, der für die experimentelle Archäologie mit Werkzeugen aus dem entsprechenden Zeitalter eine romanische Burg errichtet (in Österreich z. B. Friesach in Kärnten). Natürlich gibt es unterschiedliche Meinungen darüber, wie weit der Einsatz moderner Handgeräte bei Steinarbeiten in der Denkmalpflege gehen sollte. Letztlich bin ich der Ausführende und als heutiger Steinmetz verwende ich natürlich auch heute gängige Werkzeuge. Da die Bearbeitung von Werksteinen in vielen Bereichen seit Jahrhunderten gleichgeblieben ist, haben sich auch viele Werkzeuge nicht grundsätzlich verändert.

Tatsache ist nun einmal, dass das Können auch durch das beste Werkzeug nicht ersetzt werden kann.

Ich stehe oft ehrfürchtig vor einer der vielen neugotischen Gruftkapellen am Grazer Zentralfriedhof, die nicht einmal unter Denkmalschutz stehen, da sie nach Auffassung des BDA nur kommerzielle Massenware darstellen. Das mag ja alles stimmen, dennoch sieht man den Steinbauwerken den geübten Werkzeuggebrauch und das in vielen Jahren gelernte Formenverständnis der Steinmetze aus dem 19. Jahrhundert an (▸ **Bild 8-24**).

8-24 Der Grazer Zentralfriedhof, der in der Zeit des Historismus in der Donaumonarchie errichtet wurde, weist deshalb natürlich etliche neugotische Grabanlagen auf (im Bild eine von mir und meinem Team restaurierte Gruftkapelle).

Als Steinmetz oder Bildhauer sollte man die Form eines notwendigen Steinaustausches nicht interpretieren, sondern so genau wie möglich kopieren. Über eines sollte man sich aber dennoch im Klaren sein, nämlich darüber, dass jedes verwendete Werkzeug und jede Vorgehensweise die Form auf jeden Fall mitbeeinflussen kann (z. B. Vorarbeiten mit der Flex und das Ausformen mit dem Zahneisen (▸ **Bild 8-25**).

Es ist ganz normal, das heutige Steinmetze einer noch nie gemachten Form und (oder) einen noch nie vorher verwendeten Stein am Anfang mit größtem Respekt und sogar etwas zaghaft gegenüberstehen; Geläufigkeit entsteht durch Übung und die gemachten Erfahrungen bei neuen Gegebenheiten. Das Sprichwort „Übung macht den Meister" ist das ganze Geheimnis der Steinbearbeitung mit Handwerkzeugen.

Alle diese Eisen habe ich immer in meinem Arbeitsauto dabei und ich habe die meisten davon sogar schon verwendet (▸ **Bild 8-26** und **8-27**).

8-25
Das geometrische Vorschneiden mit der Flex und das Formen mit dem Zahneisen beeinflussen die Endform dieses Scheinwasserspeierkopfs.

8-26
Verschiedene Eisenarten für Sandstein bis ca. zur Härteklasse von Marmor

8-27 Verschiedene Eisenarten für Marmor bis zur Härteklasse von Granit (oben)

8-28 Mit einem speziellen Adapter kann die Formraspel, die nur einen 6 mm-Schaft aufweist, mit der regelbaren Flex bei niedrigen Geschwindigkeiten ihre ganze Kraft entfalten. Der Diamant-Hohlkronenbohrer mit Gewindeaufnahme kann mit auf voller Geschwindigkeit geregelter Flex, aber auch mit einem einfachen Adapter auf der Luftturbine, die sehr hohe Geschwindigkeiten mit geringer Kraft fahren kann, verwendet werden. (links unten)

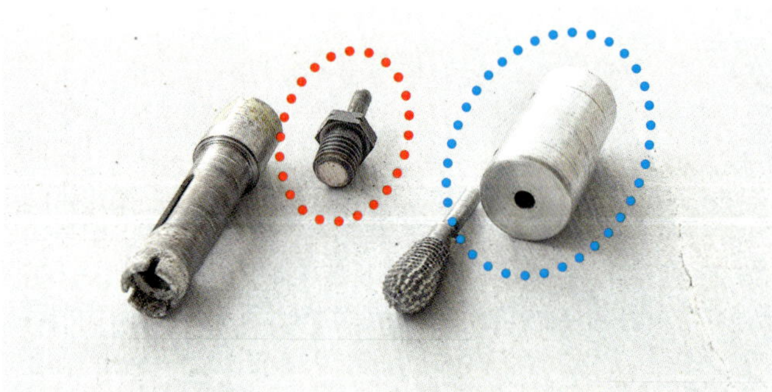

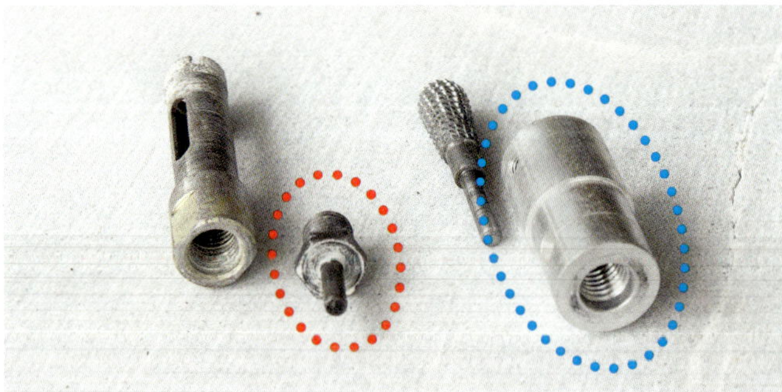

8-29 8-30 Zwei hilfreiche Adapter (im roten bzw. blauen Oval) und zwei Einsatzwerkzeuge (Diamant-Hohlkronenbohrer und Formraspel) (rechts Mitte, rechts unten)

▸ **Tipp:** Es gibt sehr viele unterschiedliche Einsatzwerkzeuge mit Flex-Aufnahmegewinde und noch mehr Zubehör mit 6 mm-Schaft. In der Praxis ist es von Vorteil, die Einsatzwerkzeuge auf beiden maschinellen Gegebenheiten verwenden zu können. Dabei helfen zwei Arten von Adapter, einer von Schaft auf Gewinde und der zweite umgekehrt von Gewindeaufnahme auf Schaftaufnahme. Diese beiden unscheinbaren Zubehörteile ermöglichen die optimale Nutzung der beiden Antriebsmaschinenarten, der regelbaren Flex und der Luftturbine (▸ **Bild 8-28** bis **8-35**).

8-31 Auch traditionelles Handwerkszeug kommt recht häufig zum Einsatz. (oben)

8-32 Diamant-Schleiftöpfe tragen bei hohen Geschwindigkeiten sehr schnell Material ab.

8-33 Grobe Korund-Schleifkuppeln wirken bei Weichgestein wie Fräsen.

8-34 8-35 Je gröber die Diamant-Beschichtung der Schleifkolben, desto besser die Abtrageleistung

8-36 Ausstellungsraum „STEINsichten“ mit einem Teil der k. u. k. Steinwürfelsammlung in der Kartause Mauerbach: Die rund 150 Jahre alten Beschreibungstexte der Steine habe ich an heutige Rechtschreibgepflogenheiten angepasst, die Firmennamen der Steinwürfelerzeuger aber weggelassen.

Kartause Mauerbach

Vielleicht hat meine Leserschaft eine andere Art von Material- und Werkzeugkunde erwartet (oder nach den vielen vorangegangenen Themen, die sich sowieso um nicht viel anderes drehen als Steine und Steinbearbeitung, sogar befürchtet), vielleicht etwas konventioneller, werkzeugkatalogartiger und für das Gestein mit Listen von geologischen und historischen Daten.

Dafür müsste ich stark von den Grundprinzipien meiner Niederschrift abweichen, Beispiele aus *meinem* Leben und *meinen* Erfahrungen als Steinmetz in der Denkmalpflege zur Verfügung zu stellen und hauptsächlich aus anderen Büchern zitieren, wie es viele Fachbuchautoren machen (wenn auch natürlich nach literarisch anerkannten Regeln). Ich glaube, ein über 400 Seiten starker, erfahrungsgesättigter Überblick über eine harte, aber auch inspirierende Arbeitswelt reicht vollauf. Bei einem wichtigen Thema für die österreichische Bauforschung und wegen des 150-Jahre-Jubiläums der Wiener Weltausstellung (1873), in deren Rahmen es gezeigt wurde, mache ich eine Ausnahme und frage „Mauerbach“ um Rat. Denn wenn man über den spezifischen Bereich der bei der Restaurierung verwendeten Gesteine schreiben will, kommt man an der alten kaiserlichen Steinsammlung, die heute in der Kartause Mauerbach (Niederösterreich, Restaurierungsforschungszentrum von Österreich und Einrichtung des BDA) verwahrt und erforscht wird, nicht vorbei. Die genaue Bezeichnung lautet: Die Bau- und Dekorsteinsammlung der Wiener Weltausstellung von 1873. Nun, das ist schon sehr lange her. Und genau dieser Umstand ist im Grunde auch das Hauptproblem der Materialforschung in Mauerbach. Bei dieser Ausstellung im 19. Jahrhundert wurden 534 Würfel aus Stein aus allen Gebieten des Kaiserreichs gezeigt. Die Würfel hatten eine Normgröße von sechs Zoll (15,8 cm) und die Flächen wurden mit verschiedenen steinmetzgemäßen Werkzeugen bearbeitet (von „gespitzt“, „gestockt“, „scharriert“ bis „poliert“), um den Wiedererkennungswert an Bauobjekten zu erhöhen. Jeder Steinwürfel wurde mit einem Etikett mit relevanten Daten wie Herkunft (Steinbruch, Provinz), geologische

8-37 Granit von Vilshofen, Herkunft: Vilshofen in Bayern (Granite nördlich der Alpen) (eines der wenigen erhaltenen Etikettenreste der Weltausstellung von 1873)

Bestimmung usw. versehen. Nach der Weltausstellung wurden diese Würfel eingelagert und könnten als Beispiel für eine kluge, vorausschauende Maßnahme für zukünftige Steinrestaurierungen gelten (natürliche Datenbank), wenn nicht, wie so oft, der Teufel im Detail stecken würde. Den Steinwürfeln machte die lange (über Jahrzehnte) gehende Lagerung in einem feuchten Keller natürlich nichts aus, wohl aber den Papieretiketten. Übrig blieb letztlich ein Haufen Steinwürfel aus allen Provinzen der k. u. k. Monarchie ohne Zuordnungsdaten.

Wer jetzt der laienhaften Vorstellung unterliegt, den heutigen Geologen und Steinforschern würde es leichtfallen, mit Hilfe der modernen Wissenschaft die Zuordnung zu rekonstruieren, der ist noch nie offenen Auges durch einen Stein-

8-38 Steinbruch, oberhalb des Schlosses Schwarzenegg mit Blick vom historisch geschützten Abschnitt, zum kommerziell genutzten Teil der Anlage

8-39 Auch wir holten hier unser Vierungsmaterial für das Schloss.

8-40 Ein Geologe würde aus diesen verschiedenen Schichtungen im Sedimentgestein wahrscheinlich lesen wie in einem Buch. Ich kann das leider nicht.

bruch gewandert (in der Nähe von Wildon bei den zu Schloss Schwarzenegg gehörenden kleinen Steinbrüchen war es z. B. gar nicht so leicht, die für die verwendeten historischen Steinelemente im Schloss geeignete Varietät im Bruch zu finden. Würde ich bei diesem Sedimentgestein fünf Musterwürfel aus verschiedenen, aber naheliegenden Schichtungen anfertigen, wäre jeder vom anderen nach Farbe, Struktur und Härte ziemlich unterschiedlich. Würde ich jetzt nur einen dieser Würfel, ohne Beschriftung, für eine Datenbank benutzen, wäre es auch heute nicht ganz so leicht, den Ursprungssteinbruch herauszufinden (▸ **Bild 8-38**) bis (▸ **Bild 8-40**).

Wohl wird bis heute in Mauerbach an diesem Thema geforscht und es sind auch beachtliche Erfolge erzielt worden (zumindest die auf dem heutigen Staatsgebiet liegenden Zuordnungen sind nahezu abgeschlossen); es gibt aber immer noch genug nichtidentifizierte Steinwürfel, deren genaue Bestimmung die Geologen noch sehr lange beschäftigen dürfte.

Steinbestimmung mit Hilfe der Würfel von Mauerbach

Für die hellen Marmorplatten in den barocken Prunkräumen des weststeirischen Schlosses Hollenegg hätte ich in der Steinwürfelsammlung von Mauerbach drei mögliche Kandidaten ausfindig gemacht, wobei der Tiroler Laaser Marmor für die Entstehungszeit des Bodens doch etwas zu weit entfernt abgebaut wurde. Ich würde eher auf eine hellere Varietät des Salla-Marmors tippen (▸ **Bild 8-41** bis **8-44**).

Die Varietät der Steinwürfel wurde in der Zeit des Historismus und die „handgeschlagenen" Bodenplatten von Schloss Hollenegg in der Zeit des Barocks aus dem Marmorbruch ge-

8-41 Laaser Marmor, Herkunft: Laas, Bez. Schlanders, Tirol

8-42 Dreifärbiger illusionistischer (Würfelmuster) Barockboden/ Schadensbefund

8-43 Krastaler Marmor, Herkunft: Gummern, Bez. Villach, Kärnten

8-44 Kainachtaler Marmor, Herkunft: Marmor von Salla, Bez. Voitsberg, Steiermark. (Alle drei Marmore aus der Steinwürfelsammlung stammen geologisch aus den kristallinen Gesteinen der Zentralkette der Alpen.)

8-45 Trotz des schweren Schadens muss man nicht immer gleich an eine Neuanfertigung denken. Die Trümmerteile wurden herausgenommen, sorgfältig verklebt und ausgebessert. Völlig unkenntlich zu arbeiten ist bei kristallinem Marmor fast unmöglich, aber aus der Sichthöhe eines aufrechtstehenden Menschen bin ich mit dem Ergebnis recht zufrieden.

8-46 Pörtschacher Marmor, Herkunft: St. Martin, Bez. Klagenfurt (krystallinisches Gestein aus der Zentralkette der Alpen)

holt (▸ **Bild 8-45**). Eine alte Lieferantenrechnung vom Steinbruch wäre da sicher noch die genaueste Bestimmungsmethode.

Mein obersteirischer Geselle und Ausbilder hätte beim Betrachten dieses Würfels sofort an dem, ihm sehr gut bekannten Marmor aus Kleinsölk in den Hohentauern (Sölker Marmor) aus der Steiermark gedacht. Er hätte nicht ganz unrecht gehabt, denn der Steinwürfel der kaiserlichen Sammlung schaut wirklich wie ein echter steirischer „Zuckerl-Marmor" aus. Geologisch sind sie auch nahezu ident und da der Kärntner seit den 1960er-Jahren nicht mehr, aber der „Steirer" noch immer abgebaut wird, ist dieser Umstand auch mit Blick auf einen möglichen Steinaustausch für den Restaurator von Interesse (▸ **Bild 8-46**).

Bearbeitung und Strukturen der Würfelflächen

Wie bei allen Steinwürfeln der Sammlung sind die Würfelseiten des Pörtschacher unterschiedlich bearbeitet. Ohne Randschlag wurden die Kanten der gespitzten Fläche gesprengt und ergeben einerseits eine sehr rustikale Oberfläche oder wären auch als erster Arbeitsschritt auf dem Weg zu einer ebenen Fläche zu sehen. Immer schon ist es den Menschen aufgefallen, dass bei der Steinbearbeitung Zwischenergebnisse eine eigene Ästhetik entwickeln und manchmal schon Endergebnisse bilden könnten.

Ein gutes Beispiel ist diese Schöckelkalk-Würfelseite. Als weiterer Schritt zur ebenen Fläche ist hier schon ein Randschlag gesetzt (gezogen) worden. Da die gespitzte Fläche dadurch erhaben schön zur Geltung kommt, könnte diese Ausführung ebenfalls genauso gut sowohl als Fertigstellung als auch als Arbeitsschritt betrachtet werden (erinnert an Rustika-Quader) (▸ **Bild 8-47** und **8-48**).

Über diesen Stein, der rund um Graz in vielen verschiedenen Varietäten vorkommt, werde ich noch einiges schreiben (meistens unter dem Namen „Schöckelkalk" oder Steinberger Marmor).

Da er schon seit rund 60 Jahren nicht mehr abgebaut wird, muss man im Falle eines Steinaustausches auf Ersatzmaterial oder auf alte Lagerbestände (werden leider auch immer weniger) zurückgreifen. Blaugrau mit weißen- bis gelblichen Adern, vertritt der Gaisberger Marmor die typischste Erscheinungsform dieses Grazer Kalkgesteins.

8-47 8-48
Gaisberger Marmor, Herkunft: Marmor von Gaisberg, Gem. Baierdorf, Bez. Graz (aus der Devonformation der Zentralkette der Alpen)

8-49
Adneter Rot, Herkunft: Adnet bei Hallein, Salzburg (aus der Jura-Formation der Zentralkette der Alpen)

8-50 Adneter Rot, Herkunft: Adnet bei Hallein, Salzburg (aus der Jura-Formation der Zentralkette der Alpen)

8-51 8-52 Wachauer Marmor, Herkunft: Spitz an der Donau, Niederösterreich (aus den krystallinischen Schiefern nördlich der Alpen)

Ein weiterer Schritt zur glatten, ebenen Fläche wäre es, den Bossen (überstehendes Material) mit dem Zahneisen oder, wie in der Neuzeit, mit dem Stockhammer, als Zwischenschritt zur glatten Fläche zu entfernen. Auch hier gibt es aber sehr viele Mauerquader bei Bauten, die diese Oberflächenstruktur als Endergebnis aufweisen (▸ **Bild 8-49** und **8-50**).

Mit dieser Fläche eines Wachauer Marmorwürfels wird der Übergang von der Bearbeitung mit Eisen und Stockhammer (wenn auch der feinsten Sorte) zum Schleifen mit verschieden groben Schleifmaterialien dokumentiert. In diesem Stadium wird die Fläche auch selten „so wie sie ist" verwendet, da der ästhetische Wert mit dem Feinerwerden der Struktur rasch abnimmt (▸ **Bild 8-51** und **8-52**).

Die Fertigstellung der Fläche mit den verschiedenen Schleif- und Poliermitteln will ich hier nicht näher erörtern. Es könnten sich bei den hellen Punkten auf der Fläche (Prellspuren) natürlich auch um Beschädigungen nach der Fertigstellung handeln. Man sollte aber doch anmerken, dass vor allem bei hellen Marmorsorten Prellspuren, die von vorangegangenen Werkzeuggebrauch entstanden sind, oft erst am Schluss des Poliervorgangs sichtbar werden und die Qualität mindern können (▸ **Bild 8-53**).

8-53
Dieser Stein, der poliert eher als Wandverkleidung einer Eisdiele aus den 1960er-Jahren passen würde, wurde von meinem obersteirischen Lehrlingsausbilder in Graz als Grabsteinmaterial bekanntgemacht. Selbstverständlich meine ich damit den Sölker Marmor, denn der Pörtschacher Marmor wurde auch damals (1970er-Jahre) nicht mehr abgebaut. Viele Leser werden über die Eignung dieses Marmors für die Grabkunst etwas im Zweifel sein; da er aber durch seine schwere Bearbeitbarkeit meistens als Naturfelsen mit Metallbuchstaben als Inschrift Verwendung fand, passte er gar nicht so schlecht auf den Friedhof.

Beim Fossilenkalkstein genauso wie bei der Gruppe der Muschelkalke wird eine polierte Oberfläche die Überreste der ausgestorbenen Tierarten am besten hervorheben (▸ **Bild 8-54** und **8-55**).

Um seine Farben so richtig zur Geltung zu bringen, werden Buntkalke oftmals bis zur Hochglanzpolitur bearbeitet. Lässt man sie auf der Stufe einer der vorangegangenen Bearbeitungsschritte, wirkt eher die Struktur, denn die Farben bleiben stumpf (▸ **Bild 8-56** bis **8-59**). Andererseits gibt es im Stephansdom ein Relief aus Adneter Rot-Scheck. Die starke Kontrast-Fleckigkeit des Steins „kämpft" intensiv mit der Form des Reliefs. Das ist meiner Meinung nach beabsichtigt, um den Betrachter zum genauen Hinschauen zu bewegen. Durch Alter und Patina des Steins ist dieser formauflösende Effekt sicherlich nicht mehr so gut zu erkennen (▸ **Bild 8-60**), beim Vergleich mit Bild (▸ **Bild 8-58**) aber noch vorstellbar.

8-54
Marmor, Herkunft: Salzberg bei Hallstatt (aus der Trias-Formation der Nordalpen)

8-55
Marmor von Castione, Herkunft: Castione bei Rovereto (aus den Jura- und Kreideschichten bei Rovereto)

8-56 8-57
Schwarzensee-Marmor, Herkunft: St. Wolfgang, Oberösterreich (aus der Juraformation der Zentralkette der Alpen)

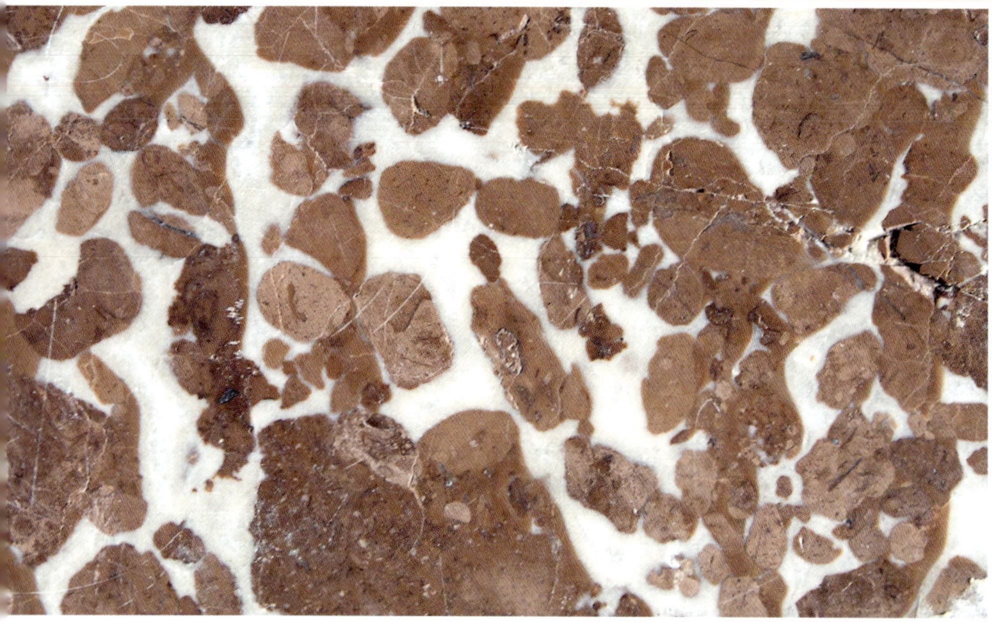

8-58 8-59
Adneter Rot-Scheck, Herkunft: Adnet bei Hallein, Salzburg (aus der Jura-Formation der Zentralkette der Alpen)

8-60
Der Adneter Rot-Scheck wurde im Stephansdom bei der Grablege Kaiser Friedrichs III. verwendet (Darstellung des auferstandenen Christus an der Ostseite). Ich selbst konnte mit diesem Stein zwar noch nicht arbeiten, aber meinen Salzburger Firmenkollegen sind alle Adneter Marmorarten wohlvertraut.

8-61 Bei diesem Werkstück war die Fläche schon vorhanden; deshalb gibt es keine Randschlagspuren. Außerdem ist der Übergang vom glatten Rand zur gestockten Fläche viel zu exakt und scharf. Auch die tieferliegende gestockte Fläche ist ein Indiz für ein neuzeitliches „So tun als ob". Wollte man wirklich eine Fläche erzeugen, würde man nicht tiefer gehen, als es beim Randschlag der Fall ist. War die Fläche schon vorhanden, kann man natürlich nur tiefergehen.

8-62 Bei diesem Marmor sind Randschlagspuren hingegen vorhanden und auch der Übergang ist unregelmäßig. Das einzige Indiz, dass auch hier von einer fertigen Fläche ausgegangen wurde, sind die vertieften Stockspuren. Aber alles in allem ist diese Oberfläche wesentlich natürlicher ausgeführt als das erste Beispiel.
Natürlich gilt in der Restaurierung die Regel, immer auf den „Bestand" zu arbeiten, dennoch sollte der Steinmetz in der Denkmalpflege nicht nur wissen, wodurch die verschiedenen Schlagmuster am Stein entstanden sind, sondern auch warum. So kann man Nachahmungsfehler der Oberflächenstruktur im Falle eines Steinaustausches leichter vermeiden.

Anhand von Beispielen der Steinwürfelsammlung von Mauerbach wurden verschiedene Oberflächenbearbeitungsarten vorgestellt, die sich eigentlich alle aus der grundlegenden Arbeit des Steinmetzes, nämlich der Erzeugung einer ebenen Fläche aus einem natürlich geformten Felsen, ableiten lassen. Arbeiten mit dem Sprengeisen, dem Spitzeisen, dem Beizeisen für den Randschlag, dem Zahneisen oder dem Stockhammer und die verschiedenen Schleifmittel bis zur Politur gehören zur grundlegenden Ausbildung des Steinmetzes und sind auch für den Steinmetz in der Denkmalpflege relevant.

Die Arbeitsschritte für die Herstellung einer Fläche auf einen Naturfelsen müsste jeder Steinmetz beherrschen. Dass diese Arbeitsschritte, jeder für sich alleinstehend, durch ihren optischen Reiz oft sogar den Charakter eines Bauwerks prägten, habe ich versucht auf den vorherigen Seiten darzulegen.

Natürlich hat man im 19. Jahrhundert Flächen an Steinen im größeren Umfang schon industriell mit Steinsägen geschnitten und nicht mehr in Handarbeit gefertigt. Der logische Aufbau einer Handbearbeitung könnte ohne großen

8-63 Lindabrunner Stein, Herkunft: Leitha-Konglomerat von Lindabrunn, Bez. Baden (aus der Neogenformation der Nordalpen)

8-64
Kalktuff, Herkunft: Pécsvárad (Petschwar), Ungarn (aus der Quartärformation)

Aufwand dennoch beibehalten werden (▸ **Bild 8-61** und **8-62**).

Im Gegensatz zum Marmor benötigen das Konglomerat und der Kalktuff eigentlich keine zusätzlichen Bearbeitungsspuren zur optischen Strukturierung. Durch ihre Natur besitzen sie dieses Merkmal ganz von allein schon im hohen Maße. Die Würfelseite des Konglomerats mit dem Randschlag und gespitzten Bossen steigert noch die raue Wirkung des Materials (▸ **Bild 8-63** und **8-64**).

Alte Steinbearbeitungswerkzeuge und Transporthilfen der Ausstellung Mauerbach

Beim Betrachten alter Steinmetzwerkzeuge fallen einem Steinfacharbeiter wie mir zwei einfache Gesetzmäßigkeiten auf:

▸ Die Werkzeuge können einhändig, in Form der verschiedenen Eisenarten mit treibendem Fäustel oder Klöppel, aber auch beidhändig, in Form von Hacken mit verschieden geformten Schlagflächen, Gebrauch finden.

▸ Die Schlagflächen der beidhändig zu führenden Hacken, ob flache oder gezahnte Schneiden, können parallel zum Stiel oder quer dazu angeordnet sein.

8-65 **Die beiden Wolfszangen im Hintergrund, die fast wie mittelalterliche Folterwerkzeuge wirken, sind in Wahrheit sehr effiziente Hebehilfen, um Steine sicher auf die (beispielsweise) Burgmauer zu hieven. Durch den Hebel der Zange werden die Greifarme umso stärker zusammengedrückt, je schwerer das Gewicht des Werkstücks aus Stein ausfällt. Ob vor hunderten Jahren mit dem Flaschenzug oder Laufradkran verwendet oder heutzutage mit einem modernen Kranwagen, die Wolfszange würde den Stein sicher festhalten (kleine Kerben, die seitlich in den Stein geschlagen wurden, verhindern noch zusätzlich das Abrutschen der Last beim Hebevorgang).**

Es ist erstaunlich, wie wenig sich ein Werkzeug der Steinbearbeitung über die Jahrhunderte verändert hat (▸ **Bild 8-69**). Die Formen der Eisen sind nahezu gleichgeblieben, auch wenn auf dem Materialsektor einiges verbessert wurde. Auf ein paar heutzutage neu hinzugekommene Handgeräte

8-66 Altes Steinbearbeitungswerkzeug in Mauerbach

8-67 Großer Steinwolf: Wurde als Hebehilfe bei sehr schweren Steinblöcken verwendet. Ein schwalbenschwanz-förmiges Loch wurde in die Oberseite des zu hebenden Quaders geschlagen, dann folgten die beiden schrägen Eisenteile links und rechts. Schließlich wurde das gerade Teil in der Mitte ins Loch eingesetzt. Mit dem Bolzen, der die Löcher einer Öse mit den drei Eisenteilen verbindet, wurden auch schwere Steine mit den entsprechenden Hebegeräten ihrer Zeit sicher transportiert.

möchte ich zwar nicht gern verzichten, aber es würde mich schon reizen, beispielsweise die Bossierhacke 1 aus der Vitrine zu nehmen und mit einem großen Fels Kalksandstein loszulegen (▸ **Bild 8-68**).

8-68 Bossierhacke 1 (links unten)

8-69 Altes Steinbearbeitungswerkzeug in Mauerbach (rechts unten)

Steinbeschaffung für historische Restaurierungsobjekte

Jeder Steinmetz, der in der Denkmalpflege arbeitet, ist mit dieser Problematik bestens vertraut, da es bei Sicherungsarbeiten zum Steinaustausch kommen kann und er natürlich auch für die Neuanfertigung schwerstbeschädigter Steine zuständig ist. Je älter das Restaurierungsobjekt, desto schwerer ist es meistens, den Bestandsstein zu identifizieren oder, wenn auch bekannt, ihn zu beschaffen, und zwar deshalb, weil die meisten alten Steinbrüche schon lange geschlossen sind und ihre Lage oft nicht mehr zu eruieren ist.

Aber auch dann, wenn der alte Steinbruch ausfindig gemacht werden kann, ist eine Steinentnahme meist unmöglich. Denn erstens kann ein Steinbruch ohne gültige Bergbaukonzession nicht kommerziell genutzt werden, und zweitens steht er, weil sich über die Jahrhunderte ein eigenes Habitat für alle möglichen Tierarten (hauptsächlich Reptilien) gebildet hat, sowieso unter Naturschutz. Da beide für den Erhalt eines berechtigten Anliegens stehen, wäre ein Streit zwischen Denkmalschutz und Naturschutz nicht sonderlich begrüßenswert.

Zwei Möglichkeiten der Materialbeschaffung bleiben in diesem Fall noch übrig. Man sucht im Materiallager von Steinmetzfirmen und vor Ort nach Altmaterial (also praktisch Wiederverwertung) oder man schaut sich nach anderen, noch in Betrieb befindlichen Brüchen mit gleichem oder zumindest geologisch sehr ähnlichem Steinmaterial um (▸ **Bild 8-70** bis **8-72**).

Obwohl ich versuchte, bei meinen Projektbeispielen unterschiedliche Formen und Steinmaterialien darzustellen, führt die Kreuzblume als stark der Witterung ausgesetztes Ornament der Gotik in formaler Hinsicht zahlenmäßig die Beispiele des Steinaustausches an. Genauso war es nicht zu vermeiden, dass beim Material der Aflenzer Kalksandstein am häufigsten in meiner Niederschrift vorkommt, während z. B. Granit oder anderes Tiefengestein beim Steinaustausch in diesem Buch eher unterrepräsentiert sind.

In einem Kapitel über Steinmaterial, das das heutige Steinmetzgewerbe betrifft, dürften die unterschiedlichen Tiefengesteinsarten keinesfalls fehlen. Aus allen Herren Länder, vor allem auch aus Übersee, werden sie heutzutage für den Gebrauch als Bau- und Dekorstein importiert. Nun, in meinem Heimatbundesland Steiermark wird kein Granit, sondern eher Kalk, Marmor, Tonschiefer und Kalksandstein abgebaut. Erst im 19. Jahrhundert, im Historismus, wurde bei Bauwerken und Denkmalen durch den Ausbau von Bahnstrecken im ganzen Kaiserreich Granit aus den nördlichen Bundesländern hauptsächlich bei Sockeln und äußeren Stufenanlagen eingeführt. Für den Steinaustausch in der Restaurierung ist Granit durch seine Langlebigkeit ein fast nicht vorkommender Kandidat. Vor meiner Tätigkeit als Steinmetz bei einer speziellen Restauratorenfirma hatte ich noch manchmal mit diesem Material zu tun (Grazer Oper, Außenstufenvierungen), aber seitdem habe ich nur mehr einfache Reinigungsarbeiten beim Granit ausgeführt.

Der Aflenzer Kalksandstein war der wichtigste Bau-, Dekor- und Bildhauerstein der Steiermark; dadurch kommen er sowie ortsnahe, verwandte Gesteine (Steinbrüche rund um Wildon wie z. B. Aframer oder die Brüche von Schloss Schwarzenegg) am häufigsten in meiner Niederschrift vor.

Seit der Zeit der Römer (die Römerstadt Flavia Solva wurde aus diesem Material erbaut, ▸ **Bild 8-73**). Die Ruinen, in der Nähe von Leibnitz gelegen, sind eine viel besuchte Tourismu-

8-70 Vor Ort, in den Kellergewölben des Schlosses Schwarzenegg gelagerte Reservequader (für Baluster) (links)

8-71 Ausschnitt des Altmateriallagers unserer Firma (Mitte)

8-72 Im Schlossgarten bei Grabungen gefundene Spolien einer nicht mehr vorhandenen Balustrade (Wiederverwendung für Vierungen abklären!) (rechts)

sattraktion) wurde der Kalksandstein im ältesten heute noch aktiven Bergwerk Österreichs bei Aflenz an der Sulm unterirdisch abgebaut. Im Steinbruch oder kurz nach dem Brechen ist der Stein durch die Bruchfeuchtigkeit sehr weich und dadurch leicht zu bearbeiten. Erst nach Monaten außerhalb des Bruchs verfestigt sich das Werkstück zur normalen Härte eines Kalksandsteins.

Der ortsansässige Bogensportverein veranstaltete über Jahre, mit Erlaubnis des Pächters, im Winter ein Turnier rund um und in den Aflenzer Römerhöhlen. Ich bin begeisterter 3D-Bogenschütze und bei einer Teilnahme an diesem Winterturnier habe ich selber erlebt, dass fehlgegangene Pfeile in den Höhlen am Stein zum großen Teil nicht zerbrachen und manche sogar darin steckten, während Fehlschüsse an den Felsen im Außenbereich zu sofortigen Pfeilverlust führten (▸ **Bild 8-74**).

Schon als Lehrling konnte ich beobachten, dass man durch Abschleifen oder Abschneiden der äußeren Schicht wieder weichere Bestandteile dieses Materials freilegen kann, auch wenn ein Aflenzer-Stein schon jahrzehntelang auf Lager lag. Den Stein feuchtzuhalten, wäre natürlich auch eine Möglichkeit, ihn leichter bearbeiten zu können. Bei einem sehr stark durchnässten Aflenzer hat man aber, durch den entstehenden Bearbeitungsschlamm auf dem Stein, mehr Behinderung als Nutzen, der sich durch das weichere Material ergibt.

Am Anfang der Bearbeitung ist eine leichte Feuchtigkeit des Steins von Vorteil, da der grobe geometrische Vorschnitt mit dem Winkelschleifer bei völlig trockenem Material mit einer starken Staubentwicklung einhergeht, die vor Ort oft nicht erwünscht ist.

Verwendungszweck von Gesteinen

Entstanden ist dieser Stein zwar vor ca. 15 Millionen Jahren im Wasser eines flachen Meeres (Paratethys) durch Ablagerungen (Sedimente), die im Laufe der Zeit mit Kalzit als Bindung versteinerten. Dennoch ist Feuchtigkeit in diesem Steinmaterial, besonders am Bauwerk oder Denkmal, nicht gerade eine Erfolgsgeschichte (siehe auch Teilkapitel **Schadensursachen**, ▸ Seiten 76 und 81). Es gibt genug Beispiele, die zeigen, dass

der Aflenzer Kalksandstein durch seine starke Wasseraufnahmefähigkeit nur bedingt im Fundament oder Sockelbereich eines Bauwerks oder Denkmals eingesetzt werden sollte.

Als Beispiel zeige ich hier einen Teil eines historistischen Portals aus Aflenzer Kalksandstein mit typisch primär durch Wasser verursachte Schäden im Eingangsstufenbereich. Wie man an der Abbildung (▸ **Bild 8-75**) erkennen kann, wurde im

8-73
Der renommierte Steinmetzbetrieb „Stein von Grein", baut schon seit sehr langer Zeit den Kalksandstein von Aflenz in den Römerhöhlen ab. (links oben) (Bild: Stein von Grein GmbH)

8-74
Natürlich wird nicht auf echte Tiere geschossen, aber die Kavernen und Stollen sind weitläufig genug, um diesen „Höhlenbären" auf fast 40 m mit einem traditionellen Bogen zu jagen (nur das Ziel ist beleuchtet, nicht die ganze Anlage. Ein unbeschreibliches Erlebnis für den Schützen) (links unten) (Bild: BSC Leibnitz)

8-75
Natürlich wäre es vernünftiger gewesen, zuerst die Granitstufe zu richten. Der Auftrag wurde aber leider nicht erteilt.

unteren Bereich, in Verbindung von Stufe und Portal, vernünftigerweise Granit bis zu einer gewissen Höhe verwendet.

Leider hängt die Stufenreihe, nahe der größten Schadenszonen am Sandsteinsockel, nach hinten (roter Pfeil) und führt bei Regen oder Schneeschmelze zu einer Durchfeuchtung dieser Zonen. Dadurch entsteht ein richtiger Schadenskreislauf, der sich gegenseitig aufschaukelt: Zu viel Wasser dringt in den Stein ein und erreicht die Eisenverklammerung der Quader. Der dadurch entstehende Rostdruck lässt erste Risse entstehen, die durch die fortlaufende Durchfeuchtung und den Frostdruck des Eises im Winter größer werden.

Salze vom Streusalz, die auf den vereisten Stufen angewendet wurden, kommen noch hinzu und verstärken die Schäden. Die Bauleitung wurde auf die dringend notwendige Sanierung der Stufenanlage hingewiesen, weil es sonst bei meinen angefertigten, mehrteiligen Steinaustausch (Vierungen) sehr bald wieder zu Schäden kommen wird (▸ **Bild 8-76**).

8-76 Fertigstellung der mehrteiligen Vierung (nicht verfugt)

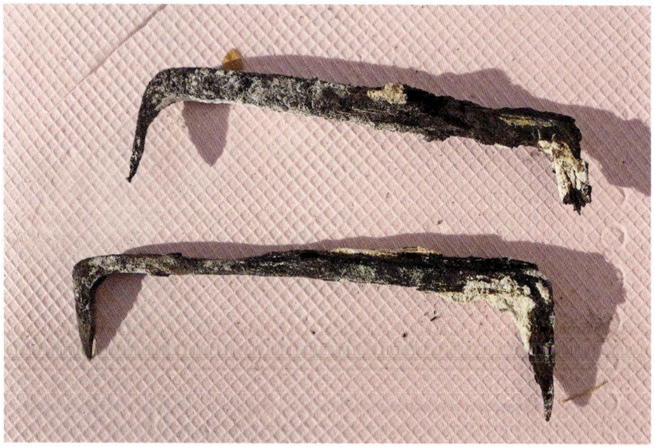

8-77 Die rostigen Klammern im Gestein waren nur eine Komponente der Zerstörung.

Sehr oft beginnt die Arbeit an einem Werkstück mit der Suche im Altmateriallager nach einem geeigneten Stein. Dabei geht es nicht nur um die Ausmaße, sondern auch um die Eignung für die verlangten bildhauerischen Feinheiten. Oft kommt es vor, dass nach den ersten Arbeitsschritten der Stein verworfen und ein neuer gesucht werden muss. Fast aus je-

8-78 Eine von acht Kreuzblumen einer neugotischen Gruft fehlt und wird von mir aus dem gleichen Stein der Untertagbrüche von Aflenz angefertigt, aus dem auch das 140 Jahre alte Muster besteht (rechts im Bild). Der optische Unterschied entstand durch die Erosion des Bestandssteins.

dem Stein kann ein Mauerquader werden, aber nicht aus jedem Stein eine Kreuzblume (▸ **Bild 8-78**).

Für Mörtelergänzungen am Aflenzer Sandstein verwenden wir Bruchsande des Margarethener Leithakalks, da die dunklere Färbung dieses Materials die helleren Bindemittel ausgleicht.

Der burgenländische Vertreter der Leithakalke der St. Margarethener Kalksandstein gehört, wie der steirische Aflenzer, zu den häufigsten in der Restaurierung verwendeten Steinen in Österreich. Im Steinbruch von St. Margarethen wurde seit dem 19. Jahrhundert ein Teilbereich des Bruchs mit besonders hochwertiger Qualität ausschließlich für die Restaurierung des Stephansdoms reserviert (Stephanswand).

Gleich wie der Aflenzer besteht der St. Margarethener Kalksandstein aus Körnern, die hauptsächlich aus fossilen Bruchstücken, wie Foraminiferen, Muscheln, Schnecken und Kalkalgen, mit kalzitischer Bindung zusammengesetzt sind. Die Farbe ist meist etwas kräftiger als die des helleren Aflenzers. Am leichtesten ist der Margarethener an seinen Kalkalgenknollen, von den Steinmetzen „Rosen" genannt, zu erkennen (▸ **Bild 8-79**). Aber nicht jeder Stein aus dem bur-

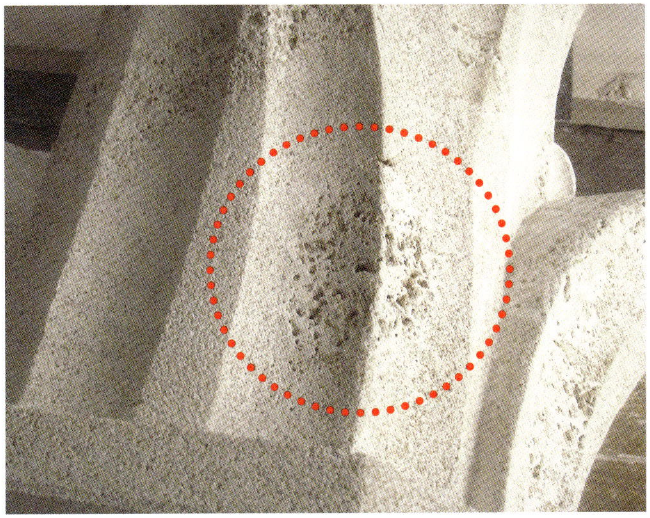

8-79 Ein typisches Merkmal des Kalksandsteins aus St. Margarethen sind die Kalkalgenknollen, die auch als „Rosen" bezeichnet werden (im roten Kreis).

8-80 Schloss Schwarzenegg, idyllisch am Rande Wildons gelegen, wurde in Zusammenarbeit mit dem BDA vollständig restauriert.

8-81 Können die Fundamente ihre Funktion nicht mehr vollständig erfüllen, leidet die gesamte Bausubstanz.

genländischen Steinbruch hat dieses sonst typische Merkmal. In der Regel sind vollständig erkennbare Fossilien bei beiden Steinen eher selten. Erst einmal habe ich in einem Aflenzer-Stein auf der Herz-Jesu-Kirche in Graz ein gut erhaltenes Meeresschneckenhaus gefunden.

Wo eine Gesteinsart, bedingt durch seine Eigenschaften, am Bauwerk oder Denkmal Verwendung finden sollte, war auch in vergangenen Zeiten bekannt. Allein, die damals durch zu große Wegstrecken und schlechte Infrastruktur (nur Fuhrwerke, noch keine Züge) bedingte Verwendung ortsnahen Gesteins konnte zu unvernünftigen baulichen Lösungen führen. Wie am Beispiel des bei Wildon gelegenen Schlosses Schwarzenegg deutlich wird, ist die Verfügbarkeit des Steins durch eigene, zum Schloss gehörende Brüche Grund für die damalige Nutzung eines für Fundamente ungeeigneten Materials.

Ich war lediglich wegen der Schäden an historischen Steinelementen vor Ort eingesetzt, habe in dieser Zeit (viele Monate) aber natürlich auch beobachten können, dass von Seiten der Baufirma die Fundamente rund ums Schloss mit den besten Mitteln und Methoden aufwendig saniert wurden. Das Schloss ist ein gutes Beispiel dafür, dass eine optimale Sanierung der Bausubstanz und darauffolgende Restaurierung der historischen Bauelemente die erfolgreichste Vorgehensweise zum Schutz des Gebäudes darstellen (▸ **Bild 8-80**).

Nur so war es möglich, die gebrochenen und teilweise schon verschobenen Steinüberlager der Portale des Schlosses, deren Ursache indirekt auf die alten Fundamentschäden zurückzuführen war, nachhaltig instand zu setzen (▸ **Bild 8-81** und Kapitel Sicherung ▸ Seiten 107 bis 110).

Andererseits ist das Mausoleum Ferdinands II. in Graz ein gutes Beispiel für die vernünftige Einteilung von verschiedenen Werksteinen nach ihren Eigenschaften in einem Bauwerk (▸ Seite 381). Im unteren Bereich des Mausoleums wurde ein uralter dichter Kalkstein verwendet, der wenig bis fast kein Wasser aufnimmt. Rund um Graz wurde dieser Stein unter sehr vielen unterschiedlichen Bezeichnungen abgebaut (meistens Bruch oder Gebietsnamen). Die lokalen Steinmetze bezeichnen dieses Gestein meistens als „Schöckelkalk" (Schöckel heißt der Grazer Hausberg) oder auch als „Steinberger Marmor". Für Mörtelergänzungen sind Sande aus diesem

Stein noch erhältlich, ganze Blöcke sind hingegen nur noch als Altmaterial zu bekommen.

In der schon einige Male Erwähnung gefundenen Steinwürfelsammlung von Mauerbach ist eine Gebietsvariante des Plabutsch-Höhenzugs westlich von Graz genannt, der Gaisberger Marmor. (Der Plabutschtunnel ist die Autobahnumfahrung von Graz und durchschneidet den Höhenzug längs in Nord-Südrichtung). Der Gaisberger Marmor ist natürlich kein echter geologischer Marmor, sondern ein dichter Kalkstein. Typischerweise ist dieser Stein blaugrau bis schwarz mit weißen bis gelblichen Kalzitadern und stammt aus dem Erdaltertum (Paläozoikum) (▸ **Bild 8-82**, alter Bruch, und ▸ **Bild 8-83** vom Bildstock „Herrgott auf der Wies"). Ein Beispiel der Verwendung des Gaisberger Marmors ist das nicht weit von den Brüchen gelegene Schloss Eggenberg. Im 1685 fertig gestellten Planetensaal wurde dieser Stein als Bodenplattenmaterial

8-82 Alter, aufgelassener Steinbruch auf dem Weg zum Gaisbergersattel (links)

8-83 Statuensockel am Gaisbergersattel aus dem typischen regionalen Gestein (rechts)

zusammen mit hellem Kainachtalmarmor im Schachbrettmuster verlegt.

Ich wohne in Grazer Stadtteil Eggenberg und schaue südwestlich von meinem Balkon direkt auf den Plabutsch. Als einer der Naherholungsgebiete von Graz (zusammen mit dem Thalersee) war dieser Höhenzug auch meine am häufigsten benutzte Joggingstrecke. (Ich brauchte vor meiner Siedlung nur eine Straße zu überqueren und war, am Fuße des Plabutsch, schon im Wald.) Auf dieser Strecke, in Richtung Thal bei Graz, kommt man an einigen aufgelassenen Steinbrüchen des „Schöckelkalks" vorbei. In umgekehrter Richtung, von Thal nach Graz, über „Herrgott auf der Wies" (Gaisbergersattel), hat ein wesentlich bekannterer Zeitgenosse, Bodybuilder, Schauspieler und ehemaliger Gouverneur in jungen Jahren den Grundstein für seine Kondition gelegt (laut meines Vaters). Um zu seiner Lehrstelle in Graz zu kommen, nahm er oft diesen Weg direkt zur damaligen Endhaltestelle der Straßenbahnlinie 1, Alt-Eggenberg.

Das war jetzt genug Lokalkolorit. Kommen wir wieder zurück zum Grazer Mausoleum. Die Fundamente und der unterste Sockel aus Schöckelkalk halten den mittleren Sockel aus einem Kalksandstein, der zwar ähnlich dem Aflenzer, aber doch großporiger und härter ist, weitgehendst trocken. Farblich ist er dem ab dem ersten Gurtgesims verwendeten Aflenzer sehr ähnlich. Da der Aflenzer jetzt in dieser Höhe vor aufsteigender Feuchtigkeit optimal geschützt war, hat der aufwendige früh-

8-84 8-85 Schöckelkalk (im oberen Bild, ganz unten) und härterer Kalksandstein (bis zur ersten Gesimshöhe) schützen den historischen Verputz sowie auch den für das Dekor verwendeten Aflenzer Stein (unteres Bild).

barocke (manieristische) Fassadenschmuck die Jahrhunderte erstaunlich gut überstanden (▸ **Bild 8-84** und **8-85**). Natürlich haben auch stark ausladende Traufengesimse viel zum Schutz und Erhalt der Steinsubstanz beigetragen.

Auch die neugotische Herz-Jesu-Kirche in Graz ist nach demselben Prinzip erbaut: Unten befindet sich ein großer aus Schöckelkalk errichteter Sockel, der die Bodenfeuchtigkeit vom Aflenzer Kalksandstein fernhält und damit die lange Haltbarkeit dieses ausgezeichneten Bildhauersteins gewährleistet (▸ **Bild 8-86**). Heutzutage muss man leider für beide Steinarten (Steinberger und Aflenzer) auf Ersatzmaterial für die Restaurierung von Altbestand zurückgreifen. Beim Schöckelkalk wurde der letzte Bruch in den 1960er-Jahren geschlossen. Er wird heute mit dem aus Italien kommenden Grigio Carnico ersetzt.

In den Untertagebrüchen von Aflenz wurden zwar bis vor kurzem vom Betreiber manchmal noch Steine abgebaut, da aber die Qualität der Lagen und Steinschichten in den letzten Jahren immer schlechter wurde, suchte man einen Ersatzstein und wurde in Spanien fündig. Dieser Albam genannte Stein ist tatsächlich der bessere Aflenzer (Beispiel Portalvierungen und Portal-Bild, ▸ **Bild 8-87** und **8-88**). Farbe, Struktur und vor allem die homogene Qualität haben sogar mich hinters Licht geführt. Beim Bearbeiten zeigte dieser Ersatzstein doch tatsächlich völlig gleiche Eigenschaften wie das Original. Die einzige Frage, die ich mir und unseren für die Steinbestellungen zuständigen Mitarbeiter stellte: Wo um alles in der Welt hast du diesen ausgezeichneten Aflenzer her? Jetzt weiß ich es und bin beeindruckt.

8-86 **Auf sehr feuchten Untergrund gebaut wird die zweistöckige Herz-Jesu-Kirche durch die Verwendung von Schöckelkalk im Bereich der Unterkirche vor Feuchtigkeit geschützt (links oben).**

8-87 **8-88** **Bei dieser stark strukturierten Vierung aus spanischem Ersatzmaterial werden die Profile erst nach der Montage in den Laibungssockel des historistischen Portals aus Aflenzer Kalksandstein fertiggestellt (links unten und rechts unten, siehe dazu auch Seiten 409 und 410).**

8-89 Der größte Teil des unteren Turmbereichs besteht, bis auf Köpfe und Wappen, aus großporigen Kalkstein, mit einem hohen Anteil an fossilem Laub. (oben links)

8-90 Die auf einem steilen Hügel stehende Kirche Maria Straßengel hat den Charakter einer Wehrkirche. (oben rechts)

Eine Gattung Gesteine an historischen Bauten und Denkmalen hat in unserer Firma sogar eine eigene Bezeichnung, nämlich „lokal anstehendes Gestein". Kommt sicherlich in einer Projektdokumentation gut an, ist aber nur eine andere Bezeichnung für den Zustand den, ich folgendermaßen beschreiben würde: Durch das Alter des Objekts wird der Steinbruch nicht allzu weit davon entfernt sein, aber niemand hat heutzutage noch die geringste Ahnung, wo genau.

Als Beispiel dazu dient mein Lieblingsprojekt, der gotische Turm der Kirche Straßengel (▸ **Bild 8-89**).

Der Bau dieses im Verhältnis bleistiftdünnen Turms vor über 600 Jahren lässt mich noch immer über die statische Umsicht und Klugheit der Steinauswahl unserer Vorfahren staunen (▸ **Bild 8-90**, siehe auch Projektbeispiel auf den ▸ Seiten 142 bis 150). Die Kirche, die in der Zeit der Türkenkriege mit einer Wehranlage versehen wurde, steht auf einem Hügel und ist, wenn man mit dem Auto vom Norden (Autobahn) nach Graz kommt, schon von Weitem zu sehen.

Der Hauptbaustein des hochgotischen Turms ist ein Kalkstein, der ausgesprochen viel fossiles Laub beinhaltet. Der Bruch wird auch, nicht zuletzt durch die Besitzverhältnisse, in der Gegend des Stifts Rein vermutet. Für die heutige Zeit relativ ortsnah zur Kirche, aber damals mit dem Pferdefuhrwerk oder Ochsengespann immerhin auch eine Tagesreise.

Durch die innere Struktur (vergleichbar mit einem Röhrenknochen), die dem Stein Stabilität verleiht und durch sein geringes Gewicht durch Großporigkeit (wie Tuff), die ihn auch für Frostdruckschäden wenig angreifbar macht, war der Stein in Bezug auf seine Haltbarkeit eine so kluge Wahl, dass ich dahinter Absicht und nicht nur Zufall vermute.

Wie man an der Turmkrabbe auf dem Bild (▸ **Bild 8-91**) unschwer erkennen kann, ist der Zahn der Zeit auch nicht ganz

8-91 Dieser Rest einer Turmkrabbe, die hunderte Jahre Verwitterung übriggelassen hat, ist natürlichen Ursprungs, wirkt aber fast wie ein Kunstwerk von Henry Moore.

ohne Folgen an diesen Steinelementen vorübergegangen. So ein extremer Masseverlust durch Erosion ist am Turm aber trotzdem eher selten. Bei einer anderen Krabbe des Turms ist die äußere Form weitestgehend erhalten, obwohl sie, wie auf der Detailaufnahme zu sehen, größtenteils aus „Urlaub" besteht (▸ **Bild 8-92** und **8-93**).

Über die Jahrhunderte wurden sehr viele Ersatzsteine, aber auch (hauptsächlich) neugotische Veränderungen am Turm ausgeführt. Hierfür wurden meistens verschiedene Kalksandsteinarten verwendet (▸ **Bild 8-96**). Bei unserer Restaurierung des Turms in den Jahren 2007–2008 setzten wir diese Tradition fort und verwendeten für den Steinaustausch härteren porigen Kalksandstein und Aflenzer Kalksandstein.

Den tuffähnlichen Kalkstein besserten wir mit farblich angepassten, sehr groben Ergänzungsmörtel aus, um eine, wie auch der Bestand aufweist, stark strukturierte Oberfläche zu erzielen (▸ **Bild 8-97**, Ergänzung, im noch feuchten Zustand).

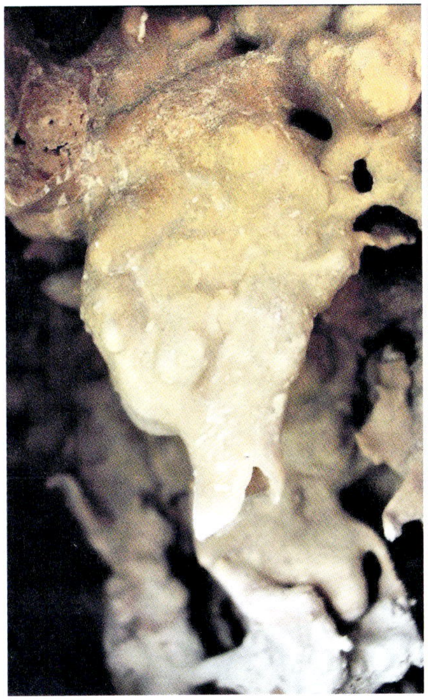

8-94 Das Highlight aus meiner Sicht war der Fund einer kleinen Tropfsteinhöhle, die mit einer zu entfernenden alten Mörtelergänzung, bei einem Quader im unteren Bereich des Turms, verschlossen war und freigelegt wurde („Tropfstein, schlafendes Seepferdchen mit Dauerwelle").

8-95 Nicht beabsichtigt und nur durch Schattenwirkung bei einem gewissen Sonnenstand, entsteht dieser nette kleine Gramling-Dämon auf einem anderen Quader.

8-92 8-93 Diese Turmhelmkrabbe wirkt wie ein versteinerter Laubhaufen. Die extrem starke Strukturierung kann natürlich auch auf Jahrhunderte der Abwitterung weicherer Bestandteile des Steins zurückzuführen sein. (links oben und links unten)

8-96 Viele verschiedene, hauptsächlich Kalksandsteinarten wurden über die Jahrhunderte zur Sanierung des Turms verwendet.

8-97 Eine Mörtelergänzung des tuffähnlichen Kalksteins

8-98 Dass der Steinbruch in der Nähe dieses Gebäudes aus dem 15. Jahrhundert liegen könnte, ist sehr wahrscheinlich. Es ist naheliegend, dass es sich hier, wie beim italienischen Ersatzstein, geologisch um einen Süßwasserkalk handelt. Dass wissenschaftlich über die Bestandssteine der Heiligen-Geist-Kapelle mehr bekannt ist, als ich hier andeute, ist gut möglich. Da uns aber die genaue Lage der Brüche für die praktische Seite der Materialbeschaffung nichts nutzen würde, werden genauere Recherchen auch von Fachleuten der Restaurierungswerkstatt nicht immer durchgeführt.

8-99 Das Laibungsauflager für das Seitenfenster-Überlager wurde natürlich nicht gegen ein Neuteil ausgetauscht; dafür ist noch viel zu viel erhaltenswerter Altbestand vorhanden. Es dient hier nur als Beispiel für den Bestandsstein der Kapelle (Ergänzung mit Mörtel).

8-100 Als Ersatzstein für Neuanfertigungen und Vierungen bei der Heiligen-Geist-Kapelle wurde ein italienischer Travertin gewählt, der sich schon, seit der Zeit der Römer, als Werkstein für Bauwerke bewährt hat.

8-101 Durch die Nutzung der Kapelle als Profanbau (Gaststätte, Mietshaus) wurde die Bausubstanz, vor allem im Eingangsbereich, stark verändert. Bei der Rückführung auf den ursprünglichen Zustand mussten fehlende Bauelemente des Portals ersetzt werden.

Als nächsten Ersatzstein möchte ich den italienischen Travertin-Noce anführen, der für Vierungen und Neuteile bei der gotischen Heiligen-Geist-Kapelle in Bruck a.d. Mur Verwendung fand und dem Bestandsstein der Kapelle wirklich ausgesprochen ähnlich war (▸ **Bild 8-98** und **8-101**, Projektbeispiel, ▸ Seiten 262 bis 266).

Auch bei diesem Projekt ist der Steinbruch des Bestandsmaterials unbekannt, aber nicht unbenannt, denn wir wissen ja inzwischen die (interne) Bezeichnung: lokal anstehendes Gestein. Eine geologische Untersuchung des Bestandssteines würde in den meisten Fällen für die Suche nach Ersatzmaterial helfen, wird aber aus wirtschaftlichen Gründen nicht immer ausgeführt. Bei diesem Beispiel möchte ich doch ein-

8-102 Anscheinend hat man schon lange sehr gute Erfahrungen mit diesem bayrischen Austauschstein gemacht, denn auch der Lindabrunner Konglomerat aus Niederösterreich (Bezirk Baden) wäre eine Option gewesen (Steinwürfelsammlung Seite 405).

8-103 Die Bearbeitung dieses damals auch für mich neuen Gesteins wurde schon im Kapitel 4 auf den Seiten 130 bis 133 beschrieben.

8-104 Die fertiggestellte Stiftskirche von Kremsmünster beim Abrüsten; roter Kreis: die Position der neuen Volute (links)

8-105 Meist hat der Bestandsstein der Stiftskirche keine so großen Einzelsteine und Poren aufzuweisen wie sein bayerischer Ersatz, aber Ausnahmen bestätigen die Regel (der größte Einzelstein des Bestandskonglomerats an der Schallfensterlaibungsbasis des Südturms der Stiftskirche).

mal die Gelegenheit nutzen, den mit der Steinsuche im Büro Beschäftigten (Projektleitung) für ihre Mühe bei der Materialbeschaffung zu danken.

Ersatzsteine für den oft nicht mehr zu bekommenden Bestand kennen keine Staatsgrenzen. Ähnliche geologische Gegebenheiten bringen eben auch ähnliche Gesteinsformationen hervor, auch wenn die Örtlichkeiten, zumindest für uns Menschen, etwas weiter auseinanderliegen. So wie der „bessere Aflenzer" jetzt aus Spanien kommt und nicht mehr aus der Südsteiermark, so musste ich für den Ersatzkonglomerat für die Stiftskirche von Kremsmünster nach Bayern (Brannenburg) fahren und dort einen ähnlichen Stein (Nagelfluh) bei einem Steinbruch aussuchen. So kommt ein 140 kg schwerer Bayer, in Form einer barocken Volute, in 30 m Höhe an eine oberösterreichische Kirchenfassade (macht nichts, Hauptsache katholisch). (▸ **Bilder 8-102** bis **8-105**)

Eine kleinere zweiteilige Vierung wird mit dem Bestandsmaterial (Altmateriallager) des Stifts Kremsmünster ausgeführt (Überlager Ornamentik, beim Schallfenster des Nordturms). Da die Befestigung der Vierungsteile „über Kopf" erfolgt und ich diesen Stein das erste Mal bearbeite, verwende ich die steinschonendsten Werkzeuge und die sicherste Befestigungsart (▸ **Bilder 8-106** bis **8-113**).

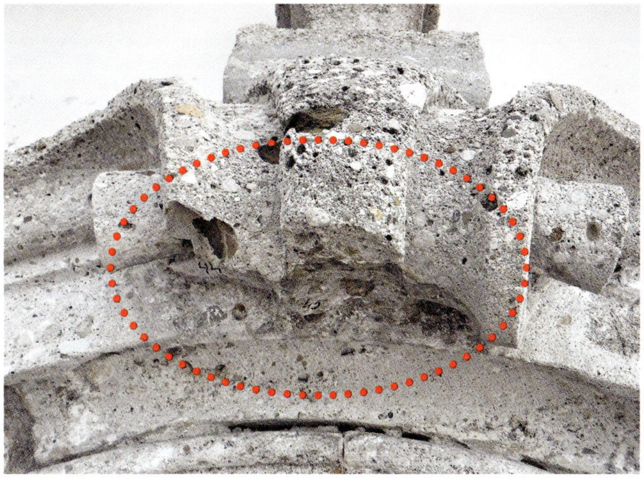

8-106 Die Bestandsschadstelle betrifft den Mittelsteg und die linke Volute der Überlagerornamentik (rotes Oval).

8-107 Der erste Vierungsteil (Mittelsteg) ist mit Zapfen nach oben montiert. Die Bruchstelle des unteren Teils der Volute wird für das Aufnahmelager des zweiten Vierungsteils plangearbeitet.

8-108 Mit einem Hohlkronen-Diamantbohrer werden die Aufnahmelöcher für die Verbindungszapfen erschütterungsfrei gefräst.

8-109 Untere Volutenvierung mit Gewindestangenzapfen

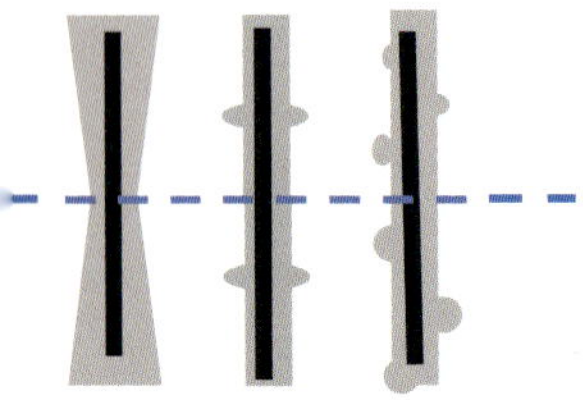

8-110 **8-111** Gewindestangenzapfen mit schwalbenschwanzförmigen Aufnahmelöchern (links) oder, wie in diesem Fall, mit gefrästen Rückhaltekerben (Mitte), aber auch durch die natürliche Porigkeit des Steins (rechts) erzielen, zusammen mit dem Kleber, eine absolut sichere Befestigung der Vierungsteile.

8-112 Nordturm der Stiftskirche Kremsmünster: die fertiggestellte Überlagerornamentik im roten Kreis

8-113 Fertiggestellte zweiteilige Vierung aus Altbestandsmaterial

Zum Abschluss dieses Kapitels über Steinmaterial und Werkzeuggebrauch möchte ich noch ein paar Punkte anmerken:

Man bekommt sehr selten den besten Werkstein für die formalen Ansprüche seiner Arbeit bereitgestellt. (Wenn du dich um den Stein bemühst, wird das Werkstück trotzdem gut.)

Man hat fast nie das ideale Werkzeug für das momentan zu bearbeitende Werkstück zur Verfügung. (Mache mit dem Werkzeug, das du hast, das Beste daraus.)

Wir müssen oft hochwertigere Arbeiten machen als in einem gut ausgerüsteten Steinmetzbetrieb, haben dafür aber nicht den gleichen umfangreichen Werkzeug- und Maschinenpark zur Verfügung (vor allem nicht an der Baustelle vor Ort).

Die Abhängigkeit von Lieferterminen für Steinbestellungen zwingt uns oft, auf Vorrat zu bestellen, um Bauzeittermine einhalten zu können. Diese „Reserveblöcke" müssen dann, wenn man ein Werkstück benötigt, auf Maß mit den primitivsten Mitteln getrennt werden. (Nicht viele Restauratoren verfügen auch, so wie die meisten Steinmetzfirmen, über große industrielle Steintrennanlagen.) (▸ **Bilder 8-114** bis **8-115**).

Natürlich sollten wir aber trotzdem mit unserer Arbeit am Werkstück annähernd gleich schnell sein wie ein Steinmetz, der gleich mit einem genau zugeschnittenen Grundblock beginnen kann.

Fast 90 Prozent der Arbeiten des Steinmetzes in der Restaurierung finden am Gerüst statt. Trotz hoher Sicherheitsstandards kommt es immer wieder zu Unfällen, zum Teil mit fatalen Folgen.

Manchmal neigen Steine zum Fallen (z. B. dann, wenn sie sich neigen; da sind sie eigen), und sie sind leider schwer. Heutzutage ist das Tragen von Stahlkappenschuhen Pflicht; zu meiner Lehrzeit war das leider nicht so. Deshalb wurde ich in meinem Kampfsportverein auch „Jadezehe" genannt. Jeder kann sich vorstellen warum (kein Foto).

Steine, um die sich der Steinmetz in der Restaurierung kümmern soll, sind meistens an sehr stark ausgesetzter Lage am Gebäude verbaut. Nicht immer ist es möglich, sich dort ausreichend vor Regen zu schützen – abgesehen von Gewittern: In diesem Fall sollte man das Gerüst ohnehin fluchtartig verlassen **(▸ Bild 8-116)**. (Meistens habe ich meine Arbeitsfotos natürlich bei bestem Wetter aufgenommen, aber lasst euch nicht täuschen, wir sind in Mitteleuropa und nicht in Kalifornien.)

Wie beim Thema Schadensursachen gezeigt, ist Kälte für den Stein nur dann gefährlich, wenn durch Spalten Wasser

8-114 **8-115** Spaltkeiltrennung: Ein schmaler Stahlkeil wird mit dem Schlägel zwischen zwei Weicheisen-Schalen in eine Bohrung getrieben. Dass man das Abschnittsstück des Unmaßblocks natürlich auch mitkaufen muss, ist nicht unbedingt ein Nachteil, denn so hat man wenigstens einen Teil des Steins für spätere Verwendungszwecke im eigenen Steinlager. (oben links, oben rechts)

8-116 Vor fast 20 Jahren bin ich noch ganz gern am Gerüst herumgeklettert.

ins Innere eindringt und dann gefriert. Ähnlich geht es dem Steinmetz in der Restaurierung. Ist er am Kirchturm kurz vor Weihnachten durch warme Kleidung ausreichend geschützt, ist es gut. Wenn nicht, gibt es vom Christkind vielleicht als ungebetenes Geschenk eine kleine Nierenbeckenentzündung.

Staub und Lärmbelastung kann man zum großen Teil mit einer entsprechenden Schutzausrüstung beikommen (▸ **Bild 8-117**). Glücklicherweise ist die Steiermark ein Kalksteinland, denn Tiefengesteinsstaub enthält Quarz (Staublunge) und ist sogar ein wenig radioaktiv (Leukämie).

Vom Heben eines schweren Steines bekommt man manchmal Kreuzschmerzen. Nimmt man jetzt noch die Zeitspanne von 45 Jahren mit vielen schweren Steinen hinzu, ist ein Bandscheibenvorfall nichts Ungewöhnliches. (Zugegebenermaßen kann man den aber auch im Büro durch Fehlhaltung erlangen.)

8-117 **8-118** Bei der Herstellung eines historistischen Grabsteins aus bulgarischem Donaukalk musste ich mit der Flex die Unmaßplatte nicht nur in die einzeln benötigten Teile durch Gegenschneiden trennen, sondern auch eine vertiefte Fläche für die Schrift erzeugen, was bei einem Steinmetzbetrieb mit einer automatischen Steinsäge ohne viel Aufwand in kurzer Zeit erledigt wäre. (Bei einer viel zu späten Bestellung, kurz vor Allerheiligen, von Seiten der Auftraggeber kann man leider auch als Ausführender nicht viel Mitleid und Hilfestellung vom Steinmetzbetriebspersonal erwarten und sollte sich zu helfen wissen.)

Die meisten unserer drehenden Werkzeuge sind sehr gut dafür geeignet, Steine jeder Härteklasse zu zerschneiden. Man kann sich sehr leicht vorstellen, was diese Geräte erst mit Fleisch anstellen würden. (Deshalb sollte man nie ohne Schutzblech für die Flex schneiden.) (▸ **Bild 8-119**).

Als Lehrling, wenn ich mich wieder mal über ein vermeintliches Problem aus der Arbeitswelt aufregte, hat mich mein Geselle Werner Huber nur milde angelächelt und mit leichtem Sarkasmus „Schicksalsschläge" gesagt. Wie schon am Anfang meiner Niederschrift erwähnt: „Ich konnte viel von ihm lernen."

Ich habe mein Berufsbild in diesen Punkten vielleicht etwas drastisch dargelegt, aber damit wollte ich bezwecken, dass sich jeder, der sich für diese Ausbildung entscheidet, über einige Voraussetzungen im Klaren ist: Eine gewisse körperliche Fitness ist dafür erforderlich, aber auch geistige Reife und eine grundsätzliche Bereitschaft, Verantwortung für Tätigkeiten zum Schutz von Personen und denkmalgeschützten Objekten zu übernehmen. Aber genauso wie eine gewisse Härte und Beharrlichkeit (kann man vom Stein lernen) gehört auch ein großes Maß an künstlerischer Sensibilität zu unserem Berufsbild. Grundsätzlich ist der Steinmetz in der Restaurierung ein sehr schöner, befriedigender Beruf, nicht weil er, um es mit John F. Kennedy zu sagen, einfach ist, sondern eben deswegen, weil er schwer ist.

8-119 Ohne Schutz mit der Großen Flex zu schneiden, ist bei 6000 Umdrehungen in der Minute eine riskante Sache und kann im wahrsten Sinn des Wortes ins Auge gehen.

Zum Abschluss

0-5
Dieses Bild ist humorvoll gemeint (sich nicht von der Arbeit erschlagen zu lassen), hat aber einen ernsten Hintergrund und führt einen meiner Nachfolger, Michael Pretterhofer, in seine Aufgabe ein (auch den Jesuiten-Novizen sollte diese Skulptur „Herkules erschlägt das vielköpfige Ungeheuer Hydra" an ein zukünftiges Leben voller schwerer Aufgaben und Prüfungen gemahnen).

Was noch zu sagen wäre

Es gibt keinen eigenen Lehrberuf in unserem Fach. Ein ausgelernter Steinmetz oder Bildhauer gilt bei unserer Firma als Facharbeiter und wird entsprechend entlohnt. Deshalb wird von ihm das ganze weitere Berufsleben hindurch aufmerksames Dazulernen und Umsetzen oder Verbessern von Erfahrungswerten erwartet. Die Umstellung vom Pflichtschul- oder Berufsschullernen auf die Realität des Berufslebens sollte beim jungen Facharbeiter so schnell wie möglich erfolgen. Der Unterschied ist, dass ältere Mitarbeiter, die ihr Wissen und ihre Erfahrung an einen Neuling weitergeben können und durchaus den Willen dazu haben, Restauratoren sind, aber keine Lehrer. Sie haben nicht wie ein Lehrer in der Schule den Auftrag, einen Schüler zu unterrichten, auch wenn der unwillig ist. Im Berufsleben geht der Schüler zum Lehrer, nicht umgekehrt. Die Motivation des jungen Steinmetzes oder Bildhauers, sich in seinen Beruf weiterzubilden, wird nicht mühsam eingefordert, sondern vorausgesetzt. Nicht ein Blatt Papier (Zeugnis), sondern nur die Qualität seiner Arbeit wird beurteilt. Ob man nun von erfahreneren Restauratoren lernt, Fachbücher zu Rate zieht oder „learning by doing" anwendet, man muss trotzdem auf der Baustelle und in den Werkstätten Leistungsbereitschaft zeigen. Ein erfahrener Vorarbeiter wird den Neuling vorerst sowieso nur bei Arbeiten einsetzen, die seinem Ausbildungsstand entsprechen. Erwartet wird aber gleichzeitig, dass der junge Facharbeiter auf seinen selbstgemachten Erfahrungen aufbaut und aus sich selbst heraus versucht, seine Arbeit zu verbessern. Wissen anzuwenden und auf der Grundlage von Erfahrungswerten zu optimieren, ist für mich das höchste Ziel des Lernens.

Michael Pretterhofer, der sich auf dem Bild (▸ **Bild 0-5**) mit „Herkules" von der etwas versteckt gelegenen Brunnenanlage des ehemaligen Jesuitenkonvikts, Bürgergasse 1, in Graz, anlegt (selbst vielen Grazern ist das Denkmal von Veit Königer nicht bekannt), ist ein gutes Beispiel dafür, dass nicht nur junge Steinmetze und Bildhauer zu der Zielgruppe meiner Niederschrift gehören (siehe dazu auch das Projekt, Veit-Königer-Portal, ▸ Seiten 213–214).

Als Quereinsteiger (gelernter Elektriker) hat er bei unserer Firma 2002 beim Projekt Mausoleum angefangen. Er war seitdem acht Jahre mein engster Mitarbeiter. Nach einer Erwachsenenlehre als Bildhauer leitet er heute als Vorarbeiter auch größere Restaurierungsprojekte.

Zuletzt möchte ich noch anmerken, dass junge, gut ausgebildete Steinmetze und Bildhauer, die von anderen Firmen kommen, je nach ihrem dortigen Einsatzgebiet vielleicht schon viele Bereiche der in meinem Buche gezeigten Restaurierungsmaßnahmen beherrschen.

Eben weil es in unserer Branche viele Quereinsteiger aus anderen Berufen, aber auch Fachschulen gibt, habe ich meine Niederschrift etwas allgemeiner gehalten, als es für den gut ausgebildeten Steinmetz nötig wäre.

Jeder Beruf ist Veränderungen unterworfen, mag man sie als gut oder schlecht empfinden, letztlich sind sie unaufhaltbar. Vom Schlagstein der alten Ägypter bis zur computergesteuerten, mehrachsigen Steinfräse spannt sich der Bogen der Steinbearbeitung. Ihr müsst es einen alten Steinmetz nachsehen, dass ich die direkte, unmittelbare Auseinandersetzung mit dem Material Stein immer noch am spannendsten finde.

Projektliste

Liste, der in diesem Buch verwendeten Projekten in chronologischer Reihenfolge des Restaurierungsjahres.
Steirische Orte sind in dieser Liste ohne Bundesländerbezeichnung.

Jahr	Projekt	Seiten
▶ 2012	Kroatien, Varaždinske Toplice, römische Therme (Ausgrabungsstätte): Statuenpodeste	128 f.
▶ 2013	Kindberg, „Kindl"	120 f.
▶ 2013	Bruck a. d. Mur, Kornmesserhaus: Salamander	298 f.
▶ 2013	Waasen, Parkeinfahrtstor	117 f.
▶ 2013	Unterpremstätten, Kirche: Altar	92; 94 f.
▶ 2013/14/15	Wien, Rathaus: Brüstungskreuzblumen	307–323; 326–333 (411)
▶ 2013	Graz, Zentralfriedhof: Einfahrtsportal	299 f.
▶ 2014	Graz, Zentralfriedhof: Kirche und Südtrakt	37; 62 f.; 105; 114 f.; 151–153; 203 f.; 210; 218 f.; 231–235; 267; 290–293; 303–306; 368; 374–376
▶ 2015	Niederösterreich, Hollabrunn, Jugendstilhaus: Balkon	258–261
▶ 2015	Bruck a. d. Mur, Heiligen-Geist-Kapelle	197; 223 f.; 262–264; 266; 288 f.; 416
▶ 2015	Graz, Zentralfriedhof: Neugotische Gruftkapelle	272 f.; 324; 392
▶ 2016	St. Michael: Kirchenportal	110 f.; 213
▶ 2016	Graz, Grabenkirche: Sockel und Portal	212 f.;
▶ 2016	Graz, Alberstraße: Erker	220–223: 369 f.
▶ 2016	Kärnten, Schloss Pöllan: Biforium	334–362
▶ 2017	Hollenegg, Schloss: Prunkstiege / 2018 und 2019, drei Barockportale / 2020 Barockboden	15; 76 f.; 100; 162–194; 200; 268 f.; 273–276; 398 f.
▶ 2017	Leoben, Hauptplatz: Brunnen	116 f.
▶ 2017/18	Wildon, Schloss: Schwarzenegg	38 f.; 68 f.; 75 f.; 100 f.; 107–110; 211; 238; 241; 252 f.; 255–257; 270 f.; 364–366; 397; 408; 411
▶ 2018	Graz, Dreifaltigkeitskirche	124 f.
▶ 2018	Semmering, Brüstungssteine der Semmeringbahn	23 f.; 71; 73 f.; 265 f. (420)
▶ 2019	Bruck a. d. Mur, Kornmesserhaus: Vierungen und Neuteile	56 f.; 301–303
▶ 2019	Graz, Florianikirche: Hauptfassade, 2020 Eingangsportale	102
▶ 2020	Niederösterreich, „Spinnerin am Kreuz", Wiener Neustadt	246–251; 386 f.
▶ 2021	Graz, Franziskanerkirche: Portal und Kreuzblume	388
▶ 2021	Graz, historistischer Grabstein	391; 420
▶ 2021	Graz, Zentralfriedhof zweiter Bauabschnitt: Neuteile und Kreuzblumen	385 f.
▶ 2022	Graz, Oper: Brüstungsteil	389
▶ 2022	Oberösterreich, Kremsmünster Stiftskirche: Vierungen und Neuteile	127; 129–137; 416–418
▶ 2022	Radkersburg, historistisches Portal	409 f.; 413

Bucheinband, Projekte:

Vorderseite:

- ▶ 2004 Graz, Steinfeldhaus: Einfahrtsportal;
- ▶ 2019 Hollenegg: Barockportal;
- ▶ 2020 Graz, Naturschutzgebaude: Altanpfeiler

Rückseite:

- ▶ 2017 Schloss Hollenegg, Prunkaufgangssäule: Basisaustausch

Die Baugeschichte und historische Daten der einzelnen Restaurierungsobjekte kann in der Fachbuchreihe Dehio-Handbücher („Die Kunstdenkmäler Österreichs") nachgelesen werden. Für den interessierten Vor-und Facharbeiter stehen diese Bücher (von jedem Bundesland und den Hauptstädten) beispielsweise bei unserer Firma leihweise zur Verfügung. Für einen Facharbeiter, der für den handwerklichen Teilbereich der Restaurierungsarbeiten zuständig ist, sind diese Kenntnisse zwar nicht zwingend erforderlich; beschäftigt man sich aber dauernd mit historischen Objekten, wird man fast zwangsläufig in deren Geschichte mit eingebunden.

Literatur

Bernhard, Frieder (2005): Der Steinmetz und Steinbildhauer (Bd. 1). Ausbildung und Praxis, München

Huber, Astrid M. /Karl Stingl (2014): STEINsichten Kartause Mauerbach. Die Bau- und Dekorsteinsammlung der Wiener Weltausstellung von 1873, Bundesdenkmalamt (BDA), Wien

Pink, Susanne (2018): Der Eggenberger Brunnenkranz aus Burg Oberwildon, Hengist-Magazin 2/2018, S. 9–12

Pfeifruck, Jenny (2008): Salzreduktion: Vergleich der Methoden Unterdruck und Wasserbad, Saarbrücken

Pothorn, Herbert/Christoph Hackelsberger (2001): Das große Buch der Baustile. Die Epochen der abendländischen Baukunst und die Baustile der außereuropäischen Kulturkreise, München

Snethlage, Rolf/Michael Pfanner (2008, 3., überarbeitete Auflage; mittlerweile in der 5. Auflage [2020]): Leitfaden Steinkonservierung. Planung von Untersuchungen und Maßnahmen zur Erhaltung von Denkmälern aus Naturstein, Stuttgart

Danksagung

Ich möchte insbesondere meiner lieben Frau und Wegbegleiterin Carmen für ihre Geduld und Verständnis danken, gerade auch weil ich immer einmal wieder wie das englische Königsschwert „Excalibur" zu tief im Stein steckte und mich dann vielleicht zu wenig um ihre Sorgen und Nöte kümmerte. Als „Testleserin" hat sie viel dazu beigetragen, dass mein Manuskript auch für Nicht-Steinmetze informativ und verständlich blieb.

Einige Testleser haben genauso wie meine Frau gerade den etwas ungewöhnlichen, arbeitsbiographischen Zugang in meinem Buch reizvoll und interessant gefunden. Diese Beurteilung hat mich unter anderem dazu inspiriert, diese Perspektive beizubehalten. Großen Anteil an den Recherchen für das Buch (Baugeschichte und andere Daten) hat vor allem mein Sohn Albert – niemand „googelt" schneller (bis ich im Computer bin, hat er die Information schon am Handy).

Der in verdienten Ruhestand gegangene Oberlandeskonservator Dr. Friedrich Bouvier gehört sicher zu den kompetentesten Persönlichkeiten, meine Niederschrift zu beurteilen. Dass er sich bereit erklärte, das Manuskript zu lesen und mir dazu noch ein Geleitwort für mein Buch verfasste, war ein absoluter Glücksfall, wofür ich mich herzlich bedanke.

Wobei ich gleich als Übergang zum noch aktiven Teil des Bundesdenkmalamtes in Graz (BDA) komme. Mein Dank bezieht sich auf die wertvollen Hinweise des derzeitigen Leiters des steirischen Bundesdenkmalamts, Herrn Mag. Dr. Christian Brugger, und insbesondere auch der Chefin des Schulungszentrums des BDA, der Kartause Mauerbach in Niederösterreich, Frau Mag.a Astrid Huber-Reichl, für die Erstellung und Verwendung von Bildern aus der dortigen historischen Baustoffesammlung und alten Steinmetzwerkzeuges.

Besonders möchte ich der Verlagsleitung, Herrn Mag. Wolfgang Dvorak-Stocker, und Herrn Ing. Franz Koiner danken, die mir die Möglichkeit eröffnet haben, als Handwerker über ein Thema zu schreiben, das selbst in akademischen Kreisen nicht ganz unumstritten ist. Das zeugt von einer Courage, die heute nicht selbstverständlich ist.

Bei dem Layouter des Buchprojektes, Herrn Mag. Günther Schneeweiß-Arnoldstein, möchte ich mich besonders für sein außergewöhnliches Engagement und seine Hilfestellung bedanken.

Bedanken möchte ich mich bei meinem derzeitigen Chef, Bildhauermeister Gerhard Zottmann, den ich mehr als 20 Jahre als Projektleiter im handwerklichen Teilbereich vom Kleinbetrieb zum derzeit größten Betrieb (in Österreich) in dieser Branche begleitet habe. Die meisten Restaurierungsprojektbeispiele gehen auf Aufträge der Firma Zottmann zurück. Viele Abbildungen, vor allem von der Projekt-Befundung, sind mir freundlicherweise von ihm zur Verfügung gestellt worden. Obwohl ich mich altersbedingt (Teilzeit) und leider auch gesundheitlich schön langsam von größeren Projektleitungen zurückziehe (habe viele sehr gute junge Nachfolger), freut es mich doch sehr, den Nachwuchs der Steinmetze in der Restaurierung auszubilden und in dieser Firma mit ausgezeichnetem Betriebsklima weiterhin auch noch kleinere Spezialaufträge zu übernehmen. (Wer hätte gedacht, dass ich ziemlich genau mit dem voraussichtlichen Erscheinen meines Buches in Pension gehe?)

Mein Dank gilt im Besonderen auch meinen Arbeitskollegen, die durch ihren Arbeitseinsatz, aber auch durch unmittelbare Mithilfe, dieses Buch ermöglichten.

Weiter gilt mein Dank meinem ersten Korrekturleser vom Fach (bevor ich zu einem Verlag ging) und Freund, Bildhauermeister Dr. Gernot Saier; ich konnte sehr von seinen Erfahrungen profitieren.

Da ich wissen wollte, ob mein Schriftwerk auch für fachfremde Personen von Interesse sein könnte, habe ich meinem Freund Bernhard Svatek um Unterstützung gebeten. Da er als gewissenhafter Testleser meinen damaligen Entwurf interessant und sogar spannend fand, hat er einen nicht geringen Anteil an der Beibehaltung des biographischen Schreibstils meines Buches.

Unseren firmeneigenen Drohnenbeauftragten, Marcel Groß, danke ich für die Zurverfügungstellung von spektakulären Aufnahmen von meinen Projekten.

Nicht zuletzt gebührt mein Dank dem Lehrerteam der Meisterschule für Bildhauerei (Plastische Formgebung), das mein Interesse für Kunsthandwerk und Geschichte weckte. Diese Weiterbildung in den 1990er Jahren kam auch durch die Unterstützung meiner beiden damaligen Juniorchefs der Firma Kaindlbauer, Joachim und Josef Kaindlbauer, zustande. Dafür danke ich Euch ebenfalls.

Mein Dank gehört überdies allen Facharbeitern der geburtenstarken Jahrgänge, die jetzt in den wohlverdienten Ruhestand gehen und unverschuldet den sogenannten Facharbeitermangel auslösen. Ein guter Anteil des Grundes, dieses Buch zu schreiben, resultiert aus diesem Umstand. Theorie und Planung sind zwar wichtig, aber *fast alles* um uns wurde von Handwerkern ausgeführt. Gibt es davon zu wenig (und) oder nimmt die Qualität ihres Könnens ab, leidet darunter auch *fast alles.*

Register

Wir sind mehr als nur ein traditionsreicher Steinmetzmeisterbetrieb. Wir vereinen alte Handwerkskunst mit innovativen Techniken, lassen Kunst und Kultur in unsere Arbeit einfließen und legen höchsten Wert auf Qualität und Zuverlässigkeit.
Puntigamerstraße 52, 8041 Graz
office@kaindlbauer.at | +43 316 42 61 05 - 0
Der Stein ist nicht nur ein gewöhnlicher Brocken, sondern eine gut gefüllte Wundertüte. Jedes Mal, wenn Sie ihn öffnen, offenbart er seine vielseitigen Möglichkeiten. Wir erwecken Ihre Wünsche und Ideen mit Naturstein, handwerklichem Geschick und Kreativität zum Leben.
Stein
KAINDLBAUER
Der Spezialist für Bau und Friedhof
STEINBAU GMBH
www.kaindlbauer.at
Bauen Sie auf uns -
dann bauen wir für Sie mit Leidenschaft und höchstem Anspruch.
Kaindlbauer Steinbau GmbH - Ihr Spezialist für Bau und Friedhof.

Propstei, Haupt-u. Stadtpfarre zum Hl. Blut
Herrengasse 23, 8010 Graz

Aus unserem Programm

ISBN 978-3-85365-275-6

ISBN 978-3-85365-305-0

V. F. SAMMLER

www-stocker-verlag.com

Aus unserem Programm

ISBN 978-3-7020-1595-4

ISBN 978-3-7020-1658-6

ISBN 978-3-7020-1761-3